建筑识图与制图
完全自学一本通

金誉辉　刘铁军　黎坤祥　编著

電子工業出版社
Publishing House of Electronics Industry
北京•BEIJING

内 容 简 介

本书以建筑施工图的识图基本原理为主要内容，以掌握识图方法与将实际动手绘制图纸的能力和专业的基本技能训练相结合为目标。本书内容是根据职业能力要求及教学特点设计的，与建筑行业的岗位需求相对应，体现了国家新的标准和技术规范。本书注重实用、内容翔实、文字简练、图文并茂，充分体现了教学与综合训练相结合的编写思路。

本书共分 8 章，内容包括建筑图纸识读入门、识读首页图与建筑总平面图、识读与绘制建筑施工图、识读与绘制建筑结构施工图、识读建筑机电施工图、BIM 建筑设计与制图、识读建筑装修施工图、室内装修设计与制图。

本书旨在为建筑设计、结构设计、建筑机电设计、室内设计、工程造价等专业的学生和需要掌握建筑识图与绘图专业知识的初学者打下良好的基础。本书可作为本科、专科和相关培训学校的教材。

图书在版编目（CIP）数据

建筑识图与制图完全自学一本通 / 金誉辉，刘铁军，黎坤祥编著. —北京：电子工业出版社，2021.3

ISBN 978-7-121-40448-1

Ⅰ. ①建… Ⅱ. ①金… ②刘… ③黎… Ⅲ. ①建筑制图—识图 Ⅳ. ①TU204.21

中国版本图书馆 CIP 数据核字（2021）第 012457 号

责任编辑：田　蕾　　　　特约编辑：田学清
印　　刷：三河市鑫金马印装有限公司
装　　订：三河市鑫金马印装有限公司
出版发行：电子工业出版社
　　　　　北京市海淀区万寿路 173 信箱　　邮编：100036
开　　本：787×1092　1/16　印张：20　字数：512 千字
版　　次：2021 年 3 月第 1 版
印　　次：2021 年 3 月第 1 次印刷
定　　价：89.00 元

凡所购买电子工业出版社图书有缺损问题，请向购买书店调换。若书店售缺，请与本社发行部联系，联系及邮购电话：（010）88254888，88258888。
质量投诉请发邮件至 zlts@phei.com.cn，盗版侵权举报请发邮件至 dbqq@phei.com.cn。
本书咨询联系方式：（010）88254161～88254167 转 1897。

在建筑设计与施工领域里，从议定方案到最终结果，“图”作为一种工具与设计交织。

“建筑识图与绘图”是建筑工程技术专业的职业技能课程，是一门研究建筑设计施工图的识图基础知识、绘图基本要求与方法的课程，具有实践性与综合性强、知识面广等特点，学习此课程必须与实际工程中的新材料、新技术和新工艺相结合，并运用基础知识解决实际问题。

本书内容

本书内容从建筑识图的基础到基于 BIM 建筑模型的构建和图纸的制作，介绍了极具代表性的建筑施工图和建筑结构图的识读方法。

本书共分 8 章。

- 第 1 章：介绍建筑识图与制图的一些基础知识。
- 第 2 章：介绍建筑图纸中首页图、建筑总平面图的识读方法，以及建筑总平面图的绘制方法。
- 第 3 章：介绍建筑施工图的识读与绘制方法。
- 第 4 章：介绍建筑结构施工图的识读与绘制方法，内容包括如何识读结构设计总说明、如何识读结构平面布置图和如何绘制建筑结构施工图等。
- 第 5 章：介绍建筑电气施工图、给排水施工图与暖通施工图的识读方法。
- 第 6 章：主要介绍浩辰云建筑插件在建筑施工图绘制方面的具体应用。
- 第 7 章：介绍建筑装修施工图的识读方法，包括施工工艺说明、室内装修平面布置图、吊顶装修平面图、室内装修立面图、装修节点详图等。
- 第 8 章：介绍躺平设计家 3D 云设计在室内装修设计与制图中的具体应用。

本书特色

本书采用“基本概念+举例读图+绘图”的方法，可以使零基础的读者快速读懂建筑制图图样。本书的主要特色如下：

（1）书中尽量采用以图讲图的形式介绍基本概念和读图方法，直观形象。

（2）绝大部分实例以工程实例为主。内容涉及建筑工程的各个方面，且所举图例具有参考示范作用。

（3）内容全面完整。本书讲解了建筑施工图的读图方法，基本能够满足工程技术人员在设计、施工及项目验收过程中的看图需要。

（4）配有浩辰云建筑 CAD 软件、躺平设计家 3D 云设计的绘图知识，可以帮助读者掌握和提升计算机软件的绘图技能。

（5）每个知识点都附有练习题，读者可以举一反三，以掌握要点。

作者信息

本书由广西特种设备检验研究院压力管道事业部的金誉辉、黎坤祥和中国人民解放军空军航空大学航空基础学院力学室的刘铁军共同编著。

感谢您选择了本书，希望我们的努力对您的工作和学习有所帮助，也希望您把对本书的意见和建议告诉我们。

读 者 服 务

读者在阅读本书的过程中如果遇到问题，可以关注“有艺”公众号，通过公众号中的“读者反馈”功能与我们取得联系。此外，通过关注“有艺”公众号，您还可以获取艺术教程、艺术素材、新书资讯、书单推荐、优惠活动等相关信息。

扫一扫关注“有艺”

资源下载方法：关注“有艺”公众号，在“有艺学堂”的“资源下载”中获取下载链接，如果遇到无法下载的情况，可以通过以下三种方式与我们取得联系：

1. 关注“有艺”公众号，通过“读者反馈”功能提交相关信息；
2. 请发邮件至 art@phei.com.cn，邮件标题命名方式：资源下载+书名；
3. 读者服务热线：（010）88254161~88254167 转 1897。

投稿、团购合作：请发邮件至 art@phei.com.cn。

目录
CONTENTS

第 1 章

建筑图纸识读入门

本章重点

（1）建筑识图与制图的基础知识。
（2）国家规定的图纸幅面、图线、比例、字体、图线和尺寸注法等。
（3）建筑图样的基本画法。
（4）基本建筑物投影的基础知识。

1.1 建筑识图与制图的基础知识

建筑设计是指建筑物在建造之前，设计者按照建设任务对施工过程和建筑物使用过程中存在的或可能发生的问题进行设想，拟订解决这些问题的办法、方案，并用图纸和文件表达出来。

从总体上来说，建筑设计一般由三大阶段构成，即方案设计、初步设计和施工图设计。

方案设计阶段主要构思建筑的总体布局，包括各个功能空间的高度、层高、外观造型等内容。方案设计是在设计准备阶段的基础上进一步收集、分析、运用与设计任务有关的资料、信息来构思立意，完成初步方案设计、深入设计、方案的分析与比较等工作，确定初步设计方案，并提供设计文件，如平面图、立面图、透视效果图等。某体育场项目建筑设计方案效果图如图 1-1 所示。

图 1-1 某体育场项目建筑设计方案效果图

初步设计阶段是对方案设计进行进一步的细化，以确定建筑的具体尺寸，包括建筑平面图、建筑剖面图和建筑立面图等。

施工图设计阶段需要提供相关的平面、立面、构造节点详图及设备管线图等施工图纸，以满足施工的需要。某办公大楼建筑施工图如图 1-2 所示。

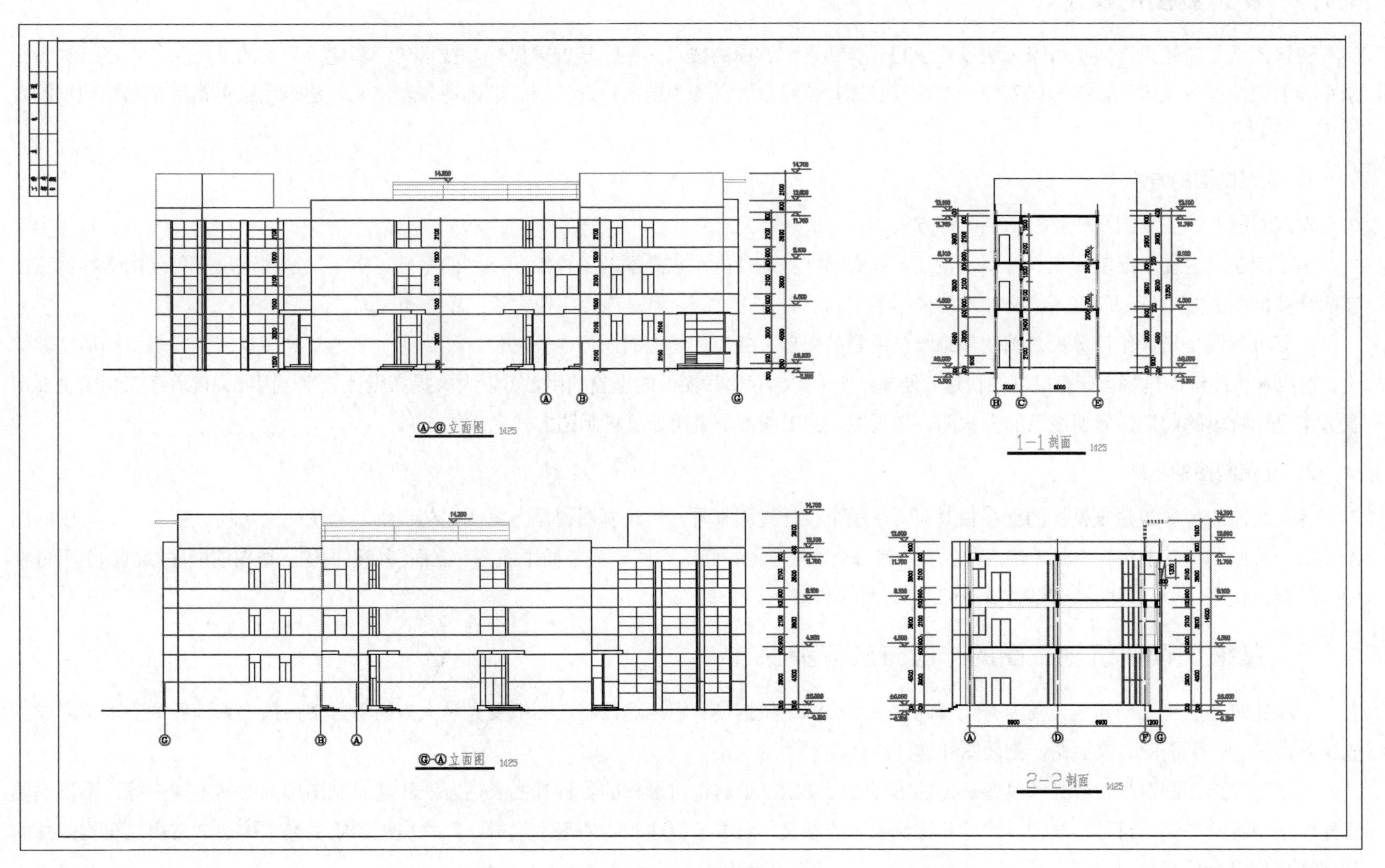

图 1-2 某办公大楼建筑施工图

1.1.1 建筑制图的概念

建筑图纸是建筑设计人员用来表达设计思想、传达设计意图的技术文件，是方案投标、技术交流和建筑施工的重要文件。建筑制图根据正确的制图理论及方法，按照国家统一的建筑制图规范将设计思想和技术特征清晰、准确地表现出来。建筑图纸包括方案图、初设图、施工图等类型。

1. 建筑制图的方式

建筑制图有手工制图和计算机制图两种方式。

手工制图分为徒手绘制和工具绘制，是建筑师必须掌握的技能，也是学习各种绘图软件的基础。手工制图体现出一种绘图素养，直接影响计算机图面的质量。所有图纸文件均可采用手工制图的方式绘制，但是需要花费大量的精力和时间。

计算机制图是指操作计算机绘图软件来绘制所需的图形，并形成相应的图形电子文件，然后进一步通过绘图仪或打印机将图形文件输出，形成具体图纸的过程。计算机制图快速、便捷，便于文档存储和图纸的重复利用，可以大大提高设计效率。因此，目前手工制图主要用在方案设计阶段的前期，后期成品的方案图、初设图、施工图都是采用计算机制图方式完成的。

2. 建筑制图的程序

建筑制图的程序与建筑设计的程序相对应。从整个设计过程来看，建筑制图遵循方案图、初设图、施工图的顺序进行，后一阶段的图纸在前一阶段的基础上进行深化、修改和完善。就每个阶段来看，建筑制图一般遵循平面图、立面图、剖面图、详图的顺序绘制。至于每种图样的制图程序，会在后面章节结合 AutoCAD 软件来讲解。

1.1.2 掌握识读建筑施工图的一般方法与步骤

一座建筑物从施工到建成，需要有全套的建筑施工图纸做指导。识读这些施工图纸要先从大方面看，然后依次识读各细小部位。做到先粗看后细看，平面图、立面图、剖面图和详图结合看。

识读建筑施工图，学习者必须具备一定的形体投影知识，了解建筑形体的各种视图表达方法和建筑制图标准的基本规定等；不仅要熟悉建筑图中各种图例、符号、线型、尺寸和比例表示的意义，还要掌握建筑物的基本组成，熟悉房屋建筑的基本构造、常用建筑构配件的几何形状与组合关系等。

识读建筑施工图的一般方法与步骤如下。

（1）查看目录：通过目录看施工图的组成及张数，确定图纸的完整性。

（2）查看设计说明：了解工程概况及工程在设计和施工方面的一般要求。

（3）通读：依照图纸的先后顺序对整套图纸进行通读，从而在头脑中形成整个工程的概念及建筑工程的框架，如工程建设地点、周围地形，建筑物的形状、结构特点、关键部位等，做到心中有数。

（4）精读：按专业次序进行深入、仔细的阅读。先读基本图，再读详图，不断补充建筑的细部构造，使整个建筑物在头脑中逐渐清晰。

（5）配合阅读：在读图时，把有关联的图纸联系在一起对照着读，了解它们之间的关系，从而建立完整准确的工程概念。例如，建筑施工图的平面图、立面图和剖面图配合阅读；基本图和详图配合阅读；不同专业之间配合阅读。

1.1.3　建筑图纸分类

1. 建筑工程图分类

建筑工程图包括效果图和施工图两大类。

效果图主要用来表达建筑的外观、建筑室内装修的真实场景效果，是由专业效果图制作人员设计的。效果图利用物体透视原理进行绘制，以模拟人眼看到的实际效果。因此一般只用于展示，不用于指导实际工作。

施工图是指利用物体的投影原理，根据国家规定的制图规则，将建筑物的形状、大小完整地绘制出来，并注以材料和施工要求等的工程图样。施工图可以直接用来指导实际工程的施工，是本书的学习重点。

2. 施工图分类

建造一座房屋，从设计到施工需要许多专业、工种共同配合完成。按专业分工的不同，施工图可分为建筑施工图、结构施工图、装修施工图、给排水/暖通/电气等专业施工图。

- 建筑施工图（简称建施 J）：主要用来表示建筑物的总体布局、外部造型、内部布置、细部构造、装修和施工要求等。它一般包括总平面图，建筑平面图、立面图、剖面图、详图等。其中，详图一般包括墙身、楼梯、门窗、屋檐等细部的构造及做法。
- 结构施工图（简称结施 G）：主要用来表示建筑物承重结构的布置情况，构件的类型、构造和做法等。它一般包括基础图，楼层结构布置图，屋顶结构平面图、详图等。其中，详图一般包括楼梯、雨篷等构件的构造及做法。

- 装修施工图：主要用来表示建筑物内部或外部的造型，构造要求、材料及做法等。装修施工图一般用于精装修，对于一般的装修，通常将其合并在建筑施工图中，以装饰装修构造做法表的形式出现。
- 给排水/暖通/电气等专业施工图（统称为设备施工图，简称水施、暖施、电施等）：主要用来表示管道（线路）与设备的布置和走向、做法和安装要求等，一般由平面图、轴测系统图、详图等组成。

一套完整的施工图纸的编排顺序是：图纸目录、设计说明、总平面图、建筑施工图、结构施工图、给排水/暖通/电气施工图。各专业图纸的编排顺序一般是全局性图纸在前，局部性图纸在后；先施工的在前，后施工的在后。

3. 建筑施工图分类

一套工业与民用建筑的建筑施工图通常包括的图纸有建筑总平面图、建筑平面图、建筑立面图、建筑剖面图、建筑详图与建筑透视图。

（1）建筑总平面图。

建筑总平面图反映了建筑物的平面形状、位置及周围的环境，是施工定位的重要依据。建筑总平面图的特点如下。

- 由于建筑总平面图包括的地方范围大，因此在绘制时采用较小的比例，一般为1:2000、1:1000、1:500等。
- 尺寸标注一律以m为单位。
- 标高标注以m为单位，一般标注至小数点后两位，并采用绝对标高（注意室内外标高符号的区别）。

建筑总平面图的内容包括新建筑物的名称、层数、标高、定位坐标或尺寸、相邻有关的建筑物（已建、拟建、拆除）、附近的地形地貌、道路、绿化、管线、指北针或风向玫瑰图、补充图例等，如图1-3所示。

（2）建筑平面图。

建筑平面图是按一定比例绘制的建筑的水平剖切图。

建筑平面图一般比较详细，通常采用较大的比例，如1:200、1:100和1:50，并标注出实际的详细尺寸。图1-4为某建筑标准层平面图。

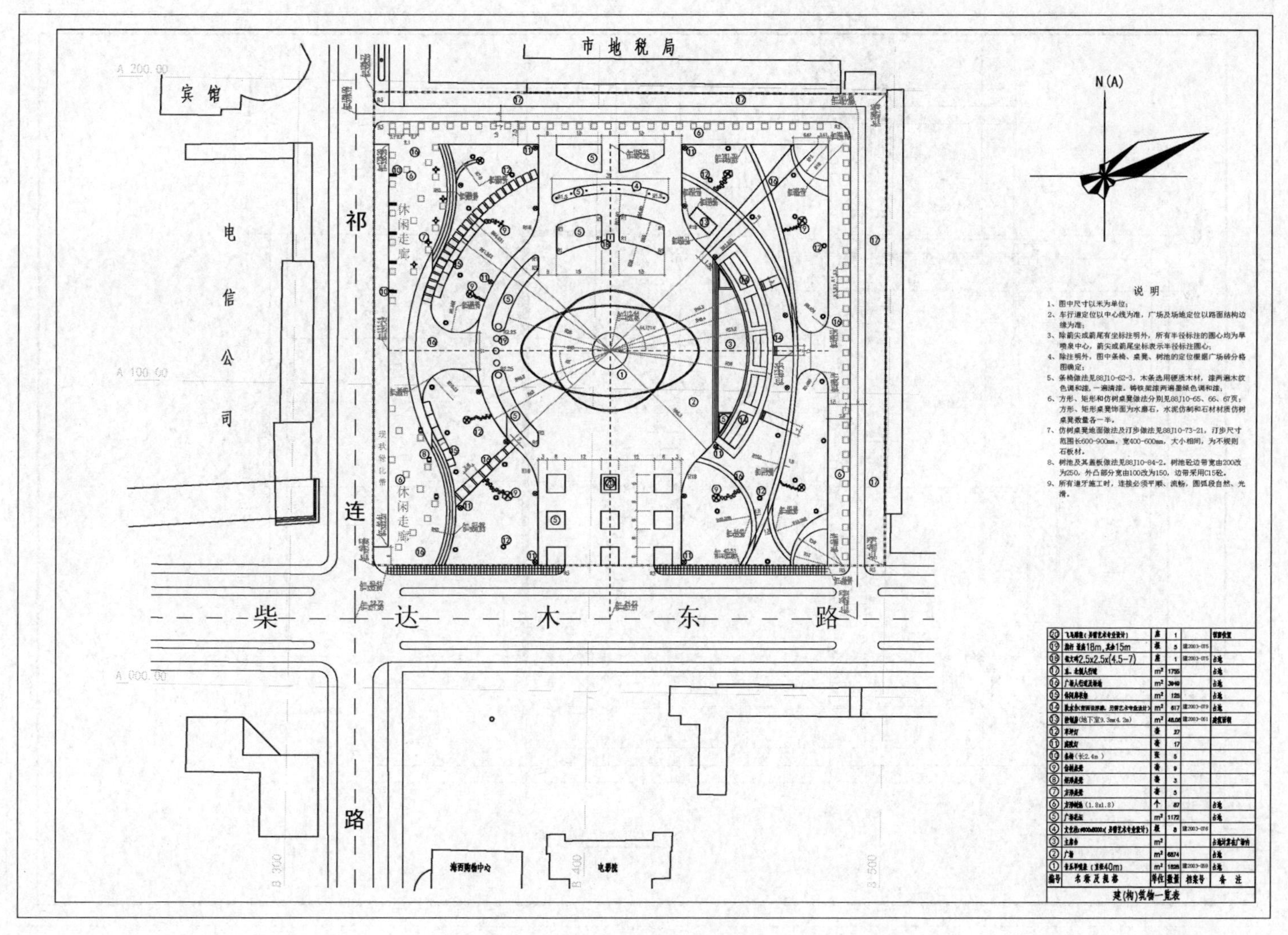
市地税局
宾馆
电信公司
祁连路
柴达木东路
休闲走廊
N(A)
A 200.00
A 100.00
A 000.00
B 300
B 400
B 500
海西商务中心
电影院
说明
1、图中尺寸以米为单位；
2、车行道定位以中心线为准，广场及场地定位以路面结构边缘为准；
3、除箭尖或箭尾有坐标注明外，所有半径标注的圆心均为旱喷泉中心，箭尖或箭尾坐标表示半径标注圆心；
4、除注明外，图中条椅、桌凳、树池的定位根据广场砖分格图确定；
5、条椅做法见88J10-62-3，木条选用硬质木材，漆两遍木纹色调和漆，一遍清漆。铸铁架漆两遍墨绿色调和漆；
6、方形、矩形和仿树桌凳做法分别见88J10-65、66、67页；方形、矩形桌凳饰面为水磨石，水泥仿制和石材材质仿树桌凳数量各一半。
7、仿树桌凳地面做法及汀步做法见88J10-73-21，汀步尺寸范围长600-900mm，宽400-600mm，大小相间，为不规则石板材。
8、树池及其盖板做法见88J10-84-2。树池砼边带宽由200改为250，外凸部分宽由100改为150，边带采用C15砼。
9、所有道牙施工时，连接必须平顺、流畅，圆弧段自然、光滑。
建(构)筑物一览表
编号
名称及规格
单位
数量
档案号
备注
图 1-3　建筑总平面图

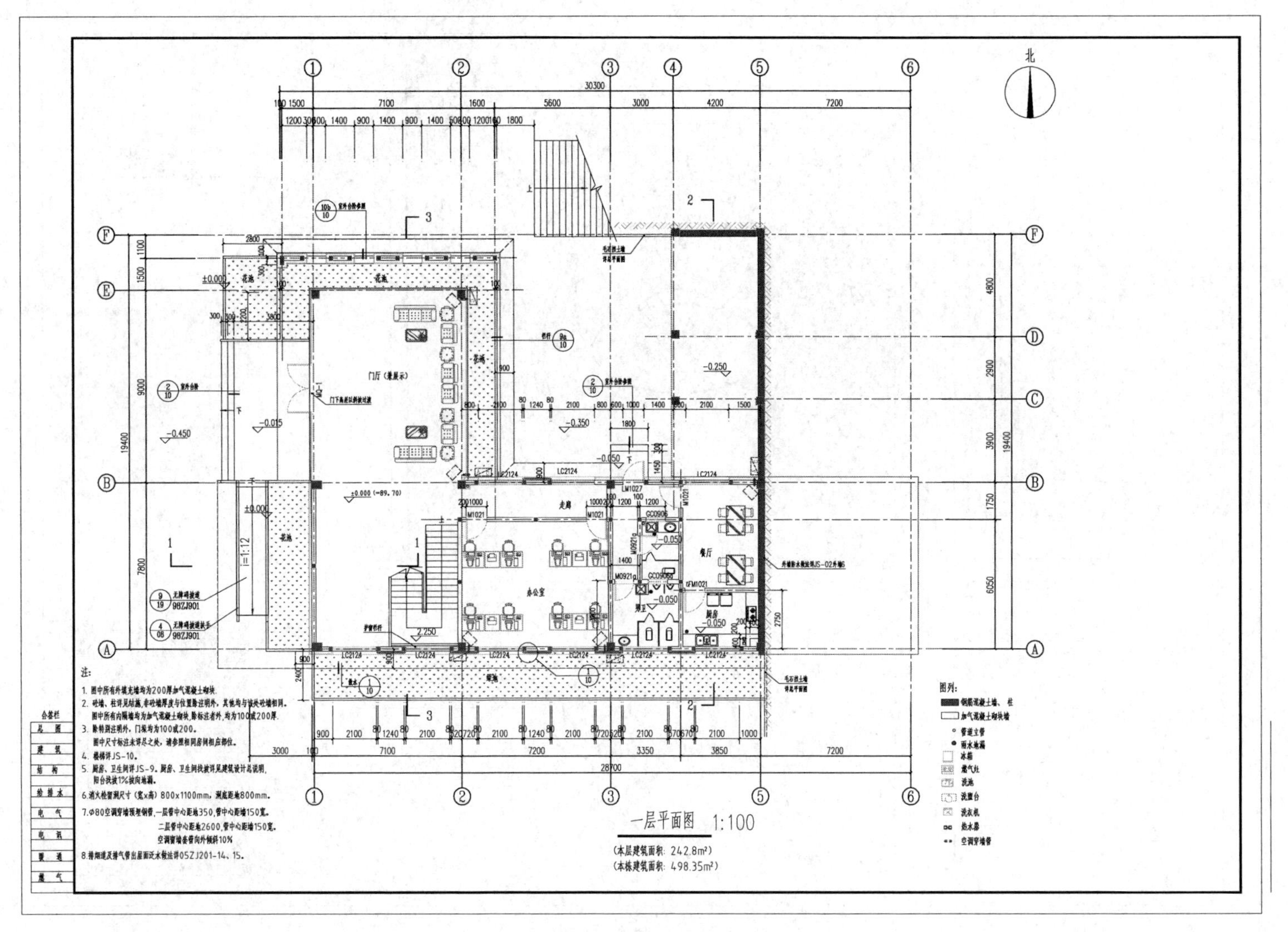

图 1-4 某建筑标准层平面图

（3）建筑立面图。

建筑立面图主要用来表达建筑物各个立面的形状、尺寸及装饰等。它表示的是建筑物的外部形式，说明建筑物的长、宽、高三个方向的尺寸，表现地面标高、屋顶的形式、阳台位置和形式、门窗洞口的位置和形式、外墙装饰的设计形式、材料及施工方法等。图 1-5 为某图书馆的建筑立面图。

（4）建筑剖面图。

建筑剖面图是将某个建筑立面进行剖切得到的一个视图。建筑剖面图表达了建筑内部的空间高度，室内立面布置、结构和构造等情况。图 1-6 为某楼房的建筑剖面图。

在绘制建筑剖面图时，剖切位置应选择在能反映建筑全貌、构造特征，以及有代表性的位置，如楼梯间、门窗洞口及构造较复杂的部位。

可以绘制一个或多个建筑剖面图，这取决于建筑房屋的复杂程度。

图 1-5　某图书馆的建筑立面图

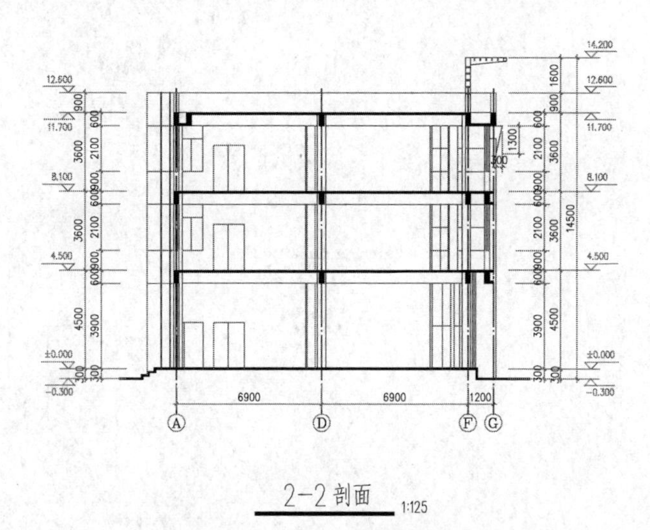

图 1-6　某楼房的建筑剖面图

（5）建筑详图。

由于建筑总平面图、建筑平面图及建筑剖面图等反映的建筑范围较大，难以表达建筑的细部构造，因此需要绘制建筑详图。

建筑详图主要用以表达建筑物的细部构造、节点连接形式，以及构件、配件的形状、大小、材料与做法，如楼梯详图、墙身详图、构件详图、门窗详图等。

建筑详图要用较大比例来绘制（如 1:20、1:5 等），尺寸标注要准确齐全、文字说明要详细。图 1-7 为墙身详图。

（6）建筑透视图。

除上述图纸外，在实际建筑工程中经常还要绘制建筑透视图。由于建筑透视图是表示建筑物内部空间或外部形体与实际看到的建筑本身相类似的主体图像，具有强烈的三度空间透视感，非常直观地表现了建筑的造型、空间布置、色彩和外部环境等多方面内容。因此，常在建筑设计和销售时作为辅助图纸。

建筑透视图一般要严格地按比例绘制，并进行绘制上的艺术加工，通常被称为建筑表现图或建筑效果图。一幅绘制精美的建筑透视图就是一件艺术品，具有很强的艺术感染力。图 1-8 为某楼盘的建筑透视图。

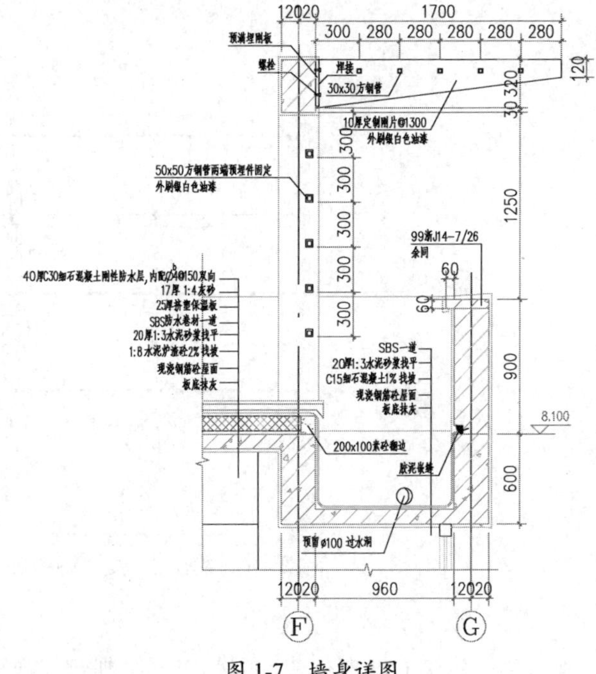

图 1-7　墙身详图

图 1-8　某楼盘的建筑透视图

1.2　建筑制图的国家标准

要设计建筑工程图，就要遵循与建筑设计制图相关的国家标准。

1.2.1　建筑制图参考标准

在建筑设计与制图中，需要遵循国家规范及标准，以确保建筑的安全性、经济性、适用性等。需要遵循的国家建筑设计规范主要如下。

- 房屋建筑制图统一标准 GB/T 50001—2017。
- 建筑制图标准 GB/T 50104—2010。
- 房屋建筑 CAD 制图统一规则 GB/T 18112—2000。
- CAD 工程制图规则 GB/T 18229—2000。
- 建筑内部装修设计防火规范 GB 50222—2017。
- 建筑工程建筑面积计算规范 GB/T 50353—2013。
- 民用建筑设计通则 GB 50352—2019。
- 建筑设计防火规范 GBJ 16—87。
- 建筑采光设计标准 GB 50033—2013。
- 高层民用建筑设计防火规范 GB 50045—95（2015 年版）。
- 建筑照明设计标准 GB 50034—2020。
- 汽车库、修车库、停车场设计防火规范 GB 50067—2014。
- 自动喷水灭火系统设计规范 GB 50084—2017。
- 公共建筑节能设计标准 GB 50189—2015。

提示：

建筑设计规范中有国家标准，还有行业规范、地方标准等。

1.2.2 图幅

图幅即图面的大小，分为横式幅面和立式幅面。

国家标准规定，按图面的长和宽确定图幅的等级。建筑常用的图幅有A0（也称0号图幅，其余依次类推）、A1、A2、A3及A4，每种图幅的长和宽的尺寸如表1-1所示，表中的尺寸代号的意义如图1-9所示。

表1-1 图幅标准

单位：mm

尺寸代号	幅面代号				
	A0	A1	A2	A3	A4
$b \times L$	841×1189	594×841	420×594	297×420	210×297
c	10			5	
a	25				

需要微缩复制的图纸的一条边上应附有一段准确米制尺度，4条边上均附有对中标志，米制尺度的总长应为100mm，分格尺寸应为10mm。对中标志应画在图纸各边长的中点处，线宽应为0.35mm，伸入框内的尺寸应为5mm。

A0～A3图幅的长边可以加长（短边一般不应加长），加长尺寸如表1-2所示。如果有特殊需要，则可采用$b \times L$=841mm×891mm或1189mm×1261mm的幅面。

表1-2 图纸长边加长尺寸

单位：mm

图幅	长边尺寸	长边加长后的尺寸
A0	1189	1486 1635 1783 1932 2080 2230 2378
A1	841	1051 1261 1471 1682 1892 2102
A2	594	743 891 1041 1189 1338 1486 1635 1783 1932 2080
A3	420	630 841 1051 1261 1471 1682 1892

1.2.3 标题栏

标题栏包括设计单位名称、工程名称区、签字区、图名区及图号区。一般情况下的标题栏格式如图1-9所示。如今不少设计单位会采用自己个性化的标题栏格式，但是必须包括这几项内容。

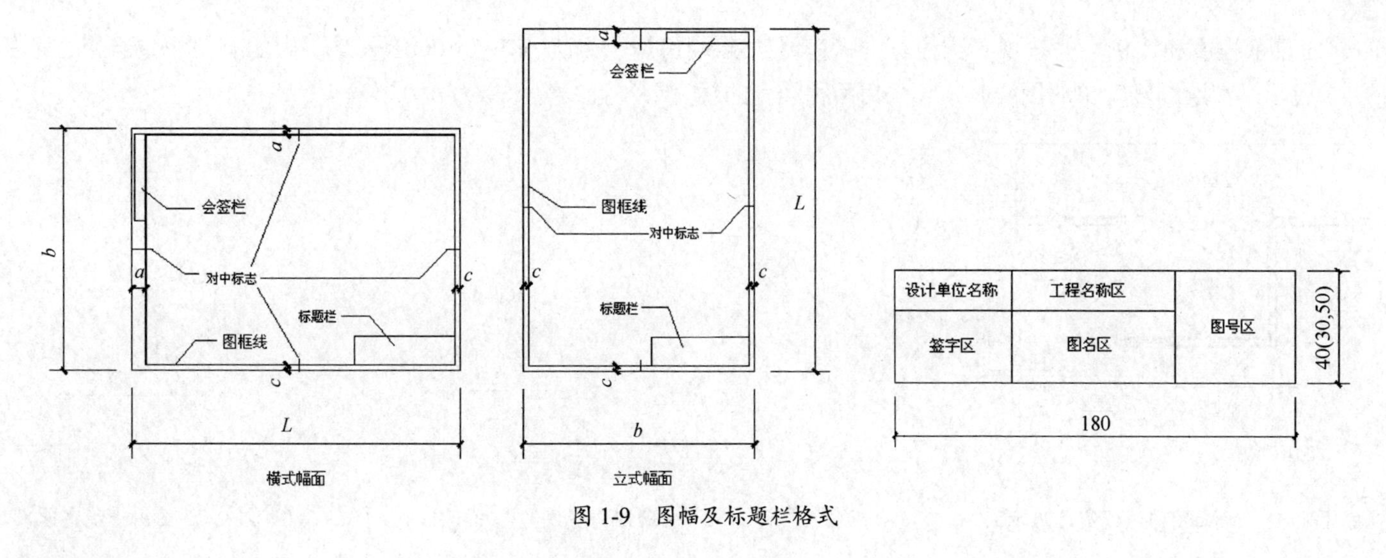

图 1-9　图幅及标题栏格式

1.2.4　会签栏

会签栏是各工种负责人审核后签名用的表格，包括专业、日期等内容，如图 1-10 所示。对于无须会签的图纸，可以不设此栏。

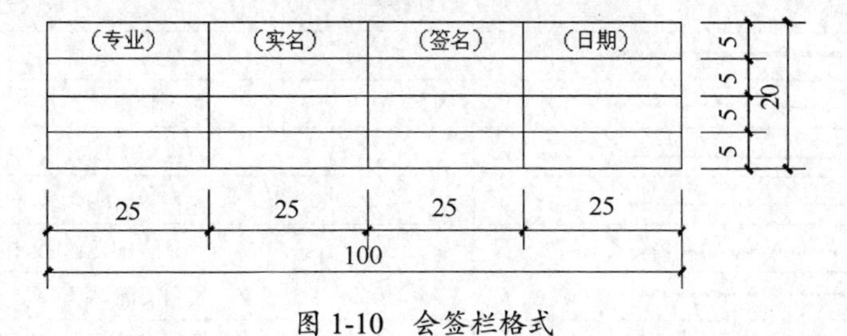

图 1-10　会签栏格式

1.2.5　图线

建筑图纸主要由各种线条构成，不同的线型表示不同的对象和部位，代表不同的含义。

应根据图样的复杂程度和比例，并按现行国家标准《房屋建筑制图统一标准》GB/T 50001—2017 中的有关规定选用合适的图线，如图 1-11～图 1-13 所示。在绘制较简单的图样时，可采用两种线宽的线宽组，且线宽比宜为 b:0.25b。

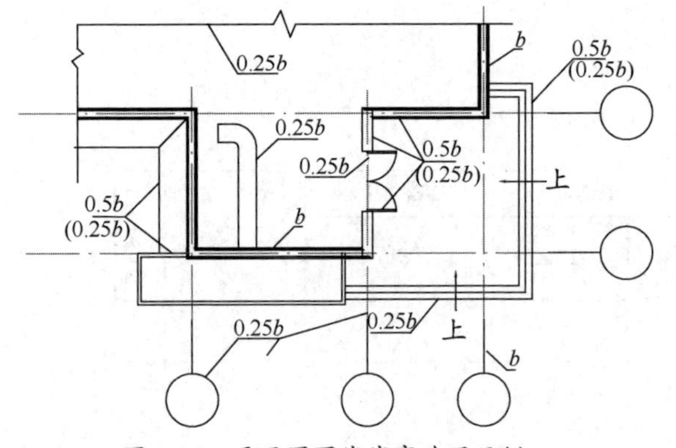

图 1-11　平面图图线线宽选用示例

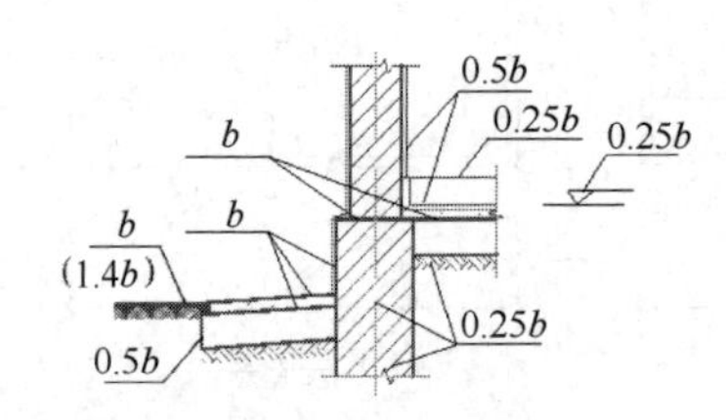

图 1-12　剖面图图线线宽选用示例

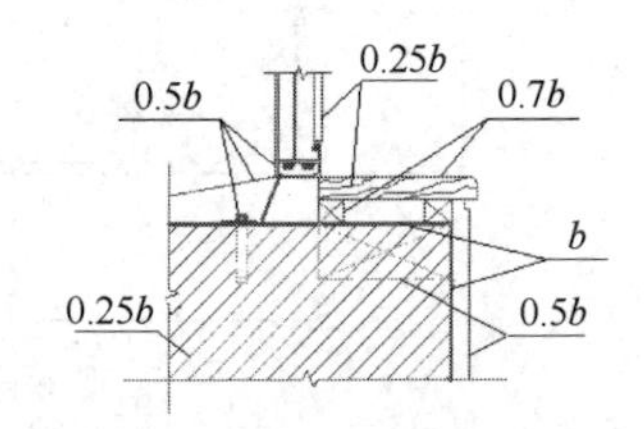

图 1-13　详图图线线宽选用示例

为了使图面能够清晰、准确、美观地表达设计思想，工程实践中采用了一套常用的线型，并规定了它们的使用范围，如表 1-3 所示。

表 1-3　常用图线

名　称	线　型		线　宽	用　途
实线	粗	━━━━━━	b	主要可见轮廓线
	中粗	━━━━━━	0.7b	可见轮廓线、变更云线
	中	——————	0.5b	可见轮廓线、尺寸线
	细	——————	0.25b	图例填充线、家具线
虚线	粗	— — — — —	b	见各有关专业制图标准
	中粗	- - - - - -	0.7b	不可见轮廓线
	中	- - - - - -	0.5b	不可见轮廓线、图例线
	细	- - - - - -	0.25b	其他不可见的图例填充线、家具线
单点长画线	粗	—— · —— · ——	b	见各有关专业制图标准
	中	—— · —— · ——	0.5b	见各有关专业制图标准
	细	—— · —— · ——	0.25b	轴线、中心线、对称线等

续表

名　称		线　型	线　宽	用　途
双点长画线	粗	—— · · —— · · —— · · ——	b	见各有关专业制图标准
	中	—— · · —— · · —— · · ——	$0.5b$	见各有关专业制图标准
	细	—— · · —— · · —— · · ——	$0.25b$	假想轮廓线、成型前原始轮廓线
折断线	细	——————\/\———————	$0.25b$	省画图样时的断开界线
波浪线	细	～～～～～	$0.25b$	构造层次的断开界线，有时也表示省略画图样时的断开界线

1.2.6　尺寸标注

建筑图样上标注的尺寸具有以下独特的元素：尺寸界线、尺寸线、尺寸起止符号和尺寸数字，如图 1-14 所示。对于圆来讲，除了尺寸标注，还有圆心标记和中心线。

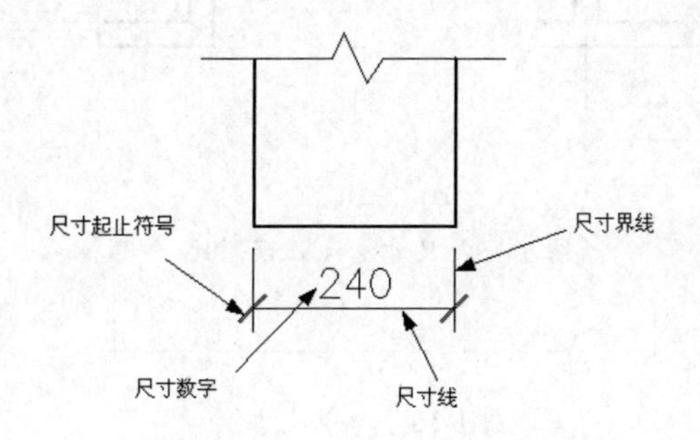

图 1-14　尺寸组成基本要素

《房屋建筑制图统一标准》GB/T 50001—2017 中对建筑制图中的尺寸标注有着详细的规定。下面对尺寸界线、尺寸线、尺寸起止符号和尺寸数字的一些要求进行介绍。

1. 尺寸标注原则

尺寸标注的一般原则如下。

- 尺寸标注应力求准确、清晰、美观大方。在同一张图纸中，标注风格应保持一致。

- 尺寸线应尽量标注在图样轮廓线以外，从内到外依次标注从小到大的尺寸，不能将大尺寸标注在内，而小尺寸标注在外，如图 1-15 所示。
- 最内一道尺寸线与图样轮廓线之间的距离不应小于 10mm，两道尺寸线之间的距离一般为 7～10mm。
- 尺寸界线朝向图样的端头与图样轮廓的距离应≥2mm，不宜直接与之相连。
- 在图线拥挤的地方，应合理安排尺寸线的位置，不宜与图线、文字及符号相交；可以考虑将轮廓线作为尺寸界线，但不可以作为尺寸线。
- 对于室内设计图中连续重复的构配件等，当不易标明定位尺寸时，可在总尺寸的控制下，不用数值而用“均分”（或“EQ”）字样来表示，如图 1-16 所示。

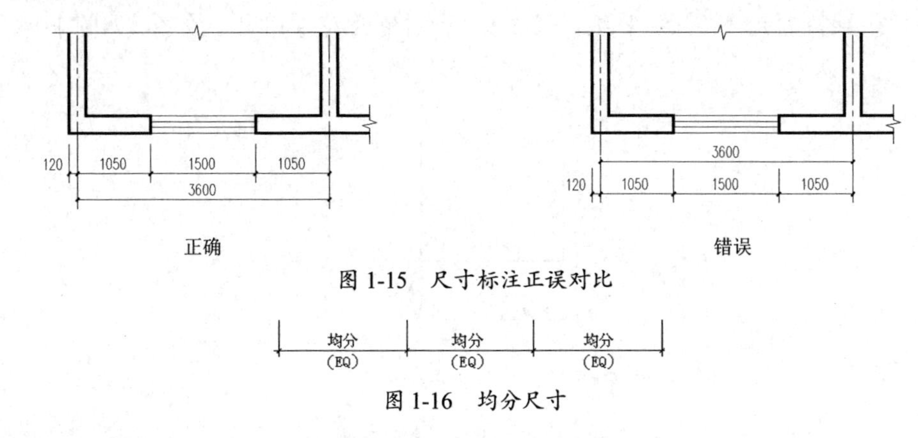

图 1-15　尺寸标注正误对比

图 1-16　均分尺寸

2. 尺寸界线、尺寸线及尺寸起止符号

- 尺寸界线应用细实线绘制，一般应与被标注长度垂直。它的一端应距图样轮廓线不小于 2mm；另一端宜超出尺寸线 2～3mm。图样轮廓线可作为尺寸界线，如图 1-17 所示。
- 尺寸线应用细实线绘制，且应与被标注长度平行。图样本身的任何图线均不得作为尺寸线。因此应调整好尺寸线的位置，避免与图线重合。
- 尺寸起止符号一般用中粗斜短线绘制，其倾斜方向应与尺寸界线成 45°夹角，长度宜为 2～3mm。半径、直径、角度与弧长的尺寸起止符号宜用箭头表示，如图 1-18 所示。

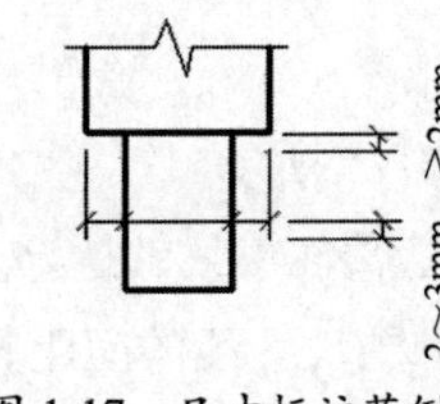

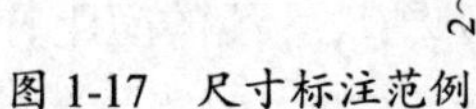

图1-17　尺寸标注范例

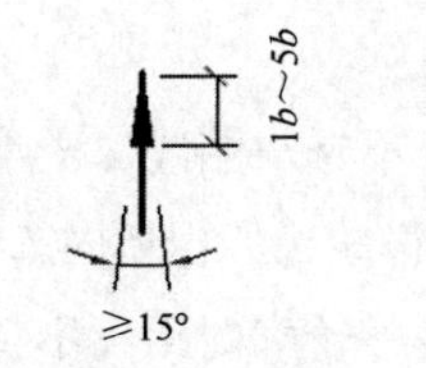

图1-18　尺寸起止符号——箭头

3．尺寸数字

图样上的尺寸应以尺寸数字为准，不得从图上直接量取。建议按比例绘图，这样可以减少绘图错误。对于图样上的尺寸单位，除标高及总平面图以m为单位外，其他必须以mm为单位。

一般尺寸数字的标注方向按图1-19（a）中的规定注写。若尺寸数字在30°斜线区内，则宜按图1-19（b）中的形式注写。

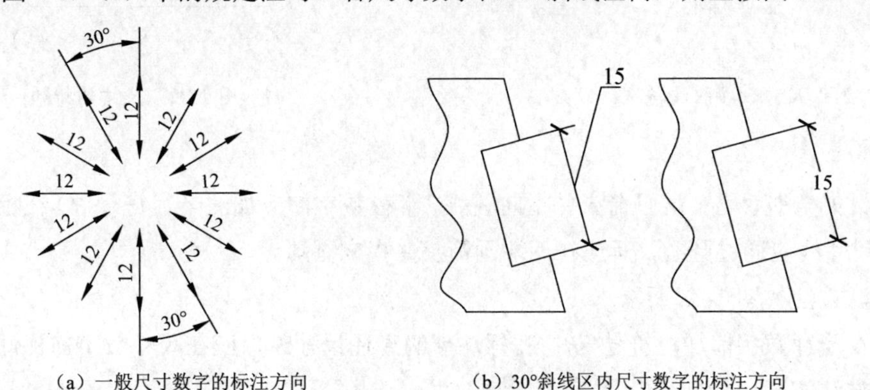

（a）一般尺寸数字的标注方向　（b）30°斜线区内尺寸数字的标注方向

图1-19　尺寸数字的标注方向

尺寸数字一般应依据其方向注写在靠近尺寸线的上方中部。如果没有足够的注写位置，则最外边的尺寸数字可注写在尺寸界线的外侧，中间相邻的尺寸数字可错开注写，如图1-20所示。

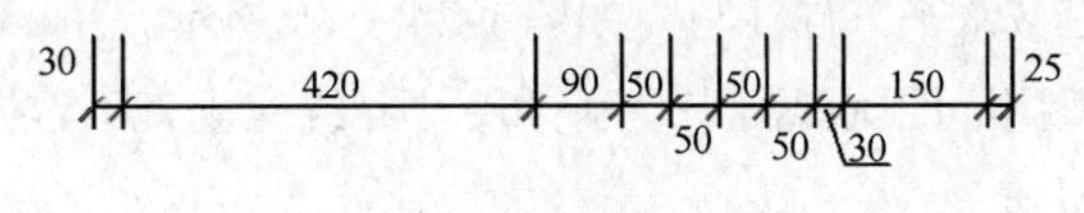

图1-20　尺寸数字的注写位置

4．尺寸的排列与布置

尺寸数字宜标注在图样轮廓以外，不宜与图线、文字及符号等相交，如图 1-21 所示。

互相平行的尺寸线应从被注写的图样轮廓线由近向远整齐地排列，较小尺寸应离轮廓线较近，较大尺寸应离轮廓线较远，如图 1-22 所示。

图样轮廓线以外的尺寸线与图样最外轮廓的距离不宜小于 10mm。平行排列的尺寸线的间距宜为 7～10mm，且应保持一致。

总尺寸的尺寸界线应靠近所指部位，中间的分尺寸的尺寸界线可稍短，但其长度应相等。

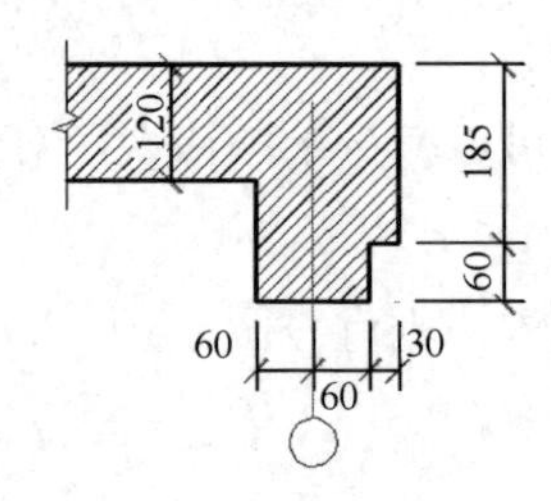

图 1-21　尺寸数字的注写

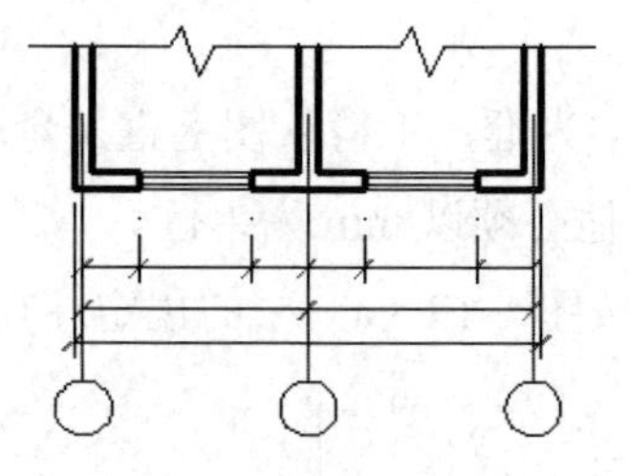

图 1-22　尺寸的排列

5．半径、直径、球的尺寸标注

半径尺寸线的一端应从圆心开始绘制，另一端画箭头并指向圆弧。半径数字前应加注半径符号 *R*。在标注圆的直径尺寸时，直径数字前应加直径符号 ϕ。在圆内标注的尺寸线应通过圆心，且应在两端画箭头并指向圆弧。

圆弧半径与圆直径的尺寸标注方法如图 1-23 所示。

在标注球的半径尺寸时，应在尺寸数字前加注符号 *SR*；在标注球的直径尺寸时，应在尺寸数字前加注符号 $S\phi$。两者的尺寸标注方法与圆弧半径和圆直径的尺寸标注方法相同。

6．角度、弧长、弦长的尺寸标注

角度的尺寸线应用圆弧来表示，且该圆弧的圆心应是该角的顶点；角的两条边为尺寸界线；尺寸起止符号应用箭头表示，如果没有足够的位置画箭头，则可用圆点代替；角度数字应按水平方向注写，如图 1-24（a）所示。

在标注圆弧的弧长时，尺寸线应用与该圆弧同心的圆弧线来表示；尺寸界线应垂直于该圆弧的弦；尺寸起止符号用箭头表示；弧长数字上方应加注圆弧符号“⌒”，如图 1-24（b）所示。

在标注圆弧的弦长时，尺寸线应用平行于该弦的直线表示；尺寸界线应垂直于该弦；尺寸起止符号应用中粗斜短线表示，如图 1-24（c）所示。

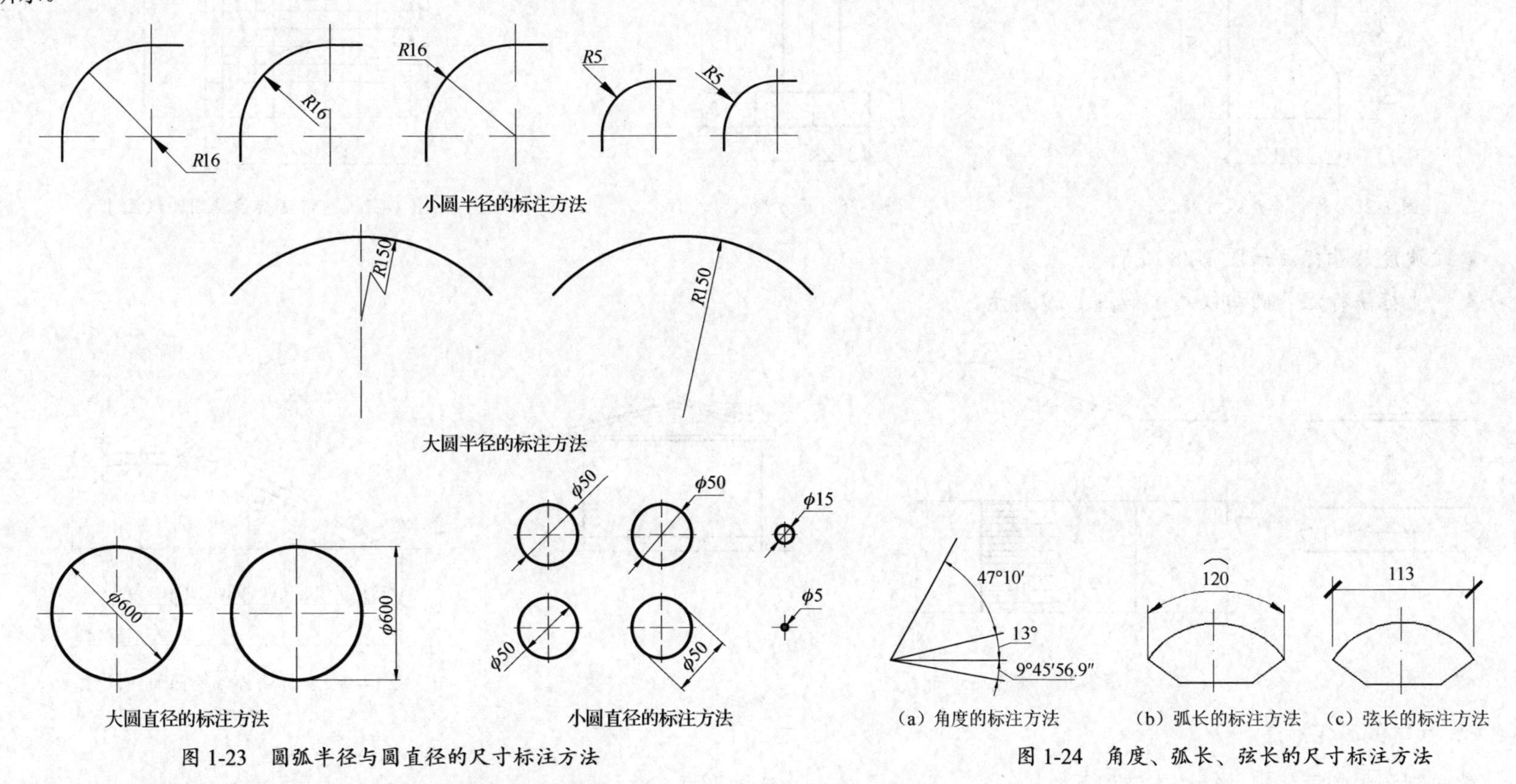

图 1-23　圆弧半径与圆直径的尺寸标注方法

图 1-24　角度、弧长、弦长的尺寸标注方法

7．薄板厚度、正方形、坡度、非圆曲线的尺寸标注

- 薄板厚度尺寸标注、正方形尺寸标注及网格法标注非圆曲线尺寸分别如图 1-25～图 1-27 所示。

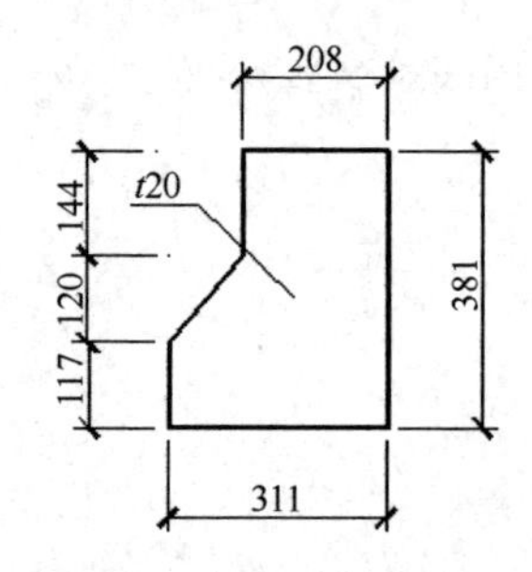

图 1-25　薄板厚度尺寸标注

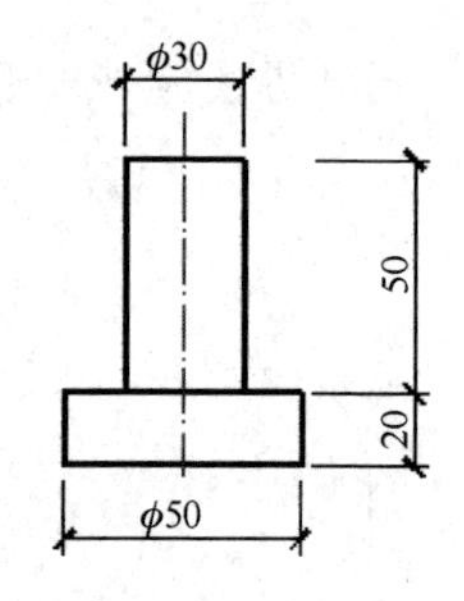

图 1-26　正方形尺寸标注

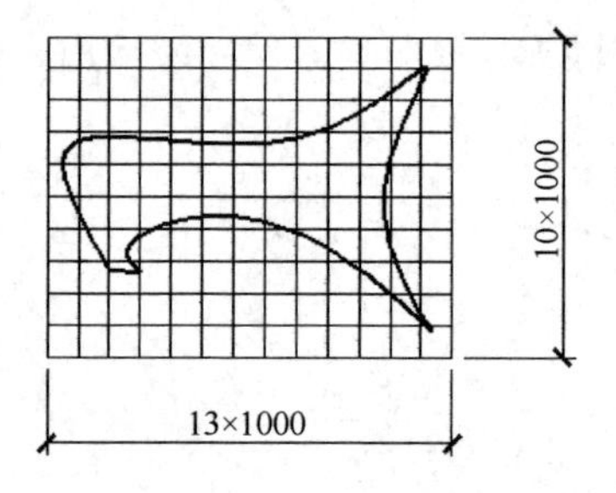

图 1-27　网格法标注非圆曲线尺寸

- 坡度尺寸标注如图 1-28 所示。
- 坐标法标注非圆曲线尺寸如图 1-29 所示。

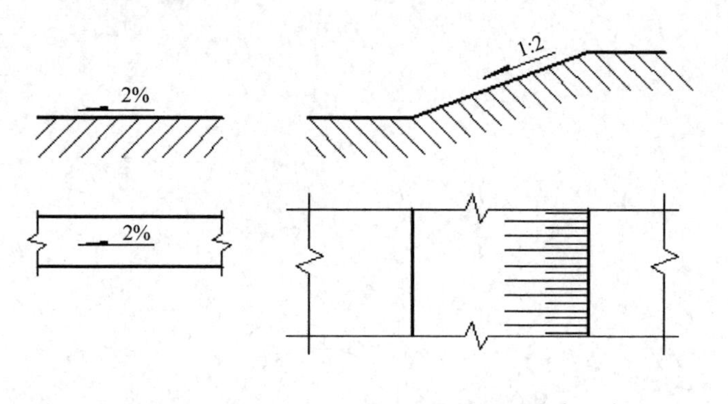

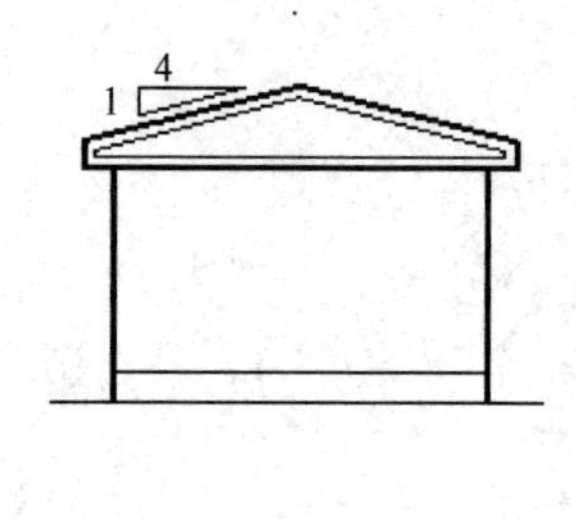

图 1-28　坡度尺寸标注

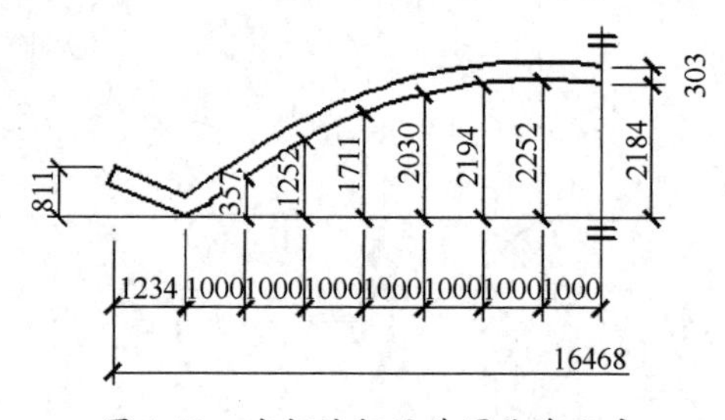

图 1-29　坐标法标注非圆曲线尺寸

8．尺寸的简化标注

建筑制图中的简化尺寸标注方法如下。

- 等长尺寸简化标注方法如图 1-30 所示。
- 相同要素尺寸简化标注方法如图 1-31 所示。
- 对称构件尺寸简化标注方法如图 1-32 所示。

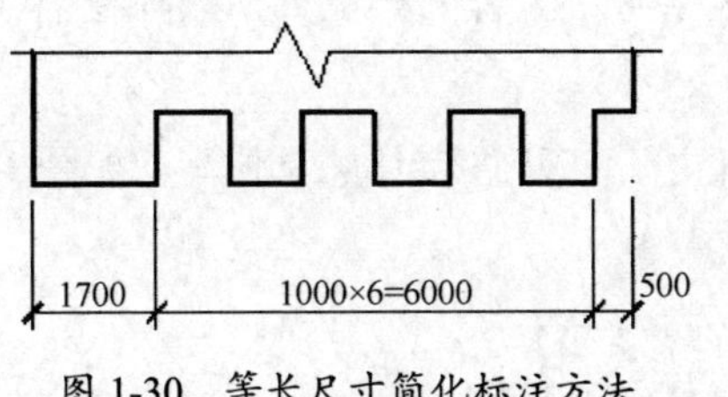

图 1-30　等长尺寸简化标注方法

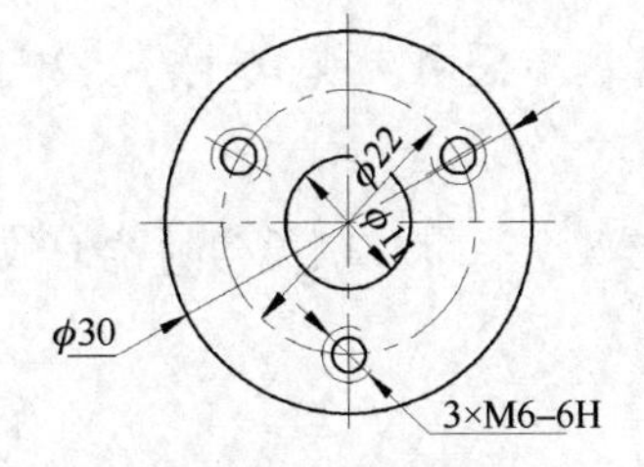

图 1-31　相同要素尺寸简化标注方法

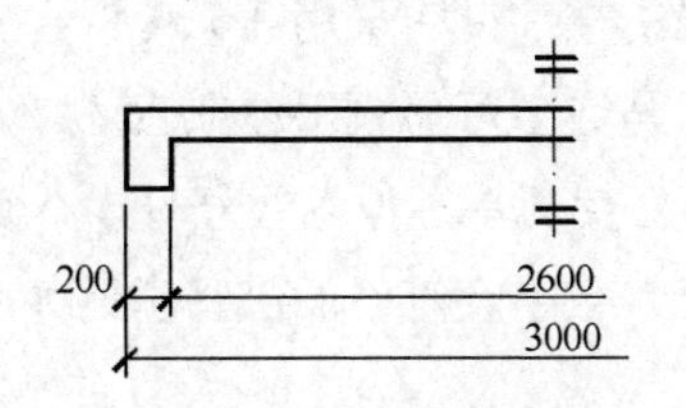

图 1-32　对称构件尺寸简化标注方法

- 相似构件尺寸简化标注方法如图 1-33 所示。
- 相似构配件尺寸简化标注方法如图 1-34 所示。

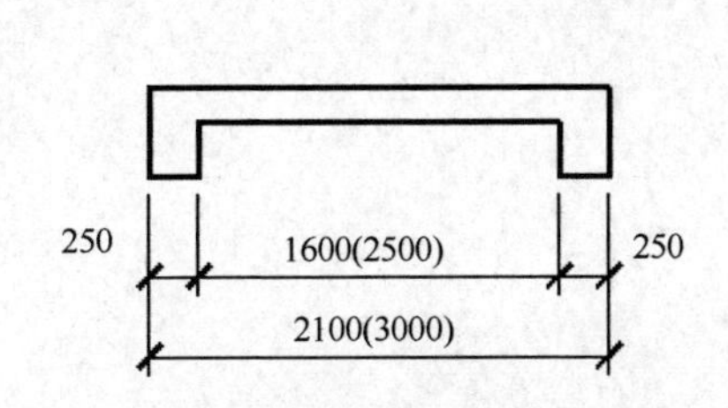

图 1-33　相似构件尺寸简化标注方法

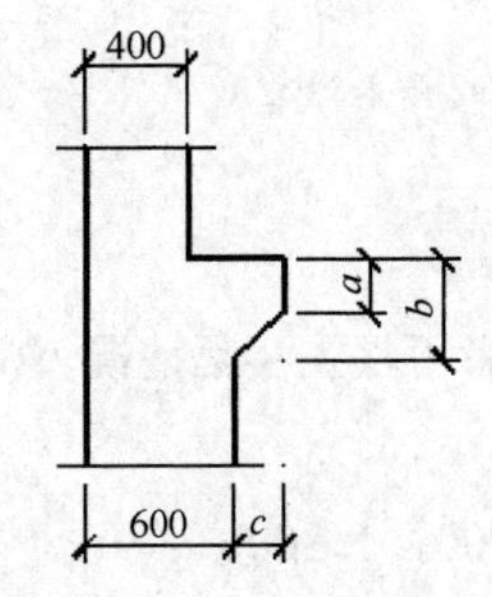

构配件编号	*a*	*b*	*c*
Z-1	200	200	200
Z-2	250	450	200
Z-3	200	450	250

图 1-34　相似构配件尺寸简化标注方法

1.2.7　文字

在工程图中，字体的大小用字号来表示，字号就是字体的高度。图纸中字体的大小应依据图幅、比例等从国家标准规定的下列字高系列中选用：2.5、3.5、5、7、10、14、20（mm）。汉字的字高应不小于 3.5mm；图名及说明用的汉字应采用长仿宋体，且字的高度与宽度的关系应符合表 1-4 的规定。

表 1-4　长仿宋体字的高度与宽度的关系　　单位：mm

字　高	20	14	10	7	5	3.5	2.5
字　宽	14	10	7	5	3.5	2.5	1.8

一般的文字说明采用 3.5 或 5 号字，各种图的标题多采用 7 或 10 号字，根据图幅大小确定字号。工程图样上书写的阿拉伯数字、拉丁字母、罗马数字可写成斜体或直体。

当拉丁字母单独作为代号时，不使用 I、O、Z 这 3 个字母，以免与阿拉伯数字的 1、0、2 混淆。工程图字体的具体写法如图 1-35 所示。

字母、数字及符号的书写示例如图 1-36 所示。

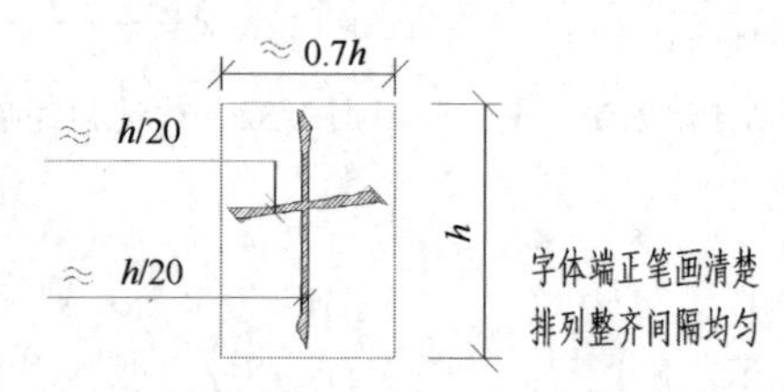

图 1-35　工程图字体的具体写法

1234567890　I II III IV V VI IX X　（字高7）
ABCDEFGHIJKLMNOPQRSTUVWXYZ　φ α β δ
abcdefghijklmnopqrstuvwxyz　（字高7）
abcdefghijklmnopqrstuvwxyz
ABCDEFGHIJKLMNOPQRSTUVWXYZ　1234567890　（字高5）
ABCDEFGHIJKLMNOPQRSTUVWXYZ1234567890

图 1-36　字母、数字及符号的书写示例

1.2.8　图纸比例

下面列出了建筑制图中的常用比例，读者可根据实际情况灵活使用。

（1）总平面图：1:500，1:1000，1:2000。

（2）平面图：1:50，1:100，1:150，1:200，1:300。

（3）立面图：1:50，1:100，1:150，1:200，1:300。

（4）剖面图：1:50，1:100，1:150，1:200，1:300。

（5）局部放大图：1:10，1:20，1:25，1:30，1:50。

（6）配件及构造详图：1:1，1:2，1:5，1:10，1:15，1:20，1:25，1:30，1:50。

1.2.9　常用图纸符号

1. 详图索引符号及详图符号

对于平面图、立面图、剖面图，在需要另设详图表示的部位标注一个索引符号，以表明该详图的位置，这个索引符号即详图索引符号。详图索引符号采用细实线绘制，圆圈直径为 10mm，如图 1-37 所示，图中（d）～（g）用于索引剖面详图；当详图就在本张图纸上时采用

图 1-37（a）的形式，当详图不在本张图纸上时采用图 1-37（b）～（g）的形式。

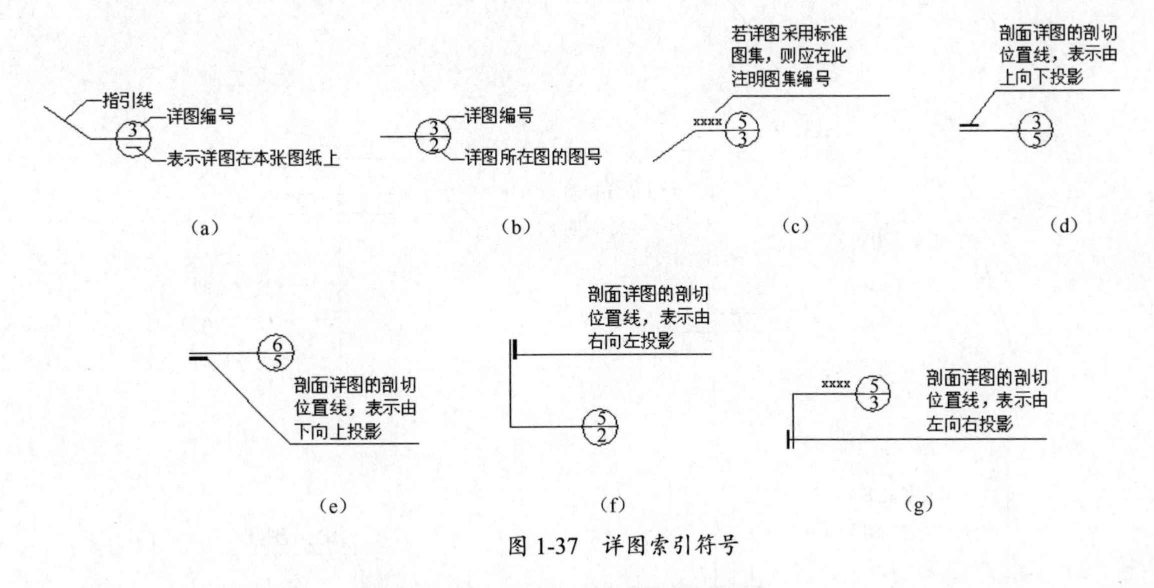

图 1-37　详图索引符号

详图符号即详图的编号，用粗实线绘制，圆圈直径为 14mm，如图 1-38 所示。

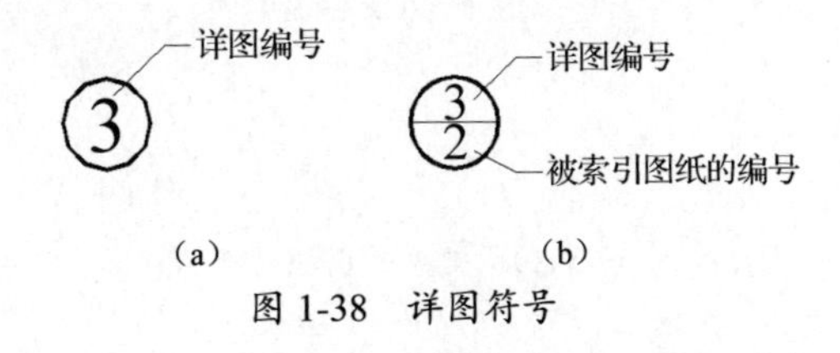

图 1-38　详图符号

2. 引出线

引出线应用细实线绘制，宜采用水平方向或与水平方向成 30°、45°、60°、90°的直线，常见的引出线形式如图 1-39 所示。图 1-39（a）～（d）为普通引出线，（e）～（h）为多层构造引出线。在使用多层构造引出线时，构造分层的顺序应与文字说明的分层顺序一致。文字说明可以放在引出线的端头，如图 1-39（a）～（h）所示，也可以放在引出线的水平段上，如图 1-39（i）所示。

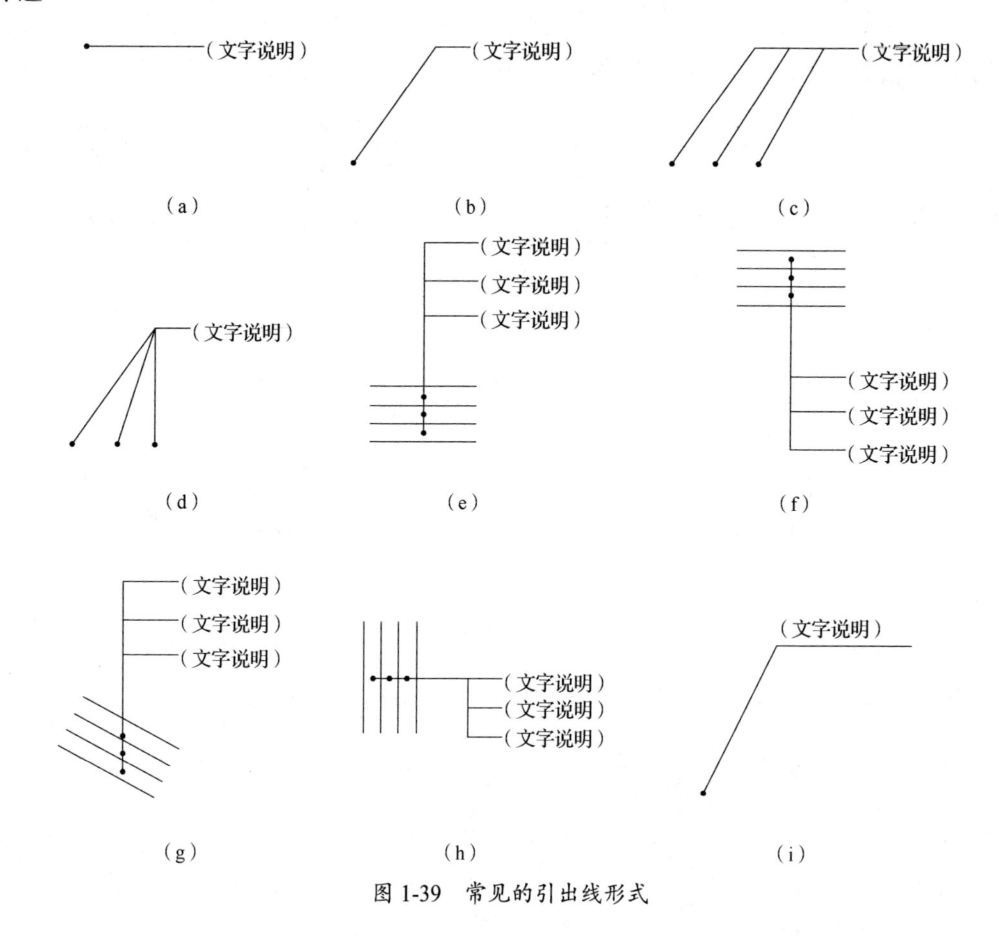

图 1-39　常见的引出线形式

3．内视符号

内视符号标注在平面图中，用于表示室内立面图的位置及编号，以建立平面图和室内立面图之间的联系。内视符号的形式如图 1-40 所示，图中立面图编号可用拉丁字母或阿拉伯数字表示，黑色的箭头指向表示立面的方向。其中，图 1-40（a）为单向内视符号；图 1-40（b）为双向内视符号；图 1-40（c）为四向内视符号，A、B、C、D 要顺时针标注。

（a）

（b）

（c）

图 1-40　内视符号的形式

建筑常用符号图例如表 1-5 所示。

表 1-5　建筑常用符号图例

符　号	说　明	符　号	说　明
3.600 3.600	标高符号，线上数字为标高值，单位为 m； 下面这种标注形式在标注位置比较拥挤时采用	i=5%	表示坡度
1　A	轴线号	1/1　1/A	附加轴线号
1　1	标注剖切位置的符号，标数字的方向为投射方向，1 与剖面图的编号 1-1 对应	2　2	标注绘制断面图的位置，标数字的方向为投射放向，2 与断面图的编号 2-2 对应
	对称符号。在对称图形的中轴位置画此符号，可以省略另一半图形		指北针
	方形坑槽		圆形坑槽
	方形孔洞		圆形孔洞
@	表示重复出现的固定间隔，如双向木格栅@500	ϕ	表示直径，如 ϕ30
平面图 1:100	图名及比例	1　1:5	索引详图名及比例
宽×高或 ϕ 底(顶或中心)标高	墙体预留洞	宽×高或 ϕ 底(顶或中心)标高	墙体预留槽
	烟道		通风道

1.2.10 常用材料图例

建筑图中经常应用材料图例来表示材料，在无法用图例表示的地方，也采用文字说明。常用的材料图例如表 1-6 所示。

表 1-6 常用的材料图例

材料图例	说明	材料图例	说明
	自然土壤		夯实土壤
	毛石砌体		普通砖
	石材		砂、灰土
	空心砖		松散材料
	混凝土		钢筋混凝土
	多孔材料		金属
	矿渣、炉渣		玻璃
	纤维材料		防水材料 上、下两种形式根据绘图比例来选用
	木材		液体（需要注明液体名称）

1.2.11 标高

1．标高分类

标高按基准面的选定情况分为相对标高和绝对标高。

相对标高是指根据工程需要选定测量基准面而引出的标高，一般取首层室内地面±0.000 作为相对标高的基准面。

根据我国的规定，绝对标高是以青岛的黄海平均海平面作为标高基准面而引出的标高。

标高按所注写的部位分为建筑标高和结构标高。其中，建筑标高是指标注在建筑完成面的标高；结构标高是指标注在建筑结构部位的标高。

2．标高符号的表示

标高符号用直角等腰三角形来表示，应按图1-41（a）的形式用细实线绘制。如果标注位置不够，则可按图1-41（b）的形式来绘制。标高符号的具体画法如图1-41（c）、（d）所示。

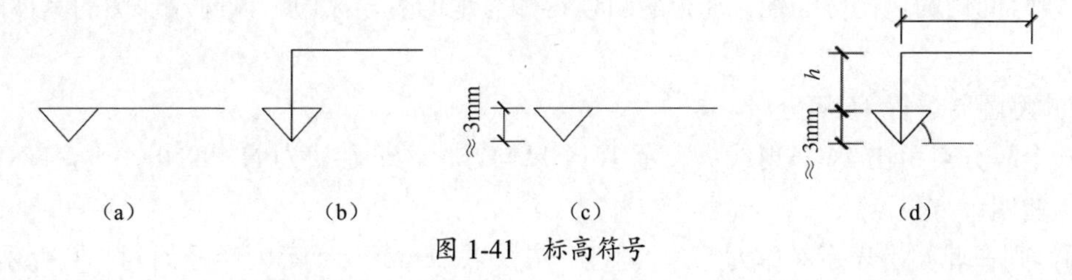

图1-41　标高符号

总平面图室外地坪标高符号宜用涂黑的三角形表示，具体画法如图1-42所示。在同一位置表示几个不同标高时，标高数字可按图1-43的形式注写。

图1-42　室外地坪标高符号的具体画法

图1-43　同一位置不同标高的表示方法

3．标高数值的标注

标高数字以m为单位，一般注写至小数点后三位。在总平面图中，也可注写到小数点后两位。零点标高应注写成±0.000，正标高可不注写“+”，但负数标高必须注写“-”，如3.000、-0.600等。

1.2.12 指北针或风向玫瑰图

指北针表示图纸中建筑平面布置的方位，指北针中的圆的直径为 24mm，用细实线绘制。指北针尾部宽度为 3mm，在头部应注写“北”或“N”的字样。当图纸较大时，可放大指北针，放大后指北针的尾部宽度为圆直径的 1/8，如图 1-44 所示。

北

D/8

图 1-44 指北针的画法

风向玫瑰图是指在极坐标图上绘出某地在一年中各种风向出现的频率，因为图形与玫瑰花朵相似，所以叫风向玫瑰图。

风向玫瑰图是一个地区一段时间内的风向分布图，通过它可以得知当地的主导风向。风向玫瑰图的具体画法如下。

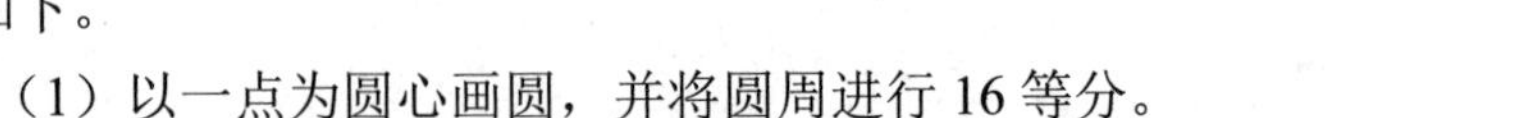

（1）以一点为圆心画圆，并将圆周进行 16 等分。

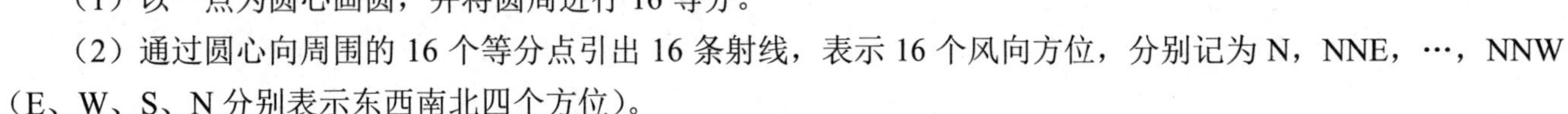

（2）通过圆心向周围的 16 个等分点引出 16 条射线，表示 16 个风向方位，分别记为 N，NNE，…，NNW（E、W、S、N 分别表示东西南北四个方位）。

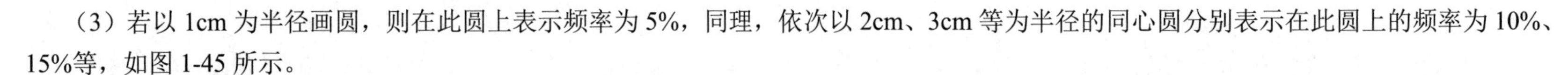

（3）若以 1cm 为半径画圆，则在此圆上表示频率为 5%，同理，依次以 2cm、3cm 等为半径的同心圆分别表示在此圆上的频率为 10%、15%等，如图 1-45 所示。

（4）根据各方向频率数据，在各个风向（射线）上描出各点，然后依次把这些点连接起来，就得到了风向玫瑰图，如图 1-46 所示。

有了风向玫瑰图，就可以很直观地得出一个地区在一段时间内的主导风向（频率最高的方向），这样有助于对今后该地区的风向情况进行预测和估计。此外，风与其他气候要素的相关情况也可以在风向玫瑰图中表现出来。例如，以 1cm 代表降雨量为 100mm，将各个方位的降雨量分别描在相应的方位上，再依次把这些点连接起来，就可以得出风向与降雨量之间的关系了。

如图 1-47 所示，表示当吹南风和东南风时，雨量就大，为 240～250mm；当吹西风时，雨量就小，约 50mm。

图 1-45 绘制同心圆和 16 条等分线

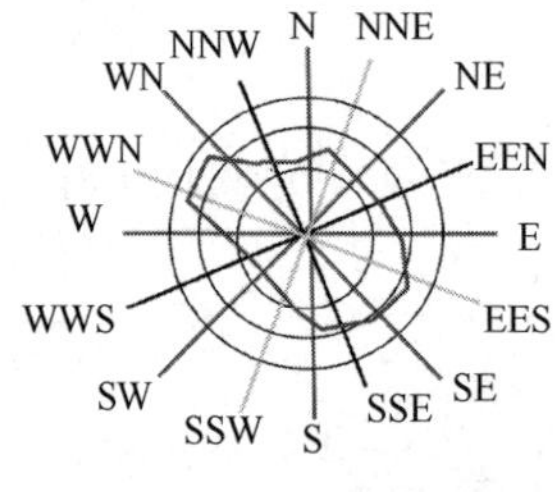

图 1-46 风向玫瑰图

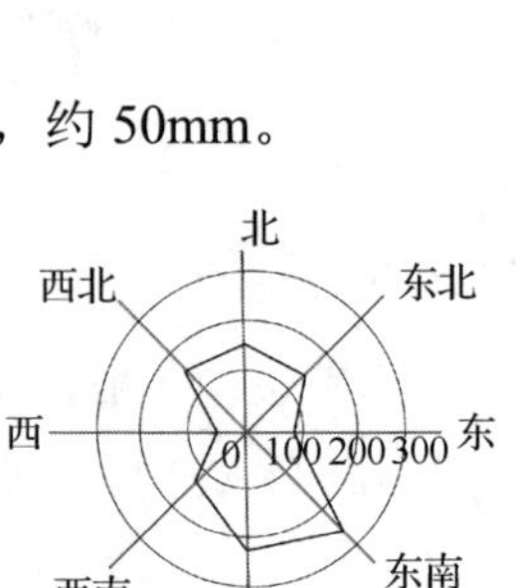

图 1-47 读风向玫瑰图

1.3　建筑图样的基本画法

熟悉并掌握建筑图样的画法至关重要，它关系读者是否能读懂建筑工程图。下面介绍一些常见的建筑图样的基本画法。

1.3.1　投影法

建筑图纸中的物体投影法就是在自然现象启示下，经过科学抽象总结出来的。假想用一束光线（投射线）将物体上各表面及其边界轮廓向选定的平面（投影面）进行投射，在投影面上得到图形的方法称为投影法，所得图形称为物体的投影。投射线、物体、投影面构成了投影的三要素，如图 1-48 所示。

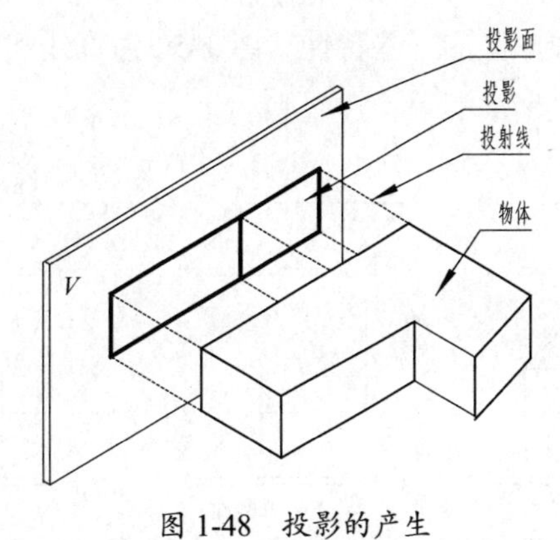

图 1-48　投影的产生

1. 投影法的分类

建筑工程中常用的投影法分为两类：中心投影法和平行投影法。其中，平行投影法又分为斜投影法和正投影法。各类投影法的投影原理如图 1-49 所示。

（1）中心投影法。如图 1-49（a）所示，中心投影法是投射线汇交于一点的投影法（投射中心位于有限远处）。用中心投影法得到的投影不能反映物体的真实大小，不适用于绘制机械图样。但用中心投影法绘制的图形立体感较强，适用于绘制建筑物的外观图及美术画等。

（2）平行投影法。如图 1-49（b）、（c）所示，投射线互相平行的投影法称为平行投影法。平行投影法得到的投影可以反映物体的实际形状。需要注意的是，机械图样要按正投影法绘制，因为正投影法得到的投影能真实地反映物体的形状和大小，且度量性好、作图简便。

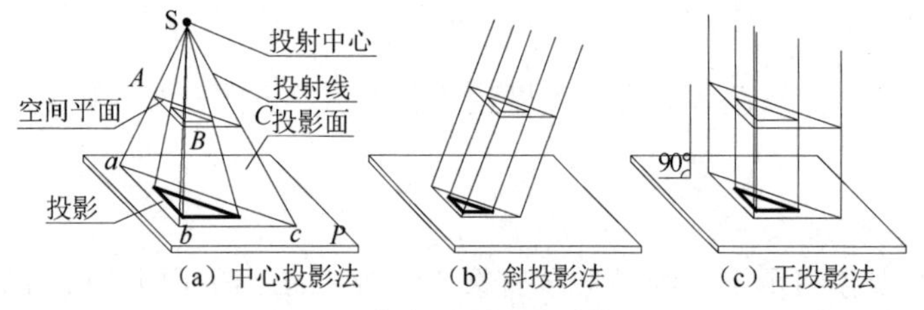

图 1-49　各类投影法的投影原理

2．正投影法的特性

为正确绘制空间几何要素的投影，必须掌握正投影法的一些特性。图 1-50 为直线和平面的正投影特性。

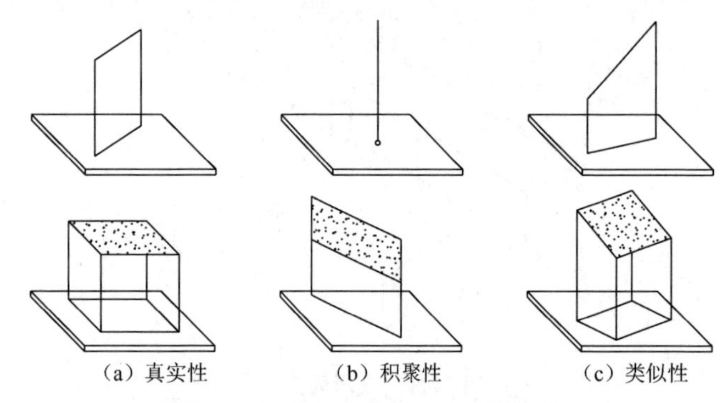

图 1-50　直线和平面的正投影特性

- 真实性：直线/平面平行于投影面，其投影反映直线/平面的真实长度和大小。
- 积聚性：直线/平面垂直于投影面，其投影分别积聚为点、直线、曲线等。
- 类似性：直线/平面与投影面成一定的角度，此时直线投影仍为直线，平面投影为类似形状。

3．第一视角与第三视角投影

机械图样中有两种形式的视角定义图样画法：第一视角和第三视角。

ISO 规定，当表达机件结构时，第一视角和第三视角投影法同等有效。我国侧重第一视角画法，必要时也可以采用第三视角画法。

第一视角：根据人（观察者）—物体（放置于第一视角内）—面（投影面）的相对位置，按规定展开投影面，如图 1-51 所示。

第三视角：根据人—面—物体（放置于第三视角内）的相对位置作正投影所得的图形的方法。第三视角画法也是以正投影为主的，与第一视角的区别在于人、面和物体三者之间的相对位置关系不同，如图 1-52 所示。

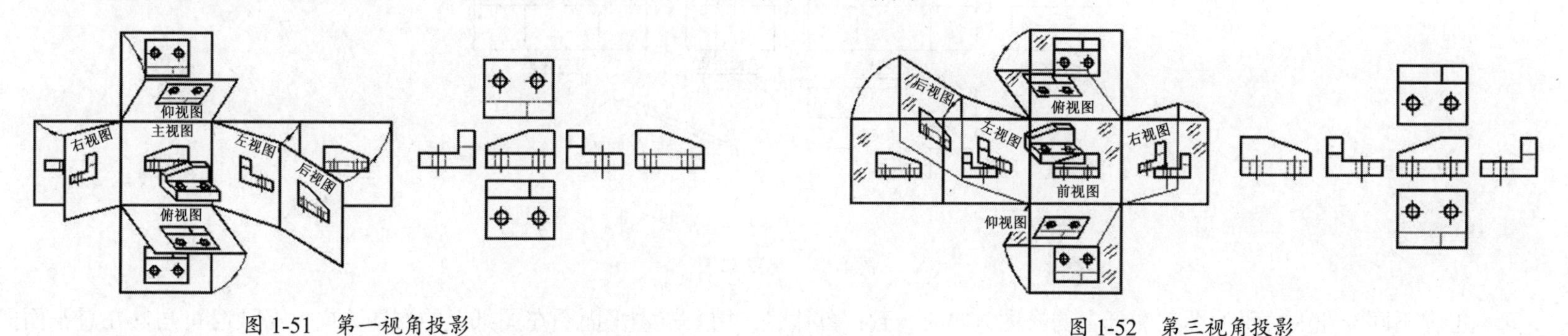

图 1-51　第一视角投影　　图 1-52　第三视角投影

ISO 规定，应在标题栏附近画出所采用画法的识别符号，如图 1-53 所示。

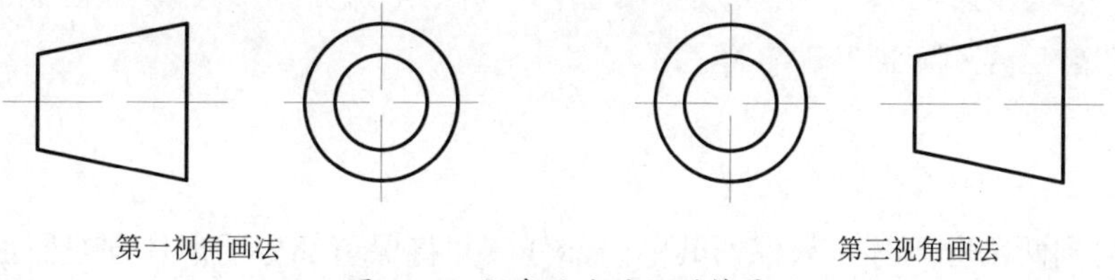

图 1-53　视角画法的识别符号

1.3.2　视图配置

建筑图纸中的视图包括平面图、屋面图和东、南、西、北立面图。在同一张图纸上绘制若干视图时，各视图的位置应按如图 1-54 所示的顺序进行配置。

每个视图一般均应标注图名。图名宜标注在视图的下方或一侧，并在图名下用粗实线绘一条横线，其长度应以图名所占长度为准。当使用详图符号作为图名时，符号下不再画线。

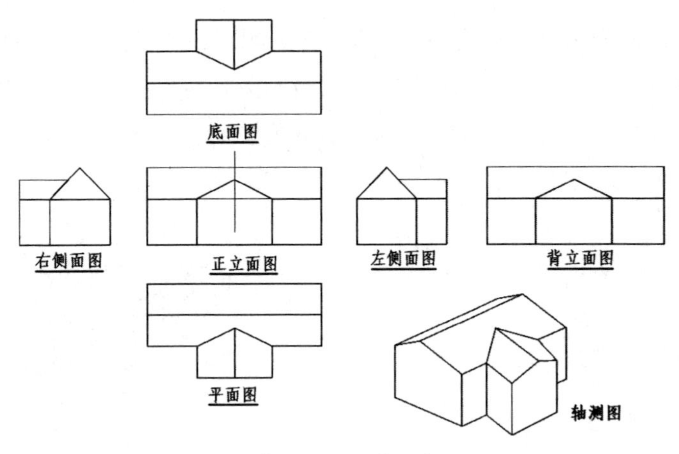

图 1-54　视图配置

同一工程不同专业的总平面图在图纸上的布图方向应一致；单体建（构）筑物平面图在图纸上的布图方向，必要时可与其在总平面图上的布图方向不一致，但必须标明方位；不同专业的单体建（构）筑物平面图在图纸上的布图方向应一致。

对于建（构）筑物的某些部分，如与投影面不平行的部分（如圆形、折线形、曲线形等），在画立面图时，可先将该部分展至与投影面平行，再采用正投影法绘制，并在图名后注写“展开”字样。

1.3.3　剖面图和断面图

利用剖切平面将建筑物剖切开得到两部分形体，只保留其中一部分，并将保留部分的形体向投影面进行投射，投射所得的图形就是剖切视图，简称剖视图或剖视，如图 1-55 所示。因为剖切是假想的，实际上建筑物仍是完整的，所以在画其他视图时，仍应按完整的建筑物画出。

剖面图除应画出剖切平面切到部分的图形外，还应画出沿投射方向看到的部分，被剖切平面切到部分的轮廓线用粗实线绘制，剖切平面没有切到但沿投射方向可以看到的部分用中粗实线绘制。

断面图又称截面图，假想一个剖切平面，将形体剖开，剖切平面和形体的交截切口就是断面，其正投影即断面图。断面图只需（用粗实线）画出被剖切平面切到部分的图形即可。图 1-56 为剖面图与断面图的区别。

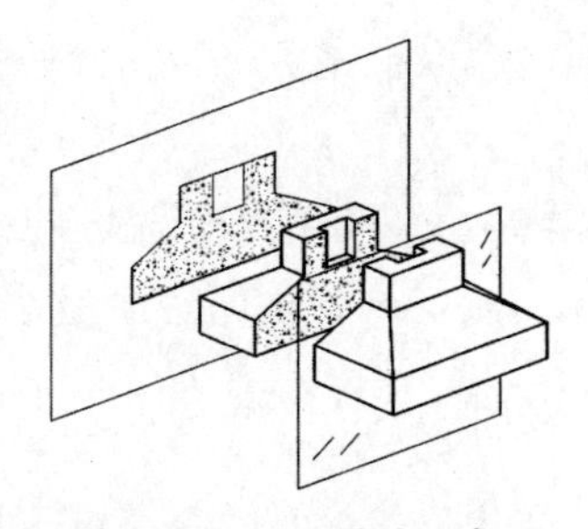

图 1-55　剖视图的形成

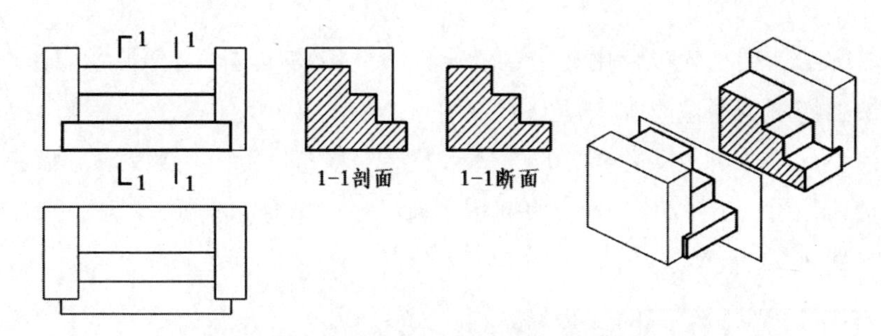

图 1-56　剖面图与断面图的区别

剖面图和断面图应按下列方法剖切、绘制。

- 用一个剖切平面剖切，如图 1-57 所示。
- 用两个或两个以上平行的剖切平面剖切，如图 1-58 所示。
- 用两个相交的剖切平面剖切，如图 1-59 所示。当用此方法剖切时，应在图名后注明“展开”字样。

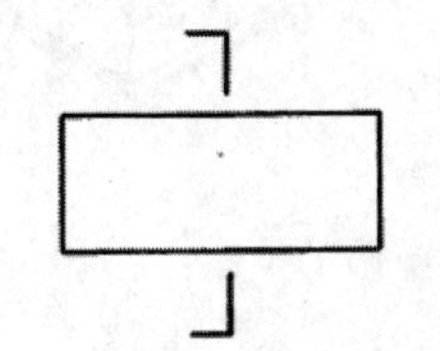

图 1-57　用一个剖切平面剖切

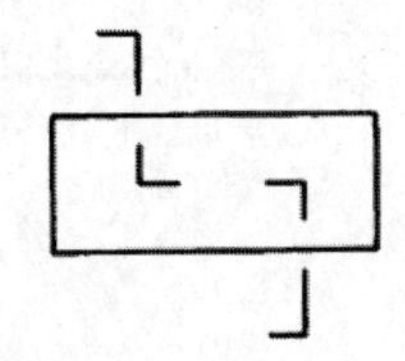

图 1-58　用两个或两个以上平行的剖切平面剖切

图 1-59　用两个相交的剖切平面剖切

分层剖切的剖面图应按层次以波浪线将各层隔开，且波浪线不应与任何图线重合，如图 1-60 所示。

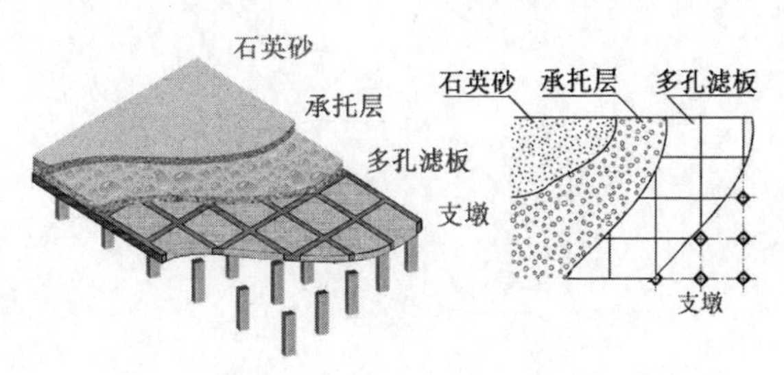

图 1-60　分层剖切的剖面图

有的物体内部结构层次较多，用一个剖切平面不能将物体内部全部显示出来，此时可用两个或两个以上相互平行的剖切平面剖切。

当采用阶梯剖切画剖面图时，应注意以下两点。

- 在标注剖切符号时，为使转折的剖切位置线不与其他图线发生混淆，应在转折处的外侧加注与该符号相同的编号，如图 1-61 所示。
- 在画剖面图时，应把几个平行的剖切平面视为一个剖切平面，在图中，不可画出平行的剖切平面剖到的两个断面在转折处的分界线，如图 1-62 所示。

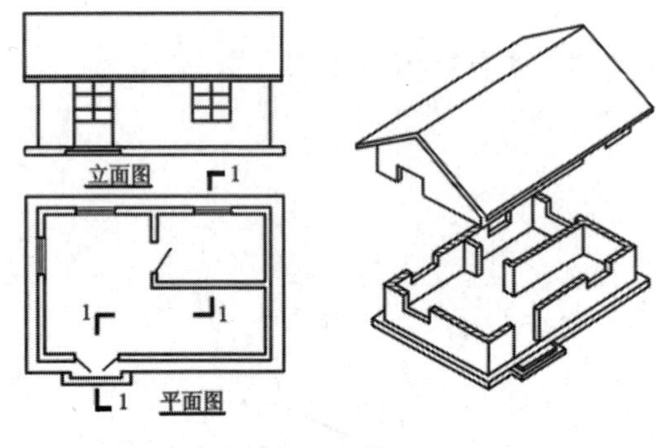

图 1-61　平行剖切

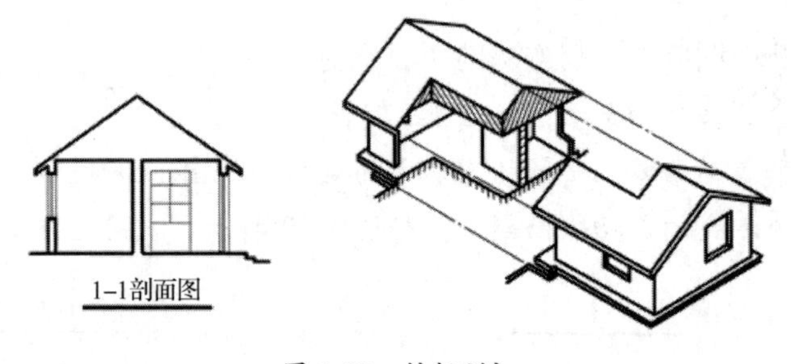

图 1-62　转折剖切

第 2 章

识读首页图与建筑总平面图

本章重点

（1）建筑图纸中首页图的内容和识读方法。
（2）建筑总平面图的作用与形成。
（3）识读建筑总平面图的基本方法。
（4）建筑总平面图的绘制方法。

2.1 识读首页图

首页图是指施工图图纸的第一页，施工人员通过首页图可以对整个工程项目有一个初步认识和了解。首页图包含的内容一般有图纸目录、建筑设计总说明、门窗表、室内装修表。

2.1.1 图纸目录

图纸目录是为了帮助施工人员了解整个建筑设计情况而建立的图纸表格。施工人员通过图纸目录可提前得知该工程图纸由哪些图纸组成，便于检索查找。

1. 图纸目录的内容

图纸目录应包括每张图纸的序号、图别、图号、图名、图幅、比例及备注，如图2-1所示。

图纸目录

序号	图别	图号	图名	图幅	比例	备注
01	扉页		图纸目录	A2	1:100	
02	建施图　初设	建施 1		A2	1:100	
03	建施图　初设	建施 2		A2	1:100	
04	建施图　初设	建施 3		A2	1:100	
05	建施图　初设	建施 4		A2	1:100	
06	建施图　初设	建施 5	屋顶平面图	A2	1:100	
07	建施图　初设	建施 6		A2	1:100	
08	建施图　初设	建施 7		A2+1/4	1:100	

图2-1　图纸目录

在图纸目录中，要先列新绘制图纸，再列选用的标准图或重复利用图。

2．识读示例

图纸目录的识读步骤如下。

（1）联系建筑设计总说明了解工程名称、项目名称、设计日期等。

（2）看图纸目录的内容，了解图纸编排顺序、图名、图幅及绘图比例等。

（3）仔细核对图纸数量，检查是否有遗漏，若图纸目录与实际图纸有出入，则需要与设计单位核对情况。

（4）各专业图纸都可以归纳到一张图纸中，也可以单独成页，还可以与建筑设计总说明安排在一起。

2.1.2　建筑设计总说明

建筑设计总说明是对整个建筑项目的工程概况、设计依据和相关的具体实施细则进行的说明。不同建筑项目的建筑设计总说明描述的内容有所不同，主要包含以下几部分内容。

（1）工程概况：描述建筑工程与项目的名称、位置、建筑楼层、建筑结构形式、建筑总面积及屋面防水、抗震强度等的文字说明。

（2）设计依据：每个项目都必须依据相关部门制定的法规、设计标准和引用参考等来设计，如规划部门批准的设计方案、城市规划管理条例的实施细则、项目所在地的天文气象资料、现行的相关设计规范（或规程）等。

（3）设计总则：列出施工图纸中的尺寸单位、相关设计要求、项目验收规范与要求。

（4）其他设计细节说明：包括节能措施说明、防火设计说明、幕墙工程说明、建筑构造做法说明和其他工作做法说明等。

图 2-2 为某幼儿园建园项目的建筑设计总说明。

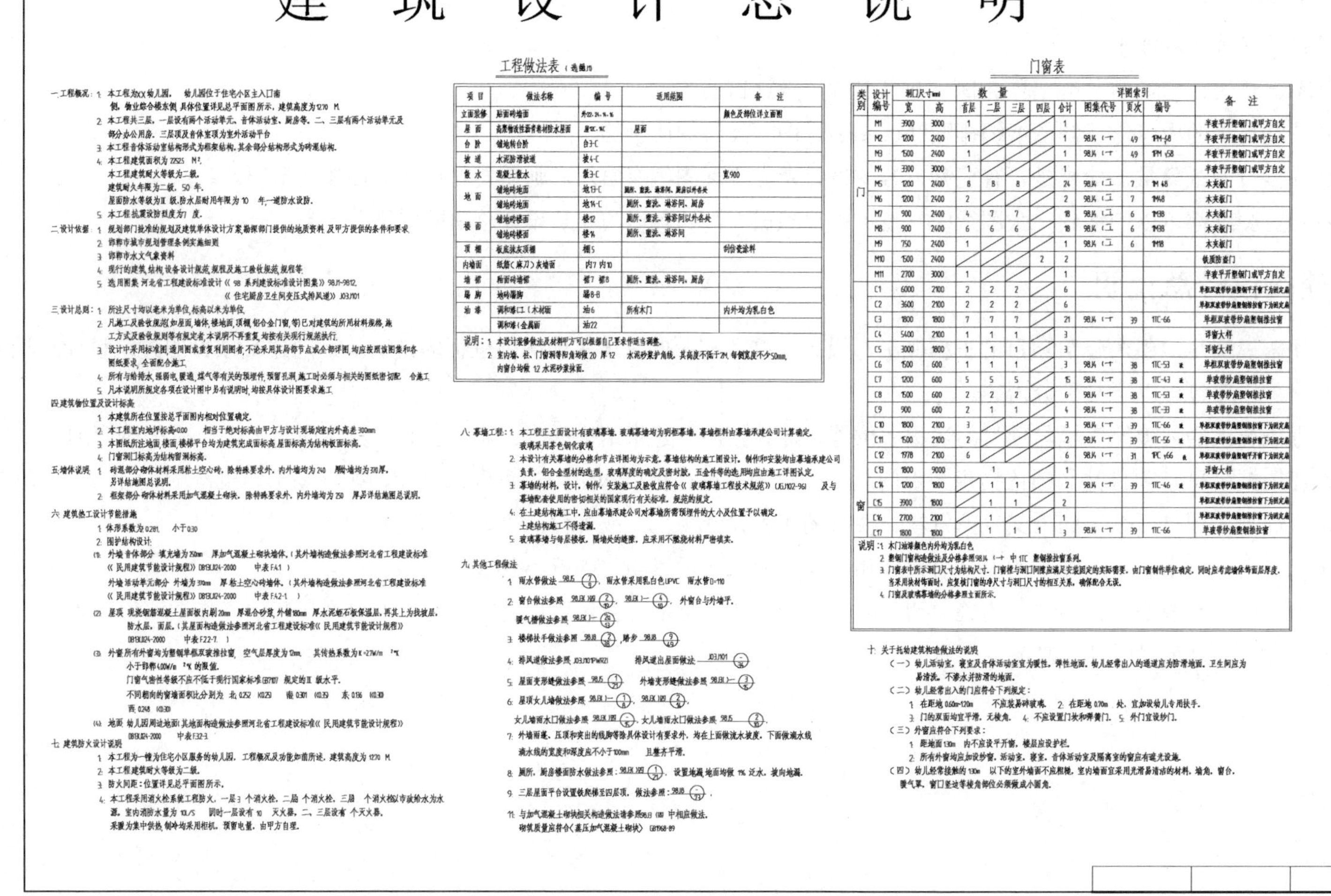

图 2-2　某幼儿园建园项目的建筑设计总说明

2.1.3　门窗表与室内装修表

门窗表列出了项目采用的门窗规格、材料及数量等信息，是装修设计参考和计算结构负荷的重要依据。门窗表可以单独列出，也可以放置在建筑设计总说明（见图 2-2 中的门窗统计表）或相应建筑平面图中，视具体情况（图纸中是否有足够位置用来放置门窗表）而定。

室内装修表并非一定要在建筑施工图中提供，它仅仅是一个在进行室内装修时的建议或参考，实际的装修做法应以施工方交房时的标准为准。图 2-3 为常见的室内装修表。

室内装修表

装修材料＼装修位置		餐厅	操作间	备餐间	洗碗间	主副食库	楼梯间	选用图集
地面	防滑地砖地面	○		○			○	西南11J312P11"3117Db"
	防滑地砖地面（有防水层）		○		○	○		西南11J312P11"3118Db"
楼面	防滑地砖楼面	○		○			○	西南11J312P11"3117Lb"
	防滑地砖楼面（有防水层）		○		○	○		西南11J312P11"3118L"
墙面	双飞粉墙面	○	○	○	○	○	○	西南11J312P83"5134"
	200x300白色瓷砖满贴		○	○	○	○		西南11J515P23"Q06"
顶棚	双飞粉顶棚	○	○	○	○	○	○	西南11J312P83"5134"
	PVC铝扣板吊顶		○	○	○	○		西南11J515-33/P12
墙裙	1500高200x300白色瓷砖	○					○	西南11J515P23"Q06"
踢脚线	150高踢脚线（用料同相邻地坪）	○		○	○		○	西南11J312P69"4105Ta"

图 2-3　常见的室内装修表

2.2　识读建筑总平面图

在建筑施工中，建筑总平面图将拟建的、原有的、要拆除的建筑物或构筑物，以及新建的、原有的道路等内容用水平投影方法在地形图上绘制出来，便于施工人员阅读。

2.2.1 建筑总平面图的功用与常用图例

1. 建筑总平面图的功用

建筑总平面图的功用表现在以下几方面。

- 在方案设计阶段，着重体现拟建建筑物的大小、形状，以及周边道路、房屋、绿地和建筑红线之间的关系，表达室外空间设计效果。
- 在初步设计阶段，通过进一步推敲总平面设计中涉及的各种因素和环节，分析方案的合理性、科学性。初步设计阶段的建筑总平面图是方案设计阶段的建筑总平面图的细化，为施工图设计阶段的建筑总平面图打基础。
- 施工图设计阶段的建筑总平面图是在深化初步设计阶段内容的基础上完成的，能准确描述建筑的定位尺寸、相对标高、道路竖向标高、排水方向及坡度等。另外，它还是单体建筑施工放线、确定开挖范围及深度、场地布置，以及水、暖、电管线设计的主要依据，也是道路及围墙、绿化、水池等施工的重要依据。
- 总平面设计在整个工程设计、施工中具有极其重要的作用。建筑总平面图是总平面设计中的图纸部分，在不同的设计阶段有不同的作用。

2. 建筑总平面图常用图例

由于建筑总平面图是采用较小比例来绘制的，因此各建筑物和构筑物在图中所占的面积较小。根据建筑总平面图的作用，无须将其绘制得很详细，可以用相应的图例来表示，如表 2-1 所示。

表 2-1 建筑总平面图中的常用图例

符　号	说　明	符　号	说　明
X	新建建筑物，用粗实线绘制； 当需要时，要表示出入口位置▲及层数 X； 轮廓线以±0.00 处的外墙定位轴线或外墙皮线为准； 当需要时，地上建筑物用中实线绘制，地下建筑物用细虚线绘制		新建地下建筑物或构筑物，用粗虚线绘制
	拟扩建的预留地或建筑物，用中虚线绘制		原有建筑，用细实线绘制

续表

符　号	说　明	符　号	说　明
	拆除的建筑物，用细实线表示		建筑物下面的通道
	广场铺地		台阶，箭头指向表示向上
	烟囱，实线为下部直径，虚线为基础；必要时可注写烟囱高度和上下口直径		实体性围墙
	通透性围墙		挡土墙，被挡土在突出的一侧
	填挖边坡，当边坡较长时，可在一端或两端局部表示		护坡，当边坡较长时，可在一端或两端局部表示
X325.86 Y595.34	测量坐标	A125.86 B695.34	建筑坐标
32.36(±0.00)	室内标高	32.36	室外标高

2.2.2　建筑总平面图的形成与内容

建筑总平面图是假设在新建建筑基地一定范围内的正上方向下投影所得到的水平投影图，主要表达建筑物的总体布局，新建建筑物和原有建筑物的位置、朝向，道路，室外附属设施，绿化及工程地区与周围地形、地貌等情况。

建筑总平面图的内容如下。

（1）表面新建区域的道路红线、建筑红线或用地界线的位置。

- 道路红线：规划的城市道路路幅的边界线。
- 建筑红线：城市道路两侧控制沿街建筑物（如外墙、台阶等）靠临街面的界线，又称建筑控制线。

（2）主要建筑物及构筑物的名称、编号、层数、建筑面积和位置（坐标定位）。

（3）广场、停车场、运动场地、道路等的位置（坐标定位）。

（4）建筑物首层室内地面、室外平整地面的绝对标高。

（5）原有建筑、新建建筑、道路系统、人行道、植物景观等的图例表示。

（6）指北针或风向玫瑰图。

（7）设计依据、尺寸单位、比例、坐标及高程系统等。

（8）经济技术指标。

图 2-4 为某学院规划总平面图。

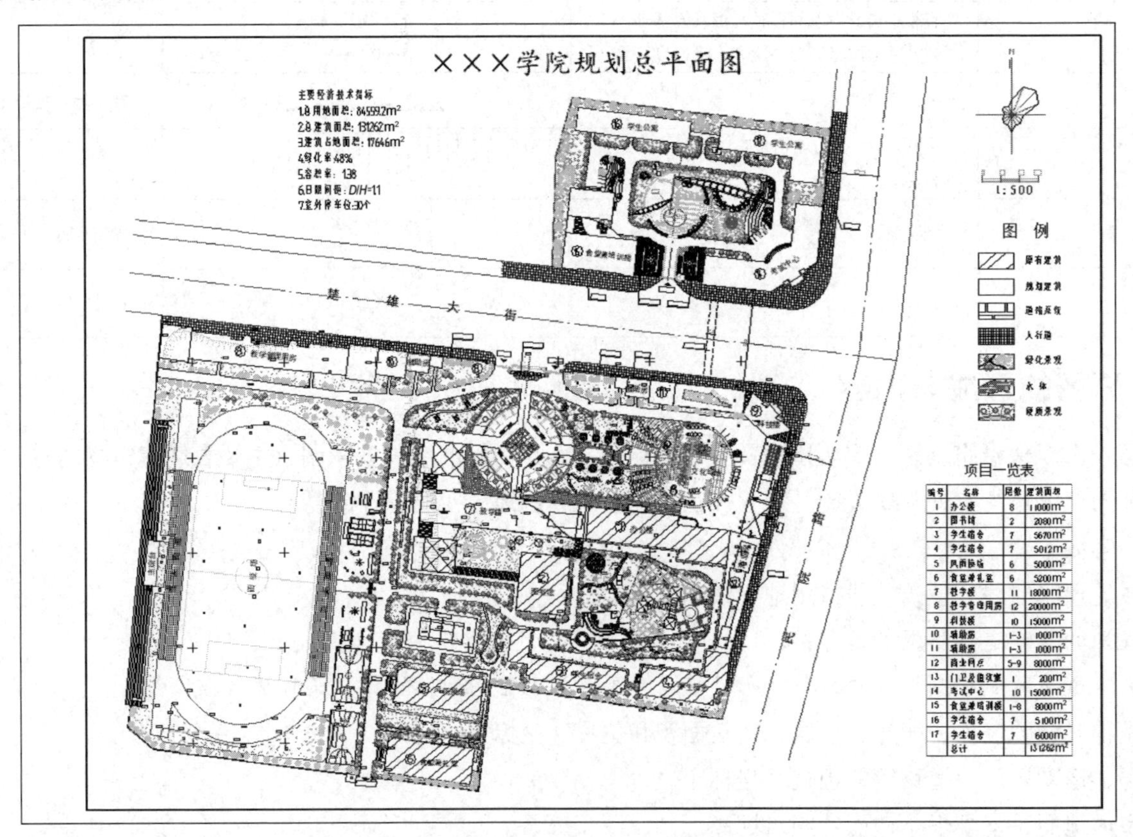

编号	名称	层数	建筑面积
1	办公楼	8	11000m²
2	图书馆	2	2080m²
3	学生宿舍	7	5670m²
4	学生宿舍	7	5012m²
5	风雨操场	6	5000m²
6	食堂兼礼堂	6	5200m²
7	教学楼	11	18000m²
8	教学专业用房	12	20000m²
9	科技楼	10	15000m²
10	辅助房	1-3	1000m²
11	辅助房	1-3	1000m²
12	商业网点	5-9	8000m²
13	门卫及值班室	1	200m²
14	考试中心	10	15000m²
15	食堂兼培训楼	1-8	8000m²
16	学生宿舍	7	5100m²
17	学生宿舍	7	6000m²
	总计		131262m²

图 2-4　某学院规划总平面图

2.2.3　识读建筑总平面图实例

下面以如图 2-4 所示的某学院规划总平面图为例来介绍如何识读建筑总平面图。建筑总平面图的识读步骤如下。

1．查看图名、比例及图例

（1）打开建筑总平面图，先查看图纸图名：该建筑总平面图的图名为“×××学院规划总平面图”。

（2）看绘图比例：该建筑总平面图的绘图比例为 1∶500。

（3）通过看图例，了解建筑总平面图中图例所要表达的内容。例如，查看原有建筑图例，对比建筑总平面图，可以看出原有建筑有办公楼、图书馆、学生宿舍等，如图 2-5 所示。

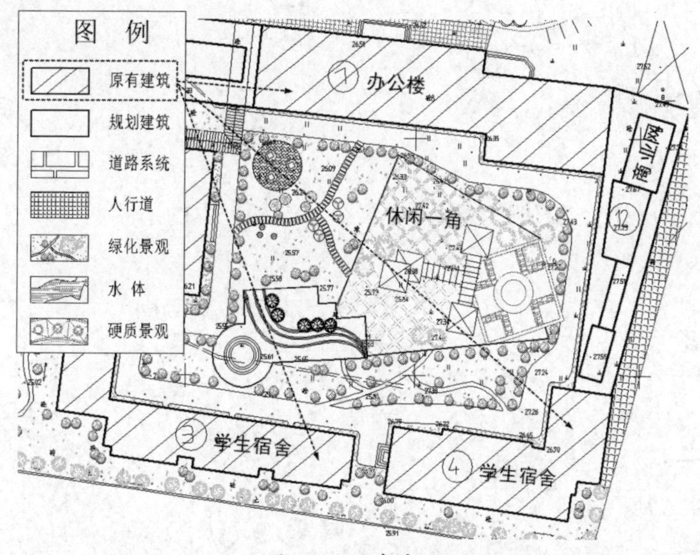

图 2-5　原有建筑

2．查看总体布局和经济技术指标

通过查看建筑总平面图中的主要经济技术指标（见图 2-6），可了解相关工程的技术指标。本示例建筑总平面图的主要经济技术指标包括总用地面积、总建筑面积及其他一些指标，如建筑占地面积、绿化率、容积率、日照间距、室外停车位。

通过观察整体布局，可具体了解用地范围内建筑物和构筑物（规划和原有）、道路、人行道、水体和绿化等的布置情况。

（1）通过图例，查看建筑总平面图中的道路系统（图中没有填充主要是为了简化图纸，便于观察道路系统）及人行道的布置，如图 2-7 所示。

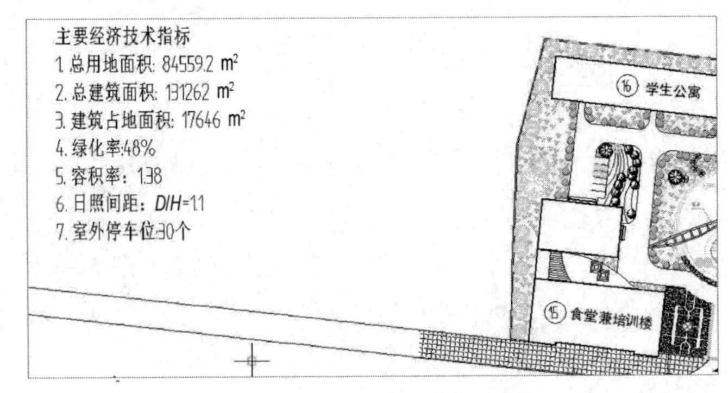

图 2-6 主要经济技术指标

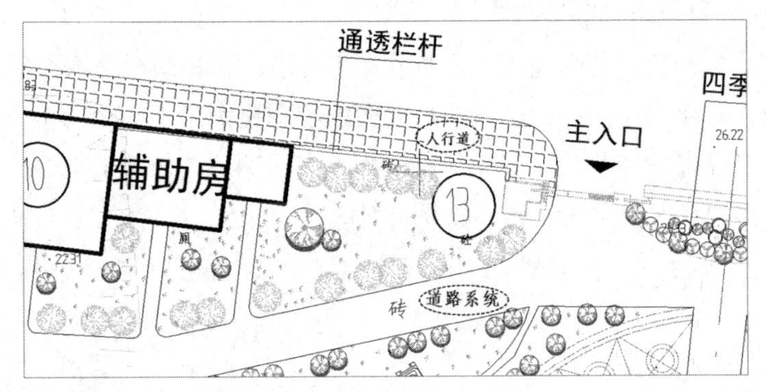

图 2-7 道路系统和人行道的布置

（2）查看绿化景观、硬质景观和水体的布置。绿化景观布置在整个建筑规划中的道路两旁及建筑周边；硬质景观布置在艺术广场；水体布置在文化绿地内，如图 2-8 所示。

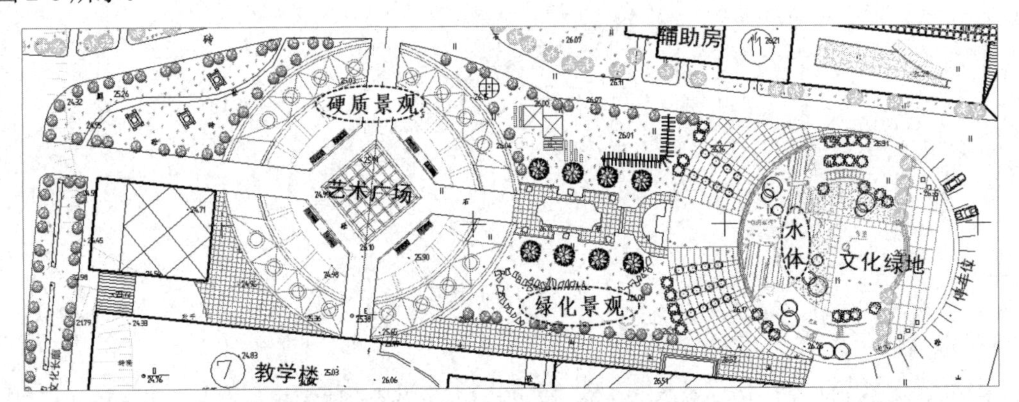

图 2-8 绿化景观、硬质景观和水体的布置

3．查看新建项目，明确建筑类型、平面规模、层数

在图例中，表示新建项目的图例是规划建筑，结合项目一览表，得知新建的项目包括编号为 7～17 的建筑，如 7 号教学楼、8 号教学管理用房、9 号科技楼、10 号和 11 号辅助房、12 号商业网点、13 号门卫及值班室、14 号考试中心、15 号食堂兼培训楼、16 号和 17 号学生宿舍等。

项目一览表中列出了具体建筑项目的名称、层数和建筑面积。

新建项目（见图 2-9）一般根据原有建筑或道路来定位。通过查找新建项目的定位依据来明确新建项目的具体位置和定位尺寸。

4．查看指北针或风向玫瑰图

根据风向玫瑰图（见图 2-10）可知，该地区常年吹东北风，且雨水量较大；当吹东南风和西北风时风力较弱，雨水量也较小。

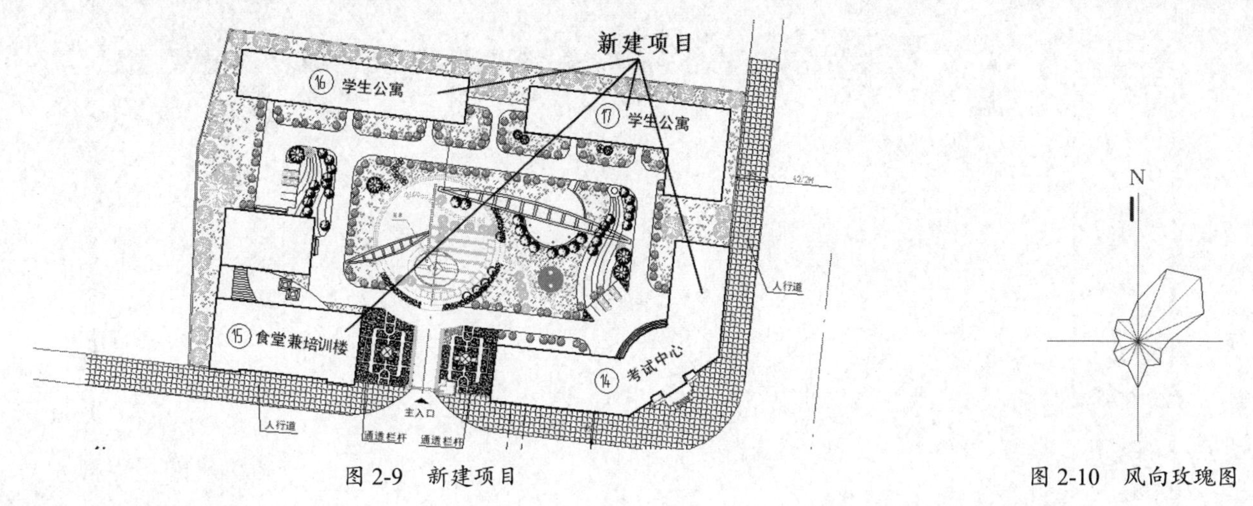

图 2-9　新建项目

图 2-10　风向玫瑰图

5．查看建筑室内外的绝对标高

查看新建建筑首层室内地面、室外平整地面、道路的绝对标高，明确室内外地面的高差，了解道路控制标高和坡度。

2.3 绘制建筑总平面图

下面利用浩辰云建筑 2018 软件（软件下载官方网站地址为 http://jz.gstarcad.com/）来绘制建筑总平面图，并详解绘制方法及软件使用技巧。

浩辰云建筑 2018 是搭载在 AutoCAD 2018 或 AutoCAD 2020 版本中来使用的，是一个建筑设计插件。在打开的 AutoCAD 2018 或 AutoCAD 2020 中可以看到，在原有的 AutoCAD 界面窗口中，分别提供了折叠式工具箱及工程管理器工具箱，如图 2-11 所示。

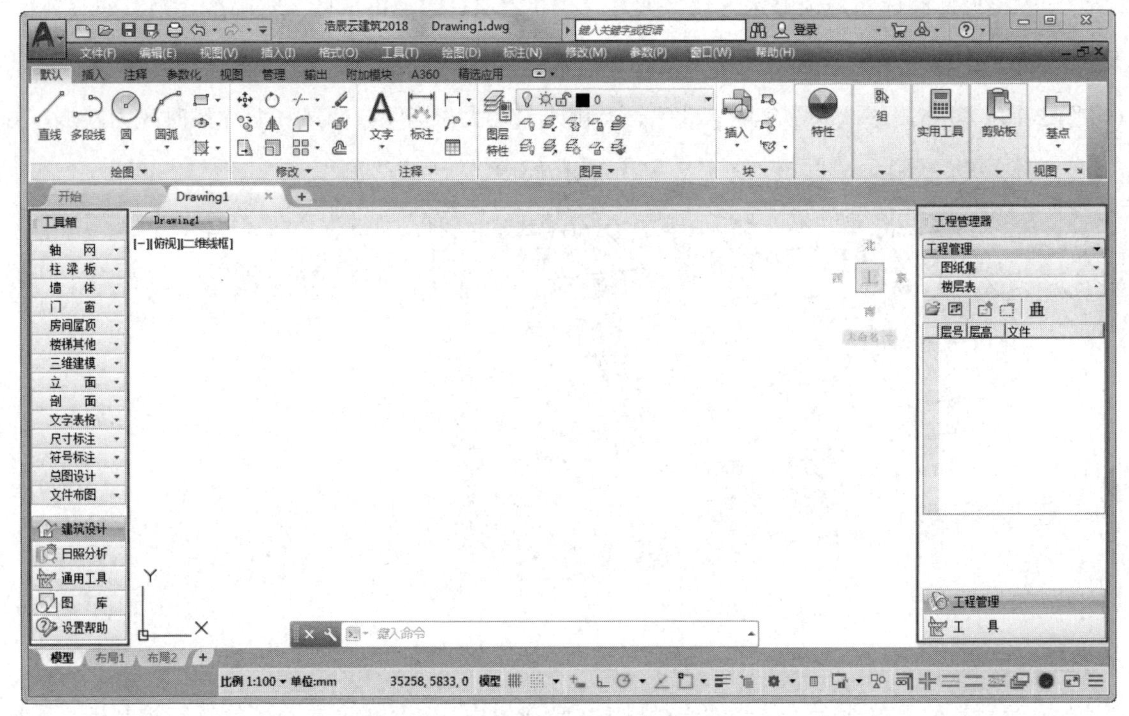

图 2-11 浩辰云建筑 2018 建筑设计工具

1．折叠式工具箱

折叠式的工具箱菜单界面集成了软件的所有功能，分类清晰、操作高效、允许个性化定制。界面图标使用了 256 色，提供了【建筑设计】等多个工具箱，支持鼠标滚轮快速滚动过长的菜单。工具箱在【自定义】命令中提供了【自动隐藏】选项，即仅显示当前工具箱，其他工具箱隐藏，以节省空间，容纳较长的菜单，当光标移动到当前工具箱标题上时，会自动展开全部工具箱标题供用户切换。折叠式工具箱的用法如图 2-12 所示。

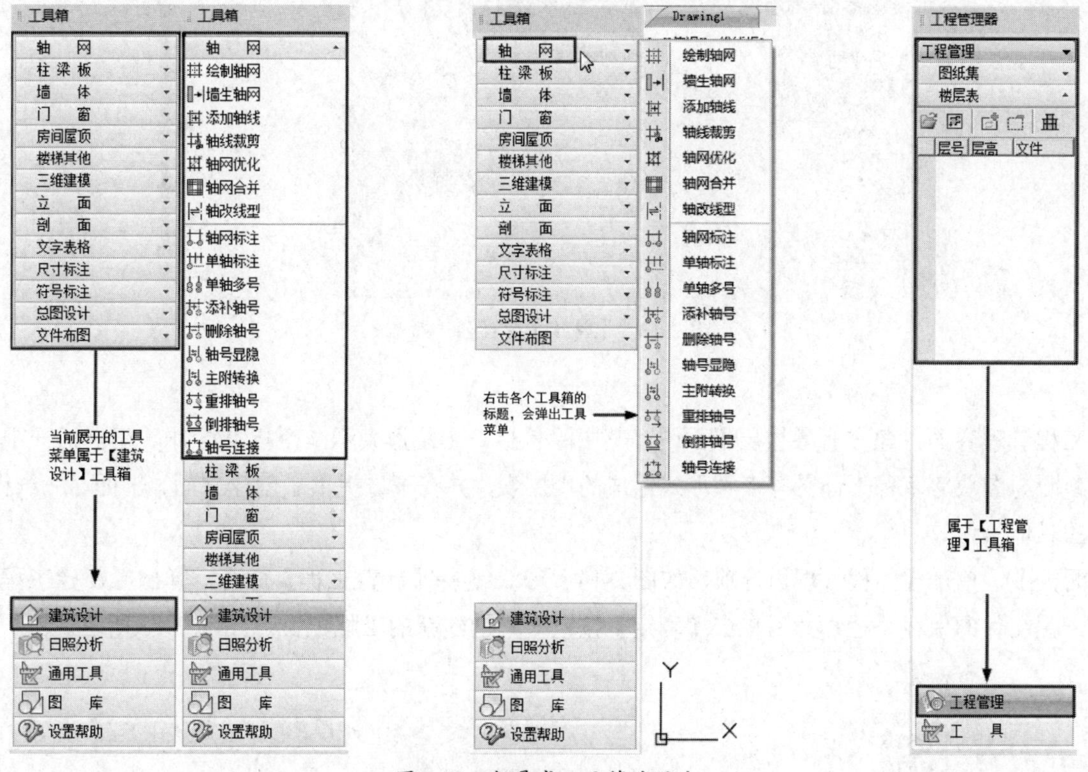

图 2-12　折叠式工具箱的用法

2. 特性管理器

特性管理器是 AutoCAD 向用户提供的一种交互式属性设置工具选项面板。默认情况下是不显示特性管理器面板的，只有在菜单栏中执行【工具】|【选项板】|【特性】命令，才能打开【特性】管理器选项板，如图 2-13 所示。此【特性】管理器选项板可以在三维建模阶段或

图纸设计阶段定义对象的属性，如墙的材质、尺寸等。

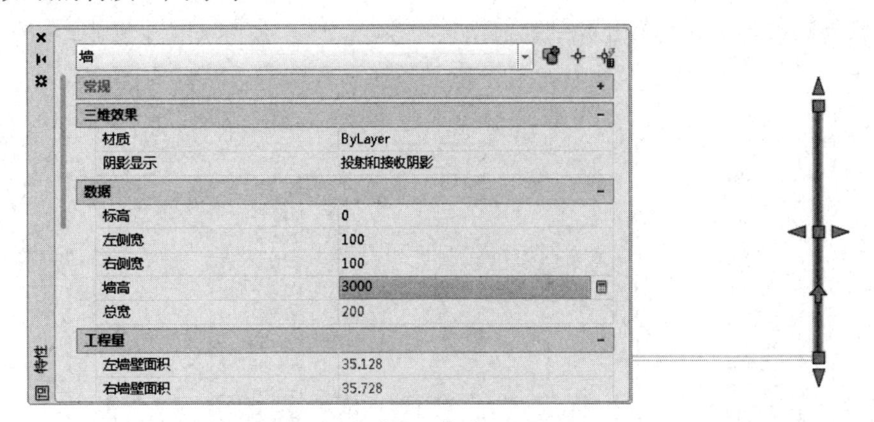

图 2-13 【特性】管理器选项板

3. 新建工程

工程管理命令启动工程管理界面，建立有各楼层平面图。其中除包括一个图形表示一个标准层外，还包括一个图形表示多个平面图，一个主图附着多个外部参照与图块等多种平面图等多种形式组成的楼层表，并在下方提供了创建立面、剖面、三维模型等图形的工具菜单，以下介绍工程管理界面的具体操作。

在【工程管理器】面板中，单击【工程管理】选项，如图 2-14 所示。选择【新建工程】命令，弹出【新建工程】对话框。在此对话框中输入工程名称并选取工程文件的保存路径，然后单击【确定】按钮即可创建新的工程项目，如图 2-15 所示。

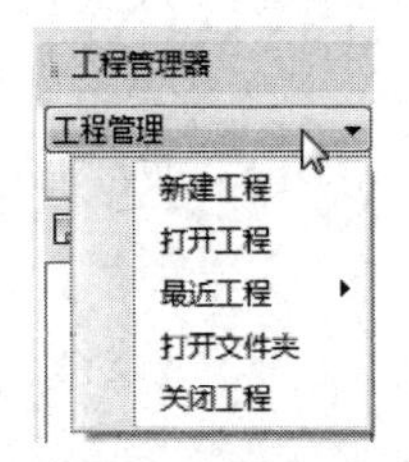

图 2-14 单击【工程管理】选项

图 2-15 【新建工程】对话框

提示：

在【新建工程】对话框中选取保存该工程 DWG 文件的文件夹作为路径，输入新工程名称，根据不同情况采用不同的操作，现说明如下。

（1）如果打算先创建工程，后绘制平面图，则可以勾选【创建工程文件夹】复选框，给出工程位置，这样会在工程位置下面创建以输入的工程名称为名称的新文件夹，在其中创建一个以输入的工程名称为名称的 ipj 文件。

（2）如果已经有了一个用于本工程的工程文件夹，则无须重新创建，此时应取消勾选【创建工程文件夹】复选框，给出已有工程文件夹的位置，输入工程名称的 ipj 文件将写入原有工程文件夹下。

（3）最后单击【确定】按钮，把新建工程保存为“工程名称.ipj”形式的文件，并按当前数据更新工程文件。

4. 打开工程

在【打开】对话框中选中要打开的工程文件，然后单击【打开】按钮即可打开该工程文件，如图 2-16 所示。

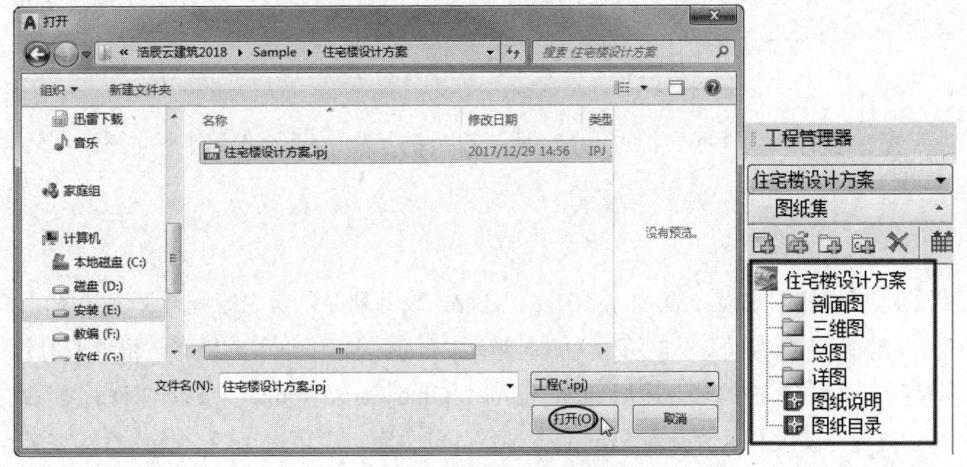

图 2-16　打开工程文件

5. 最近工程

选择【最近工程】菜单命令，可以看到最近打开过的工程列表，单击其中一个工程即可打开。用户在折叠式工具箱面板中的【设置帮助】工具箱中选择【选项配置】工具命令，将弹出【选项配置】对话框，然后将【高级选项】选项卡中的【工程管理】项目中的【自动加载最近工程】设置为“是”，在启动软件时即可自动加载最近工程（默认启动软件时不自动加载最近工程），如图 2-17 所示。

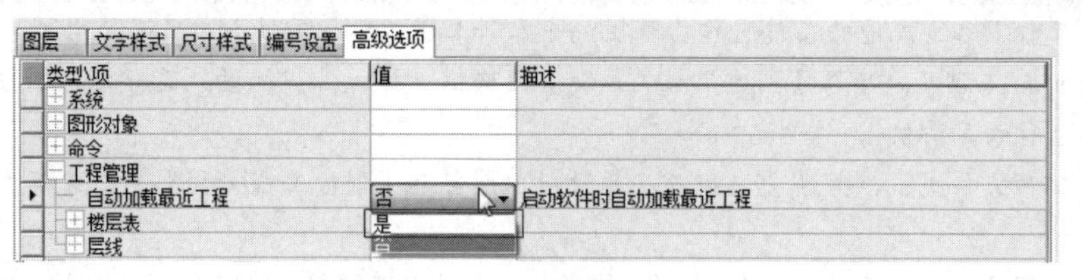

图 2-17 设置自动加载最近工程

2.3.1 建筑总平面图的绘制方法

在实际工作中，建筑绘图一般是从一层平面开始绘制的。因此，对屋顶层平面和一层平面中详尽的环境及室外附属工程进行修改、深化，再加上辅助说明性图素，即可完成建筑总平面图的绘制。

1. 绘图准备

在使用 AutoCAD 绘图前，应先对绘图环境进行必要的设置，便于以后的工作。建立建筑总平面图绘图环境，包括对图域、图层、线型、字体与尺寸标注格式等参数的设置。

2. 地形现状图的绘制

任何建筑都是基于甲方提供的地形现状图来设计的，因此在设计之前，设计师必须首先绘制地形现状图。建筑总平面图中的地形现状图，依据具体条件的不同，内容也不尽相同，有繁有简。一般可分为三种情况：①高差起伏不大的地形，可近似看作平地，用简单的绘图命令即可完成；②较复杂的地形，尤其是高差起伏较大的地形，应用 line、mline、pline、arc、spline、sketch 等命令绘制等高线或网格形体；③特别复杂的地形，可以先用扫描仪将其扫描为光栅文件，然后用 xref 命令进行外部引用，也可以用数字化仪直接将其输入为矢量文件。

3. 地物的绘制

地形现状图中的地物通常用简单的二维绘图命令按相应规范来绘制。这些地物主要包括铁路、道路、地下管线、河流、桥梁、绿化、湖泊、广场、雕塑等。

地物的一般绘制步骤为：首先用 mline、pline 等命令绘制一定宽度的平行线（也可用 line 和 offset 命令绘制平行线）；然后用 fillet、 chamfer、trim、change 等命令进行倒角、剪切等操作；最后用点画线绘制道路中心线，用 solid 命令填充铁路（短黑线），用 hatch 命令填充流水等。

地形现状图上的其他地物也可用基本的二维绘图方法绘制。如果用户拥有其他具有专业图库的建筑软件，或者已在 AutoCAD 中建立了专业图库，则可用 insert 命令插入相应形体（如树、绿化带、花台等），然后用 array、copy、offset、move、scale、lengthen 等命令进行修改编辑，直到符合要求。用户可通过不同途径绘制这些地物，关键是不断地在绘图实践中总结方法与技巧，熟练运用编辑命令。

4．原有建筑的绘制

建筑设计规范规定，在建筑总平面图设计中用细实线绘制原有建筑，且必须反映新旧建筑之间的关系。在方案设计阶段，由于一般建筑形体都比较规则，往往只需绘制若干简单的形体。这些形体只要尺寸大小和位置准确，就能用二维绘图命令完成全部图形的绘制。绘制原有建筑通常可用 line、pline、arc、circle、polygon、ellipse 等二维绘图命令。绘制时主要应注意形体的定位。另外，对于建筑总平面图，一些需用符号表示的构筑物，如水塔、泵房、消火栓、变压器等应符合制图规范，并可将这些图例统一绘制成块以供调用，也可从专业图库中调用。

5．红线的绘制

在建筑设计中有两种红线：用地红线和建筑红线。用地红线是主管部门或城市规划部门依据城市建设总体规划要求确定的可使用的用地范围；建筑红线是拟建建筑可摆放在该用地范围中的位置，新建建筑不可超出建筑红线。用地红线一般用点画线绘制，建筑红线一般用粗虚线绘制。红线一般由比较简单的直线或弧线组成，颜色宜设为红色。

6．辅助图素的绘制

建筑总平面图设计中的一些其他辅助图素（如大地坐标、经纬度、绝对标高、特征点标高、风向玫瑰图、指北针等）可用尺寸标注、文本标注等方式标注或调用（绘制）图块。由于这些数值或参数是施工设计和施工放样的主要参考标准，因此在设计绘图中应注意绘制精确、定位准确。通常单体设计项目大多先布置建筑，然后布置相关道路；而群体规划项目则大多先布置相关道路，然后布置建筑。需要注意的是，新建建筑在图中必须以粗实线表示，且不能超出建筑红线的范围。

绿化与配景可以直接用二维绘图命令绘制。如果采用将预先建立好的各种建筑配景图块直接插入的方式，则可以提高工作效率。在平常的练习中，读者可以有针对性地画一些常用配景。

2.3.2 某中心小学建筑设计方案规划总图案例

本节以某中心小学的两套规划设计方案图的制作为例来详解浩辰云建筑 2018 在建筑总平面图绘制中的操作步骤。

1. 设计说明

本项目为某中心小学的改扩建工程。该项目在地图中的实际位置如图 2-18 所示（由于是导航地图，所以分辨率不高）。学校内设教学办公楼、教学楼、教学综合楼、多功能大厅、400m 标准环形跑道和配套设施，总建筑面积为 12185.78m^2 。

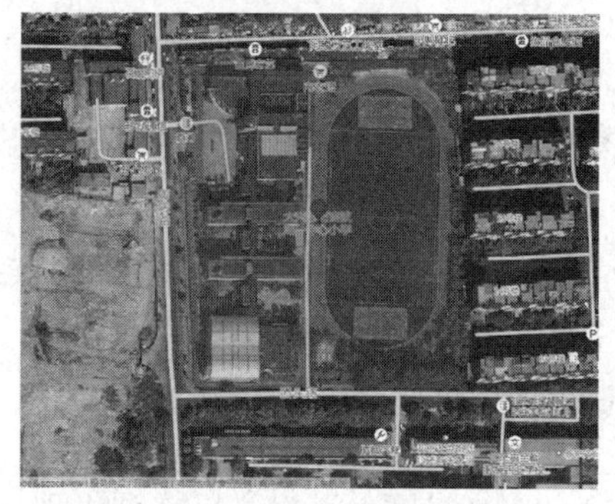

图 2-18 某中心小学项目位置

新建小学标准较高，用地较紧张，还要保证 400m 标准环形跑道。在这样的情况下，设计需要力求平面布局功能明确、动静分离。因此本方案将教学楼及教学综合楼分别设在大门的左侧和东北处；教学办公楼设在大门的右侧，这样既方便了教学办公楼的对外联系，又避免了外界对教学楼的影响。同时，教学楼与教学综合楼距离较近，联系方便，且无相互干扰；两者均处于最佳朝向，通风好。教学楼平面采用“树枝式”布置，在形成的亭院内种植花草树木，给人一种亲切向上的感觉。

多功能大厅集文体、娱乐、办公等于一体，因此将其设在教学办公楼的南面，这样既远离了教学区，又给办公带来了便利。多功能大厅内容纳座位按 500 人考虑。

上述设计从总体布局上满足了各部分的使用功能、物理环境及绿化的要求，较合理地解决了动静部分的分区及人流流动频率、校内外的联系关系。图 2-19 为要绘制的规划方案建筑总平面图。

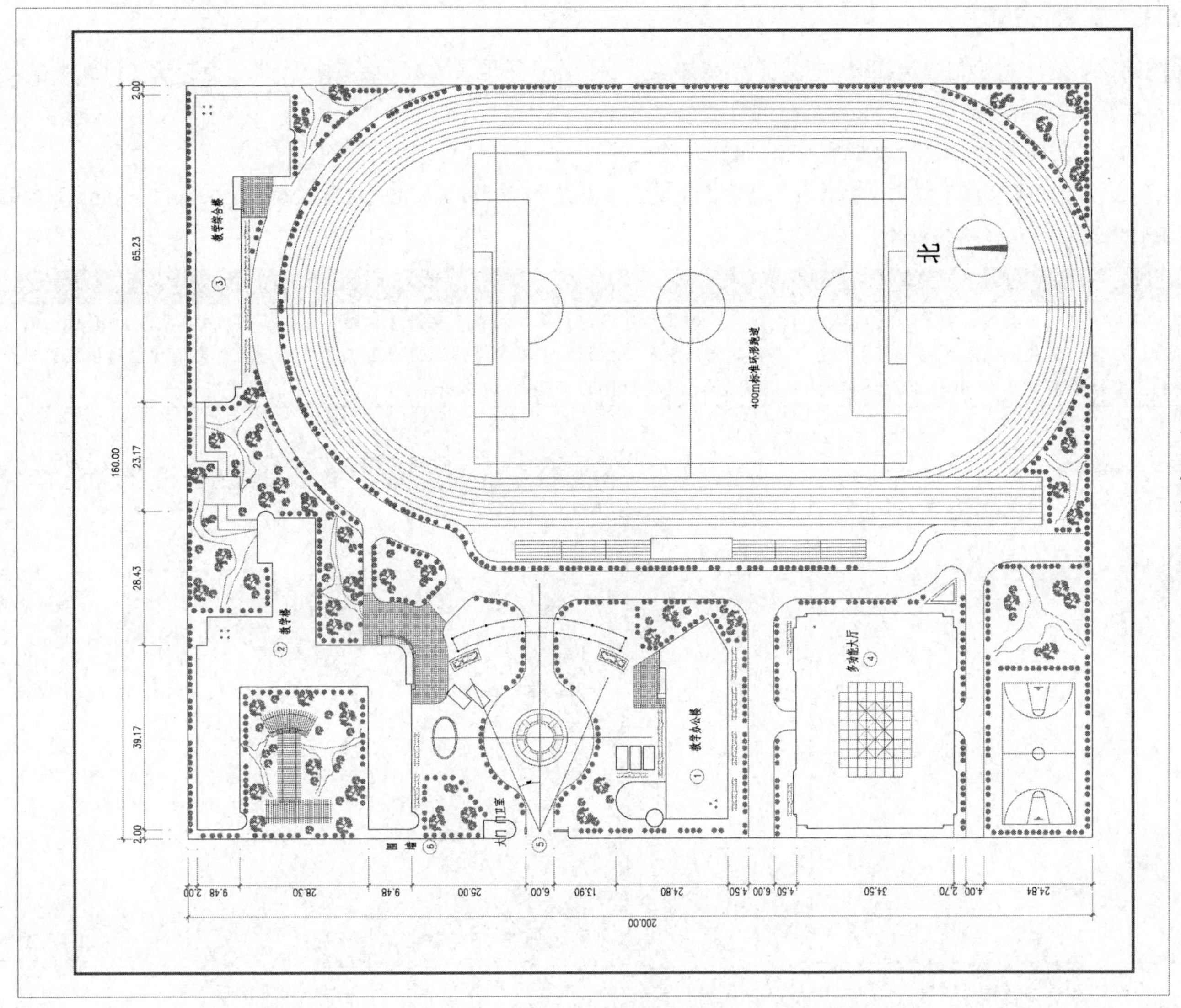

图 2-19　规划方案建筑总平面图

2．绘制建筑总平面图的步骤

建筑总平面图的绘制顺序是绘制建筑红线、绘制教学楼建筑、绘制体育场地及设施、绘制校园路、绘制景观设施及校园绿化设计。

（1）绘制建筑红线和教学楼建筑。

① 启动浩辰云建筑 2018 软件，会自动新建一个 AutoCAD 文件。

② 在【默认】选项卡的【绘图】组中单击【矩形】按钮，然后绘制 200m×160m（实际绘制为 200mm×160mm）的矩形，用来表示项目的规划建设总面积（建筑红线），如图 2-20 所示。

提示：

图形标注请在窗口左侧的【工具箱】面板的【建筑设计】工具箱的【尺寸标注】下拉列表中单击【快速标注】工具进行标注。如果标注的文字大小不符合实际图形的比例，则可以在【工具箱】面板的【设置帮助】工具箱的【设置】下拉列表中单击【图形设置】工具，然后在弹出的【图形设置】对话框中选择单位设置类型为【mm　M】，表示绘图单位是 mm，标注单位为 m，即绘图比例是 1:100，如图 2-21 所示。

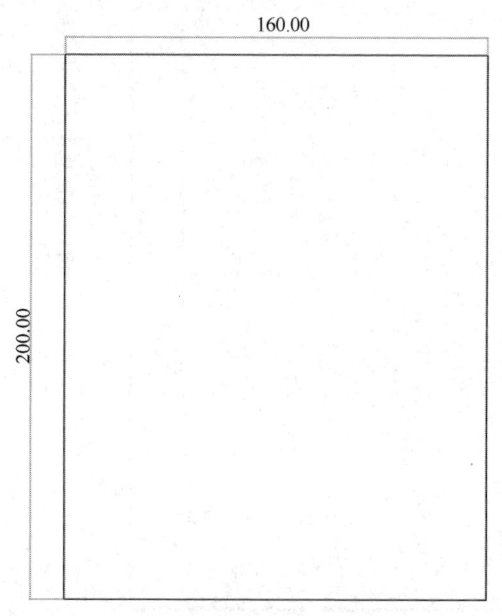

图 2-20　绘制建筑红线

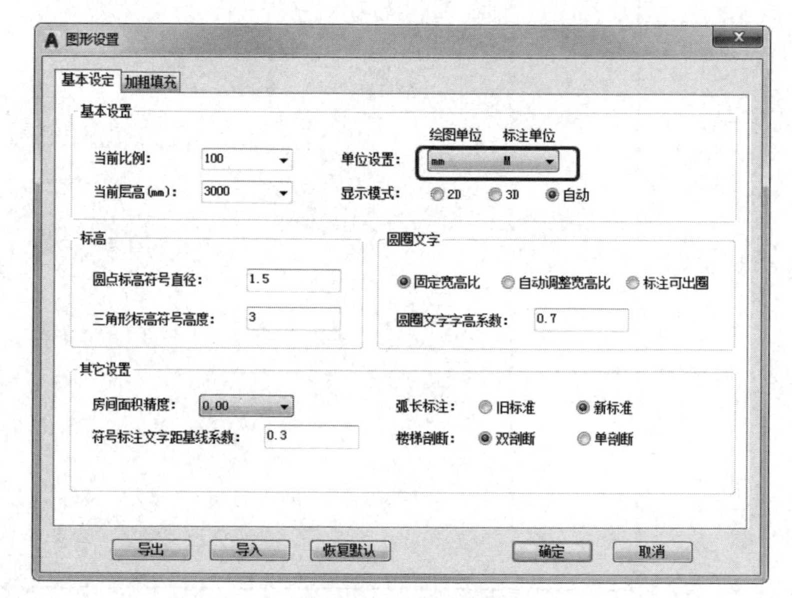

图 2-21　设置图形单位

③ 利用 AutoCAD 的图形绘制命令在图形区任意位置依次绘制出教学综合楼、教学办公楼、教学楼、多功能大厅，如图 2-22 所示。

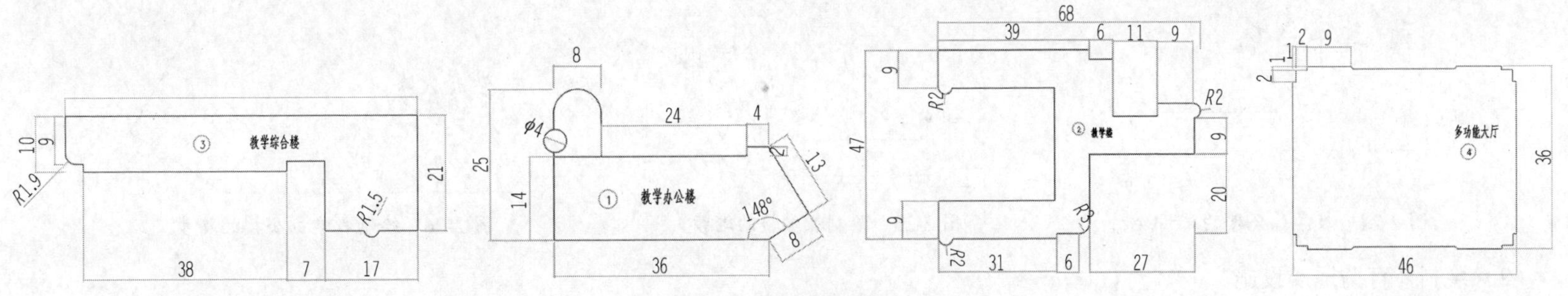

图 2-22　绘制建筑图形

④ 执行【移动】命令，将绘制的建筑图形移动到先前绘制的建筑红线内，如图 2-23 所示。

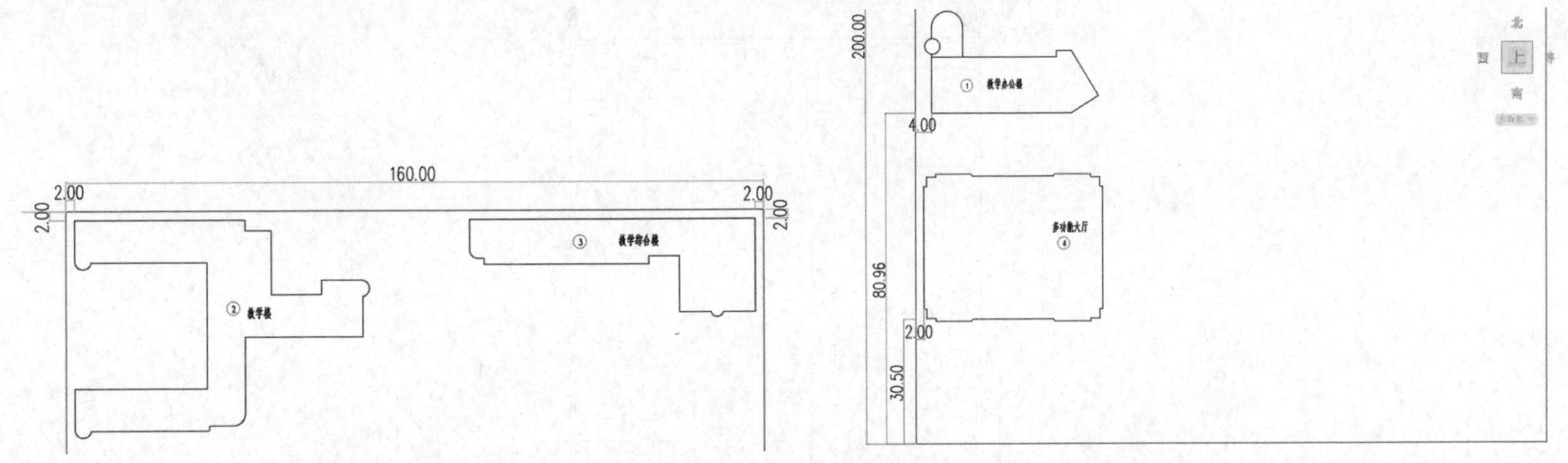

图 2-23　将建筑图形移动到建筑红线内

⑤ 教学综合楼、教学楼与教学办公楼有楼梯，需要补充绘制。教学综合楼的踏步绘制如图 2-24 所示。

⑥ 绘制教学楼的踏步，如图 2-25 所示。

⑦ 绘制教学办公楼的踏步，如图 2-26 所示。

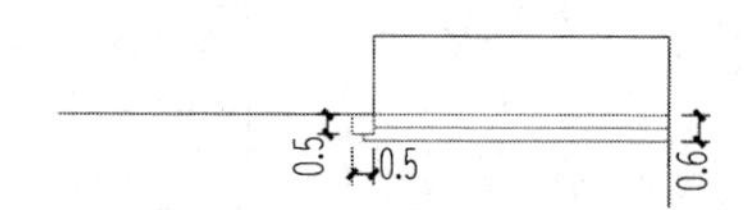

图 2-24　教学综合楼的踏步绘制

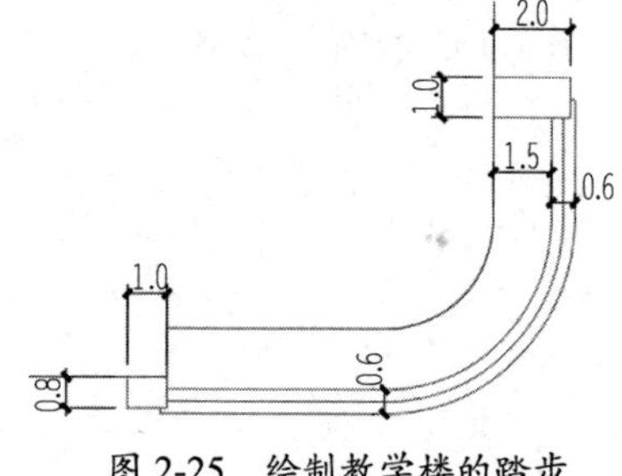

图 2-25　绘制教学楼的踏步

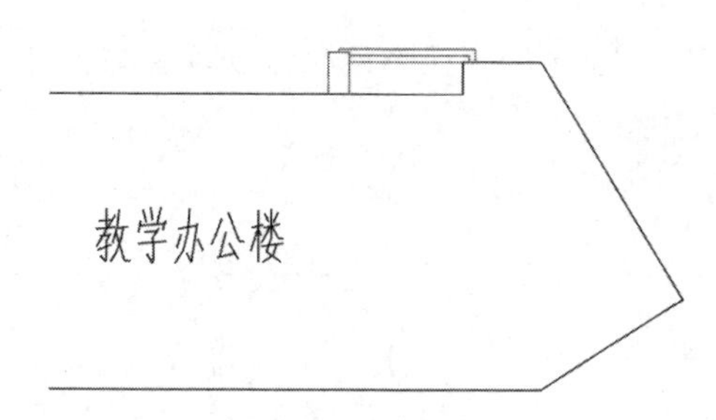

图 2-26　绘制教学办公楼的踏步

（2）绘制体育场地及设施。

① 执行【直线】和【圆】命令绘制如图 2-27 所示的体育场跑道外形。

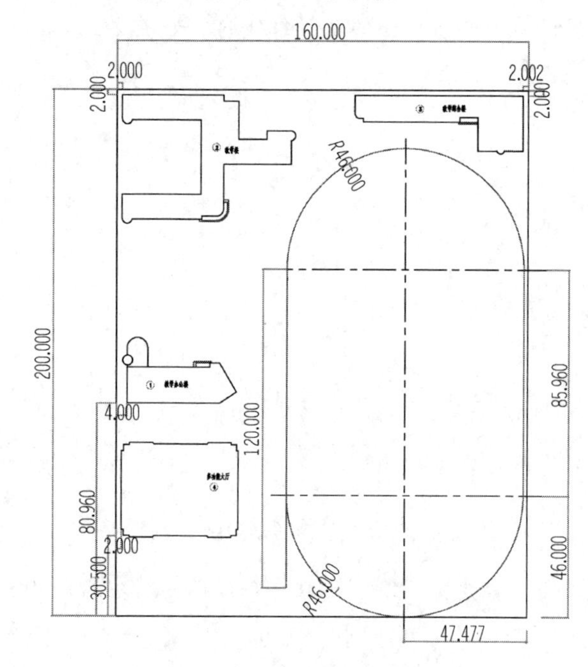

图 2-27　绘制体育场跑道外形

② 执行【偏移】命令将最外层跑道线向内偏移8次，偏移距离为1.25m，完成跑道线的绘制，结果如图2-28所示。

③ 执行【修剪】命令（单击【修剪】按钮并按Enter键）修剪相交的跑道线，结果如图2-29所示。

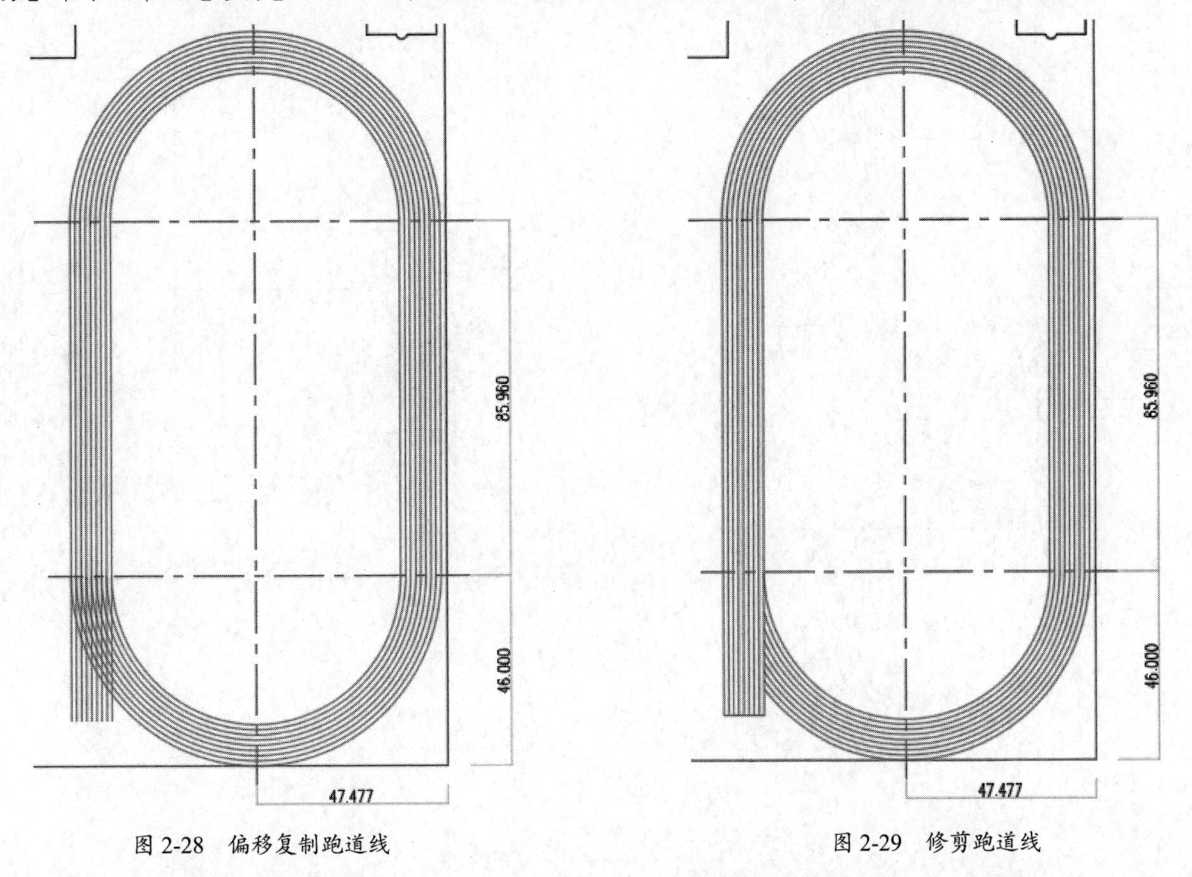

图2-28　偏移复制跑道线　　　　图2-29　修剪跑道线

④ 执行【直线】、【圆】及【镜像】命令绘制跑道内的足球场，如图2-30所示；接着绘制体育场的看台，如图2-31所示。

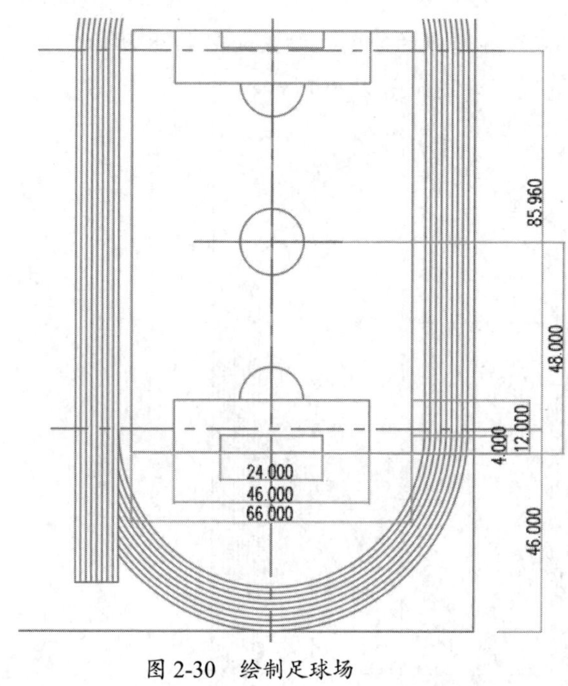

图 2-30 绘制足球场

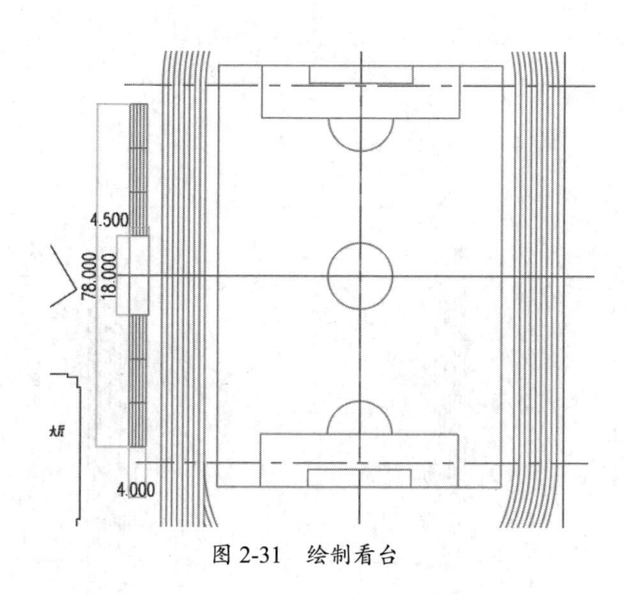

图 2-31 绘制看台

⑤ 在项目的左下角绘制篮球场，如图 2-32 所示。

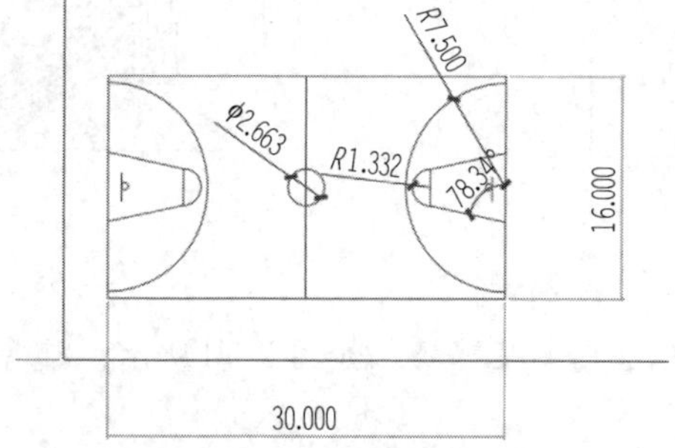

图 2-32 绘制篮球场

提示：

也可以使用浩辰云建筑 2018 的【图库】工具箱中的【二维图库】工具绘制足球场和篮球场。在【二维图库组】中找到【常用体育设施】，即可找到篮球场与足球场的标准图形，如图 2-33 所示，双击图形后将其直接放置到建筑总平面图中，然后只需调整一下图形的比例即可。当然，还可以调用图库中的其他图案，这样绘制速度可以得到较大的提升。

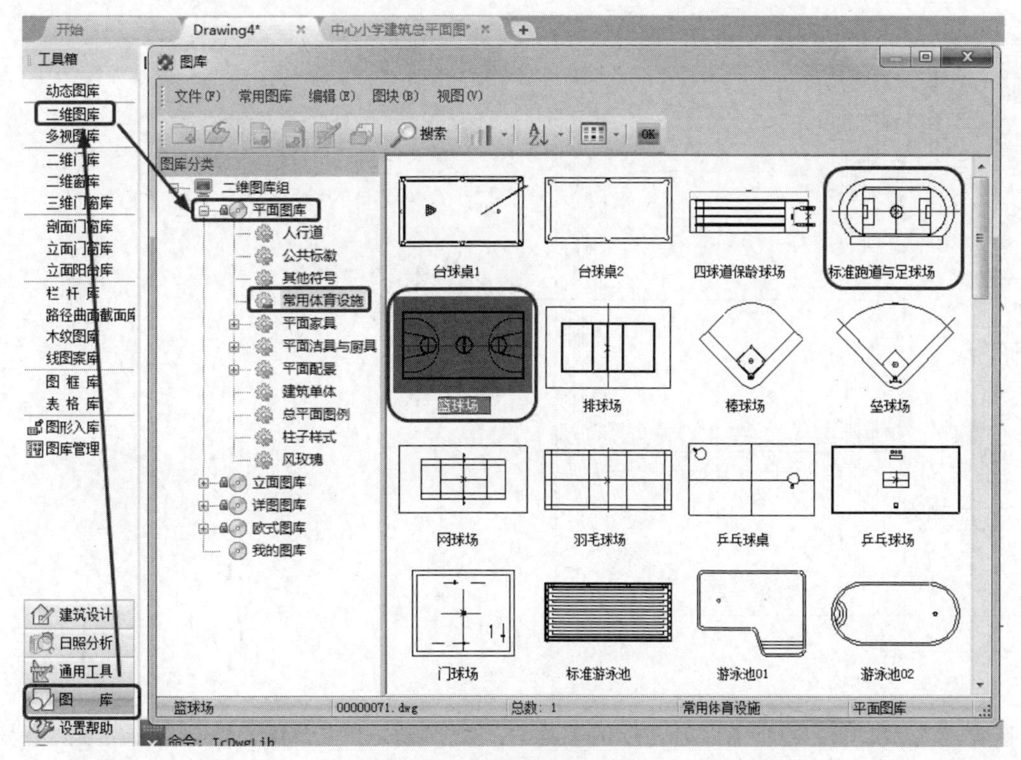

图 2-33　图库的使用

（3）绘制校园路。

① 执行【直线】、【偏移】、【圆角】、【圆】及【修剪】命令绘制如图 2-34 所示的校园路图形。

② 绘制大门及门卫室（尺寸可以自己掌握），如图 2-35 所示。

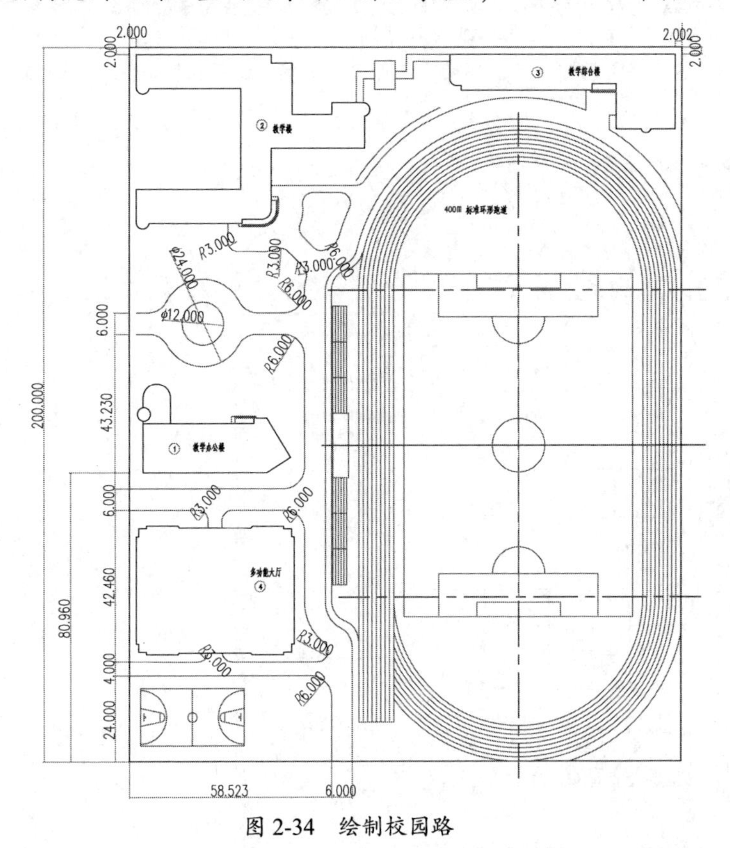

图 2-34　绘制校园路

图 2-35　绘制大门及门卫室

③ 铺设地砖。使用【图案填充】工具，选择【拼花地砖 01】图案，分别在教学综合楼、教学楼及教学办公楼大门前填充地砖图案，填充前要将填充区域封闭，如图 2-36 所示。

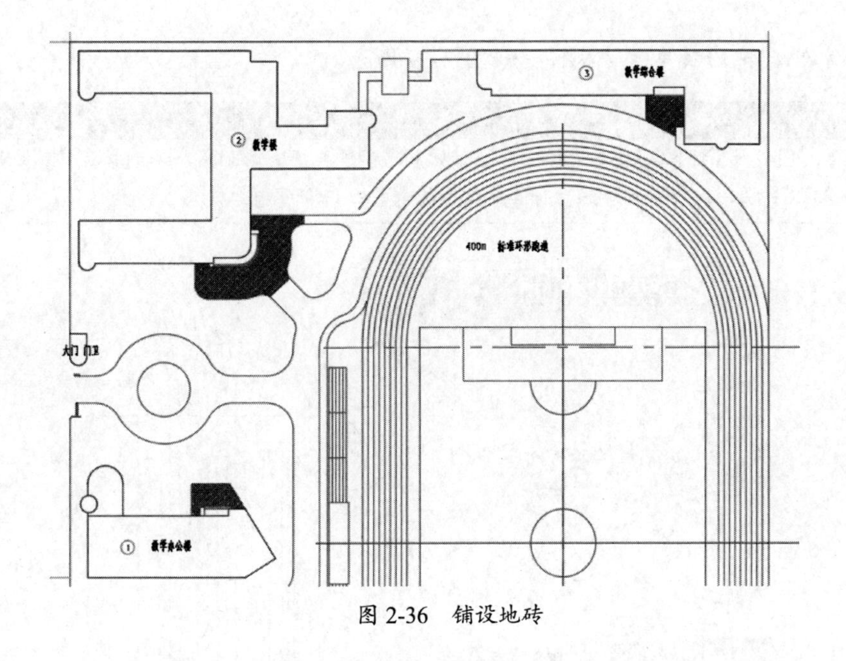

图 2-36　铺设地砖

（4）绘制景观设施。

① 在多功能大厅中绘制玻璃屋顶，如图 2-37 所示。

② 在教学楼后花园绘制花架，如图 2-38 所示。

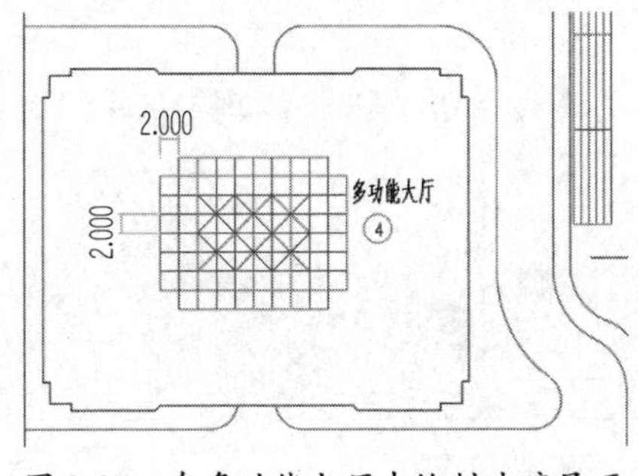

图 2-37　在多功能大厅中绘制玻璃屋顶

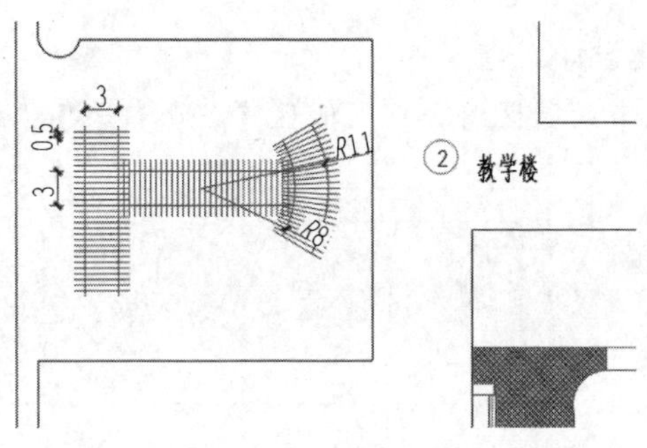

图 2-38　绘制花架

③ 在学校大门的道路两侧添加水池、花坛及车位等构件，如图 2-39 所示。

提示：

车位构件请在【建筑设计】工具箱的【总图设计】下拉列表中选择【车位布置】选项进行绘制。如果找不到合适的花坛图形，则可以在【二维图库】|【平面图库】|【平面配景】|【路灯】下使用【路灯 20】图形进行替换，然后将其放大为原来的 5 倍即可。

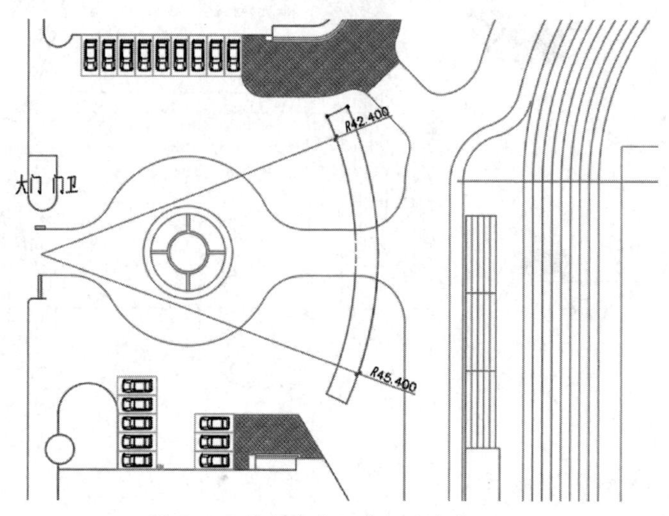

图 2-39 绘制水池、花坛及车位

（5）绘制校园绿化设计。

① 首先绘制绿化带的园区路。在功能区【默认】选项卡的【绘图】组中利用【样条曲线拟合】工具绘制园区路，如图 2-40 所示。

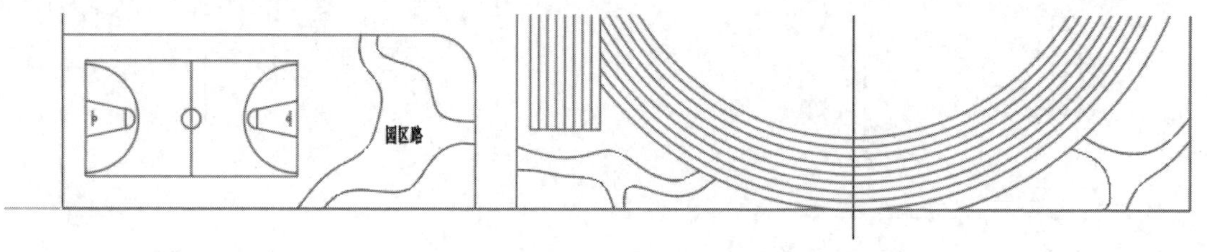

图 2-40 绘制园区路

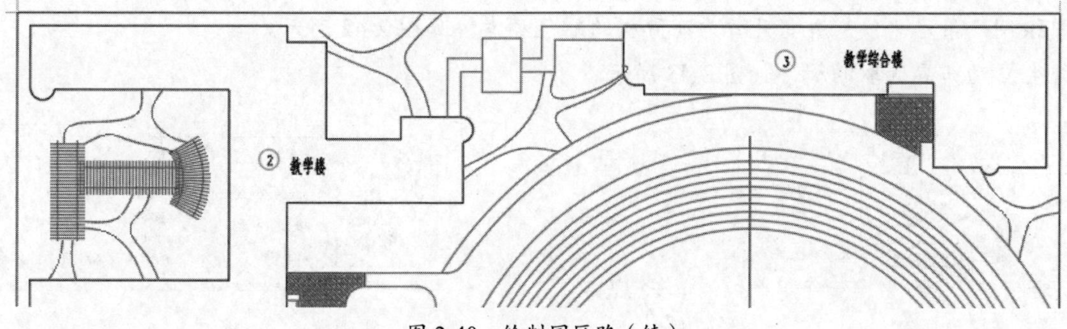

图 2-40　绘制园区路（续）

② 布置植物。单击【建筑设计】工具箱的【总图设计】下拉列表中的【任意布树】选项，弹出【任意布树】对话框。选择【从图库选取】选项，设置树的半径为 1000、树间隔为 3000，然后单击图标，从弹出的【图库】对话框中依次选择【植物库】|【系统图库】|【乔木】选项，在二维图库中双击【植物 172】植物图块，如图 2-41 所示。

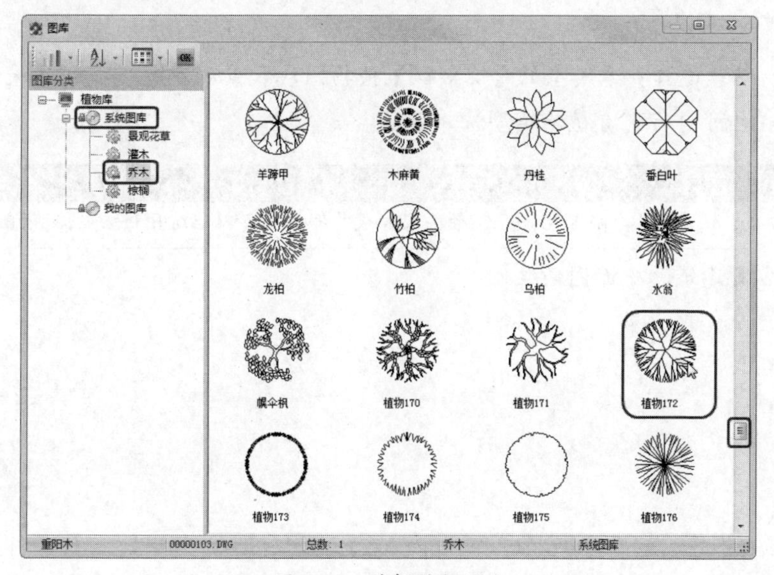

图 2-41　选择植物图块

③ 在建筑总平面图中绘制一条水平线，并将此作为布置树的路径参考，如图 2-42 所示。

④ 绘制路径后，系统会自动布置选取的树，如图 2-43 所示。

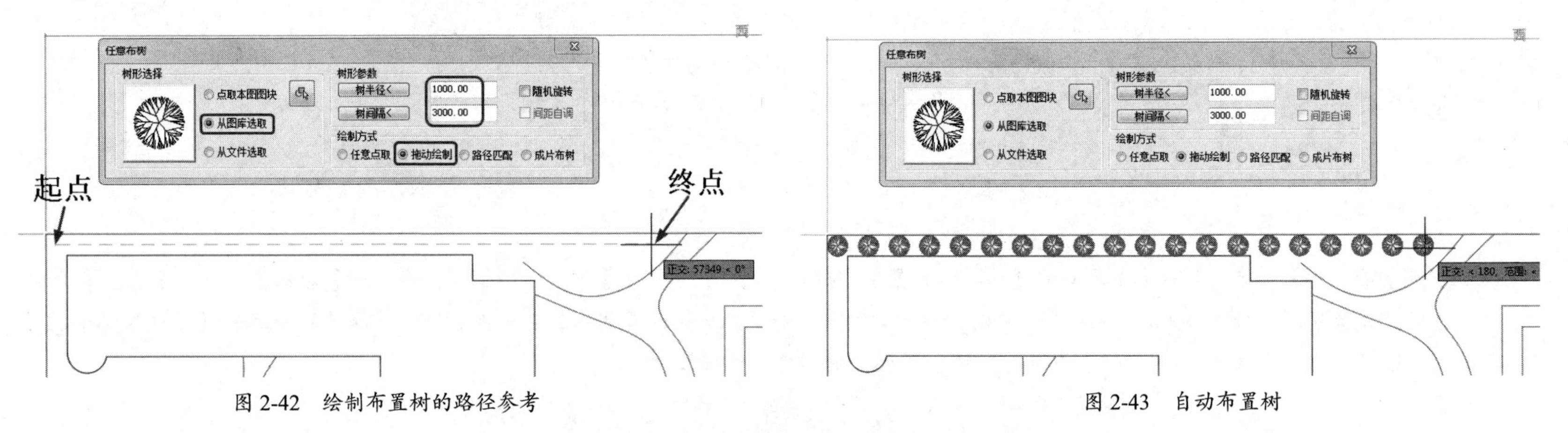

图 2-42　绘制布置树的路径参考　　　　图 2-43　自动布置树

⑤ 继续完成乔木的布置。同理，继续选择乔木类型的【幌伞枫】植物图块和景观花草类型的【植物 039】【植物 007】等植物图块，并将其布置在相应的绿化带中（也可自行配置植物类型）。

提示：

在【任意布树】对话框中有四种绘制方式：任意点取、拖动绘制、路径匹配和成片布树。可以把这几种绘制方式结合起来将植物图块布置到建筑总平面图中。

⑥ 至此，完成了本项目的规划方案建筑总平面图的绘制。

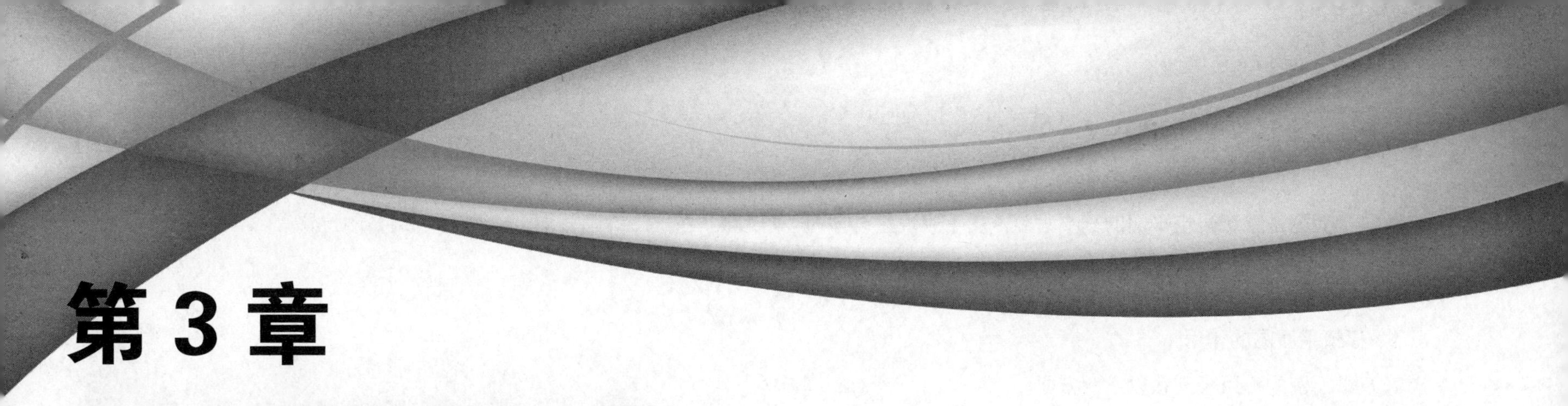

第 3 章

识读与绘制建筑施工图

本章重点

（1）建筑平面图的识读与绘制。
（2）建筑立面图的识读与绘制。
（3）建筑剖面图的识读与绘制。
（4）建筑详图的识读与绘制。

3.1 识读建筑平面图

建筑平面图是整个建筑平面的真实写照，用于表现建筑物的平面形状、布局、墙体、柱子、楼梯及门窗的位置等。

3.1.1 建筑平面图的作用、形成及其图纸类型

1. 建筑平面图的作用

建筑平面图的作用表现在以下两方面。

- 主要反映房屋的平面形状、大小和房间布置，墙体（或柱子）的位置、厚度和材料，门窗的位置、开启方向等。
- 建筑平面图可作为施工放线，砌筑墙体、柱子，门窗安装和室内装修及编制预算的重要依据。

2. 建筑平面图的形成

用一假想水平剖切平面经过房屋的门窗洞口把房屋剖切开，剖切平面剖切房屋实体部分为房屋截面，对此截面向房屋底平面进行正投影得到的水平剖面图即建筑平面图，如图 3-1 所示。

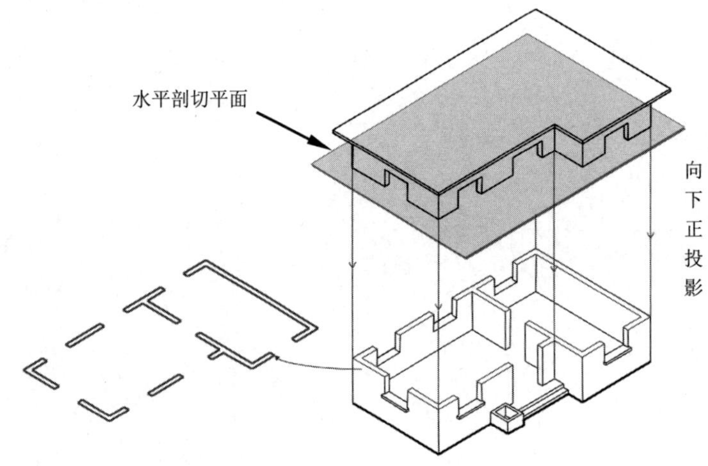

图 3-1 建筑平面图的形成

建筑平面图其实就是房屋各层的水平剖面图。虽然它是房屋各层的水平剖面图，但按习惯无须标注其剖切位置，也不将其称为剖面图。

一般情况下，房屋有几层就应画几个建筑平面图，并在图的下方标注相应的图名，如一层平面图、二层平面图等。在图名下方应加一粗实线，图名右方应标注比例。

3．建筑平面图的图纸类型

建筑平面图主要分为以下几种图纸。

（1）一层平面图。

一层平面图（底层平面图）应画出房屋本层相应的水平投影，以及与本栋房屋有关的台阶、花池、散水等的投影，如图 3-2 所示。

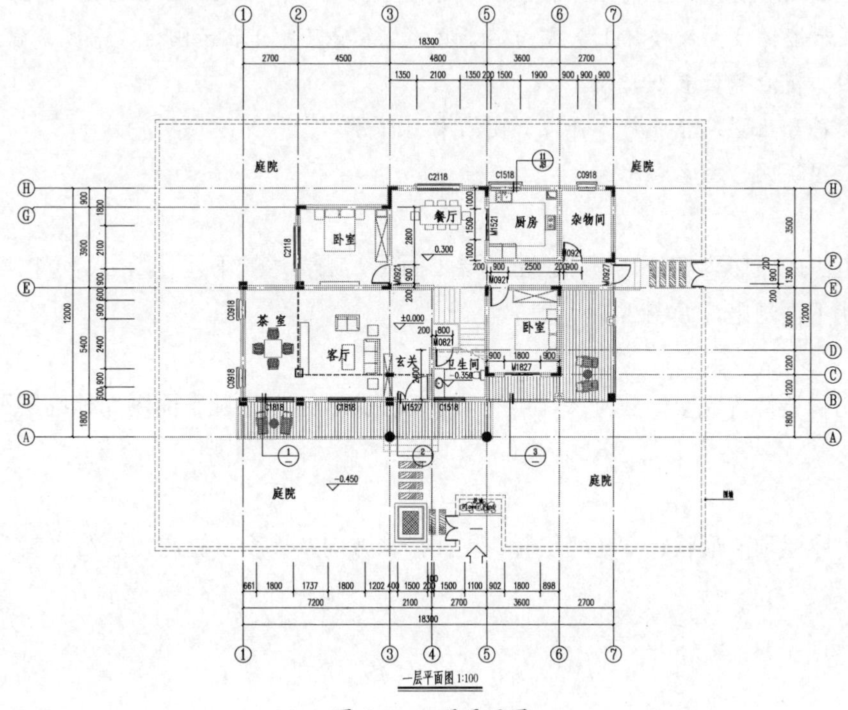

图 3-2　一层平面图

从图 3-2 中可以看出，建筑平面图的主要构成元素如下。

- 定位轴线：包括横向和纵向定位轴线的位置及编号，轴线之间的间距表示出了房间的开间和进深。定位轴线用细单点画线表示。
- 墙体、柱子：表示出各承重构件的位置。剖到的墙体、柱子断面轮廓用粗实线绘制，并画出图例。例如，钢筋混凝土用涂黑表示，未剖到的墙用中实线表示。
- 内外门窗：门的代号用 M 表示，同一编号表示同一类型的门窗，它们的构造与尺寸都一样。
- 标注尺寸：标注总体尺寸，表示房屋的总长、总宽；标注轴线尺寸，表示定位轴线之间的距离；标注细部尺寸，表示门窗洞口的宽度和定位尺寸。
- 标注：建筑平面图常以一层主要房间的室内地坪为零点（标记为 ±0.000），分别标注出各房间地面的标高。
- 其他设备位置及尺寸：表示楼梯位置及楼梯上下方向、踏步数、主要尺寸；表示阳台、雨篷、窗台、通风道、烟道、管道井、雨水管、坡道、散水、排水沟、花池等位置及尺寸。
- 相关符号：剖面图的剖切符号位置及指北针、标注详图的索引符号。
- 文字标注说明：注写施工图说明、图名和比例。

（2）二层平面图。

二层平面图除画出房屋二层范围的投影内容外，还应画出一层平面图无法表达的雨篷、阳台、窗楣等内容。对于一层平面图上已表达清楚的台阶、花池、散水等内容就不再画出，如图 3-3 所示。

（3）标准层平面图。

当房屋中间若干层的平面布局构造情况完全一致时，可用一个平面图来表达，这种平面图为标准层平面图。对于高层建筑，标准层平面图比较常见。

（4）屋顶平面图。

屋顶平面图主要是用来表达房屋屋顶的形状、女儿墙位置、屋面排水方向及坡度、檐沟、水箱位置等的图形，如图 3-4 所示。

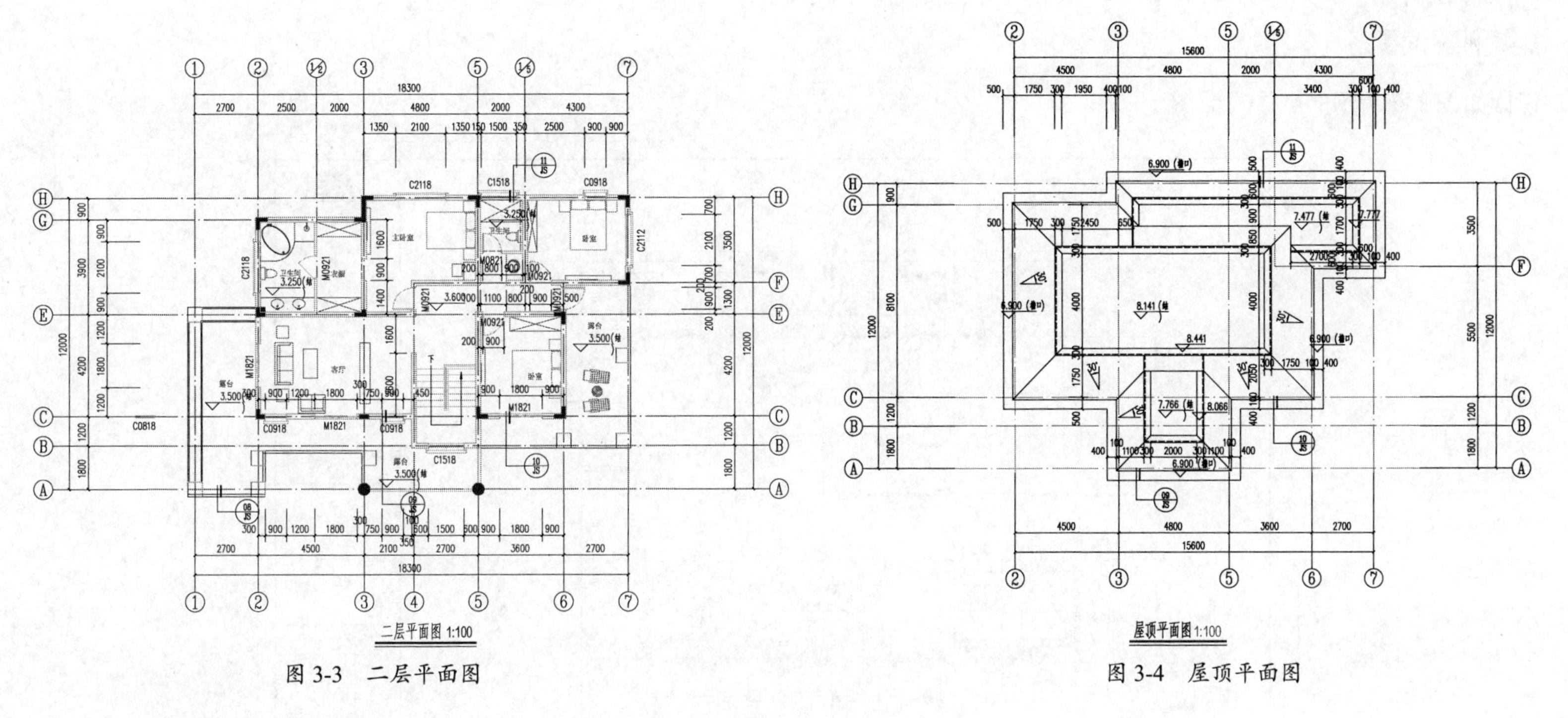

图 3-3　二层平面图　　　　图 3-4　屋顶平面图

3.1.2　识读建筑平面图实例

下面以某大学食堂建筑为例来识读建筑平面图，本例仅介绍一层平面图的识读步骤及内容。食堂建筑的三维模型想象效果图如图 3-5 所示。

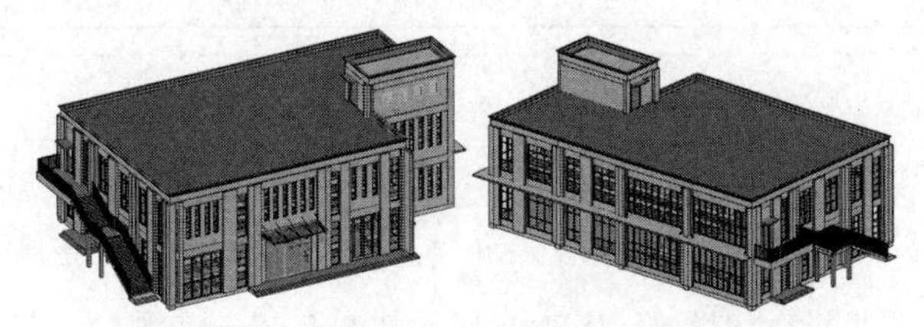

图 3-5　食堂建筑的三维模型想象效果图

【实例解读】

识读如图 3-6 所示的一层平面图。

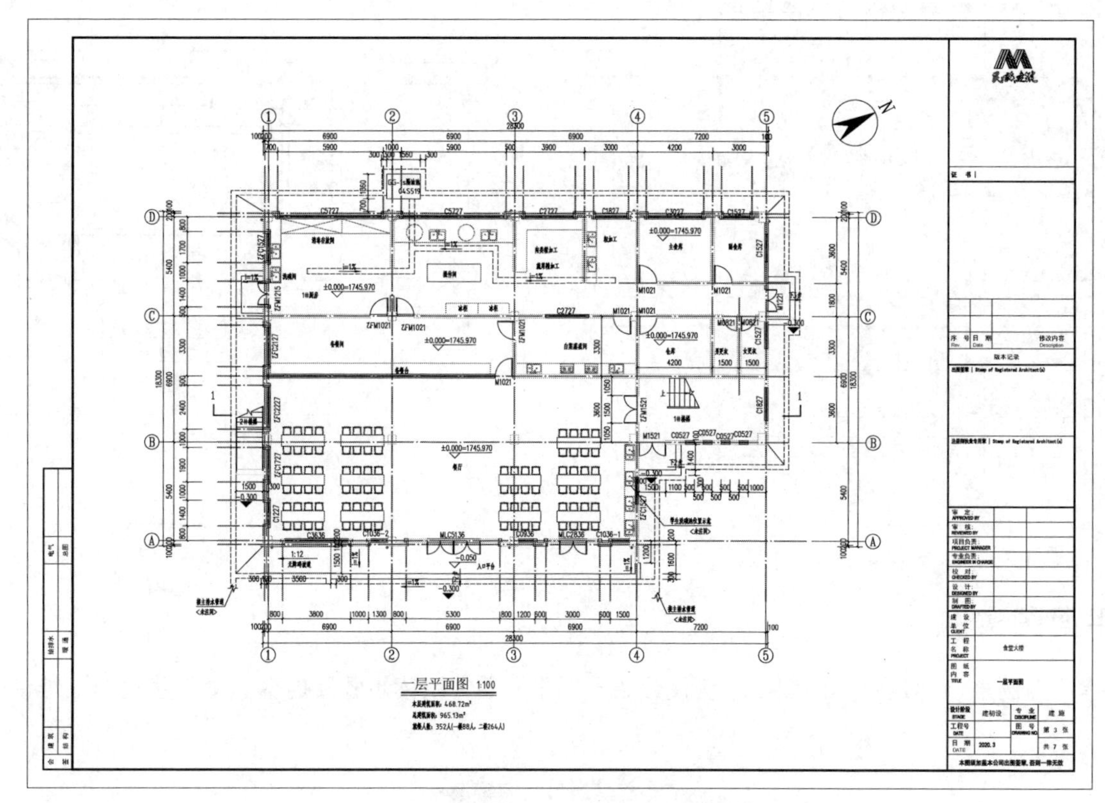

图 3-6　一层平面图

建筑平面图的识读步骤如下。

（1）读图名、比例和标题栏。

从一层平面图下方注出的图名和比例（见图 3-7）得知，本图纸为一层平面图，图纸尺寸比例为 1∶100。另外，图名下方的经济技术指标显示本层建筑面积为 468.72m²、总建筑面积 965.13m²、就餐人数为 352 人（一楼 88 人，二楼 264 人）。

通过阅读标题栏可以得知，工程名称为食堂大楼、图纸内容为一层平面图、设计阶段为建初设，如图 3-7 所示。

（2）读指北针。

通过图纸右上角的指北针可以了解食堂建筑的方位和朝向。图 3-6 中的建筑正面朝东南、背面朝西北。

（3）读定位轴线及编号。

定位轴线及编号是绘制建筑图纸的第一步。通过定位轴线及编号可以了解各承重墙、柱的位置和房间开间的大小等。

首先看带有编号的轴线。例如，编号①～⑤的水平轴线和Ⓐ～Ⓓ的竖直轴线（见图 3-6），这些轴线上的墙体一般为承重墙，在轴线交点处布置有承重柱；其余轴线为外装饰墙（墙垛）的墙轴线，如图 3-8 所示。

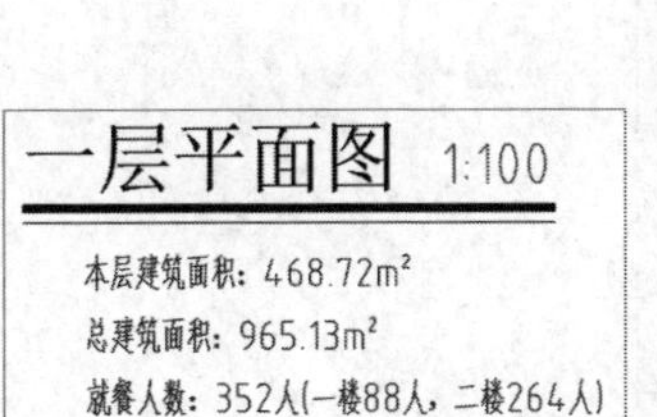

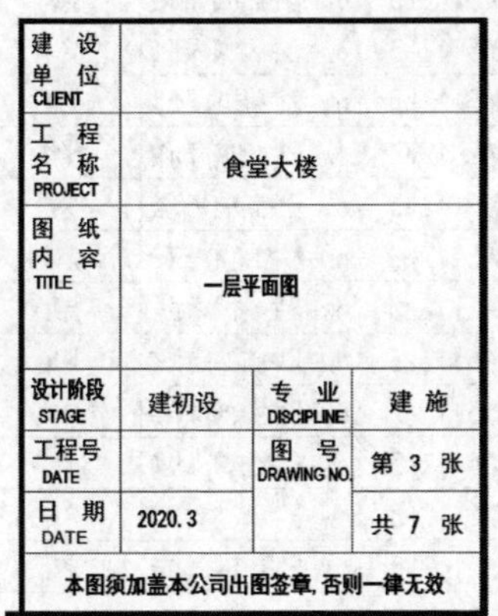

建设单位 CLIENT			
工程名称 PROJECT	食堂大楼		
图纸内容 TITLE	一层平面图		
设计阶段 STAGE	建初设	专业 DISCIPLINE	建施
工程号 DATE		图号 DRAWING NO.	第 3 张
日期 DATE	2020.3		共 7 张
本图须加盖本公司出图签章，否则一律无效			

图 3-7　读图名、比例和标题栏

图 3-8　读定位轴线及编号

（4）读门窗及其他构配件的图例与编号。

接下来阅读墙体中嵌入的门窗，可以结合门窗表（见图 3-9）查看并了解它们的位置、类型和数量等情况（门窗表不在一层平面图中，在本实例的立面图图纸中，可以打开本实例源文件“食堂大楼.dwg”查看）。

门窗表

类型	设计编号	洞口尺寸(mm)	数量	底口标高	名称	备注
门	M0821	800X2100	2	FH	单开复合门	成品
	M1021	1000X2100	5	FH	单开复合门	成品
	M1221	1200X2100	1	FH	双开实木门	成品
	M1521	1500X2100	2	FH	双开实木门	成品
	MLC2836	1500X2100	1	FH	铝合金门连窗(5+12+3 Low-E中空玻璃)	定制
	MLC5136	1500X2100	1	FH	铝合金门连窗(5+12+3 Low-E中空玻璃)	定制
	ZFM1021	1000X2100	3	FH	乙级防火门	成品
	ZFM1215	1200X2100	1	FH	乙级防火门	成品
	ZFM1521	1500X2100	4	FH	乙级防火门	成品
窗	C0427	400X2700	4	FH+0.9	90系列断热铝合金窗(5+12+3 Low-E中空玻璃)平开窗	定制
	C0527	500X2700	4	FH+0.9	90系列断热铝合金窗(5+12+3 Low-E中空玻璃)平开窗	定制
	C0627	600X2700	9	FH+0.9	90系列断热铝合金窗(5+12+3 Low-E中空玻璃)平开窗	定制
	C0936	875X3600	2	FH	90系列断热铝合金窗(5+12+3 Low-E中空玻璃)平开窗	定制
	C1036-1	1000X3600	2	FH	90系列断热铝合金窗(5+12+3 Low-E中空玻璃)平开窗	定制
	C1036-2	975X3600	2	FH	90系列断热铝合金窗(5+12+3 Low-E中空玻璃)平开窗	定制
	C1227	1200X2700	3	FH+0.9	90系列断热铝合金窗(5+12+3 Low-E中空玻璃)推拉窗	定制
	C1527	1500X2700	6	FH+0.9	90系列断热铝合金窗(5+12+3 Low-E中空玻璃)推拉窗	定制
	C1827	1799X2700	4	FH+0.9	90系列断热铝合金窗(5+12+3 Low-E中空玻璃)推拉窗	定制
	C2727	2700X2700	3	FH+0.9	90系列断热铝合金窗(5+12+3 Low-E中空玻璃)推拉窗	定制
	C3027	2700X2700	2	FH+0.9	90系列断热铝合金窗(5+12+3 Low-E中空玻璃推拉窗)	定制
	C3636	3600X3600	1	FH+0.9	90系列断热铝合金窗(5+12+3 Low-E中空玻璃)推拉窗	定制
	C5727	5700X2700	4	FH+0.9	90系列断热铝合金窗(5+12+3 Low-E中空玻璃)推拉窗	定制
	ZFC1227	1200X2700	1	FH+0.9	90系列断热铝合金窗(5+12+3 Low-E中空玻璃)防火窗	定制(不开启)
	ZFC1527	1500X2700	3	FH+0.9	90系列断热铝合金窗(5+12+3 Low-E中空玻璃)防火窗	定制(不开启)
	ZFC1727	1700X2700	2	FH+0.9	90系列断热铝合金窗(5+12+3 Low-E中空玻璃)防火窗	定制(不开启)
	ZFC2127	2100X2700	2	FH+0.9	90系列断热铝合金窗(5+12+3 Low-E中空玻璃)防火窗	定制(不开启)
	ZFC2227	2200X2700	2	FH+0.9	90系列断热铝合金窗(5+12+3 Low-E中空玻璃)防火窗	定制(不开启)

图 3-9 门窗表

食堂大楼建筑为地上两层结构。食堂大楼的门包括单开复合门、双开实木门、铝合金门连窗和乙级防火门。普通单开与双开门的代号为 M，铝合金门连窗的代号为 MLC，乙级防火门的代号为乙 FM。通过查看门窗表（含两层的门窗）可以得知，单开复合门有 7 扇（材料为复合板），双开实木门有 3 扇（材料为实木），铝合金门连窗有 2 扇，乙级防火门有 8 扇。在一层中，单开复合门主要安装在厨房与餐厅之间，以及内部仓库、白案蒸煮间、更衣室等房间出入口；双开实木门主要安装在食堂侧门进出口、楼梯间出口；铝合金门连窗安装在食堂大门入口；乙级防火门安装在厨房、备餐间和楼梯间等消防通道的出入口，如图 3-10 所示。

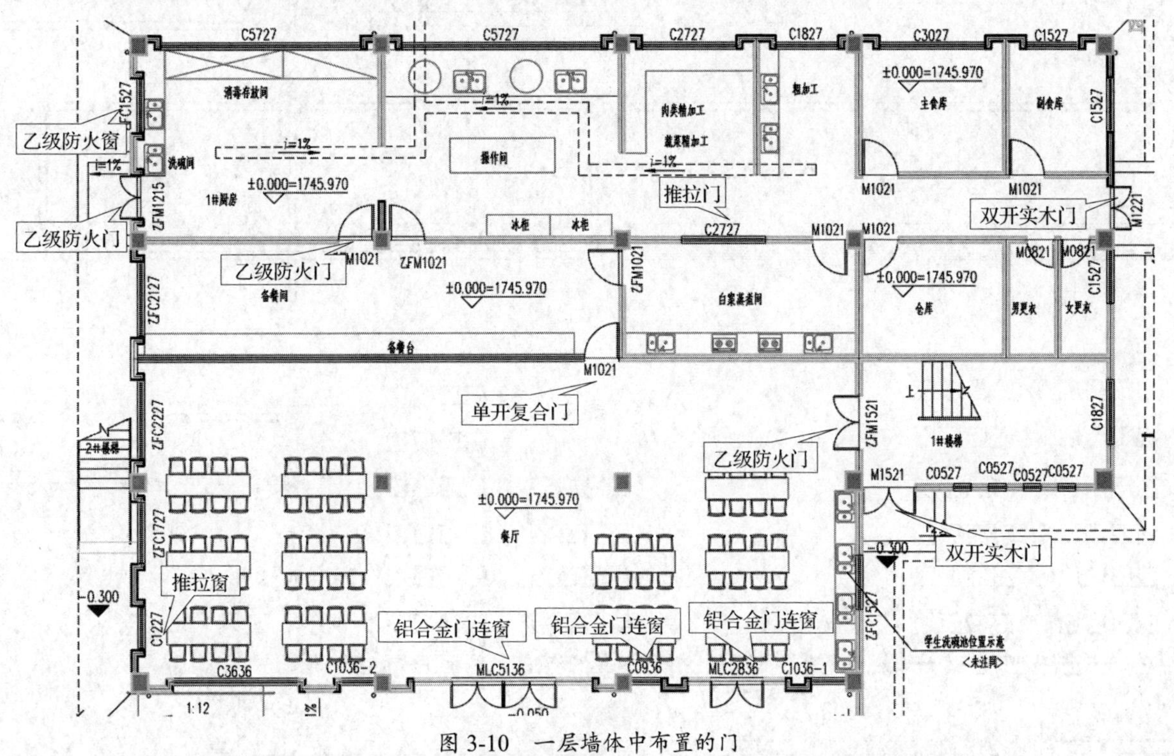

图 3-10　一层墙体中布置的门

窗分为平开窗、推拉窗和乙级防火窗。其中，平开窗和推拉窗的代号为 C，乙级防火窗的代号为乙 FC。窗户主要安装在外墙中，部分内部房间中安装有平开窗和推拉窗，窗的材料为铝合金，如图 3-11 所示。

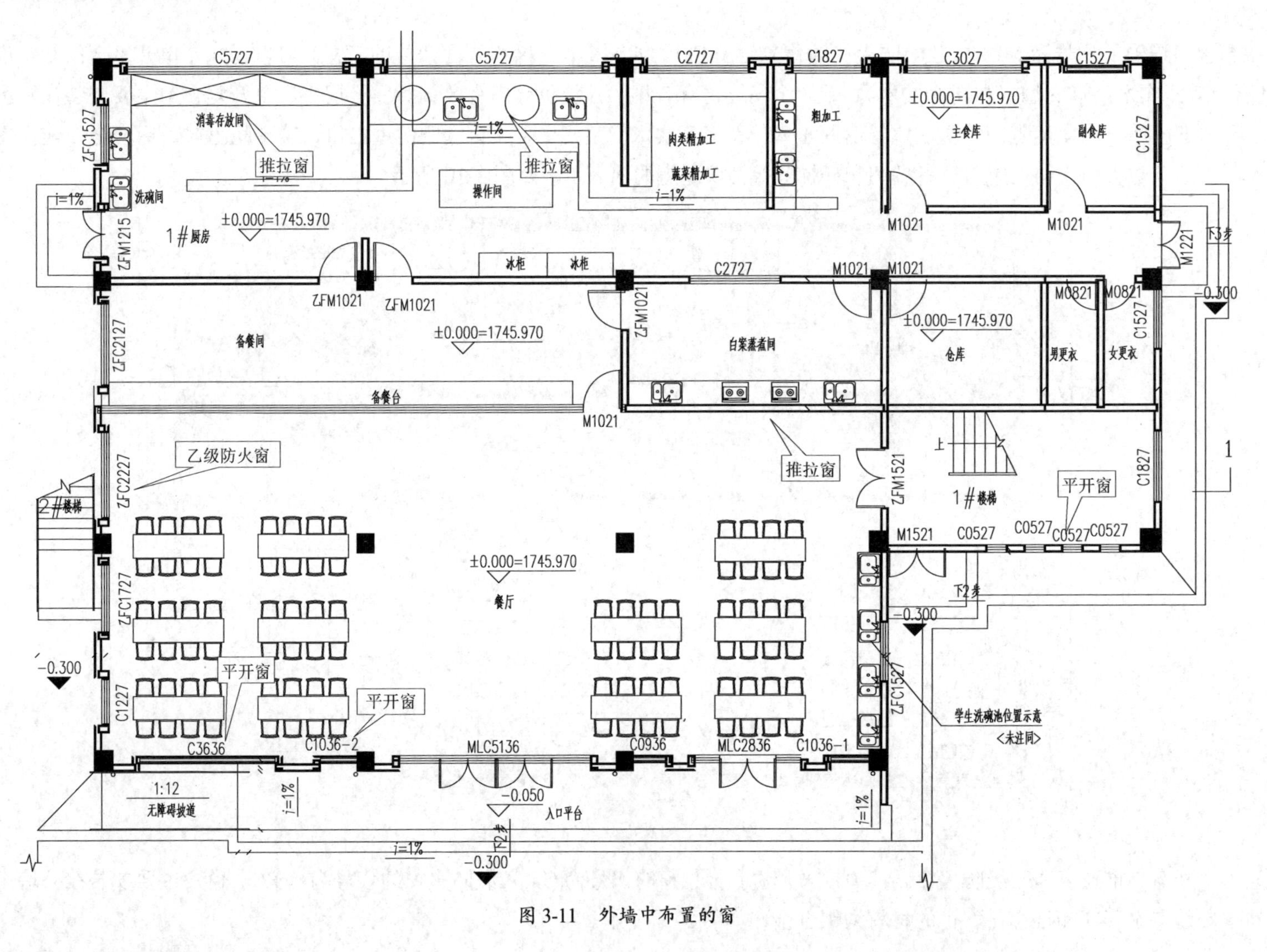

图 3-11　外墙中布置的窗

门窗布置的立体效果图 3-12 所示。

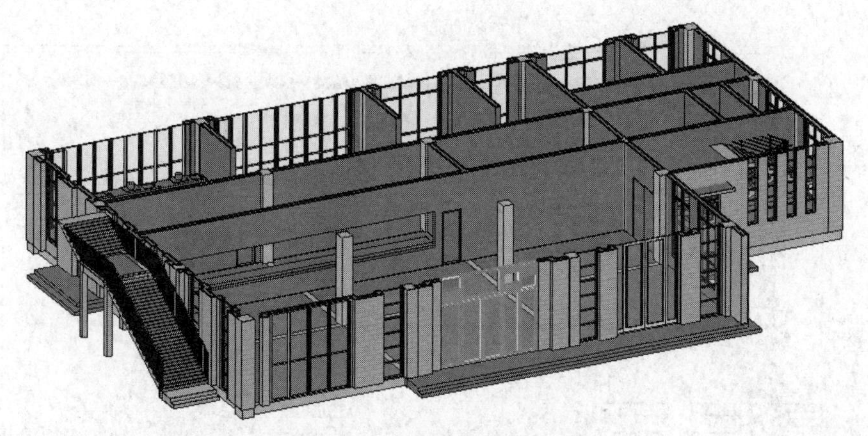

图 3-12　门窗布置的立体效果图

（5）读建筑内部平面布置和外部设施。

从一层平面图中的室内布局得知，整个食堂大楼一层按功能被分成餐厅、备餐间、操作间、消毒存放间、厨房、洗碗间、肉类蔬菜加工区域、粗加工区域、主食库、副食库、仓库、男女更衣室及楼梯间等，从房间命名就可以清楚该房间的基本用途。

整个食堂大楼一层的出入口包括前面的 2 扇安装铝合金门连窗（MLC5136、MLC2836）的出入口、侧面 2 扇安装普通门（M1221 和 M1521）的出入口和 1 扇安装乙级防火门（乙 FM1215）的出入口（此出入口为消防通道，安装在食堂员工工作区域一侧）。

食堂员工工作区域有厨房设备和备餐台等，整个工作区域以 M1021 普通门作为唯一的出入口，并连接餐厅。

餐厅中布置了学生用餐的桌凳，安排在大门左右两侧，中间留有人行过道，餐厅右侧靠墙位置设有学生洗碗池，便于学生用餐后洗刷碗筷。楼梯间上行的梯段（标记为 1#楼梯）被水平剖切平面剖断，用 45°倾斜折断线表示。楼梯间通往餐厅处安装有乙级防火门（编号为乙 FM1521），通往室外的出口位置安装有普通门（编号为 M1521）。

再看室外布置：前门（另设有一段无障碍坡道）、楼梯间、侧门的出入口均设计有两级台阶；在食堂左侧的消防通道出入口一旁设计有一部带休息平台的宽楼梯（标记为 2#楼梯），供学生进入二楼餐厅用餐使用。

在食堂背后靠近洗碗间和操作间一侧设计有隔油池，并设计了方形排污道（虚线画出）连接员工工作区域，便于厨房废水的排放和后期处理。另外，围绕整个食堂大楼一周还设计了散水和排水管道（虚线画出），用于雨水、空调水的排放，如图 3-13 所示。

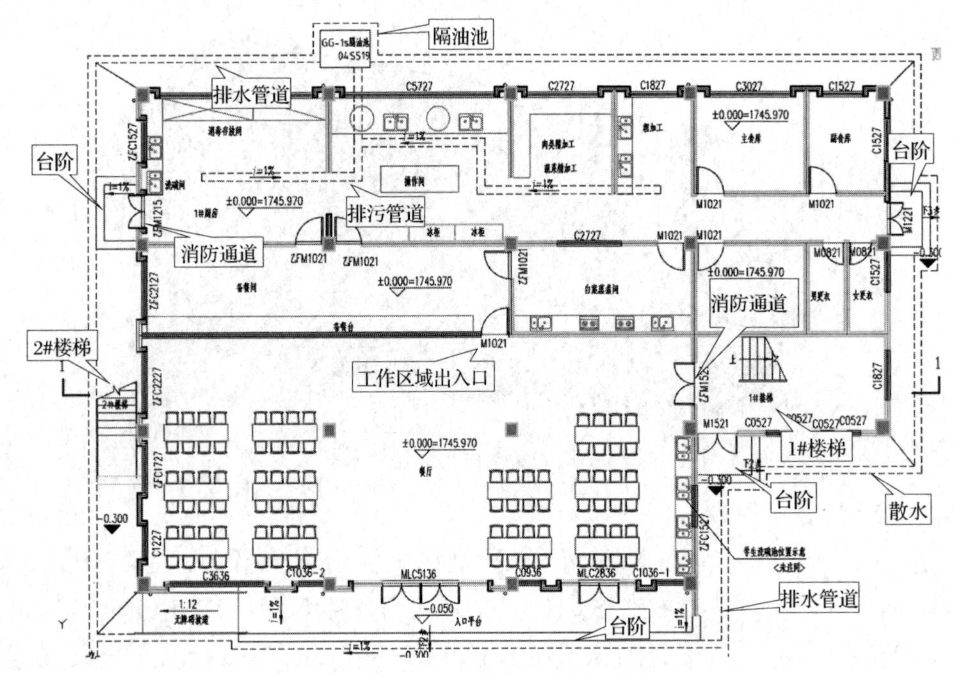

图 3-13 食堂大楼室内外平面布置

（6）读尺寸和标高。

通过阅读相关尺寸，可知房屋的总长、总宽、开间、进深和室内摆设的型号、定位尺寸及室内外地坪的标高。

在一层平面图中，外墙一般需要标注出三道尺寸：最外道尺寸为建筑物的总长和总宽；中间一道尺寸是轴线间尺寸，可表达房屋的开间和进深；最里面一道尺寸为细部尺寸，表达门窗安装尺寸、墙垛尺寸、隔油池尺寸、室内隔间尺寸、部分通道尺寸，以及散水、台阶、楼梯等设计与安装尺寸。

食堂大楼的建筑总长为28300mm，总宽为18300mm；房间开间为6900mm、7200mm等，进深为6900mm、5400mm等；乙级防火窗乙FC1527的定形尺寸为1700mm、距Ⓓ轴线的定位尺寸为800mm等。此外，还应注出必要的内部尺寸和某些局部尺寸：墙体厚度为240mm、120mm等；室内地面标高为±0.000，实际的绝对标高为1745.970m；大门台阶相对标高为-0.050m；室外地坪标高为-0.300m等。

3.2　识读建筑立面图

在与建筑立面平行的铅直投影面上所做的正投影图称为建筑立面图，简称立面图。建筑立面图是用来表达室内立面形状（造型），室内墙面、门窗、家具、设备等的位置、尺寸、材料和做法等内容的图样，是建筑外装修的主要依据。

3.2.1　建筑立面图的形成、内容和要求及其命名方式

1．建筑立面图的形成

如图 3-14 所示，将房屋建筑从东、西、南、北四个方向进行投影所得到的正向投影图就是各向建筑立面图。

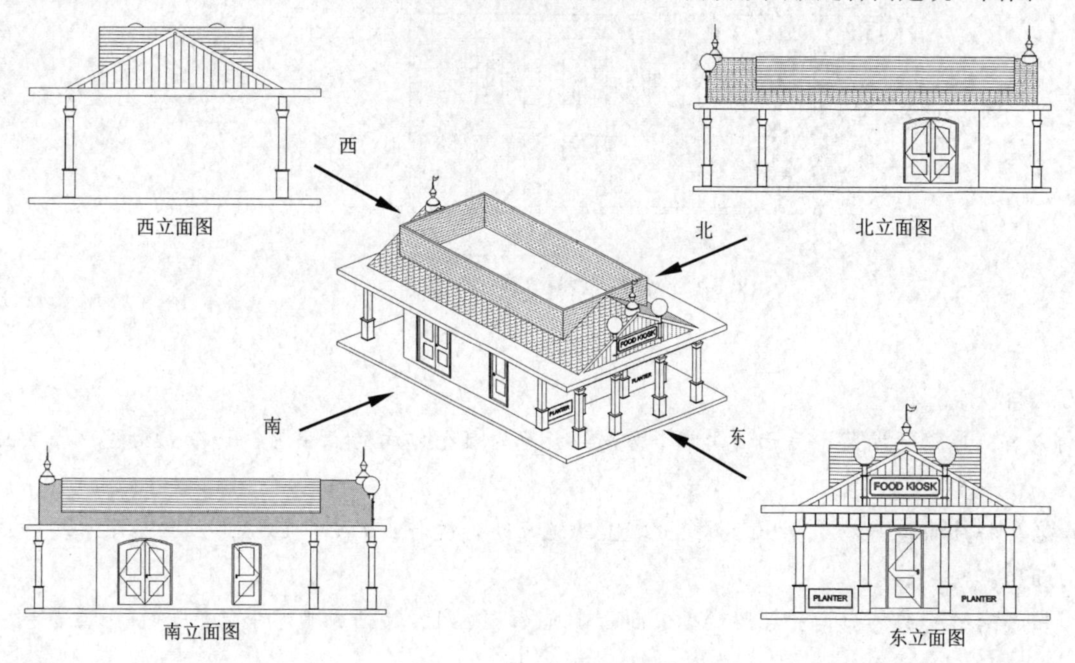

图 3-14　建筑立面图的形成

2．建筑立面图的内容和要求

图 3-15 为食堂大楼建筑的①～⑤轴立面图，从图中可以得知，建筑立面图应该表达的内容和要求如下。

- 画出室外地坪线及台阶、花台、门窗、雨篷、阳台，以及室外楼梯、外墙面、建筑柱、檐口、预留孔洞、屋顶等。
- 注明外墙各主要部分的标高，如室外地坪、台阶、坡道、窗台、窗高、阳台、雨篷、屋顶及室外楼梯等处的标高。
- 可不注明高度方向的尺寸，但对于外墙预留孔洞，除应注明标高尺寸外，还应注出其形位尺寸。
- 标注出图形两端的轴线及编号，便于弄清建筑物所处的方向。
- 标出各部分构造、装饰节点详图的索引符号；用图例或文字说明装修材料及方法。

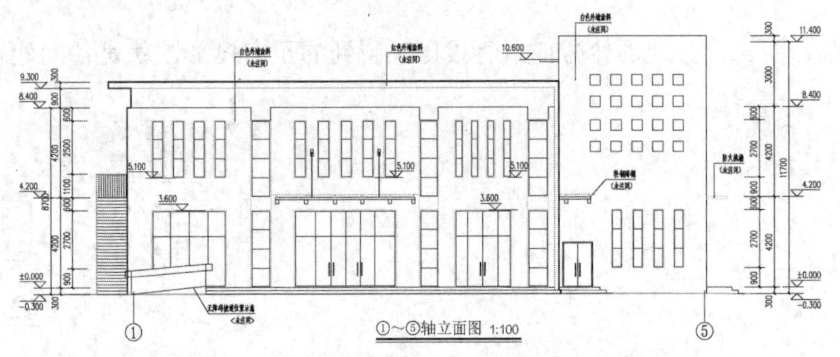

图 3-15　食堂大楼建筑的①～⑤轴立面图

3．命名方式

建筑立面图的命名方式有以下三种。

- 按各墙面的朝向命名：建筑物的某个立面面向哪个方向，就称为哪个方向的立面图，如东立面图、西立面图、南立面图、北立面图等。
- 按墙面的特征命名：将反映建筑物主要出入口或比较显著地反映外貌特征的那一面称为正立面图，其余立面图依次为背立面图、左立面图和右立面图。
- 用建筑平面图中轴线两端的编号命名：按照观察者面向建筑物从左到右的轴线顺序命名，如 a～e 立面图、Ⓐ～Ⓓ立面图等。

注意：

在施工图中，这三种命名方式都可使用，但每套施工图只能采用其中的一种。

3.2.2　识读建筑立面图实例

识读建筑立面图的方法是先识读图纸比例、图名、工程名称等，再按照前面介绍的建筑立面图的内容和要求进行识读。下面以食堂大楼的两个建筑立面图为例来进行识读讲解。

【实例解读】

图 3-16 为食堂大楼的两个建筑立面图：a～e 轴立面图和 e～a 轴立面图。

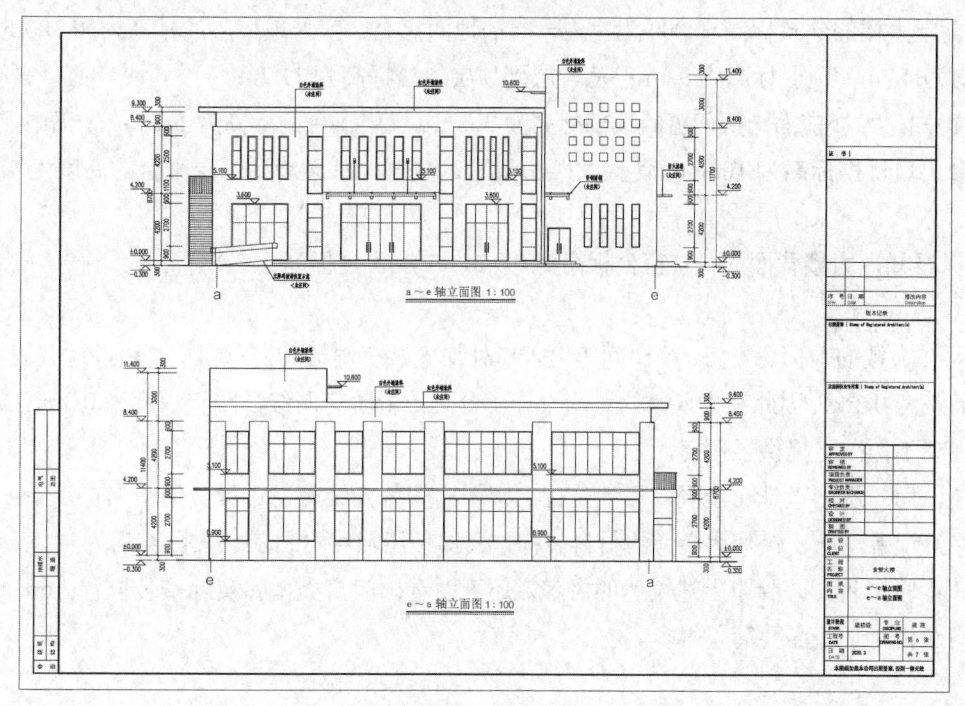

图 3-16　食堂大楼的两个建筑立面图

建筑立面图的识读步骤如下。

（1）读图名、比例和标题栏。

从建筑立面图中标注的图名、比例可以得知，本图纸包含两个建筑立面图：a～e 轴立面图和 e～a 轴立面图，表现了食堂大楼前后两面的投影视图内容和相关技术要求；图纸的尺寸比例为 1∶100。

通过阅读标题栏可以得知，工程名称为食堂大楼，设计阶段为建初设。另外，还包括专业、图号、日期等信息。

（2）读轴线、轴线编号、标高和尺寸。

在 a～e 轴立面图中，大楼图形左右两侧的轴线及轴线编号表达了该视图为大楼的正面投影视图（结合图 3-6）；e～a 轴立面图为大楼背面的投影视图。

从 e～a 轴立面图可知，食堂大楼的建筑标高±0.000 为室内一层的地面标高；室外地坪层的标高为-0.300m，比室内地面低 300mm；一层与二层的建筑标高相同，均为 4.2m；顶层标高为 9.6m；从一层到顶层的总标高为 11.7m。

从 a～e 轴立面图中可以得知，大楼前面一层门窗的顶部标高为 3.6m；二层窗台的标高为 5.1m；轻钢雨棚和防火挑檐的标高与二层地面标高相同，均为 4.2m；天台出口挑檐标高为 10.6m；食堂大楼左侧的 2#楼梯，从起步到二层平台的高度为 4.2m，根据此高度可计算楼梯踏步步数和每踏步的高度。

从 a～e 轴立面图中还可以得知，大楼背面的一层窗台标高为 0.9m，二层窗台标高为 5.1m。

（3）看室外构造与布置。

从 a～e 轴立面图中可知，在大楼的前门、侧门、楼梯间等出入口处均安装有雨棚和防火挑檐，用以遮蔽雨水并保护门窗和墙体不受潮；由于室内地面与室外地坪标高差为 0.3m，因此在出入口位置均设计了台阶，台阶有两级，踏步深度为 0.3m，高度为 0.15m；在大门台阶左侧还设计有无障碍坡道，为行动不便人士提供了便捷。

大楼楼梯间一层配有窗户，而二层则设计了孔洞，目的是让二楼楼梯间有光线照射进行，便于人员上下；楼顶还设计有女儿墙。大楼正面墙体中采用了一些材料，设计者注出了仅作为参考的材料名称，具体使用何种材料应以实际交房为主。

a～e 轴立面图是大楼的正面投影视图，除了上述表达的内容，还可以看出门窗类型和实际安装位置；e～a 轴立面图主要表达了大楼背面门窗类型及安装位置，其构造相对于正面要简单得多。

3.3　识读建筑剖面图

建筑剖面图是建筑设计、施工图纸中的重要组成部分，建筑平面与建筑剖面从两个不同的方面来反映建筑内部空间的关系。建筑平面图着重解决内部空间的水平方向的问题，建筑剖面图主要研究竖向空间的处理。两者都涉及建筑的使用功能、技术经济条件和周围环境等问题。

3.3.1　建筑剖面图的形成与作用

假想用一个或多个垂直于轴线的铅垂剖切平面将房屋剖开得到两个或多个部分，将保留的部分向投影面投射所得的投影图称为建筑剖面图，简称剖面图，如图 3-17 所示。

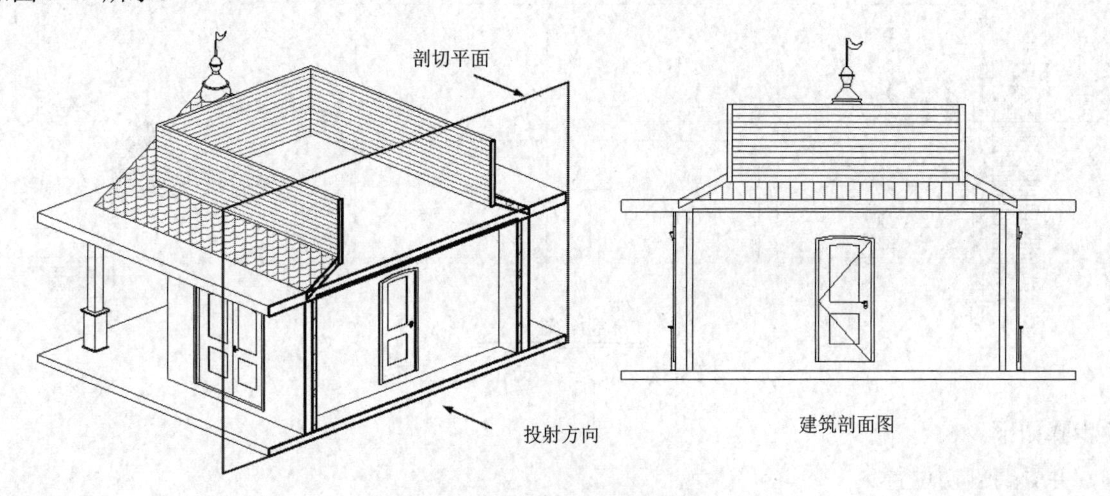

图 3-17　建筑剖面图的形成

根据规范，建筑剖面图的剖切部位应根据图纸的用途或设计深度，在建筑平面图上选择空间复杂，能反映全貌、构造特征，以及有代表性的部位进行剖切。

投射方向一般宜向左、向上，当然也要视工程情况而定。剖切符号标在一层平面图中，短线的指向为投射方向。建筑剖面图编号标在投射方向一侧；剖切线若有转折，则应在转角的外侧加注与该符号相同的编号。

3.3.2 识读建筑剖面图实例

建筑剖面图主要表达建筑物内部的楼梯、电梯及楼层分层等结构形式，可反映出梁、墙、板及柱之间的相对位置和连接关系。

【实例解读】

图 3-18 为食堂大楼的 1-1 剖面图。

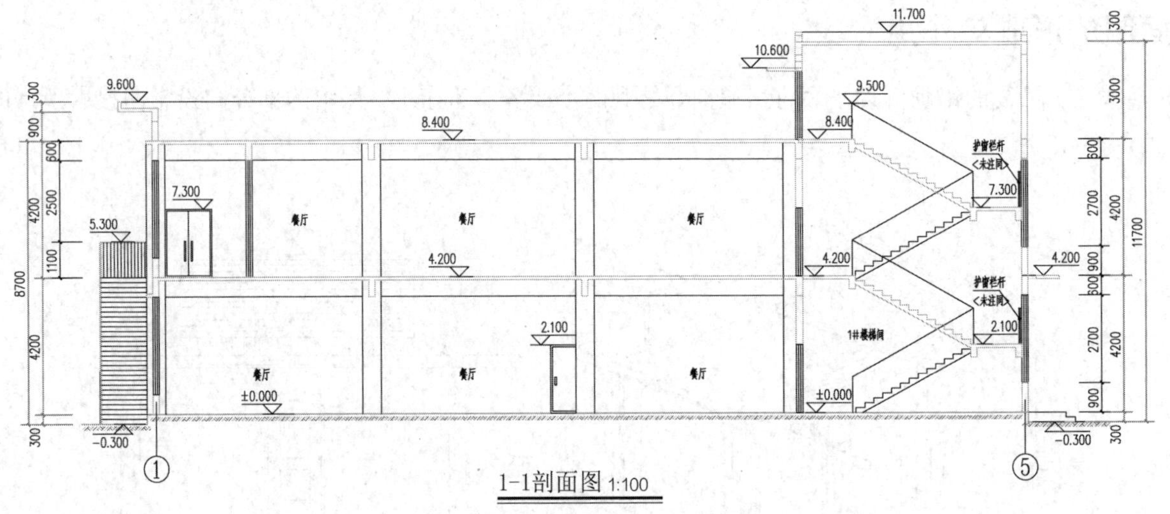

图 3-18 食堂大楼的 1-1 剖面图

建筑剖面图的识读步骤如下。

（1）看图名、比例，并弄清剖切位置。

食堂大楼剖面图图名为 1-1 剖面图，表示视图的剖切平面为 1-1，可从图 3-19（一层平面图）中找到剖切位置，且剖切平面为平面。该剖面图的绘图比例为 1∶100。

（2）了解建筑剖面图要表达的内容。

利用 1-1 剖切平面剖切食堂大楼，主要是为了表达出 1#楼梯的内部结构和分层情况。另外，还剖切到了结构楼板、结构柱和墙体，能够清楚地表现出此建筑物的内部结构：主要楼层有两层，第三层为楼梯间顶面楼层；结构柱、结构梁和结构楼板的连接情况也一目了然；

通往一、二层楼梯间有消防通道并安装有乙级防火门；三层露台的周边女儿墙也被剖切到了，能够得知其内部材料和形状结构。

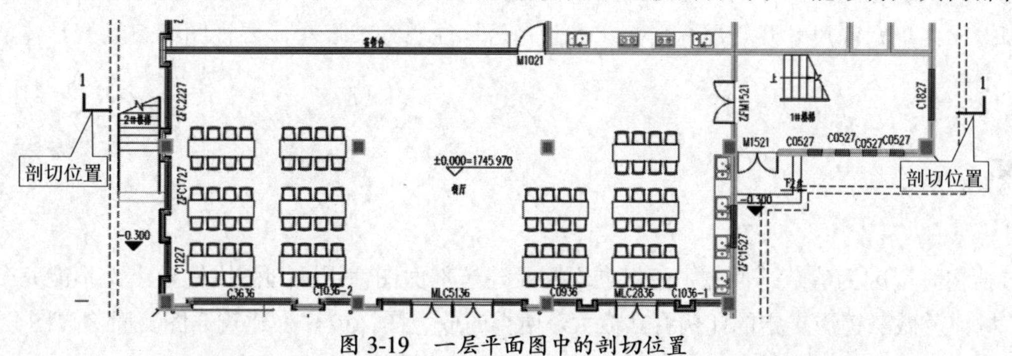

图 3-19　一层平面图中的剖切位置

从 1#楼梯间可以清楚地看到，1#楼梯结构为中间带平台的双跑楼梯，且安装有扶手和护窗栏杆，延伸到了三层露台，如图 3-20 所示。剖切楼梯梯段后能够知晓梯段、踏步及平台的内部结构。

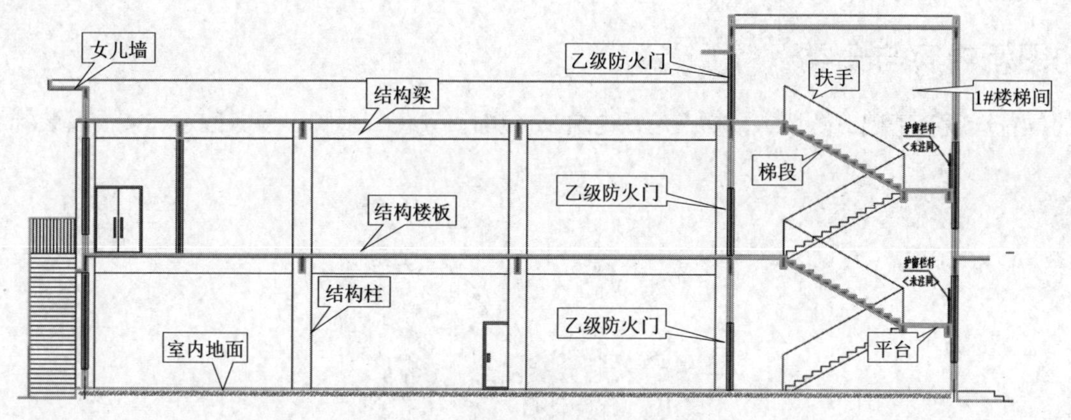

图 3-20　剖切后可以表达的内部结构

（3）看标高和内部尺寸。

1-1 剖面图中的标高尺寸与前面介绍的 a～e 轴立面图的标高尺寸是相同的，皆表达了同一建筑物（食堂大楼）。标注出的内部详细尺寸包括各层标高、楼梯平台标高、扶手标高、门标高、屋顶出入口挑檐标高、女儿墙顶标高及屋顶标高等。楼梯细节设计可以参考一层平面图的楼梯间的长、宽尺寸和楼梯踏步宽度尺寸及楼层标高来完成。是否标注出细节尺寸，要视图纸表达的具体情况而定，如单独将楼梯部分结构设计用建筑详图表达出来。

3.4 识读建筑详图

在表达房屋的一些细节结构时，因为建筑平面图、建筑立面图及建筑剖面图使用的制图比例较小，不能完全表达清楚，因此需要将这些细节结构的形状、尺寸、材料及做法等用一定的比例将其放大，所得的放大图样被称为建筑详图（简称详图），或称建筑节点大样图、建筑节点详图等。对局部平面（如厨房、卫生间）进行放大绘制的图样，习惯性称之为放大图。

建筑详图不仅为建筑设计师表达了设计内容、体现了设计深度，还对在建筑平面图、立面图、剖面图中未能完全表达出来的建筑局部构造、建筑细部的处理手法进行了补充和说明。

3.4.1 建筑详图的图示内容与分类

需要绘制建筑详图的位置一般有基础、外墙、楼梯（包括电梯）、屋面、天窗、勒脚、窗、散水、楼面及装饰线条等，如图 3-21 所示。

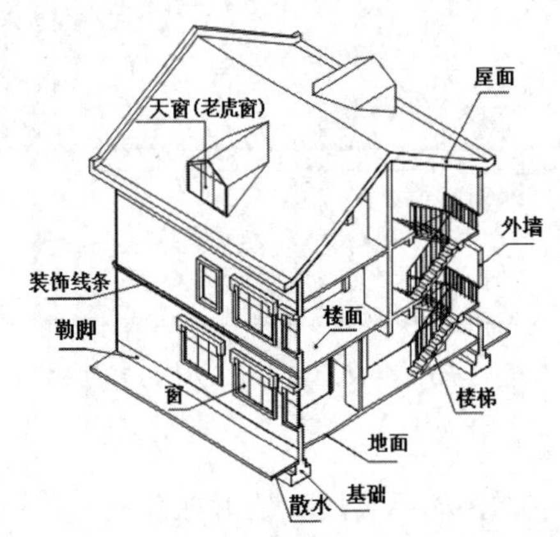

图 3-21 建筑物中要使用详图表达的部位

1. 建筑详图的图示内容

图 3-22 为某公共建筑室外无障碍坡道放大详图。

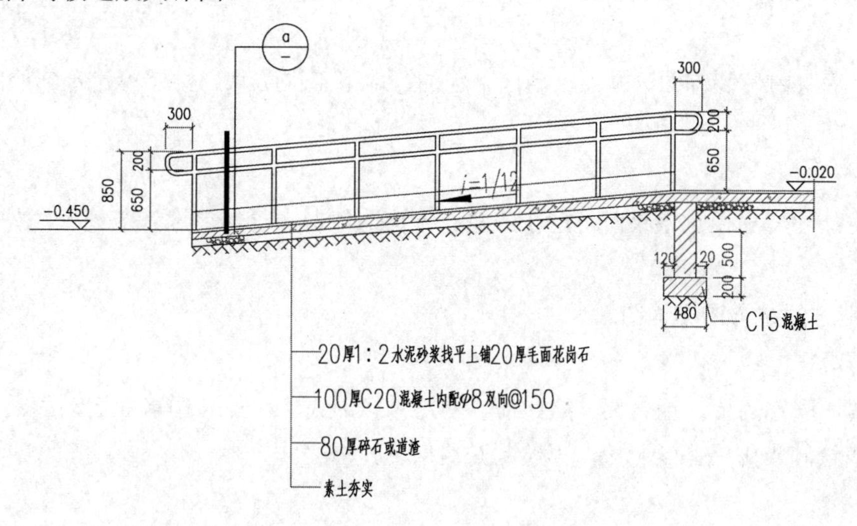

无障碍坡道放大详图　1∶50

图 3-22　某公共建筑室外无障碍坡道放大详图

建筑详图主要图示内容如下。

- 名称与比例。
- 符号及编号。当需要另画建筑详图时，还要标注所引出的索引符号。
- 建筑构件的形状规格及其他构配件的详细构造、层次、有关的详细尺寸和材料图例等。
- 各部位和各层次的用料、做法、颜色及施工要求等。
- 定位轴线（仅限楼梯间、厨房和卫生间）及其编号，标高表示。

2. 建筑详图的分类

建筑详图是整套施工图中不可缺少的部分，主要分为以下三类。

（1）局部构造详图。

局部构造详图指屋面、墙身、墙身内外装饰面、吊顶、地面、地沟、地下工程防水、楼梯等建筑部位的用料和构造做法。图 3-23 所示的一层楼梯平面图就是局部构造详图。

（2）装饰构造详图。

装饰构造详图是为了美化室内外环境和视觉效果而特意在一些建筑构造件上进行的艺术细节处理，如花格窗、柱头、壁饰、地面图案的花纹、用材、尺寸和构造等。

图 3-24 为某别墅圆拱形窗户上方的装饰图案详图。

（3）构件详图。

构件详图主要指门，窗，幕墙，固定的台、柜、架、桌、椅等的用料、形式、尺寸和构造（活动的设施不属于建筑设计范围）。

门窗详图（见图 3-25）的一般绘制步骤是先绘制樘，再绘制开启扇及开启线。

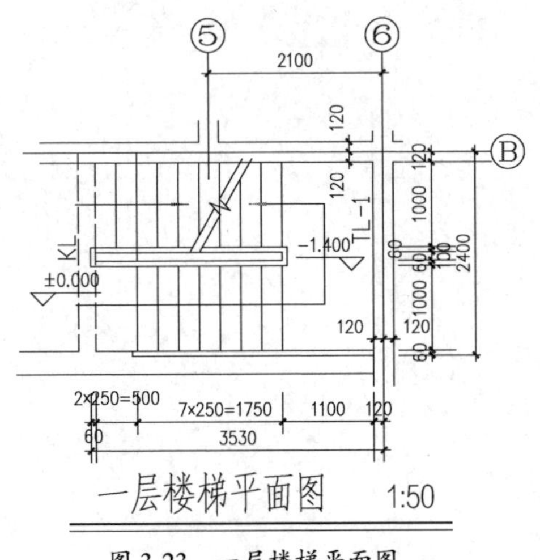

图 3-23 一层楼梯平面图

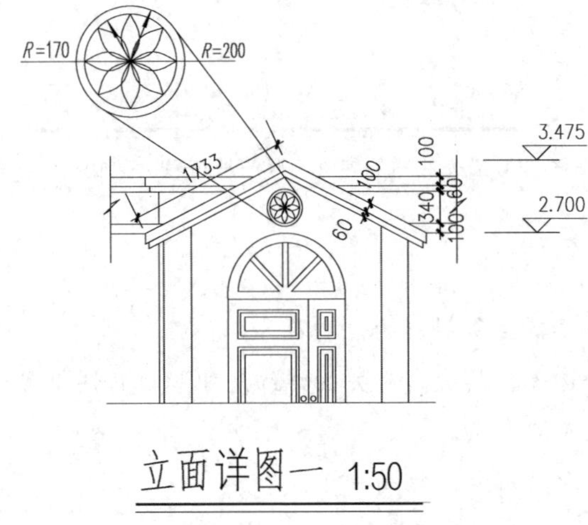

图 3-24 某别墅圆拱形窗户上方的装饰图案详图

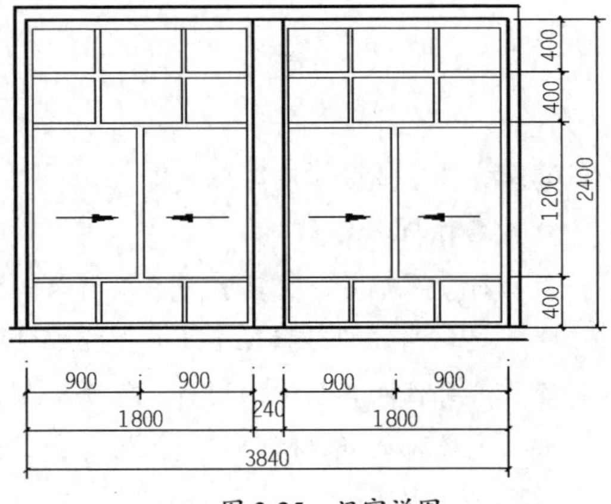

图 3-25 门窗详图

3.4.2　识读外墙节点详图

建筑外墙节点详图是将建筑剖面图中外墙部分进行局部放大的视图。通常采用 1∶20 或 1∶30 的比例绘制，但为了节省图纸空间，外墙节点通常采用折断画法，即将较长部分的墙体从中间断开不画，仅保留能反映不同细节的部分，成为几个节点的组合视图，如图 3-26 所示。

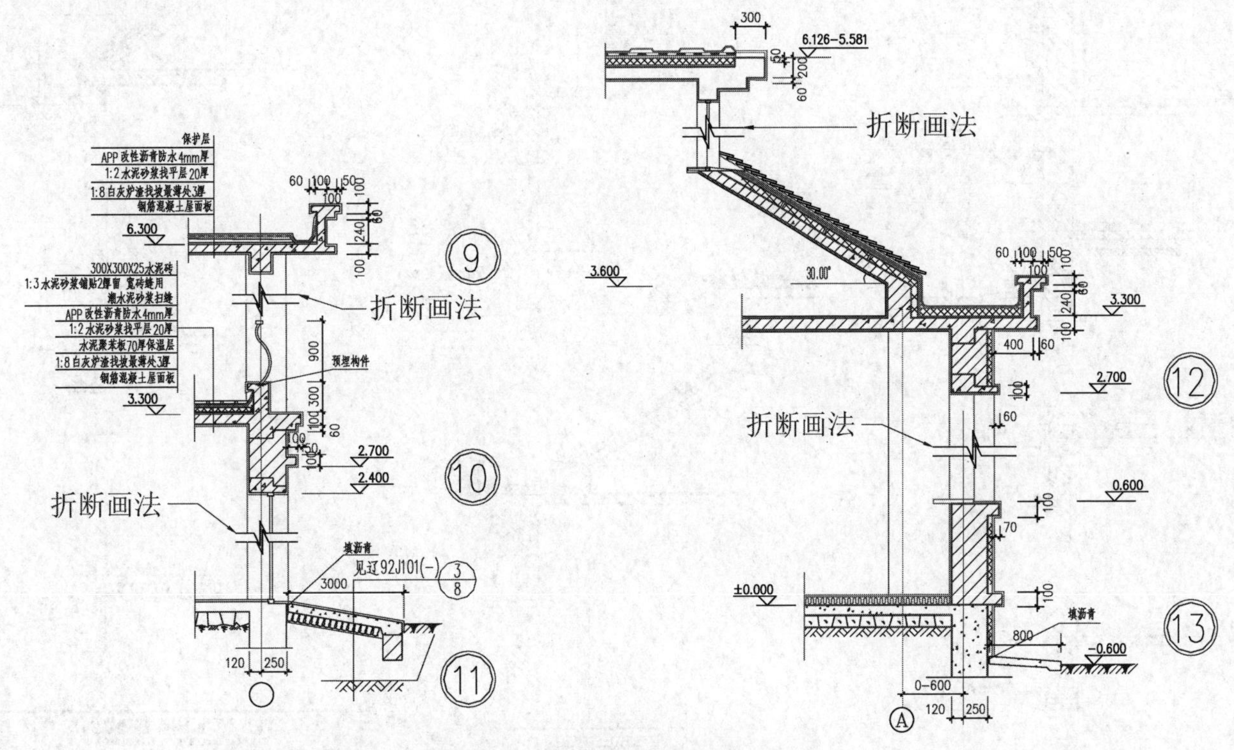

图 3-26　外墙节点详图的折断画法

【实例解读】

接下来对图 3-27 中编号为①～③的外墙节点详图进行识读（也可从本章源文件夹中打开“别墅.dwg”文件，找到项目名称为“节点详图”的图纸）。

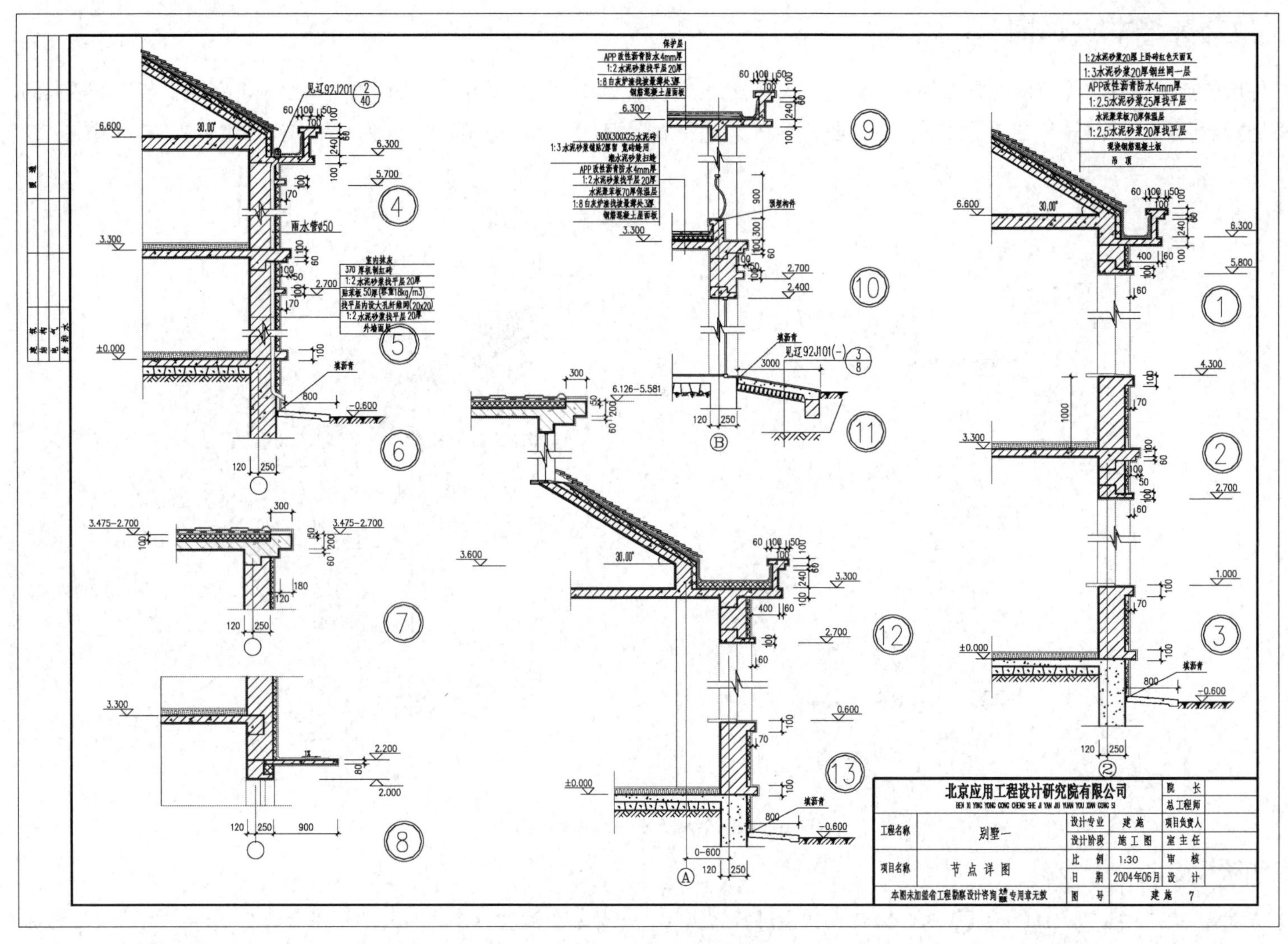

图 3-27　外墙节点详图

识读图纸的步骤如下。

（1）读标题栏。

从图纸标题栏中可知项目名称、工程名称、比例日期及图号等信息。

（2）读轴线编号、尺寸和标高。

从轴线②（见图 3-27）可知，此外墙节点详图为建筑外墙的节点详图。由三段节点组合而成，可从该别墅建筑的①～⑧轴立面图中找出节点详图索引位置，如图 3-28 所示。

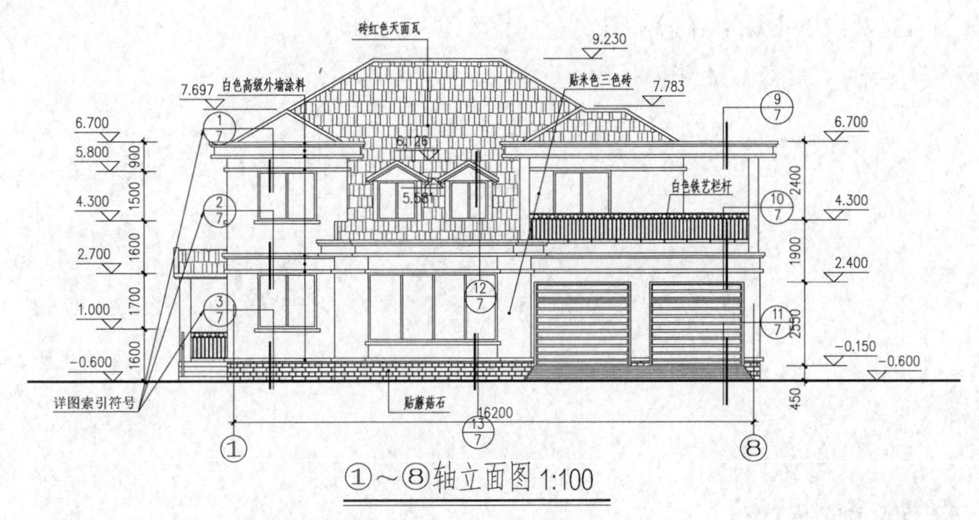

图 3-28　立面图中的详图索引位置

节点①表示二层窗户及以上的墙体部分，节点②表示一层窗户到二层窗户之间的墙体部分，节点③表示一层窗户及以下的墙体部分。

从标注的尺寸和标高能够清楚地了解到墙体尺寸、门窗安装位置和外墙窗檐、天沟、屋面及室内勒角的结构与形状。

（3）看材料了解具体做法

节点①～③的外墙材料及做法可在节点⑤中找到，外墙由内到外的材料用横线引出，再将不同材质层用文字表述出来（从上往下），如图 3-29 所示。

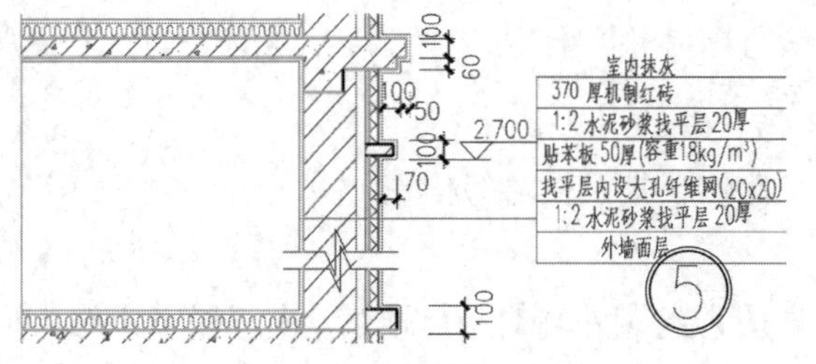

图 3-29 外墙材料及做法

节点①～③中天沟部分的材料及做法可从节点⑨中找到，如图 3-30 所示。

节点①中反映的是屋面材料及做法，如图 3-31 所示。

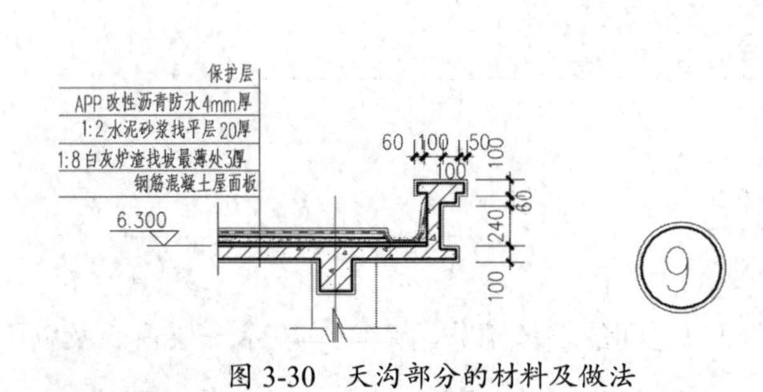

图 3-30 天沟部分的材料及做法

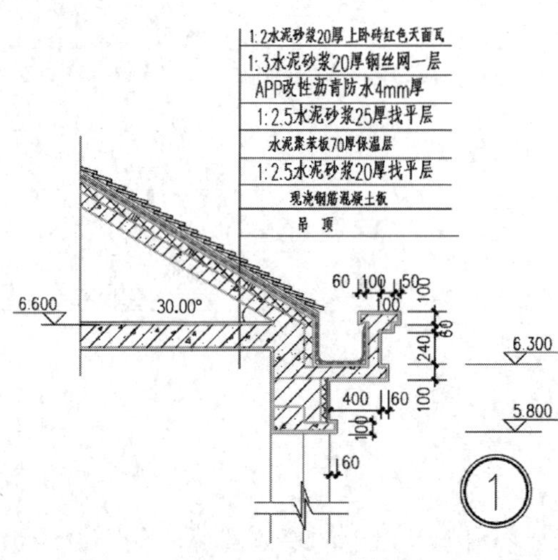

图 3-31 屋面材料及做法

3.4.3 识读楼梯详图

1．楼梯的组成

楼梯一般由梯段、平台和扶手三部分组成，如图 3-32 所示。

- 梯段：设有踏步和梯段板（或斜梁），供层间上下行走。踏步又由踏面和踢面组成，梯段的坡度由踏步的高宽比确定。
- 平台：供人们在上下楼梯时调节疲劳和转换方向的水平面，因此也称缓台或休息平台。平台有楼层平台和中间平台之分，与楼层标高一致的平台称为楼层平台；介于上下两楼层之间的平台称为中间平台。
- 扶手：设在梯段及平台临空边缘的安全保护构件，以保证人们在楼梯处通行的安全。扶手必须坚固可靠，并保证有足够的安全高度。

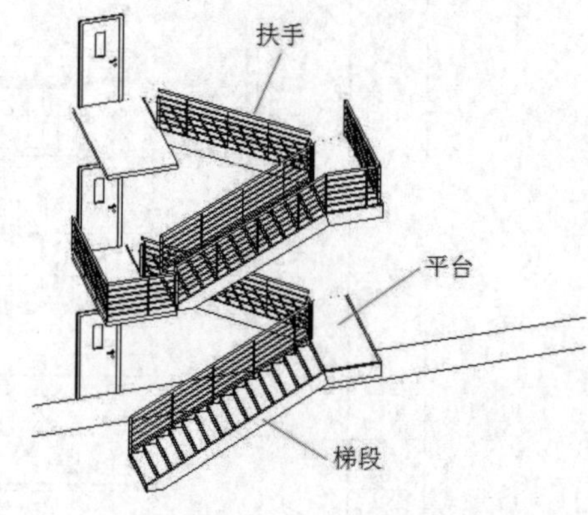

图 3-32　楼梯的组成

2. 识读楼梯详图实例

楼梯详图中包含楼梯平面图、楼梯剖面图和扶手节点详图等。

**【实例解读】**

下面以某教学楼项目的楼梯详图（见图 3-33）为例来详解楼梯详图的识读步骤。

楼梯详图的识读步骤如下。

（1）看标题栏读图名、比例。

从楼梯详图的图纸标题栏中可知，该图纸项目名称为楼梯详图，图号为 7，比例及各图名在图形下方注出。

楼梯详图中的楼梯底层平面图和楼梯二层平面图是楼梯的俯视图，图形比例为 1:50。将楼梯底层平面用 *A*–*A* 剖切平面进行剖切，得到下方的 *A*–*A* 楼梯剖面图，图形比例为 1:50。再在楼梯平面图中添加两处节点的详图索引，并将其节点详图画出，为编号①和②的节点详图，比例为 1:10。

（2）读楼梯平面图。

通过阅读楼梯底层平面图和二层平面图可知，该两层楼梯的结构类型是相同的，均为矩形转角楼梯结构。

从标注的尺寸可知，底层楼梯的起步与靠门一侧的墙体距离为 1250mm；上楼位置在左边，整个楼梯分四跑，每跑长度和高度均相同，每跑踏步有六步（踏步深度为 300mm）；平台尺寸为 1250mm×1250mm，从平台上的标高尺寸可计算出每跑楼梯的高度，也就算出了每踏步的高度为(1125/7)mm（标高在平台上，须将平台算作一步），约为 160mm。

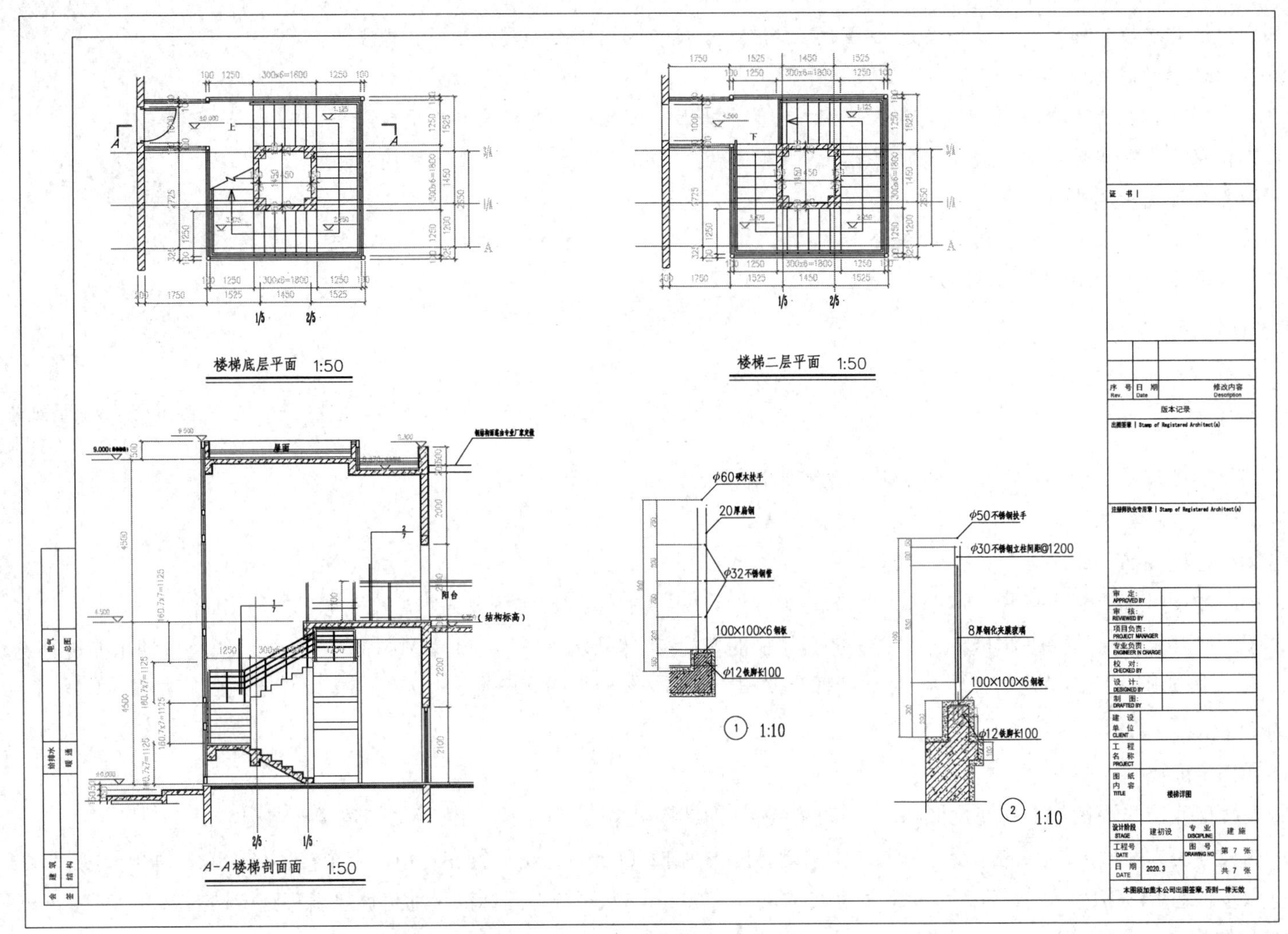

图 3-33　某教学楼项目的楼梯详图

楼梯踏步边缘安装有扶手，中间有 1450mm×1450mm 的楼梯井，楼梯井四周设有柱和墙。

（3）读楼梯剖面图。

楼梯剖面图由底层平面图剖切得来，主要是为了表达楼梯剖切平面的形状与材料组成。楼梯由钢筋混凝土现浇而成，楼梯上、下表面材料为砂浆层和铺砖层。

楼梯剖面图中的尺寸和标高能清楚地表达出楼梯结构的细节设计。与楼梯底层平面图结合来看，可以想象出整部楼梯的空间形状与结构。

（4）读扶手节点详图。

编号为①的节点详图是表达扶手的剖面放大图。标注的尺寸表达了扶手的形状和结构组成；引线注释表达了扶手各组成部分的材料与安装尺寸。例如，“ϕ12 铁脚长 100”的意思是扶手的基脚为 ϕ12 的铁管，其长度为 100mm；基脚与扶手之间由 100mm×100mm×6mm 的钢板焊接在一起，以固定扶手；扶手的顶部杆材为硬木，其余材料为扁钢和不锈钢管。

编号为②的节点详图是二层天桥的栏杆剖面放大图。栏杆的安装做法与扶手的安装做法相同，但栏杆的用料、尺寸均与扶手的用料、尺寸不同。栏杆的顶部杆材为不锈钢，中间无不锈钢管，而是 8mm 厚的钢化夹膜玻璃。

3.5　绘制建筑施工图

下面以某中学的教学楼全套建筑施工图纸设计（不包括结构图纸）为例来详解 AutoCAD 的功能和浩辰云建筑 2018 的图纸设计方法。本项目建筑占地面积为 360m^2，建筑层数为 3 层，建筑总高度为 11.25m，设计使用年限为 50 年，结构体系为钢筋混凝土框架结构设计。要绘制的建筑施工图包括一层平面图、二层平面图、立面图、剖面图及女儿墙详图。

3.5.1　绘制建筑平面图

建筑平面图中包括轴网、墙体、门窗、卫生间设计、楼梯及文字注释等内容。需要绘制的一层平面图如图 3-34 所示。

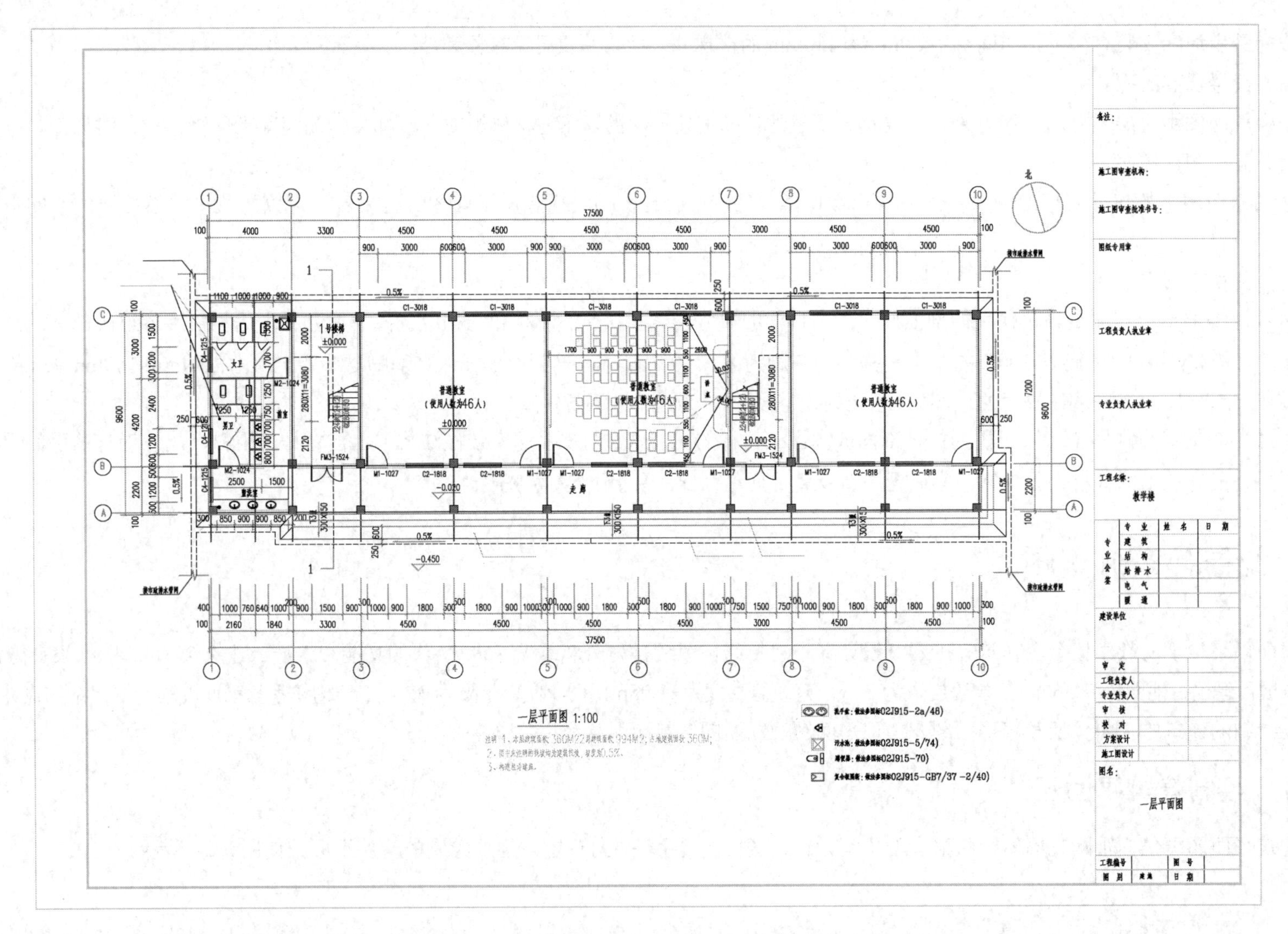

图 3-34 需要绘制的一层平面图

1．绘制轴网

① 在【建筑设计】中的【轴网】下拉列表中选择 绘制轴网 命令，然后在弹出的【绘制轴网】对话框中设置数字编号的轴线参数，如图 3-35 所示。

② 同理，设置字母编号的轴线参数，如图 3-36 所示。

③ 单击【绘制轴网】对话框中的【确定】按钮，将定义的轴网放置在图形区中，如图 3-37 所示。

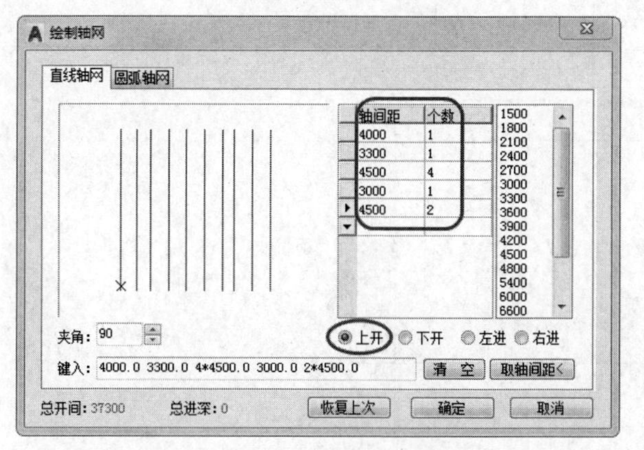

图 3-35　设置数字编号的轴线参数

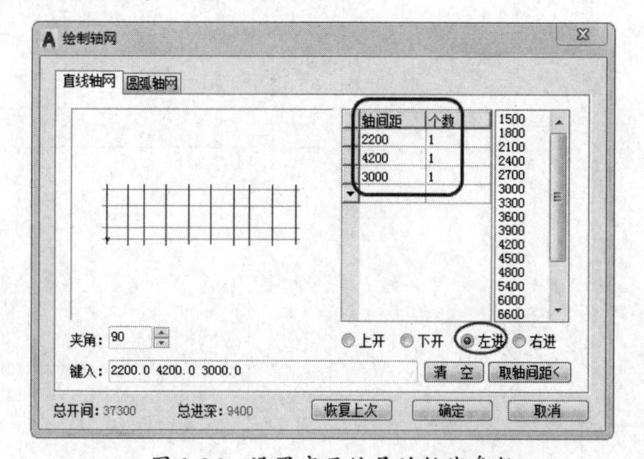

图 3-36　设置字母编号的轴线参数

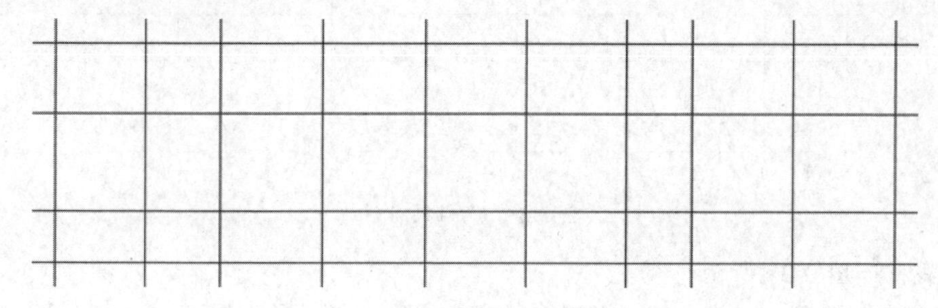

图 3-37　放置轴网

④ 在【轴网】下拉列表中选择 轴网标注 命令，为轴网标注，如图 3-38 所示。

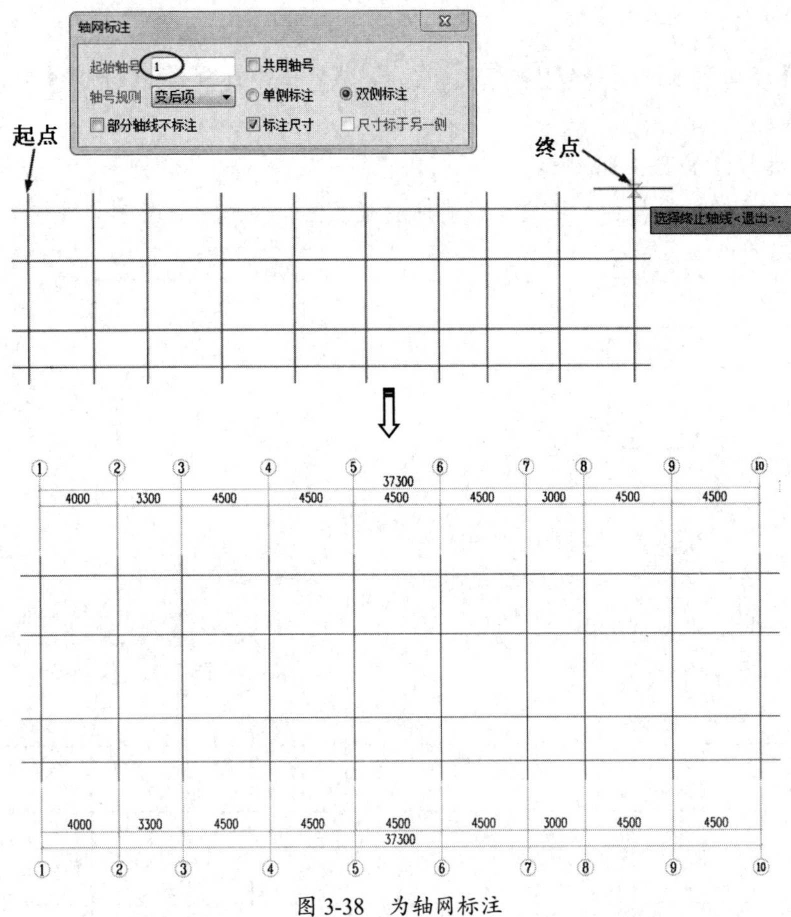

图 3-38　为轴网标注

⑤ 同理，标注字母编号轴线，如图 3-39 所示。

⑥ 由于字母编号轴线多了一个编号Ⓒ，即需要删除Ⓒ编号，此时可选择“删除轴号”命令，然后选中Ⓒ编号并删除，结果如图 3-40 所示。

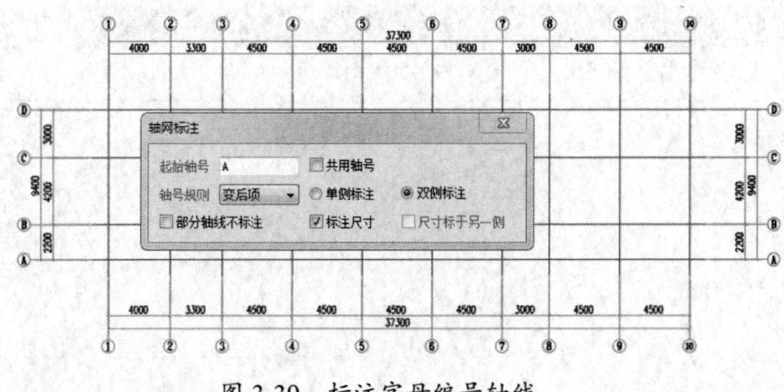

图 3-39　标注字母编号轴线

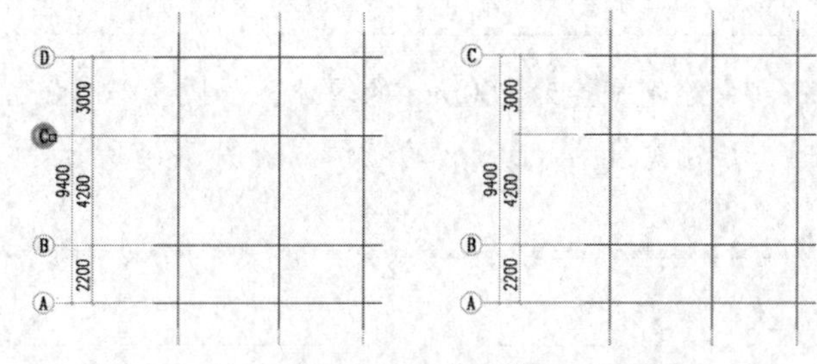

图 3-40　删除轴线编号

2．绘制墙体

① 在绘制墙体之前，需要进行图形显示设置，否则绘制的墙体既是二维的又是三维的。本例绘制的是建筑平面图，因此无须显示三维。在【设置帮助】中的【图形设置】下拉列表中选择"图形设置"命令，弹出【图形设置】对话框，然后设置【显示模式】为 2D，如图 3-41 所示。

② 在【墙体】下拉列表中选择"绘制墙体"命令，弹出【绘制墙体】对话框，在此设置墙体参数，如图 3-42 所示。

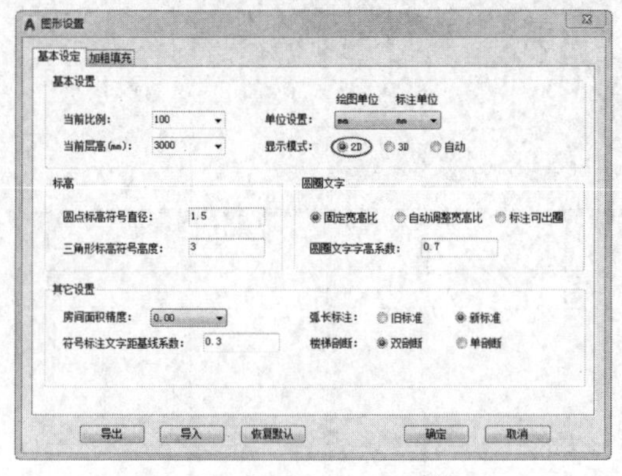

图 3-41　图形显示设置①

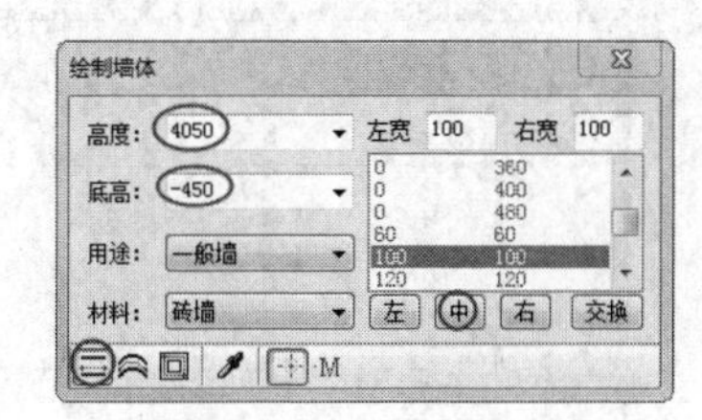

图 3-42　设置墙体参数

① 注：软件图中的"其它"的正确写法为"其他"。

提示：

由于一层平面之下还有场地标高，比一层的标高（为0）低450mm，所以底高要设置为-450mm，即墙高为450mm+3600mm。

③ 在轴网中绘制宽度为200mm的墙体，如图3-43所示。

④ 同时，绘制宽度为120mm的墙体，如图3-44所示。

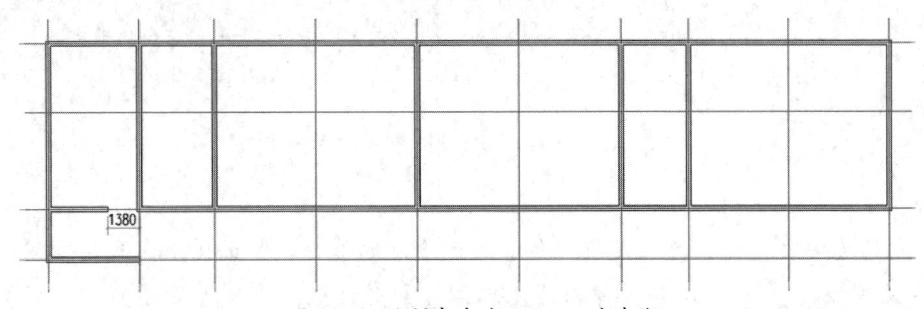

图3-43 绘制宽度为200mm的墙体

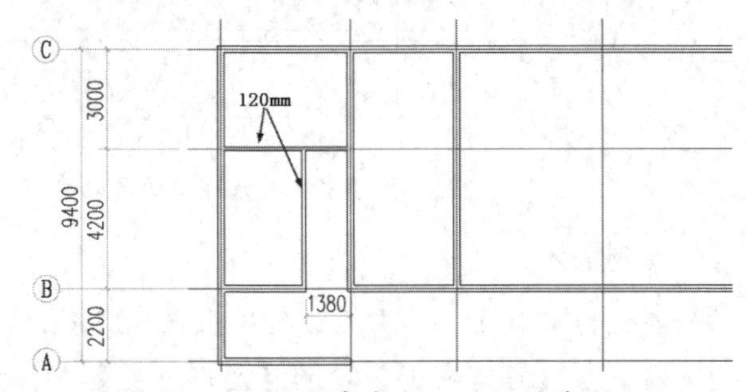

图3-44 绘制宽度为120mm的墙体

⑤ 在【柱梁板】下拉列表中选择【标准柱】命令，弹出【标准柱】对话框，在此设置柱参数并直接在墙体中插入柱子，如图3-45所示。

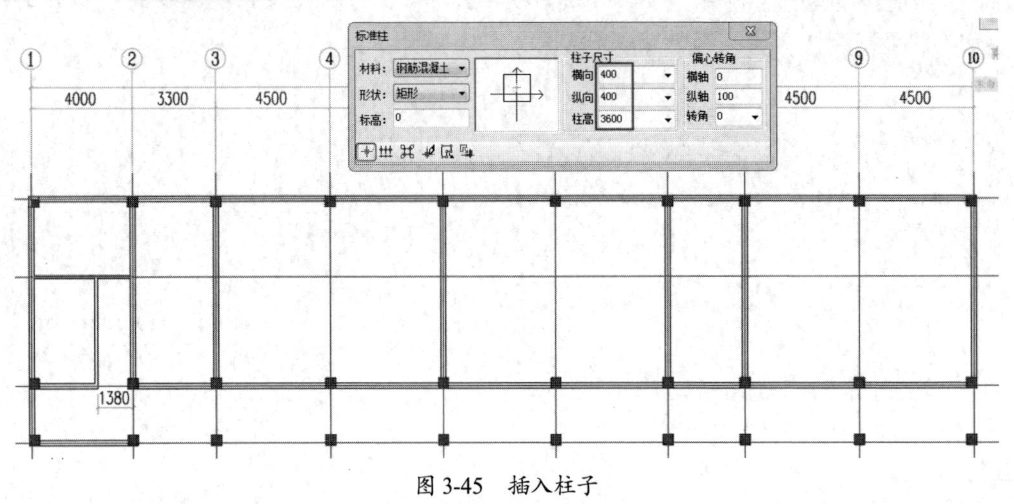

图3-45 插入柱子

提示：

由于柱子是以中心点为基点插入到轴网中的，实际上柱子的中心点并没有在轴线交点上，因此需要在【标准柱】对话框中的【偏心转角】选区下设置横轴、纵轴的值。当然也可以默认参数插入轴网中，然后利用【移动】命令移动柱子图块。

3. 插入门窗

① 设置门窗标号文字。在【建筑设计】中的【文字表格】下拉列表中选择 文字样式 命令，将弹出【文字样式】对话框。然后在此对话框中进行相应的设置，结果如图 3-46 所示。

② 在【门窗】下拉列表中选择 门　窗 命令，将弹出【窗】对话框（选择门，对话框标题就会显示“门”）。然后在对话框底部单击【插窗】按钮，将显示窗参数，如图 3-47 所示。设置好窗参数后插入编号为 C1-3018 的大窗。

图 3-46　设置文字样式

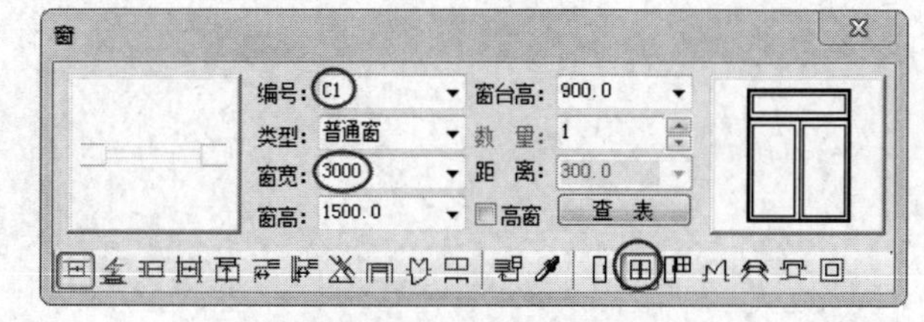

图 3-47　设置窗参数

③ 在图形区中插入 C1 窗图块，如图 3-48 所示。

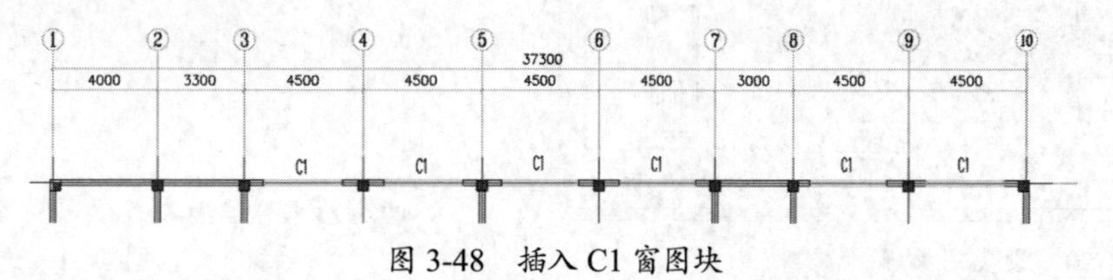

图 3-48　插入 C1 窗图块

④ 同理，依次插入 C2（窗宽为 1800mm）窗图块和 C4（窗宽为 1200mm）窗图块，结果如图 3-49 所示。

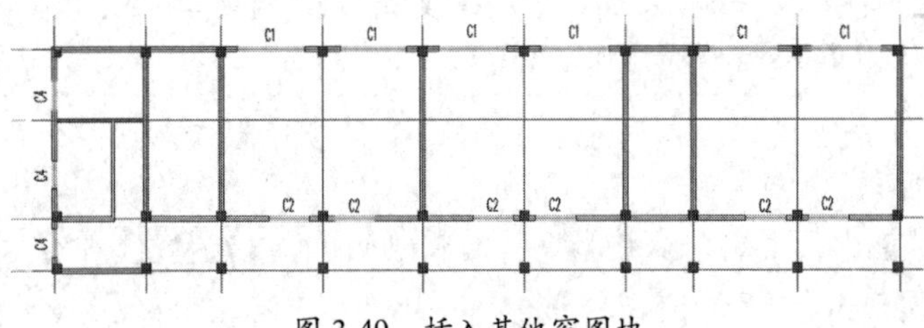

图 3-49　插入其他窗图块

⑤ 门有三种：M1 单开夹板门、M2 单开夹板门（带百叶）和 FM3 双开乙级防火门。在【门】对话框中设置编号为 M1，类型选择为普通门，门宽设置为 950mm，然后双击预览窗口中的门图块，如图 3-50 所示。

提示：

在二维建筑平面图中，M1 门图块与 M2 门图块是没有区别的，因此可以选择同一门类型并插入建筑平面图中。

⑥ 在随后弹出的【图库】窗口中选择【系统图库】|【平开门】选项，然后在图库中双击【单扇平开门（全开表示）】图块，如图 3-51 所示。

图 3-50　设置门参数

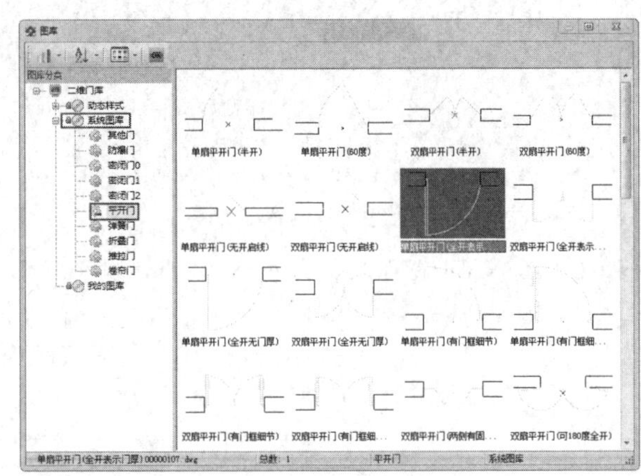

图 3-51　选择门图块

⑦ 将门图块插入一层平面图中。同理，将 M2 以相同的门类型插入一层平面图中，如图 3-52 所示。

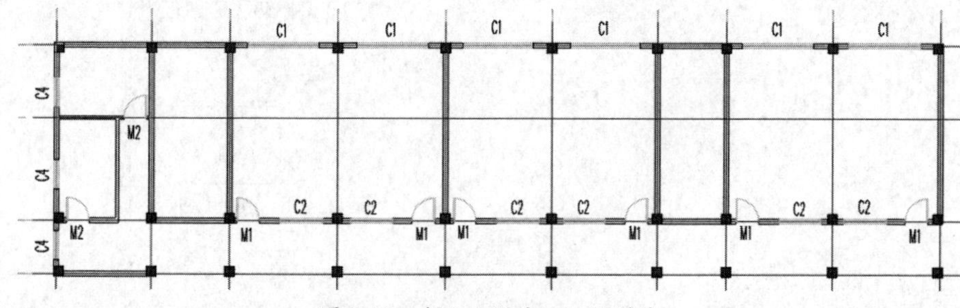

图 3-52　插入 M1 和 M2 门图块

⑧ 对于 FM3 乙级防火门，可以到图块中选择【系统图库】|【平开门】选项，然后在图库中双击【双扇平开门（全开表示）】门图块，再将其插入一层平面图中，如图 3-53 所示。

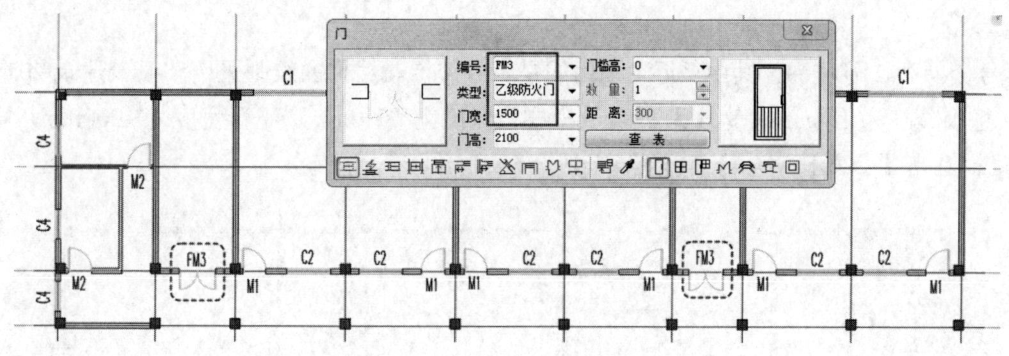

图 3-53　插入 FM3 乙级防火门

4．卫生间设计

卫生间分男卫生间和女卫生间，其用品配置是不同的。对于蹲便器、洗手盆及小便器，无须手工绘制，可以直接载入相应的平面图块。

① 在【图库】工具箱中选择【二维图库】命令，在弹出的【图库】窗口中依次将蹲便器、小便器、洗手盆放置在图形区平面图外的任意位置。另外，卫生间隔断需要单独绘制，结果如图 3-54 所示。

② 在男、女卫生间中插入复合板隔断图块（需要放大），以及蹲便器、小便器、洗手盆图块，如图 3-55 所示。

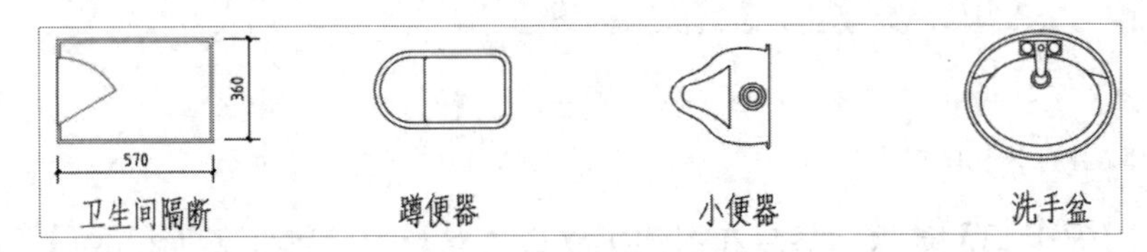

图 3-54 卫生间图块

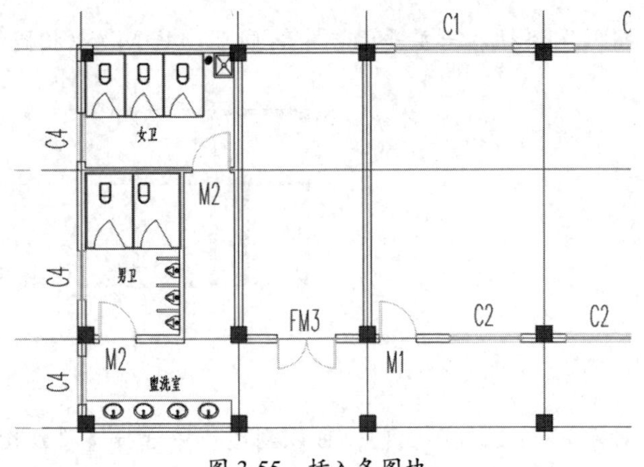

图 3-55 插入各图块

5. 绘制楼梯

一层楼梯有两部，分 1 号楼梯和 2 号楼梯，其中靠近卫生间的是 1 号楼梯。楼梯的绘制采用浩辰云建筑 2018 中的楼梯工具。

1 号楼梯设计为 24 步，每步高度为 150mm、宽度为 280mm、梯段宽度为 1500mm、平台宽度为 1900mm，楼梯总高为 3600mm。

① 首先清理内部的轴线：利用【修剪】命令修剪轴线，如图 3-56 所示。

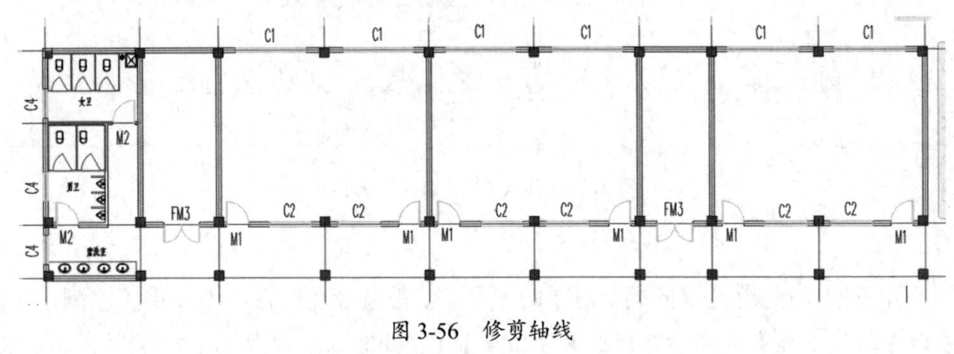

图 3-56 修剪轴线

② 在【建筑设计】中的【楼梯其他】下拉列表中选择 双跑楼梯 命令，弹出【双跑楼梯】对话框，然后在此对话框中设置楼梯参数，如图 3-57 所示。

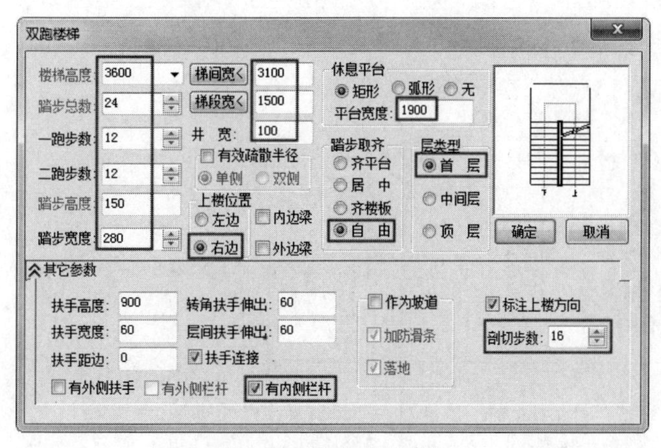

图 3-57 设置楼梯参数

③ 设置好参数后，在一层平面图中先选择平台一侧的墙体放置楼梯，然后在楼梯右侧单击，以确定上楼方向，随后软件会自动完成楼梯的绘制，如图 3-58 所示。

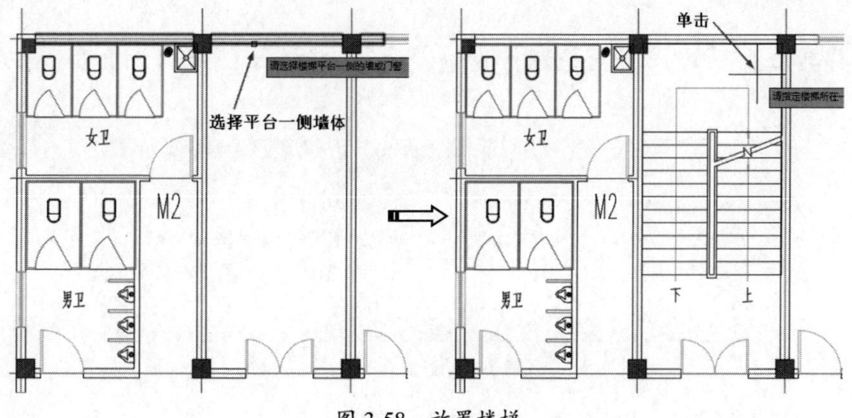

图 3-58 放置楼梯

④ 重新打开【双跑楼梯】对话框设置 2 号楼梯参数，除楼梯间宽度由 3100mm 改为 2800mm 外，其余参数与 1 号楼梯完全相同，如图 3-59 所示。

⑤ 放置完成的 2 号楼梯（上楼方向与 1 号楼梯的上楼方向相反）如图 3-60 所示。

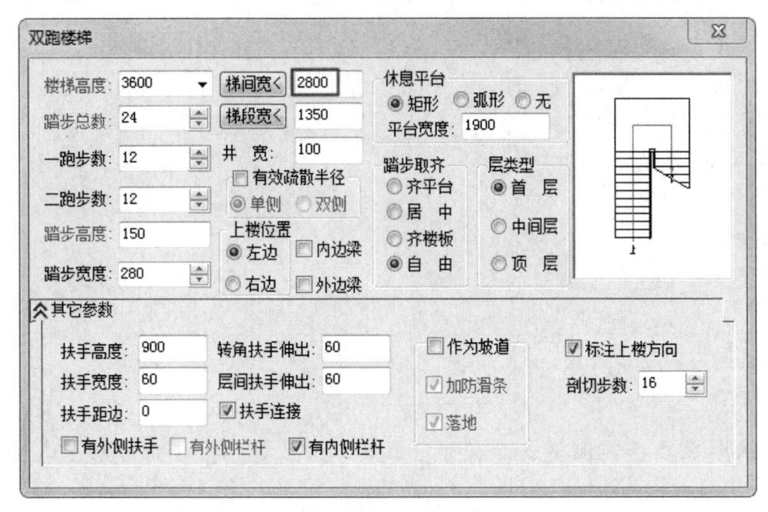

图 3-59 设置 2 号楼梯参数

图 3-60 放置完成的 2 号楼梯

⑥ 绘制走廊外台阶。在【楼梯其他】下拉列表中选择台阶命令，将弹出【台阶】对话框，然后在此对话框中设置台阶参数，如图 3-61 所示。

图 3-61 设置台阶参数

⑦ 在一层平面图中沿着外墙边（或柱子边）绘制台阶，如图 3-62 所示。

⑧ 绘制散水。在【楼梯其他】下拉列表中选择散水命令，将弹出【散水】对话框，然后在此对话框中设置散水参数，如图 3-63 所示。

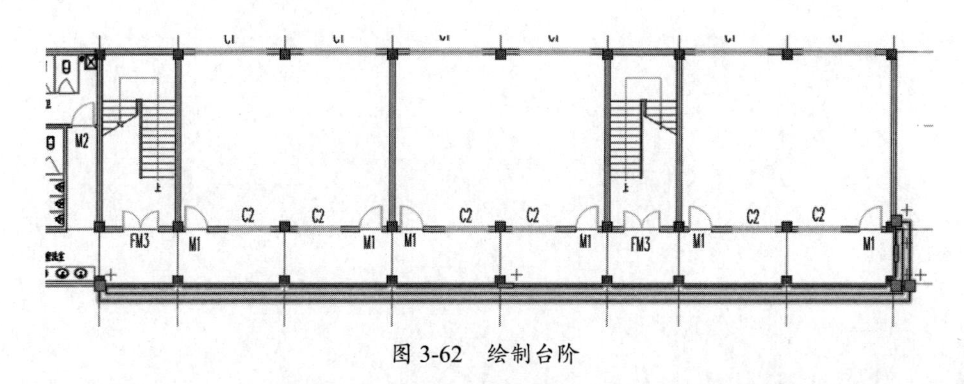

图 3-62　绘制台阶

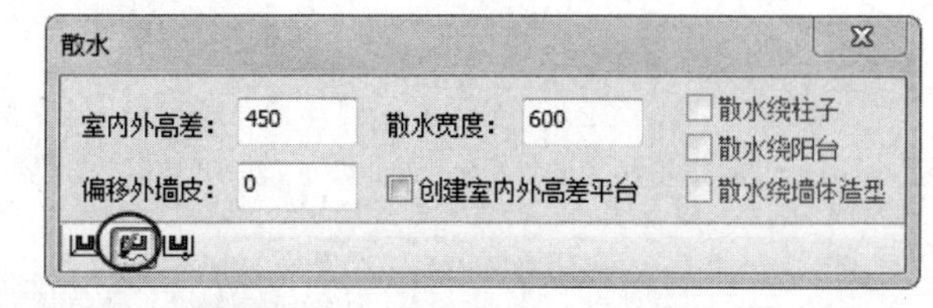

图 3-63　设置散水参数

⑨ 在一层平面图中沿着外墙边与台阶边绘制一周，绘制方向是逆时针，结果如图 3-64 所示。

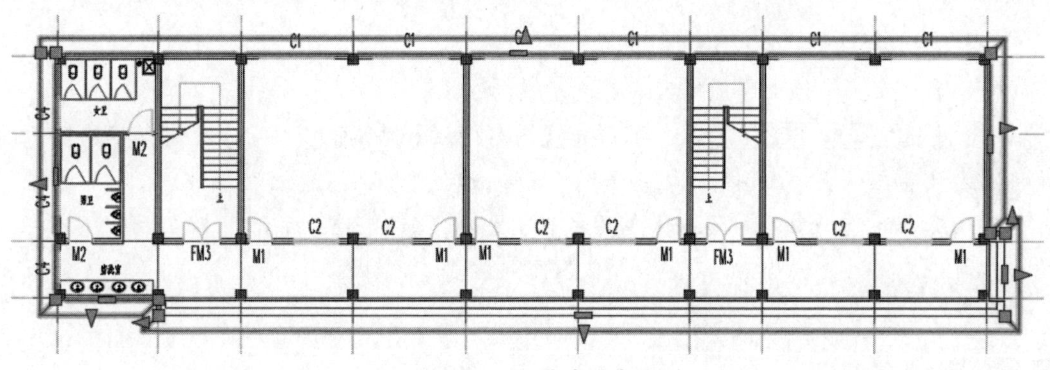

图 3-64　绘制完成的散水

6．文字注释

① 在【建筑设计】中的【符号标注】下拉列表中选择 标高标注 命令，将弹出【标高标注】对话框，在此对话框中设置好选项后，将标高放置在一层平面图的各室内，如图 3-65 所示。

② 首先在【建筑设计】中的【文字表格】下拉列表中选择 字 单行文字 命令，将弹出的【单行文字】对话框，然后在【文字】文本框内输入【1 号楼梯】，其他选项保持默认，最后将文字放置于一层平面图中的楼梯平台位置，如图 3-66 所示。

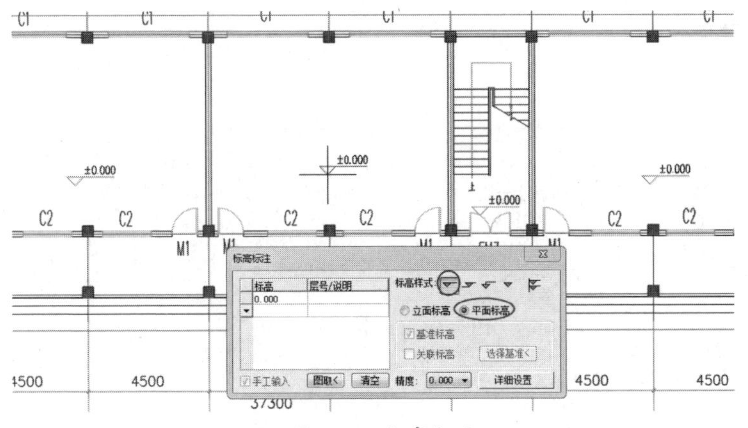

图 3-65　标高标注

图 3-66　放置文字

③ 同理，完成其他房间的命名文字。多行文字使用【多行文字】命令。

④ 在【符号标注】下拉列表中选择【图名标注】命令，将弹出【图名标注】对话框，然后在此对话框中输入图名（一层平面图），其他选项保持默认，并将图名放置在一层平面图的下方，如图 3-67 所示。

⑤ 利用【文字表格】下拉列表中的【多行文字】命令书写图纸说明文本，如图 3-68 所示。

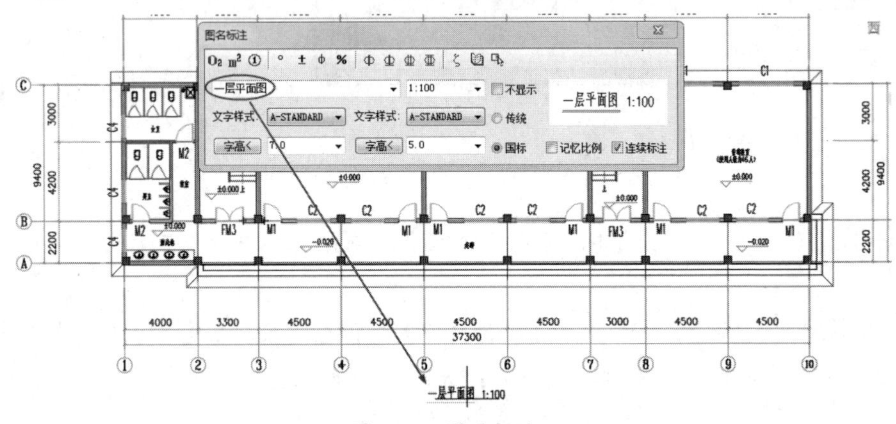

图 3-67　图名标注

注明
1. 本层建筑面积：360m²；总建筑面积：994 m²；占地建筑面积：360m²；
2. 图中未注明的找坡均为建筑找坡，坡度为0.5%；
3. 构造柱详建施。

图 3-68　说明文本

⑥ 在【文件布图】下拉列表中选择插入图框命令，将弹出【插入图框】对话框，勾选【直接插图库】复选框；再单击按钮，在弹出的【图库】对话框中选择【系统图库】|【竖栏图框】选项，然后在图库中双击【A2-594X420 2】图框，如图 3-69 所示。

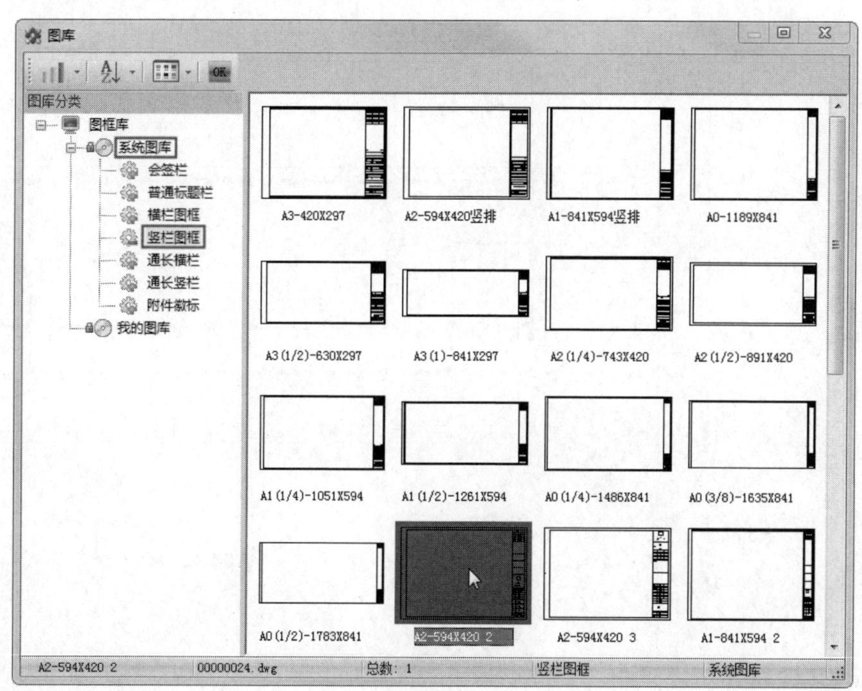

图 3-69　选择图纸图框

⑦ 单击【插入图框】对话框中的【确定】按钮，将图框插入一层平面图中，如图 3-70 所示。

⑧ 为了在后续的建筑立面图中能完整地显示模型，可以在【柱梁板】下拉列表中选择绘制楼板命令，绘制包含所有房间和走廊的楼板。

⑨ 至此，完成了一层平面图的设计。将图纸保存为一层平面图。

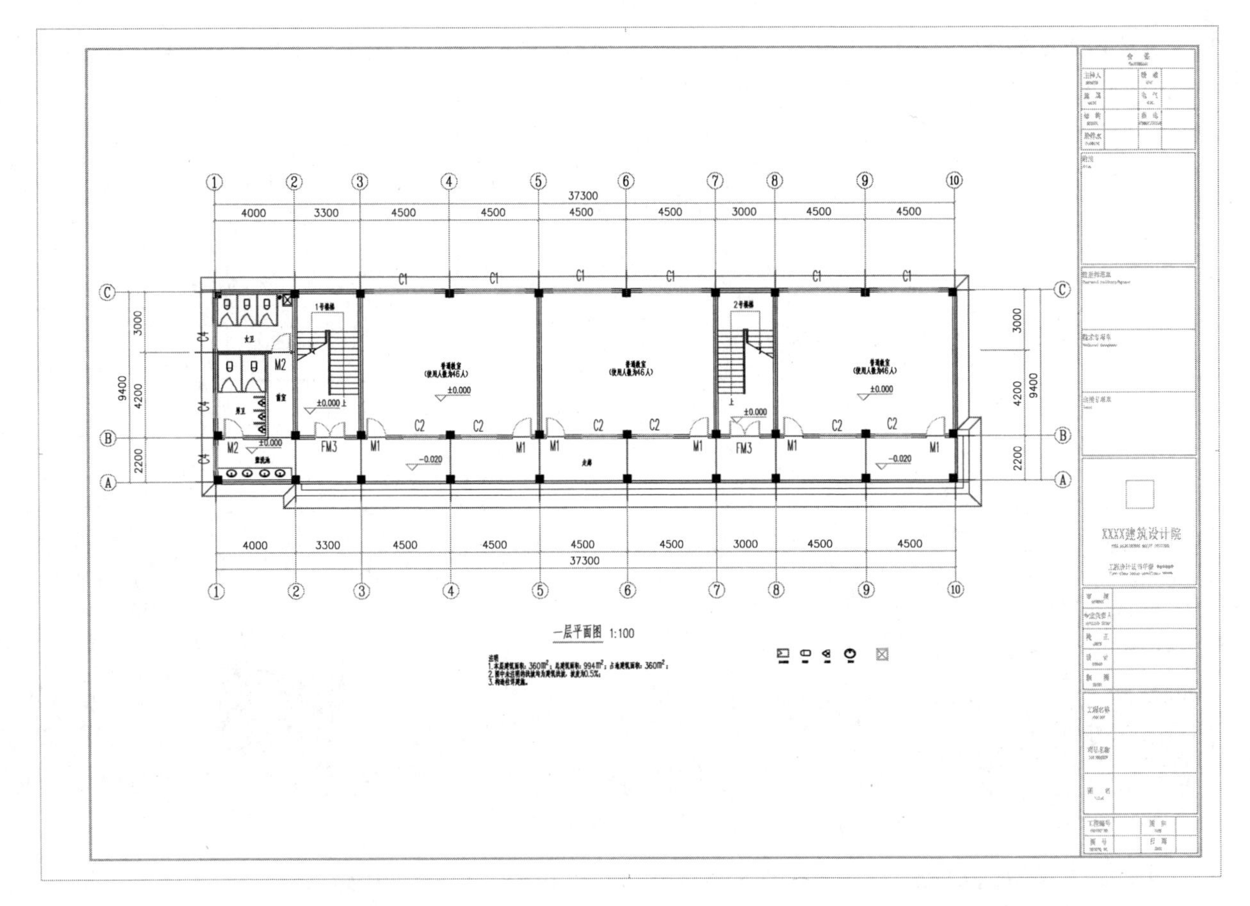

图 3-70　插入图框

⑩　二层平面图的设计方法与一层平面图的设计方法是相同的。为了节约绘图时间，只需将一层平面图复制后进行部分修改即可，结果如图 3-71 所示。

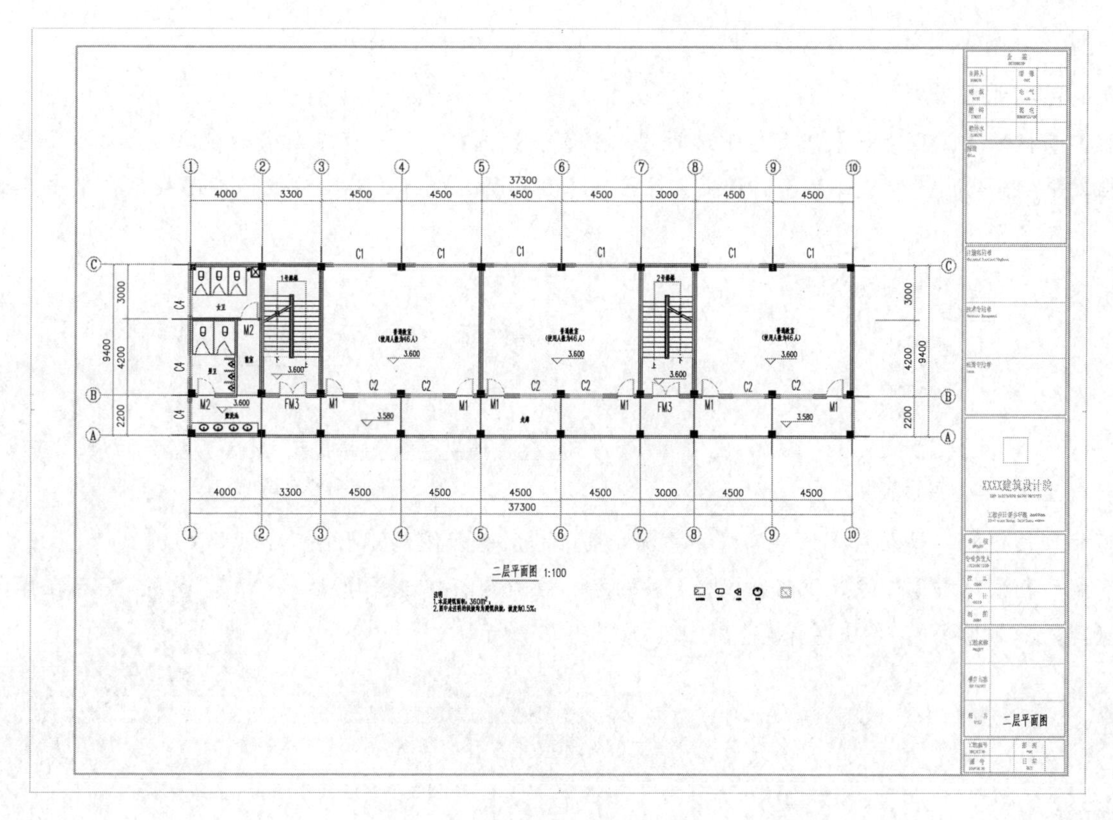

图 3-71　二层平面图

3.5.2　绘制建筑立面图

在前面我们利用了浩辰云建筑 2018 来绘制各层平面图。实际上，在俯视图方向看，它们只是平面图，但如果将其设置为轴侧视图及着色显示模式，会发现软件在平面图上自动完成了三维建模的工作，这就是浩辰云建筑 2018 的特殊功能。

因此，对于建筑立面图及后面的建筑剖面图，只需把各层的三维模型重叠切换到前视图方向，就会变成建筑立面图。下面介绍详细操作过程。

1. 创建三维组合模型

① 重新创建一个新的图纸文件。

② 在【工程管理器】面板的【工程管理】工具箱中选择【工程管理】选项，打开【工程管理】命令菜单，如图 3-72 所示。

③ 选择【新建工程】命令，弹出【新建工程】对话框，在输入工程名称并选择工程文件的保存路径后，单击【确定】按钮，即可创建新的工程项目，如图 3-73 所示。

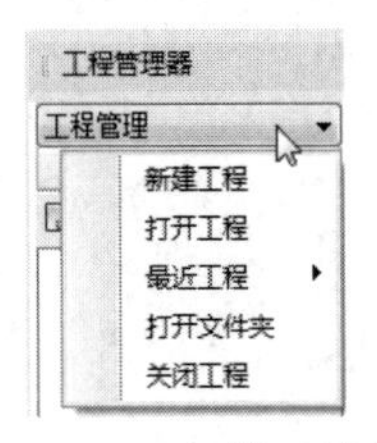

图 3-72　工程管理菜单

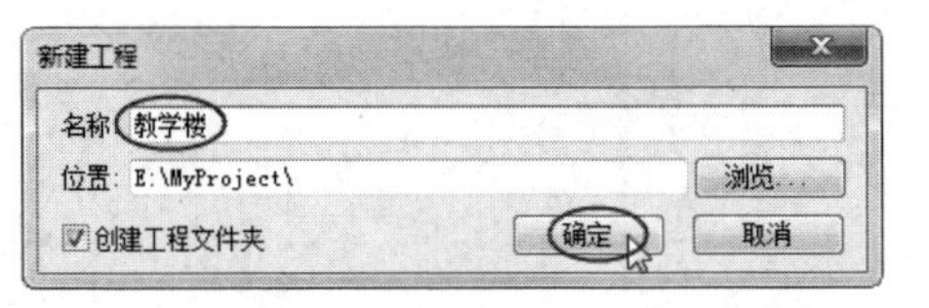

图 3-73　新建工程

④ 在【楼层表】下拉列表中输入楼层层号、层高，并添加相关的楼层平面图纸，如图 3-74 所示。

⑤ 在【楼层表】下拉列表中单击【三维建筑组合模型】按钮，在命令行中选择【插入为块】选项，然后在弹出的【另存为】对话框中输入文件名（建筑三维模型），单击【保存】按钮，如图 3-75 所示。

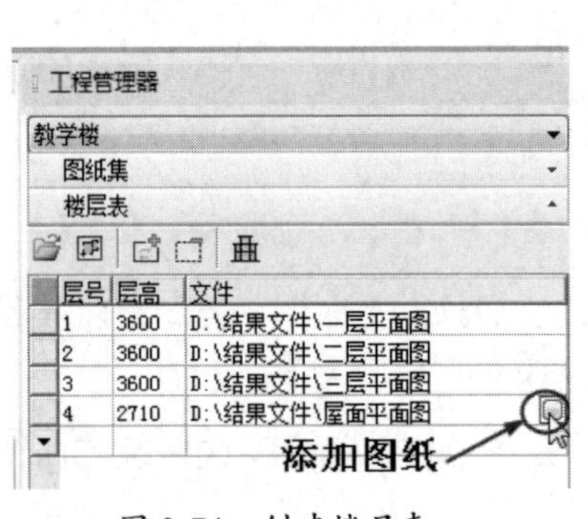

图 3-74　创建楼层表

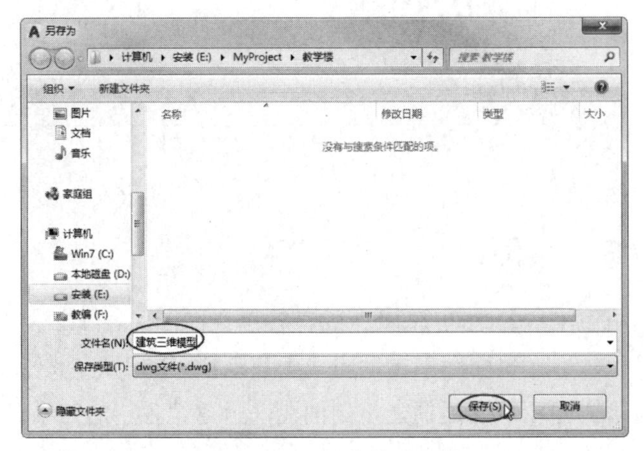

图 3-75　保存模型文件

⑥ 随后系统会自动将各层图纸中的模型进行组合，并最终得到如图 3-76 所示的三维建筑组合模型。

⑦ 可以看到组合的模型中缺少二层的楼板，需要复制第三层模型（复制到外面便于操作），然后选中复制的组合模型，并单击【修改】面板中的【分解】按钮，将模型分解，仅保留楼板，其余删除；再使用【修改】面板中的【移动】命令将楼板移动到二层楼板处，结果如图 3-77 所示。

图 3-76　三维建筑组合模型

图 3-77　复制三层楼板到二层楼板处

2．绘制

（1）绘制 1～10 立面图。

① 在【建筑设计】中的【立面】下拉列表中选择建筑立面命令，在命令行中选择【正立面】选项，如图 3-78 所示。

② 此时按下 Enter 键，将弹出【建筑立面】对话框，在此对话框中设置选项后单击【生成立面】按钮，如图 3-79 所示。然后系统会提示将建筑立面图图纸保存，保存后打开建筑立面图图纸。

图 3-78　选择立面图类型

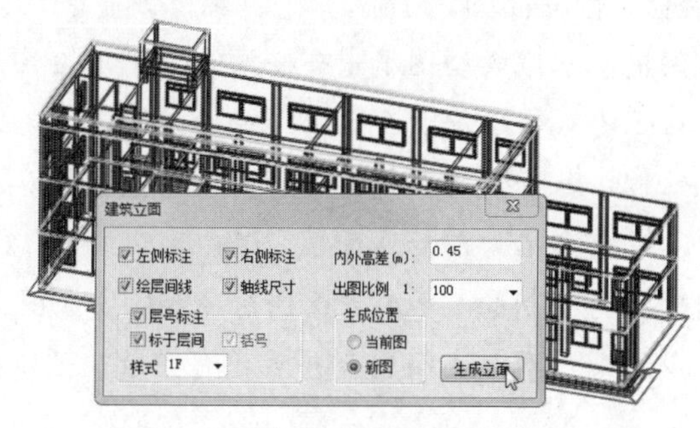

图 3-79　设置建筑立面图选项

③ 生成的 1～10 立面图如图 3-80 所示。

④ 在【文件布图】下拉列表中选择插入图框命令，插入与建筑平面图相同的图框，如图 3-81 所示。重命名建筑立面图图名，再次将建筑立面图进行保存。

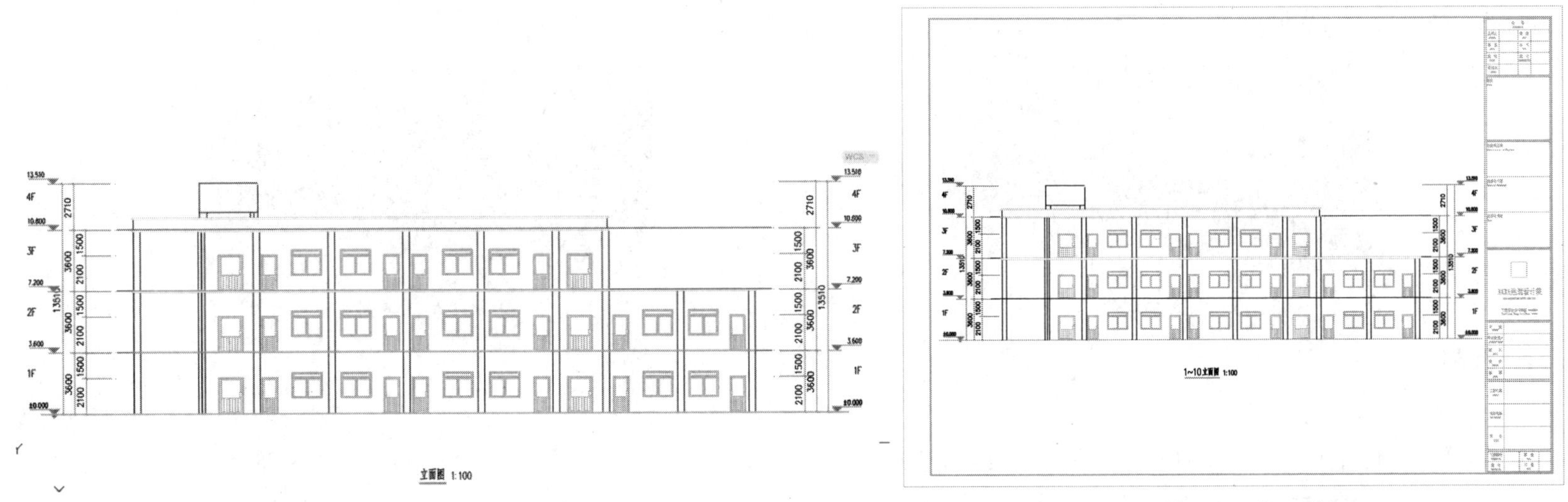

图 3-80　生成的 1～10 立面图　　图 3-81　插入图框

(2) 绘制其他立面图。

① 返回建筑三维模型图纸中，按照前面介绍的操作步骤，依次绘制出背立面（10～1 立面图）、左立面（C～A 立面图）和右立面（A～C 立面图）等建筑立面图。

② 10～1 立面图绘制完成后无须插入图框，可以将其复制并粘贴到 1～10 立面图图框中，如图 3-82 所示。然后将图纸另存为新的文件，并重命名为前后立面图。

③ 同理，将绘制的 C～A 立面图和 A～C 立面图合并到一个图框中，并将图纸另存为左右立面图，如图 3-83 所示。

④ 可以看到，两个立面图合并后还有空余，可以将建筑剖面图及建筑详图也合并在其中。

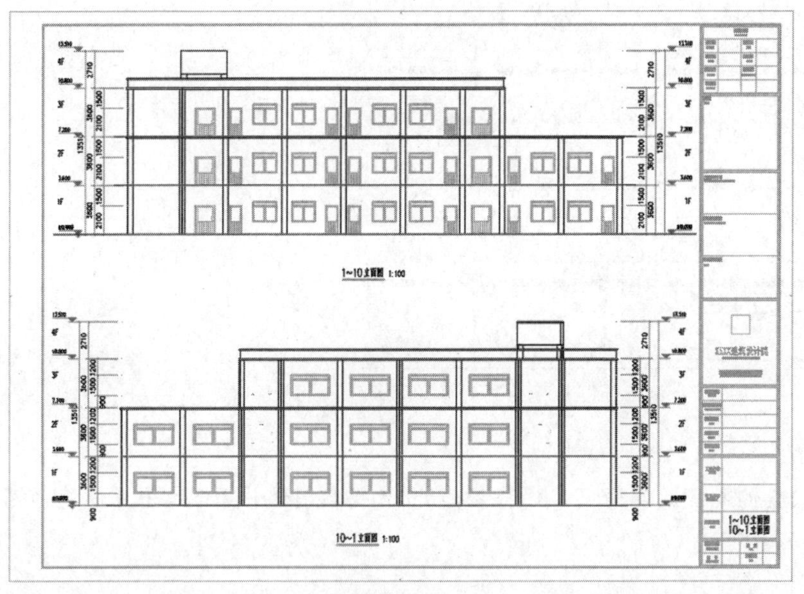

图 3-82　将 10～1 立面图插入 1～10 立面图图框中

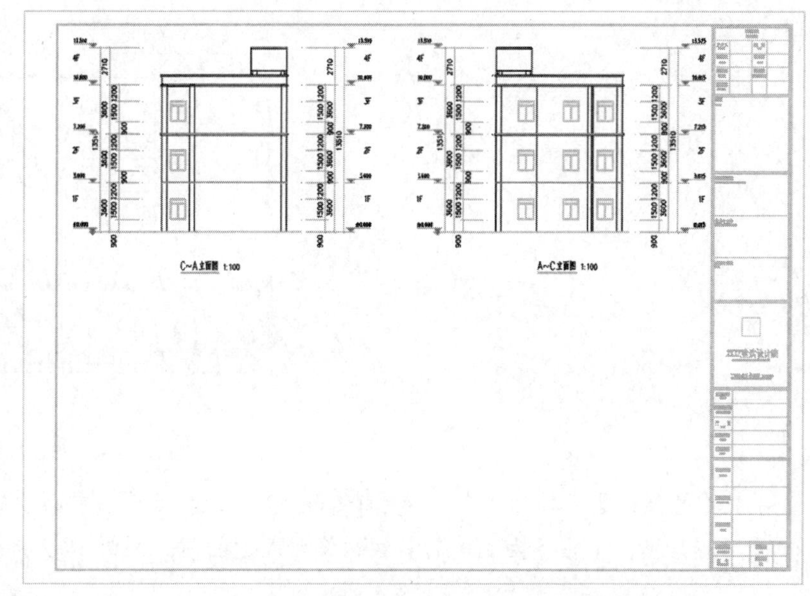

图 3-83　绘制完成的左右立面图

3.5.3　绘制建筑剖面图及女儿墙详图

创建建筑剖面图是为了表达建筑物的内部结构情况，特别是清晰地表达出楼梯间的剖面结构情况。

1．绘制建筑剖面图

建筑剖面图是通过建筑平面图来绘制的。

① 打开一层平面图，在【剖面】下拉列表中选择 剖切符号 命令，然后在楼梯间位置绘制剖切符号，如图 3-84 所示。

② 由于打开的是一层平面图，而且建筑剖面图是根据工程文件生成的，所以要在【楼层表】中重新载入一层平面图的图纸。

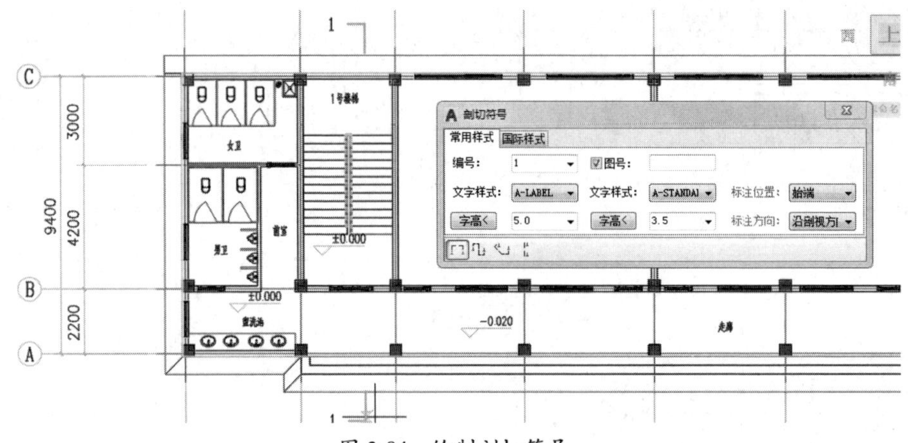

图 3-84　绘制剖切符号

③ 在【剖面】下拉列表中选择建筑剖面命令，然后选中前面步骤绘制的剖切符号（不选择轴线），直接按 Enter 键后弹出【建筑剖面】对话框，单击【生成剖面】按钮将生成剖面图，如图 3-85 所示。

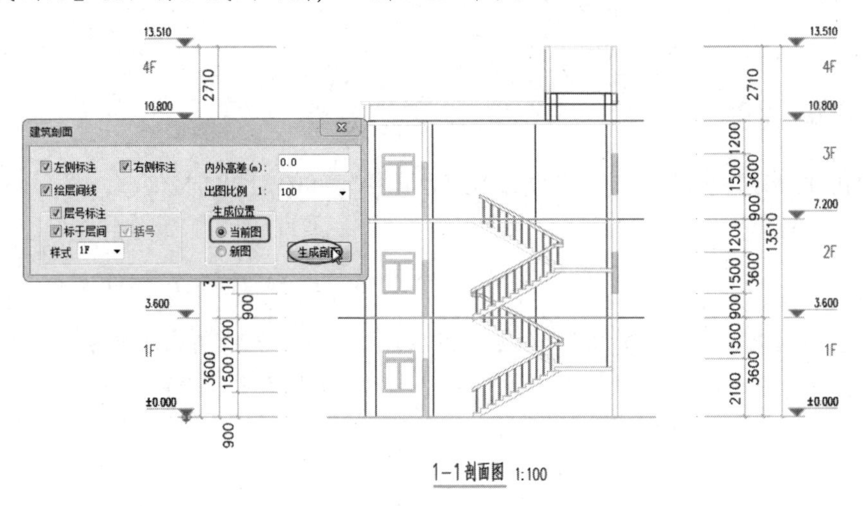

图 3-85　生成剖面图

④ 把1-1剖面图剪切到左右立面图图框中，如图3-86所示。

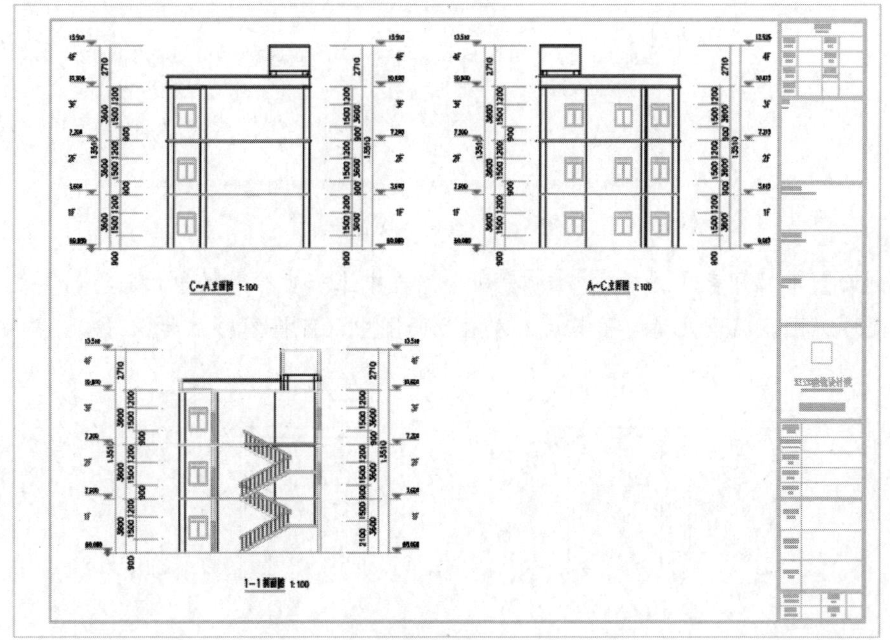

图3-86　转移剖面图到立面图图框中

⑤ 图框中右下角还有空余，可以放置建筑详图。

2．绘制女儿墙详图

本项目建筑需要绘制的建筑详图有走廊护栏详图、腰线详图及女儿墙详图等，但前面没有绘制走廊护栏和腰线，因此下面仅以女儿墙详图为例进行介绍。

建筑详图其实是局部的剖面图，即某个构件的剖面图，因此利用浩辰云建筑2018的【构件剖面】工具来完成。

① 打开“屋面平面图.dwg”文件。

② 在【建筑设计】中的【剖面】下拉列表中选择剖切符号命令，然后在女儿墙位置绘制剖切符号，如图3-87所示。

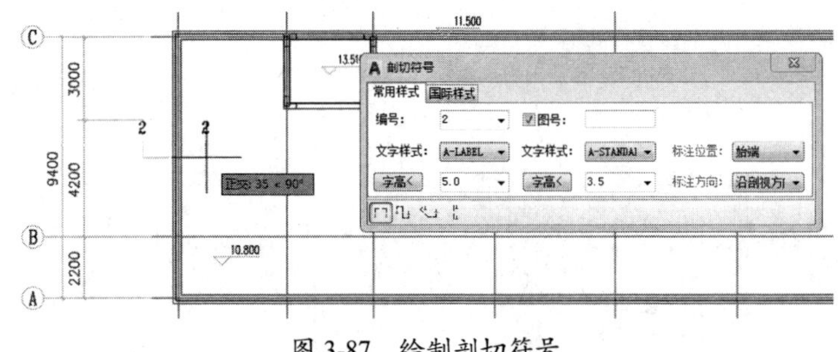

图 3-87　绘制剖切符号

③ 在【建筑设计】中的【剖面】下拉列表中选择【构件剖面】命令，选中上一步绘制的剖切符号，再选中需要剖切的构件——女儿墙，随后软件会自动绘制女儿墙详图。将女儿墙详图剪切到左右立面图中（可将图形放大 50 倍），并完成尺寸标注，如图 3-88 所示。

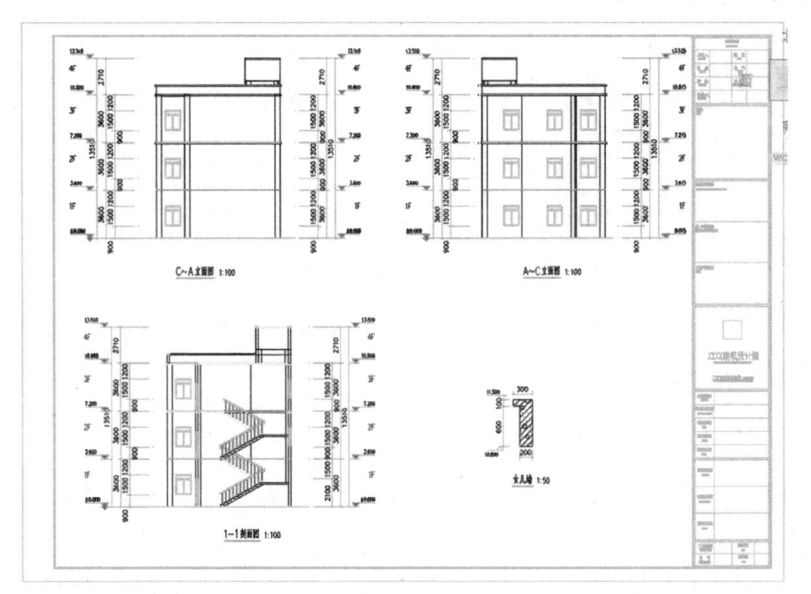

图 3-88　绘制完成的女儿墙详图

④ 将图纸另存为“立面图、剖面图及详图”。至此，完成了建筑施工图纸的绘制。

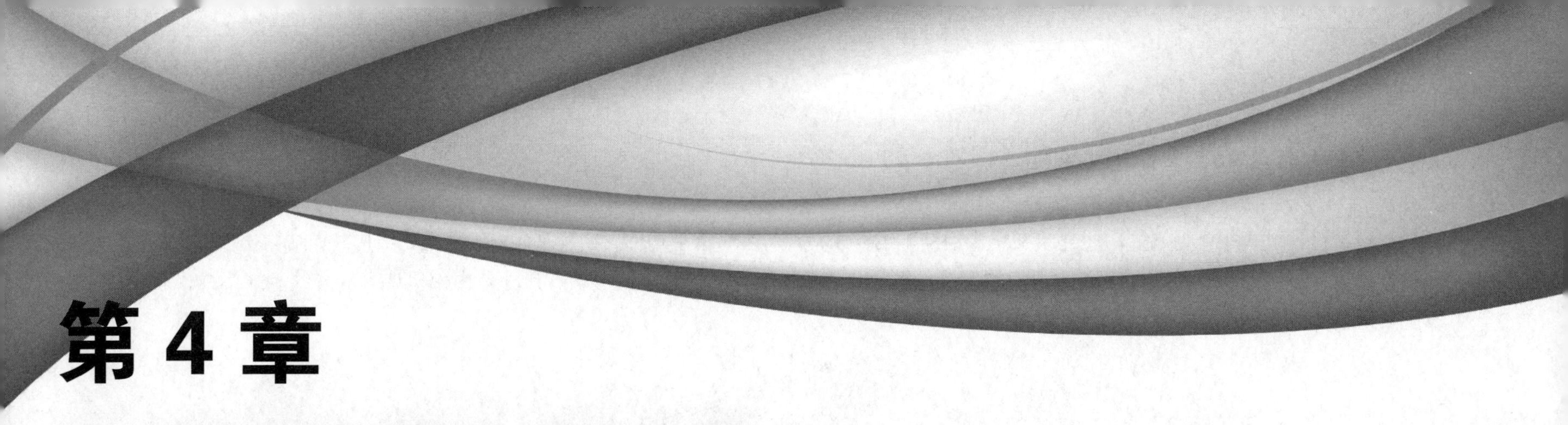

第 4 章

识读与绘制建筑结构施工图

本章重点

（1）建筑结构施工图的基础知识。
（2）如何识读结构设计总说明。
（3）如何识读结构平面布置图。
（4）如何绘制建筑结构施工图。

4.1 建筑结构施工图的基础知识

在建筑设计过程中，为满足房屋建筑安全和经济施工要求，对房屋的承重构件（结构基础、结构梁、结构柱、结构楼板等）依据力学原理和有关设计规范进行计算，从而确定它们的形状、尺寸及内部构造等。将确定的形状、尺寸及内部构造等内容绘制成图样，就形成了建筑施工所需的结构施工图。图 4-1 为房屋结构图。

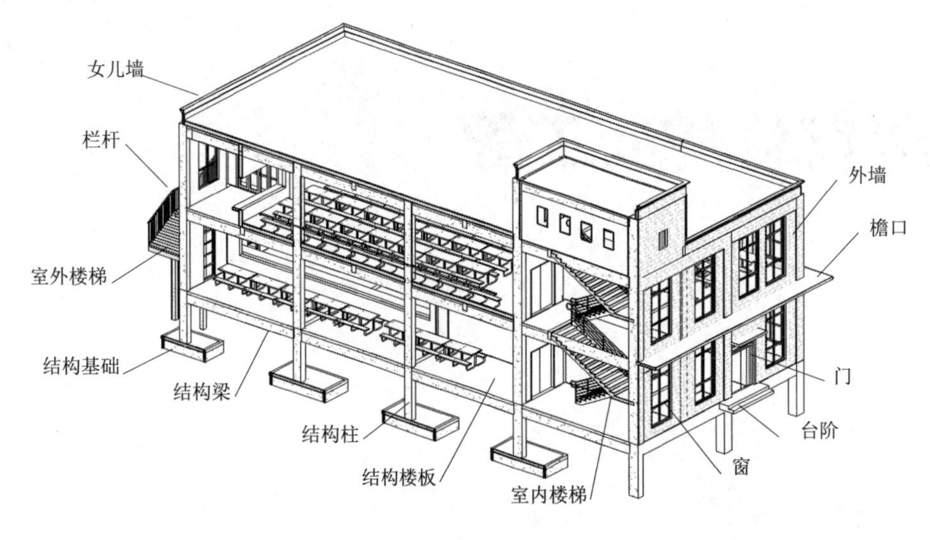

图 4-1　房屋结构图

4.1.1 结构施工图的内容

结构施工图的图纸内容包括图纸目录（有些表示在建筑施工图纸中）、结构设计与施工总说明、结构平面布置图、结构构件详图。

1．结构设计与施工总说明

结构设计与施工总说明包括的内容有抗震设计、场地土质、基础与地基的连接、承重构件的选择、施工注意事项。

2．结构平面布置图

结构平面布置图是表示房屋中各承重构件总体平面布置的图样，包括的内容如下。

- 基础平面布置图及基础详图。
- 楼层结构布置平面图及节点详图。
- 屋顶结构平面图。

3．结构构件详图

结构构件详图包括的内容如下。

- 梁、柱、板等结构详图。
- 楼梯结构详图。
- 屋架结构详图。
- 其他详图。

4.1.2　结构施工图中的有关规定

房屋建筑是由多种材料组成的结合体，目前，国内建筑房屋的结构采用较为普遍的有砖混结构和钢筋混凝土结构。GB/T 50105—2010 对结构施工图的绘制进行了明确的规定，现对有关规定介绍如下。

1．常用构件代号

常用构件代号用各构件名称的汉语拼音的第一个字母表示，如表 4-1 所示。

表 4-1　常用构件代号

序　号	名　称	代　号	序　号	名　称	代　号	序　号	名　称	代　号
1	板	B	19	圈梁	QL	37	承台	CT
2	屋面板	WB	20	过梁	GL	38	设备基础	SJ
3	空心板	KB	21	连系梁	LL	39	桩	ZH
4	槽行板	CB	22	基础梁	JL	40	挡土墙	DQ
5	折板	ZB	23	楼梯梁	TL	41	地沟	DG

续表

序号	名称	代号	序号	名称	代号	序号	名称	代号
6	密肋板	MB	24	框架梁	KL	42	柱间支撑	DC
7	楼梯板	TB	25	框支梁	KZL	43	垂直支撑	ZC
8	盖板或沟盖板	GB	26	屋面框架梁	WKL	44	水平支撑	SC
9	挡雨板、檐口板	YB	27	檩条	LT	45	梯	T
10	吊车安全走道板	DB	28	屋架	WJ	46	雨篷	YP
11	墙板	QB	29	托架	TJ	47	阳台	YT
12	天沟板	TGB	30	天窗架	CJ	48	梁垫	LD
13	梁	L	31	框架	KJ	49	预埋件	M
14	屋面梁	WL	32	刚架	GJ	50	天窗端壁	TD
15	吊车梁	DL	33	支架	ZJ	51	钢筋网	W
16	单轨吊车梁	DDL	34	柱	Z	52	钢筋骨架	G
17	轨道连接	DGL	35	框架柱	KZ	53	基础	J
18	车挡	CD	36	构造柱	GZ	54	暗柱	AZ

2. 常用钢筋图示符号

钢筋按其强度和品种可以分成不同的等级，并用不同的符号表示。常用钢筋图例如表 4-2 所示。

表 4-2 常用钢筋图例

序号	名称	图例	说明
1	钢筋横断面	•	—
2	无弯钩的钢筋端部		表示当长、短钢筋投影重叠时，短钢筋的端部用 45°斜画线表示
3	带半圆形弯钩的钢筋端部		—
4	带直钩的钢筋端部		—
5	带丝扣的钢筋端部		—
6	无弯钩的钢筋搭接		—
7	带半圆弯钩的钢筋搭接		—

续表

序　号	名　称	图　例	说　明
8	带直钩的钢筋搭接		—
9	花篮螺丝钢筋接头		—
10	机械连接的钢筋接头		用文字说明机械连接的方式

3．钢筋分类

配置在混凝土中的钢筋，按其作用和位置可分为受力筋、架立筋、箍筋、分布筋、扣筋（拉力筋）等，如图 4-2 所示。

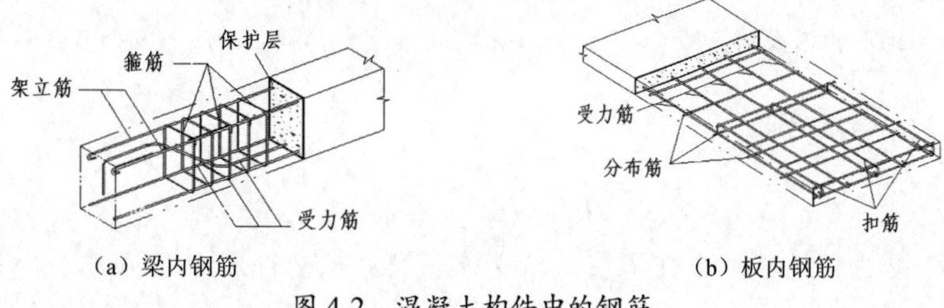

（a）梁内钢筋　　（b）板内钢筋

图 4-2　混凝土构件中的钢筋

- 受力筋：主要承受拉、压应力的钢筋。因为受力筋是承压的主要用筋，所以其直径通常要大于架立筋的直径。
- 架立筋：也起到一定的拉力和压力作用，是构成梁内钢筋的重要组成部分。
- 箍筋：承受一部分斜拉应力，并固定受力筋、架立筋和腰筋的位置，常用于梁和柱内。
- 分布筋：与板受力筋一同构成“板筋”。与楼板的受力筋垂直交叉布置，将承受的重量均匀地传给受力筋，并固定受力筋的位置、抵抗热胀冷缩引起的温度变形。
- 其他：鉴于结构加强的需要，通常需要增加起辅助加强作用的构造筋，如常见的扣筋、腰筋、拉结筋、预埋锚固筋、环等。

4．保护层

钢筋表面与混凝土构件表面的距离间隙称为钢筋保护层，作用是保护钢筋不被环境锈蚀，提升钢筋与混凝土的黏结锚固作用，加强混凝土的承载能力。

5. 钢筋的标注

钢筋的直径、根数及相邻钢筋中心距在图样上一般采用引出线的方式进行标注，其标注形式有下面两种。

- 标注钢筋的根数和直径，如图 4-3 所示。
- 标注钢筋的直径和相邻钢筋中心距，如图 4-4 所示。

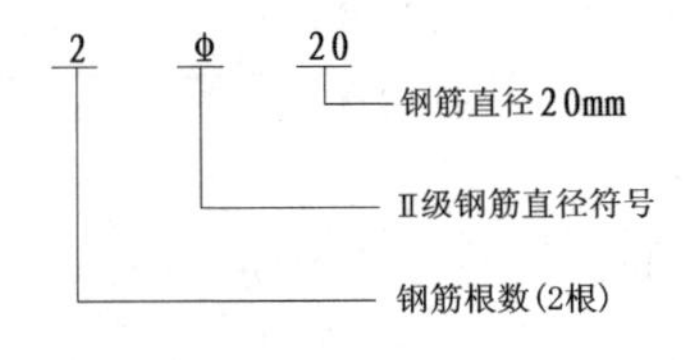

图 4-3 标注钢筋的根数和直径

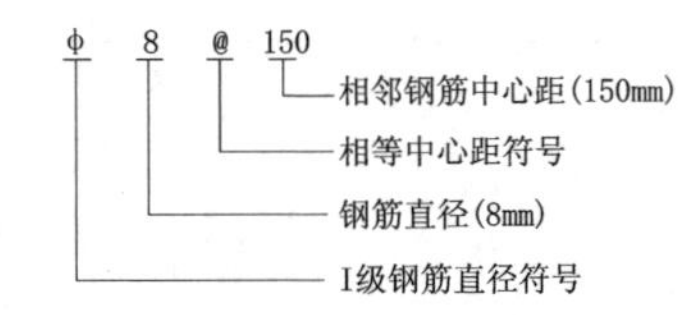

图 4-4 标注钢筋的直径和相邻钢筋中心距

4.1.3 识读结构施工图的方法与步骤

1. 识读方法

总的来说，结构施工图的识读方法可总结为“从上往下看，从左往右看，从前往后看，从大到小看，由粗到细看，图样与说明对照看，结构施工、建筑施工与给排水/暖通/电气施工结合看，根据结构设计总说明查看相关标准图集与资料”。

一般情况下，看建筑设计套图的顺序为：首先读图纸目录和建筑设计总说明，其次看建筑施工图，最后看结构施工图。

2. 识读步骤

识读结构施工图的具体步骤如下。

（1）读图纸目录，同时按图纸目录检查图纸是否齐全、图纸编号与图名是否符合。

（2）读结构设计总说明，了解工程概况、设计依据、主要材料、构造要求及施工注意事项等。

（3）读基础平面布置图，了解基础承重构件的布置情况。

（4）读结构平面布置图及结构构件详图，了解各种尺寸、构件的布置和配筋情况等。

（5）看结构设计总说明中要求的标准图集。在整个读图过程中，要把结构施工图与建筑施工图、给排水/暖通/电气施工图结合起来，看有无矛盾的地方、构造上能否施工等。同时，要边看边记下关键的内容，如轴线尺寸、开间尺寸、层高、主要梁柱截面尺寸和配筋，以及不同部位混凝土强度等级等。

此外，图纸中的文字说明是施工图的重要组成部分，应认真仔细逐条阅读，并与图样对照着看，便于完整地理解图纸。在阅读结构施工图时，若遇到采用标准图集的情况，则应仔细阅读规定的标准图集。

4.1.4　结构施工图中的平法表示

所谓平法，就是在表达混凝土结构施工图时采用的平面整体表示方法。例如，将结构基础、柱、梁、墙、板中的配筋在建筑平面图上采用直接标注的方式来表示，这样做可使图纸更简易、更规范化，大大减少了识图和制图的工作量。图 4-5 为采用平法表示的梁配筋的示意图。

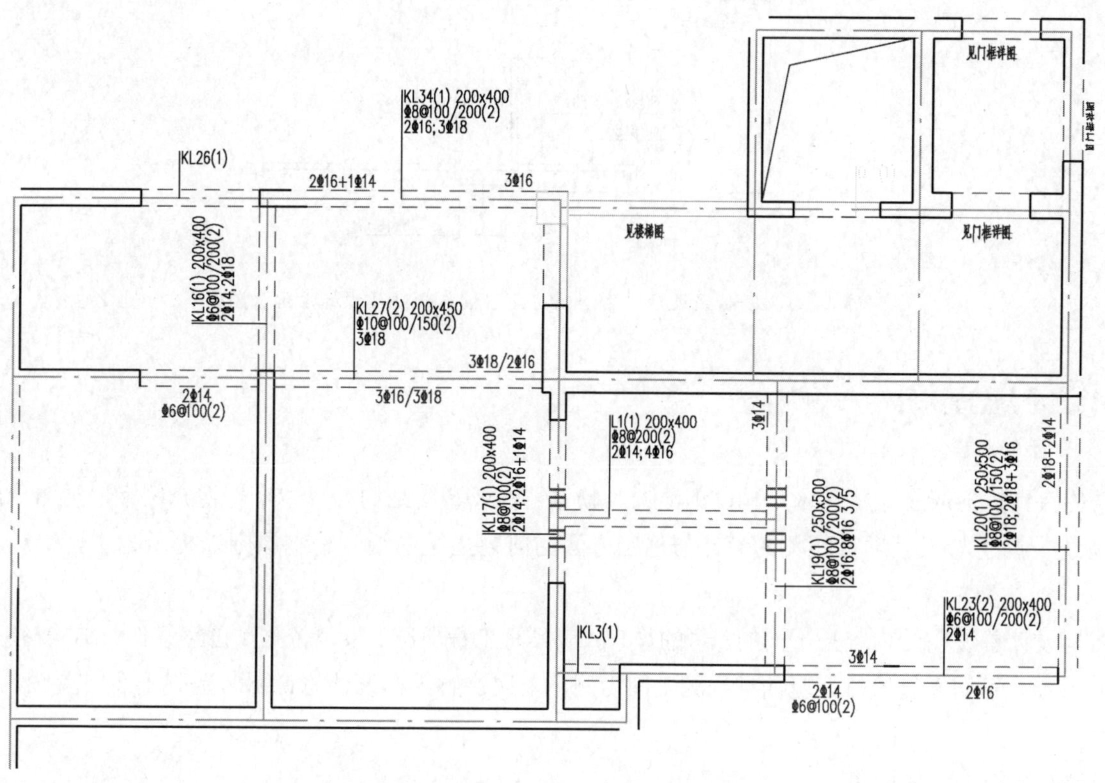

图 4-5　采用平法表示的梁配筋的示意图

传统的结构构件表示方法依据结构平面上板、梁、柱的编号来绘制板、梁、柱的截面详图，好处是表达方式较为直观且识图比较方便；缺点是绘图工作量较大、设计周期长。图 4-6 为采用传统表示方法绘制的梁、板与配筋尺寸标注示意图。

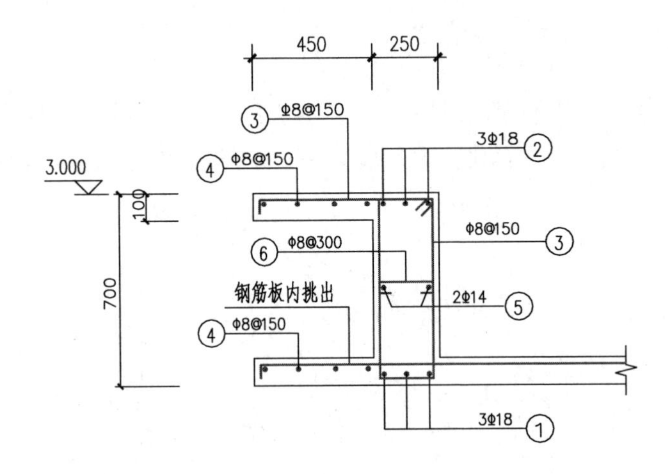

图 4-6　采用传统表示方法绘制的梁、板与配筋尺寸标注示意图

4.2　识读结构设计总说明

常见的房屋建筑结构有钢筋混凝土结构、木结构、钢结构、砌体结构及塑料结构等，本章着重介绍钢筋混凝土结构。

结构设计总说明是统一描述与工程项目相关的设计与施工方面的问题描述图纸，编制原则以提示为主，具体实施情况还要结合施工现场。

不同工程项目的结构设计总说明的内容是不同的。总的说来，应具有工程概况、设计依据、自然条件、结构材料、一般构造要求、施工要求及其他注意事项等内容。下面以某联排别墅的结构施工图为例，依次讲解结构设计总说明、基础平面布置图、各层结构平面图、详图等图纸的识读。

图 4-7 为某联排别墅的结构设计总说明。

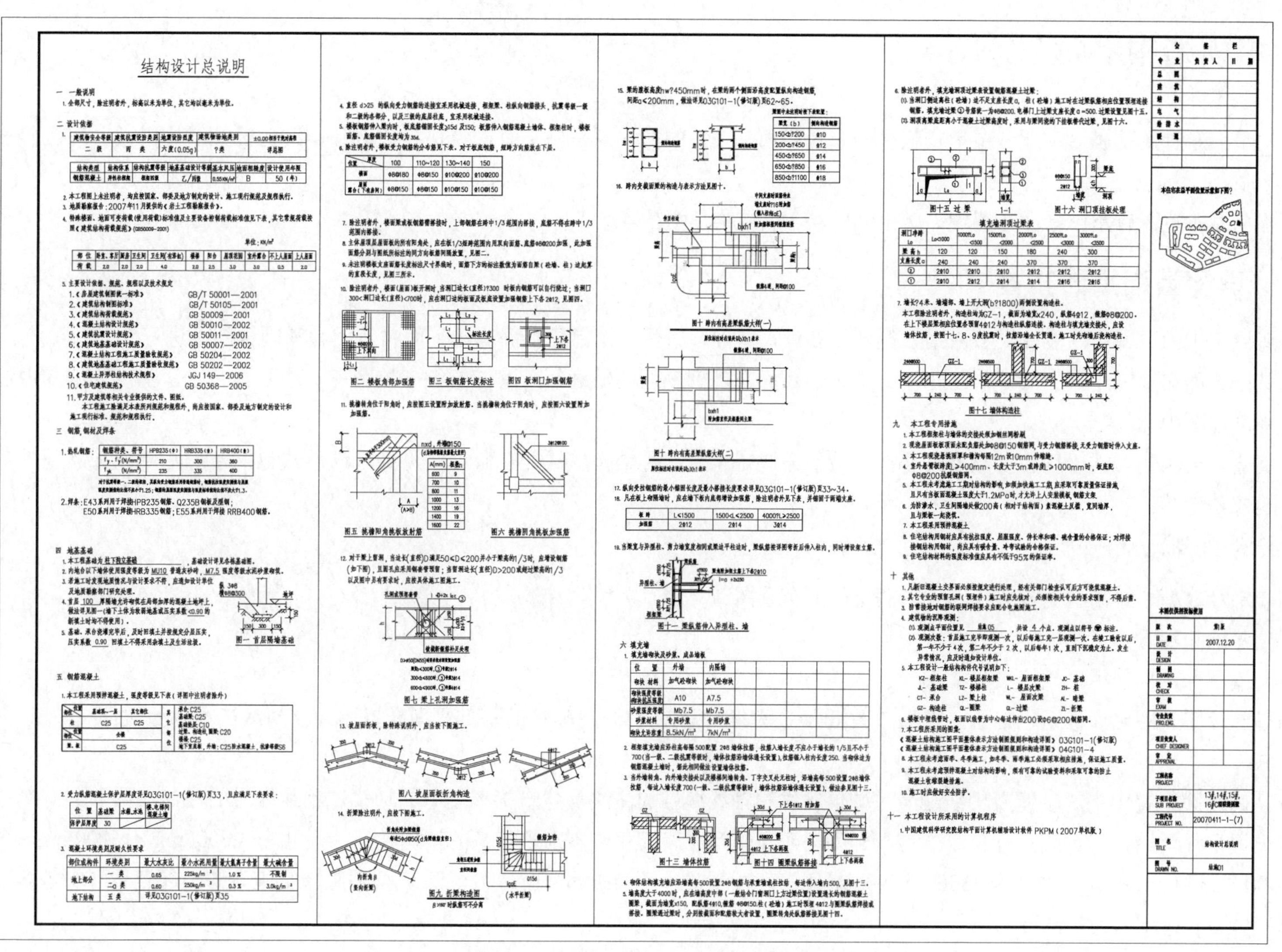

图 4-7　某联排别墅的结构设计总说明

4.3 识读结构平面布置图

结构平面布置图是表达房屋各层承重构件的布置和相互关系的图样，是施工时放置柱构件、制作结构梁及结构楼板（现浇楼板）的重要依据。

结构平面布置图有基础平面布置图、基础详图、各层结构平面图等。

4.3.1 识读基础平面布置图

在房屋施工的过程中，首先要放灰线、挖基坑和砌筑基础，这些工作都是根据基础平面布置图和基础详图来进行的。

在基础平面布置图中，一般只表达出基础墙、柱断面及基础底面的轮廓线，基础的细部投影可省略不画（这些基础的细部做法将具体反映在基础详图中）。

根据建筑结构的形式、房屋荷载及地基的承载能力决定采用哪种结构形式的基础。常见的基础形式包括条形基础、独立基础、桩基、筏基及箱式基础等。

【实例解读】

图 4-8 为 C 型联排别墅结构施工图中的基础平面布置图。

识读图纸的步骤如下。

（1）读图名、标题栏、轴线及轴线编号。

通过阅读图纸图名和标题栏信息，得知该图纸为 C 型联排别墅 13#～16#楼的基础平面布置图（该图纸在本章源文件夹中），图纸比例为 1∶100。

从基础平面布置图中的轴线及轴线编号可知，轴线和轴线编号的注法与建筑施工图中的轴线和轴线编号的注法相同，共有两道尺寸标注：第一道尺寸为结构设计总尺寸；第二道尺寸为房间开间及进深尺寸。该别墅建筑的结构设计总尺寸为 26000mm×16800mm，各房间开间为 3000～3500mm 不等、进深为 4200～5400mm 不等。在看轴线及轴线编号时，可对照 C 型别墅建筑施工图一起查看（在本章源文件夹中打开“C 型联排别墅建施图.dwg”）。

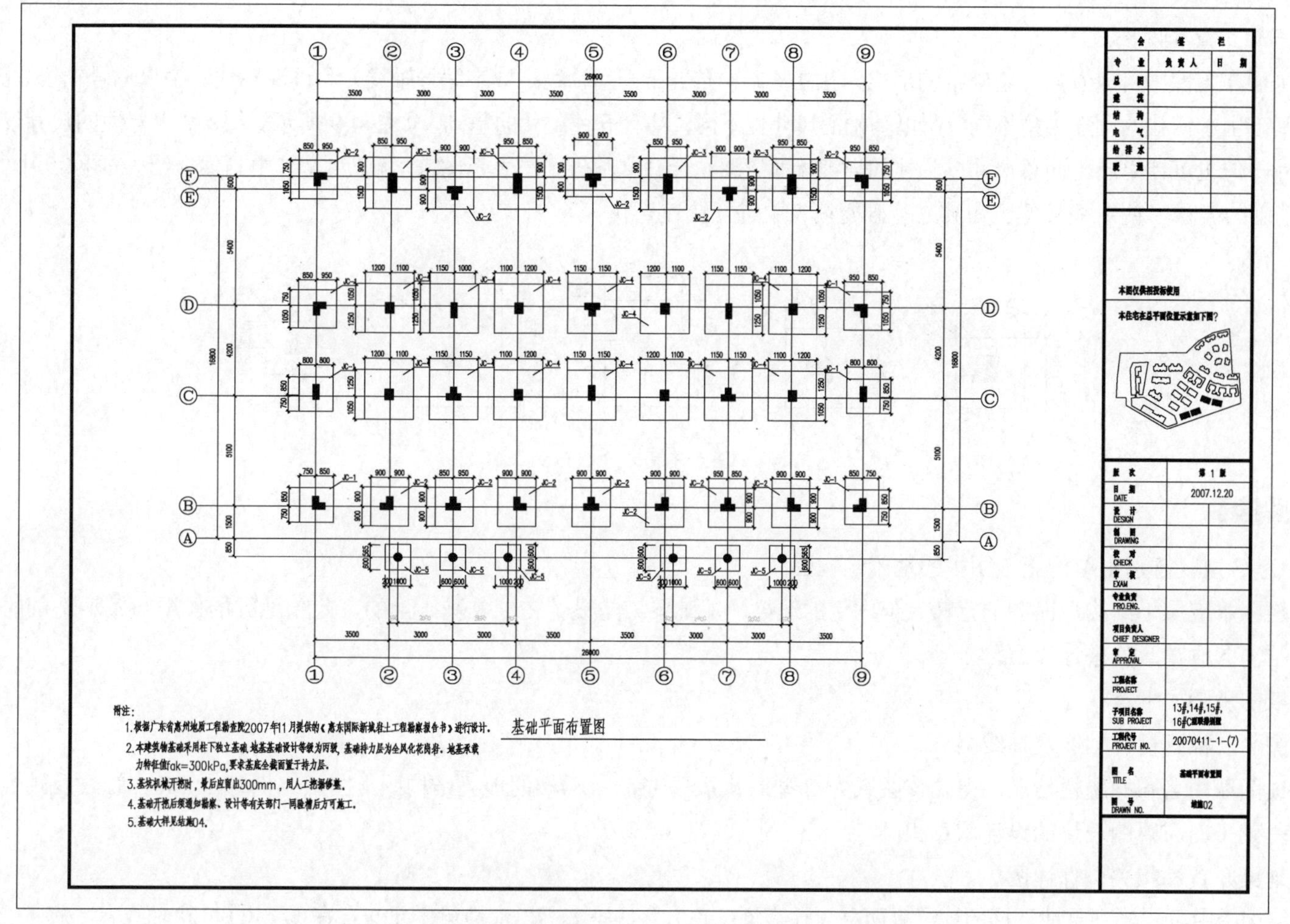

图 4-8　C 型联排别墅结构施工图中的基础平面布置图

（2）读设计说明。

阅读基础平面布置图左下角的“附注”说明文字，了解该图纸的设计依据及相关结构细节设计的技术要求。

（3）读基础布置和内部尺寸。

从基础平面布置图中可以看出，基础结构形式为独立基础，布置于开间轴线（数字编号轴线）和进深轴线（字母编号轴线）的交叉点上。

该别墅基础由于承载的构建类型不同，所以基础的尺寸也不同，共有五种尺寸的基础，如图 4-9 所示。图 4-9 中标注的尺寸仅仅是独立基础的定位尺寸，但也可计算出平面总尺寸，具体的详细尺寸还要结合独立基础平法表示图来了解（4.4 节中具体介绍）。图 4-9 中的 JC-1～JC-5 表示独立基础的编号，使用编号便于在独立基础配筋表中进行快速查找。

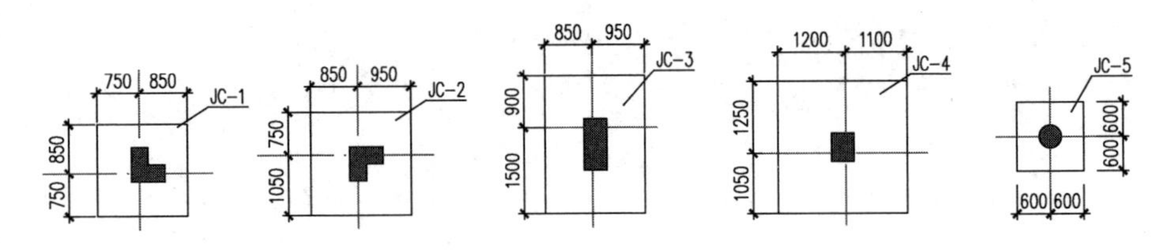

图 4-9　五种不同尺寸的独立基础

【实例解读】

图 4-10 为 C 型联排别墅结构施工图中的地梁结构图。

地梁结构图本应属于结构平面图的范畴，但本例的地梁（基础梁）是设计在独立基础上的，此刻地梁的作用与条形基础的作用相同，因此将地梁结构图放在此处进行介绍。

识读图纸的步骤如下。

（1）读图名、标题栏、轴线及轴线编号。

通过阅读图纸图名和标题栏信息，得知该图纸为 C 型联排别墅 13#～16#楼的地梁结构图，图纸比例为 1:100。轴线及轴线编号表达的设计信息与基础平面布置图表达的设计信息相同。

（2）读地梁布置和相关构件详图。

从地梁结构图中可知，别墅地下层的地梁有两种尺寸类型：JL–1 和 JL–2。JL–1 地梁主要布置在Ⓔ、Ⓕ和Ⓓ轴线上，起主要承载作用；JL-2 地梁布置在各开间中，按数字轴线的位置进行布置。JL–1 和 JL–2 地梁的构件详图以传统方法在图纸的右下方进行表示，图形比例为 1:25，如图 4-11 所示。图中除了表示地梁的外形尺寸，还表达了配筋布置情况，JL–1 地梁中使用了上四条架立筋（II 级钢筋，直径为 18mm）和下四条受力筋（II 级钢筋，直径为 18mm），中间布置了四条腰筋，直径为 12mm，材料级别为 II 级（HRB335）。两侧腰筋以拉结筋连接，拉结筋与箍筋均为 II 级钢筋、直径为 10mm。拉结筋的上下分布距离为@150（意思是间距 150mm），水平分布距离为@300。JL-2 地梁的配筋情况与 JL-1 地梁的配筋情况基本相同，只是架立筋和受力筋的钢筋直径略有不同。

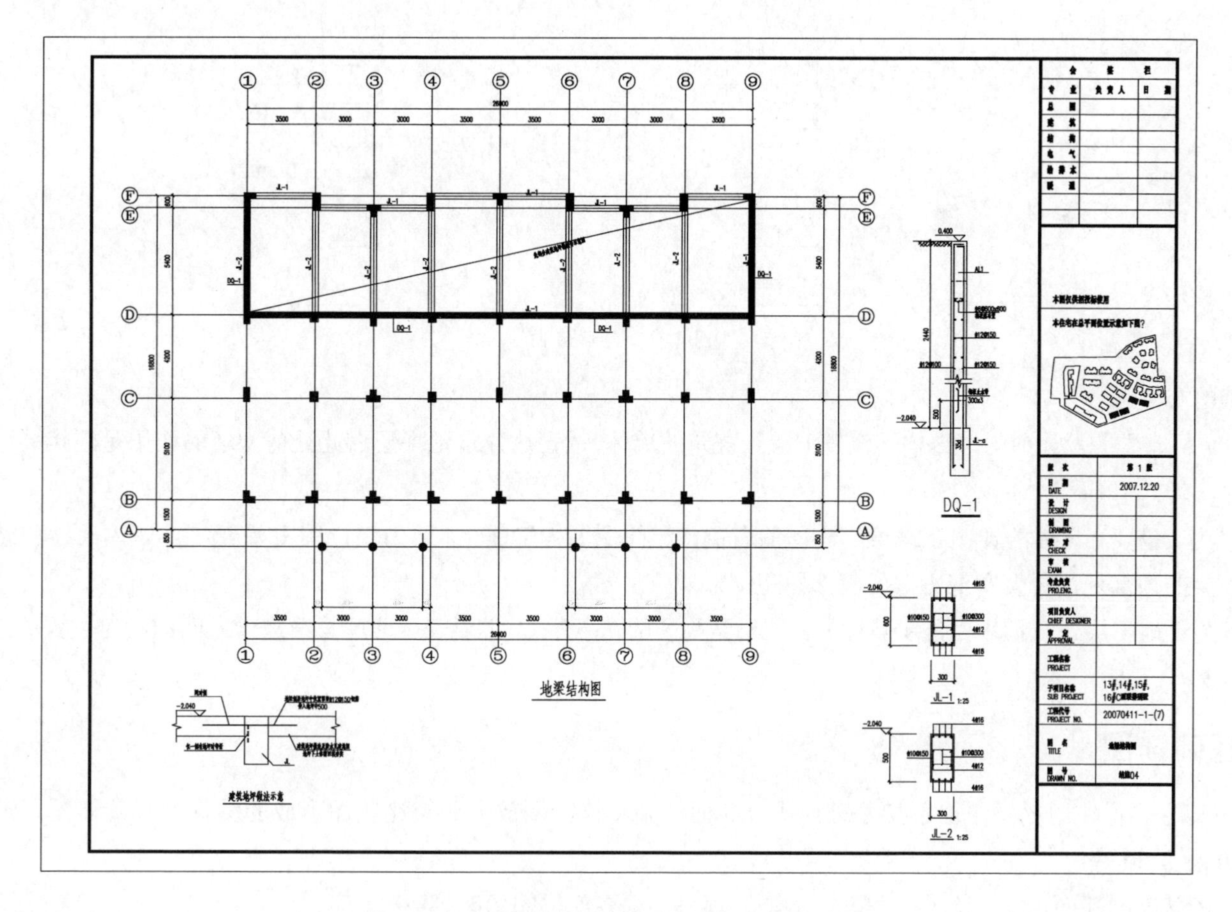

图 4-10　C 型联排别墅结构施工图中的地梁结构图

提示：

钢筋的级别是按照钢筋材料来分的，分 I 级、II 级和 III 级。其中，I 级材料为 HPB235；II 级材料为 HRB335；III 级材料为 HRB400 和 RRB400。

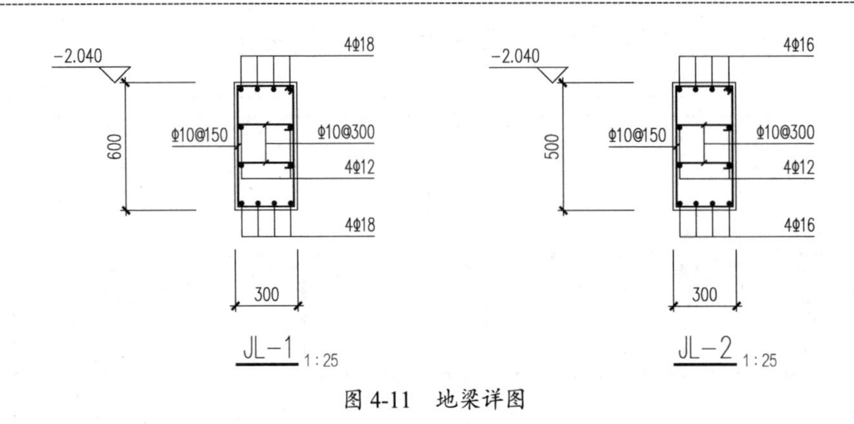

图 4-11　地梁详图

（3）读剪力墙的布置。

此外，要在 JL-1 地梁上设计剪力墙结构（钢筋混凝土浇筑的墙体），直达建筑地坪层。此处剪力墙的作用是阻挡周边的碎石和泥土，其内部用来设计停车场。

剪力墙的编号为 DQ-1，具体的详图在地梁结构图的右侧，详图图名为 DQ-1。剪力墙详图主要表达了墙体尺寸和配筋情况，标高值 -2.040 表达了结构梁的顶部标高位置和剪力墙的底部标高位置。

另外，画出了关于地下层建筑地坪做法示意图（在地梁结构图的左下角），主要表达地坪与结构梁之间的相对位置关系、地坪材料及其施工方法。

4.3.2　识读基础详图

在结构基础的某一位置使用铅垂平面剖切基础形成一断面，并将该断面放大一定比例而形成的图称为基础详图。常用的绘图比例为 1:10、1:20、1:30 及 1:50 等。

基础详图表示了基础的断面形状、大小、材料、构造、埋深及主要部位的标高等情况。

【实例解读】

图 4-12 为 C 型联排别墅的独立基础详图。

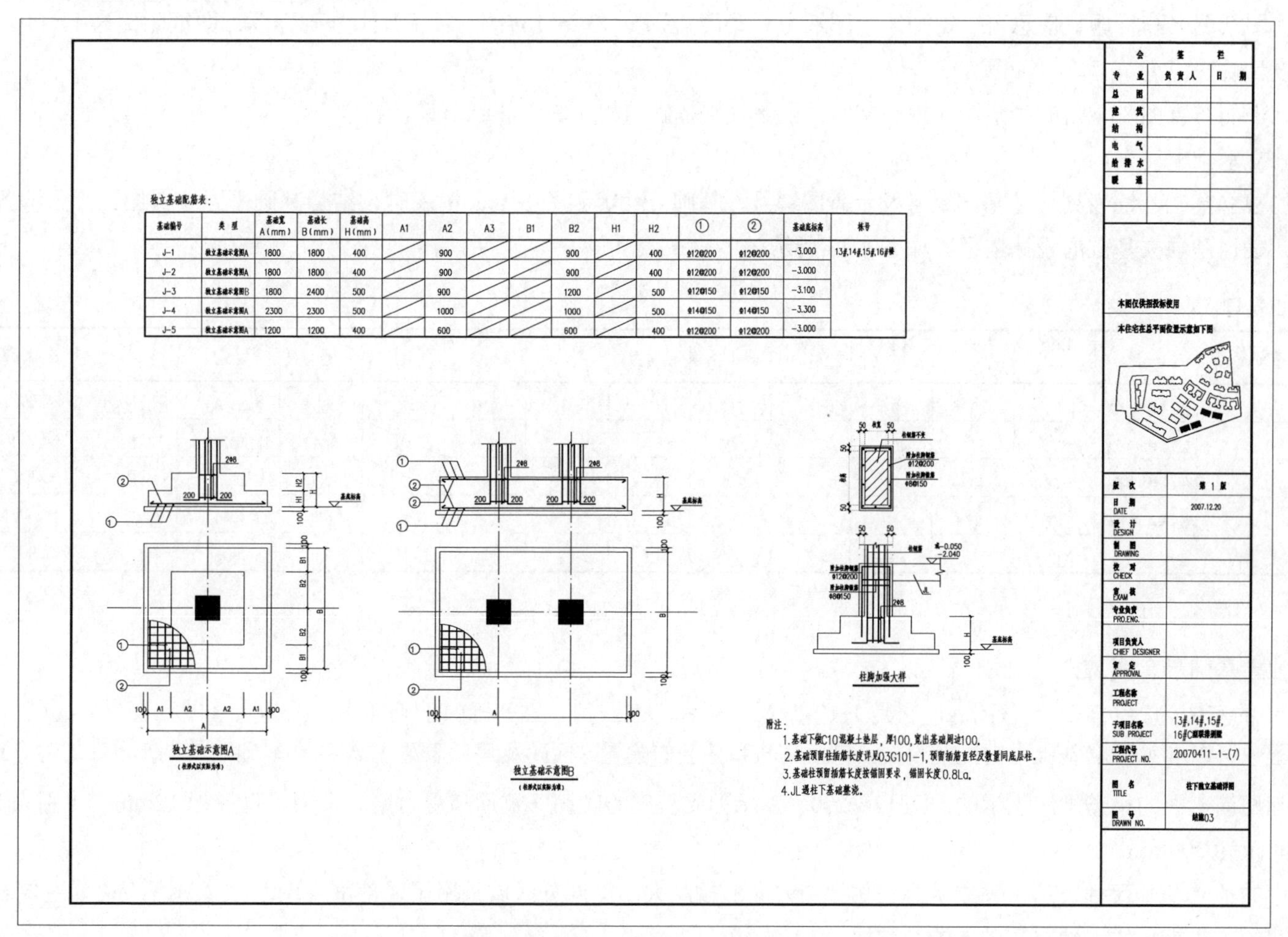

基础编号	类型	基础宽 A(mm)	基础长 B(mm)	基础高 H(mm)	A1	A2	A3	B1	B2	H1	H2	①	②	基础底标高	栋号
J-1	独立基础示意图A	1800	1800	400		900			900		400	φ12@200	φ12@200	-3.000	13#,14#,15#,16#楼
J-2	独立基础示意图A	1800	1800	400		900			900		400	φ12@200	φ12@200	-3.000	
J-3	独立基础示意图B	1800	2400	500		900			1200		500	φ12@150	φ12@150	-3.100	
J-4	独立基础示意图A	2300	2300	500		1000			1000		500	φ14@150	φ14@150	-3.300	
J-5	独立基础示意图A	1200	1200	400		600			600		400	φ12@200	φ12@200	-3.000	

图 4-12　C 型联排别墅的独立基础详图

识读图纸的步骤如下。

（1）读图名、标题栏。

通过阅读图纸图名和标题栏信息可以得知，该图纸为 C 型联排别墅 13#～16#楼的柱下独立基础详图，图纸比例为 1∶100。

（2）读设计说明。

阅读基础平面布置图左下角的“附注”说明文字，了解独立基础的相关做法和细节设计要求。

（3）读独立基础配筋表。

图纸中的独立基础配筋表列出了基础编号及示意图编号、基础尺寸等相关参数。读表时须结合基础平面布置图，以了解各独立基础的具体位置，此表也是独立基础的设计依据，如图 4-13 所示。

独立基础配筋表：

基础编号	类 型	基础宽 A（mm）	基础长 B（mm）	基础高 H（mm）	A1	A2	A3	B1	B2	H1	H2	①	②	基础底标高
J-1	独立基础示意图A	1800	1800	400		900			900		400	Φ12@200	Φ12@200	-3.000
J-2	独立基础示意图A	1800	1800	400		900			900		400	Φ12@200	Φ12@200	-3.000
J-3	独立基础示意图B	1800	2400	500		900			1200		500	Φ12@150	Φ12@150	-3.100
J-4	独立基础示意图A	2300	2300	500		1000			1000		500	Φ14@150	Φ14@150	-3.300
J-5	独立基础示意图A	1200	1200	400		600			600		400	Φ12@200	Φ12@200	-3.000

图 4-13　独立基础配筋表

（4）读独立基础示意图 A、B。

图 4-14 中的左图为独立基础示意图 A，它是 J-1、J-2、J-4 和 J-5 四种独立基础的基础详图（上为主视图、下为俯视图）。

在主视图中可以看见独立基础中的配筋情况，包括底筋和柱筋的配置。标高及尺寸表达了 A 独立基础的外观形状。编号①和编号②是引用独立基础配筋表中的钢筋平法表示的。“Φ12@200”表示独立基础的底筋（负筋和受力筋）采用了直径为 12mm、级别为 II 级的圆钢，纵横分布的间距为 200mm。

俯视图中的独立基础尺寸表达了独立基础在俯视图方向的投影大小。部分区域采用了局部剖视图的方式进行表达，主要表达底筋的分布情况。中间的黑色矩形块为独立基础上的结构柱。

独立基础示意图 B 是 J-3 独立基础详图。与 A 独立基础不同的是，B 独立基础上承载有两个结构柱构件，因此其结构尺寸也比 A 独立基础的尺寸大。

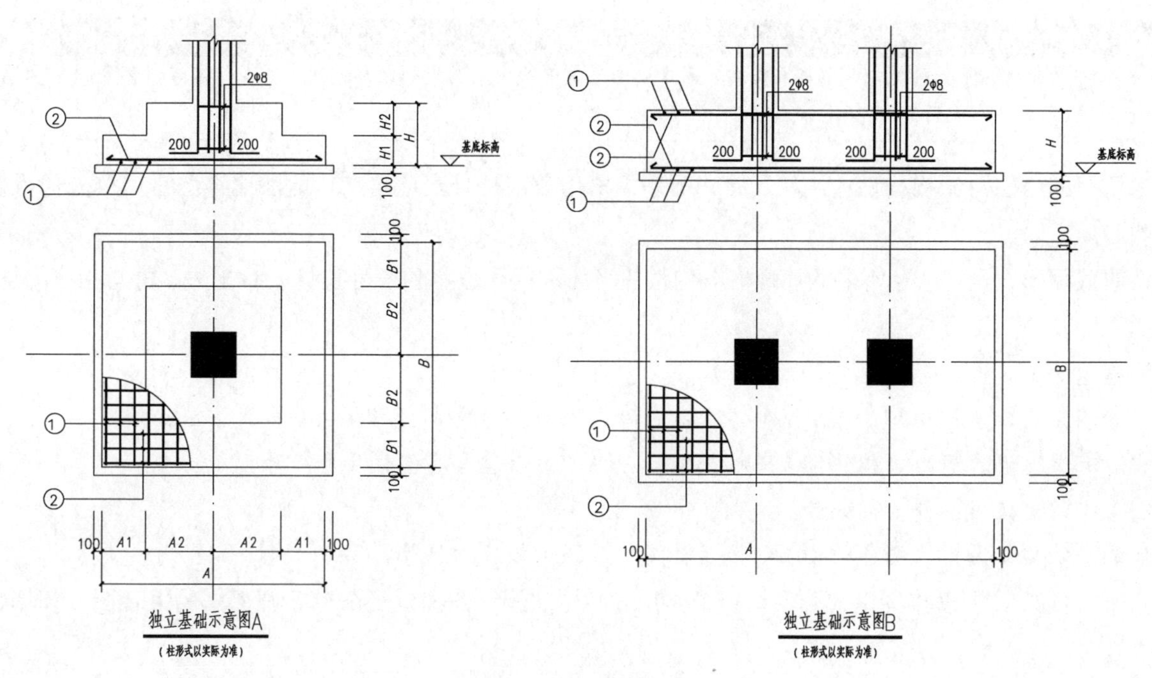

图 4-14　独立基础示意图

（5）读柱脚加强大样图。

柱脚加强大样图是表达 A 独立基础上承载的结构柱柱脚配筋情况的详图，主要为了表示柱角与独立基础的接合部分的钢筋配置情况。

4.3.3　识读各层结构平面图

各层结构平面图是把结构构件的尺寸和配筋等情况直接表达在各类构件的结构平面上的图纸。

钢筋混凝土结构构件配筋图的表示方法有三种：详图法、梁柱表法和平法。

详图法通过建筑平面图、立面图、剖面图将各构件（梁、柱、墙等）的结构尺寸、配筋规格等逼真地表示出来。用详图法绘图的工作量非常大。

提示：

为了保证按平法设计的结构施工图实现全国统一，中华人民共和国建设部已将平法的制图规则纳入了国家建筑标准设计图集——《混凝土结构施工图平面整体表示方法制图规则和构造详图》。

梁柱表法采用表格填写的方法将结构构件的结构尺寸和配筋规格用数字符号表达出来。此法比详图法简单方便得多，尤其在手工绘图时，深受设计人员的欢迎。

平法是把结构构件的截面形式、尺寸及所配钢筋规格在构件的平面位置用数字和符号直接表示出来，再与相应的结构设计总说明和梁、柱、墙等构件的构造通用图及说明配合使用。

平法施工图的一般规定如下。

- 平法在平面布置图上表示各构件尺寸和配筋的方式有三种：平面注写方式、列表注写方式、截面注写方式。
- 结构施工图中所有梁、柱、剪力墙构件都应进行编号，且编号中应含有类型代号和序号。
- 必须按标准图集中的定义对构件进行编号。
- 应在各类构件的平法施工图中注明各结构层的楼面标高、层高及相应的层号。

下面采用平法表示来解读某C型联排别墅的一层结构平面图（梁平法施工图和板平法配筋施工图的组合图）和墙、柱平法施工图。

【实例解读】

图4-15为C型联排别墅的一层结构平面图。

识读图纸的步骤如下。

（1）读图名、标题栏、轴线及轴线编号。

从图纸的图名及标题栏得知，该图纸为C型联排别墅的一层结构平面图，其轴线及轴线编号的含义与基础平面布置图中轴线及轴线编号的含义相同。

（2）读技术说明。

一层结构平面图既有梁平法施工图，又有板平法配筋施工图，很多具体细节不便在图中注出，通常会以技术说明的方式注明。该例在图纸的右下角的“附注”中注明了八个技术要点，分别如下。

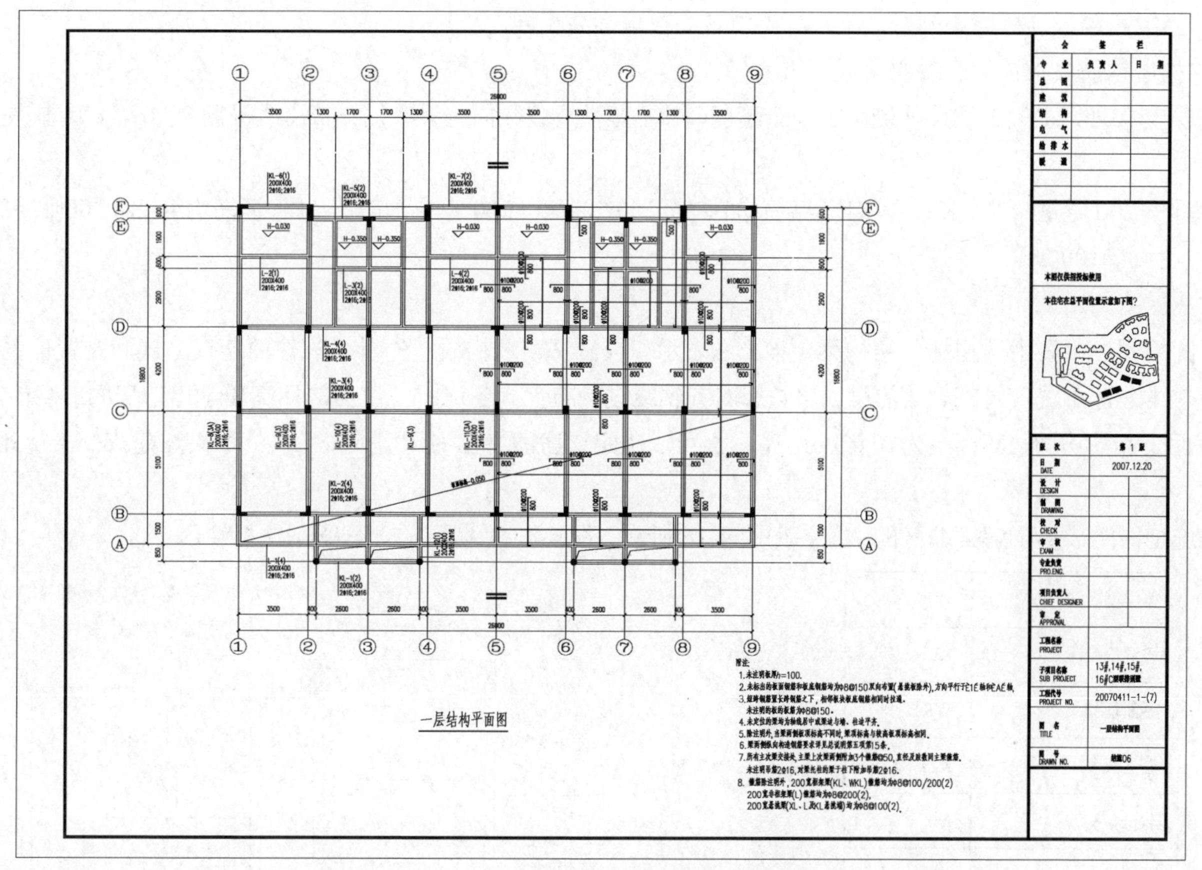

图 4-15　C 型联排别墅的一层结构平面图

① 未注明板厚 h=100。

② 未标出的板面钢筋和板底钢筋均为ϕ8@150 双向布置（悬挑板除外），方向平行于ⓐ轴和Ⓐ轴。

③ 短跨钢筋置长跨钢筋之下，相邻板块板底钢筋相同时拉通。未注明的板的板筋为ϕ8@150。

④ 未定位的梁均为轴线居中或梁边与墙、柱边平齐。

⑤ 除注明外，当梁两侧板顶标高不同时，梁顶标高与较高板顶标高相同。

⑥ 梁两侧纵向构造钢筋要求详见总说明第五项第 15 条。

⑦ 在所有主次梁交接处，主梁上次梁两侧附加 3 个箍筋@50，直径及肢数同主梁箍筋。未注明吊筋 2Φ16，对梁托柱的梁与柱下附加吊筋 2Φ16。

⑧ 箍筋除注明外，200 宽框架梁（KL、WKL）箍筋均为Φ8@100/200(2)，200 宽非框架梁（L）箍筋均为Φ8@200(2)，200 宽悬挑梁（XL、L 及 KL 悬挑端）均为Φ8@100(2)。

（3）读梁平法施工图。

一层结构平面图的图形主要由结构柱、结构梁、梁平法表示和板平法表示构成。先看梁与柱的连接方式和布置位置：梁在柱之上，多数结构梁以轴线为中线进行布置，局部少数的梁以梁边缘对齐轴线进行布置。各房间中注出的标高显示出该房间的功能及作用。例如“H-0.030”表示别墅背面一侧的房间，其标高为-0.030m，基本上可以确定该房间将作为厨房或洗手间。如果在建筑外表示此标高，则可以确定该处为走廊。

在识读梁平法施工图时，要了解梁编号的意义，如图 4-16 所示。图 4-17 为截取的部分梁平法标注示意图。

梁类型	代号
楼层框架梁	KL
屋面框架梁	WKL
框支梁	KZL
非框架梁	L
悬挑梁	XL
井字梁	JZL

图 4-16 梁编号的意义

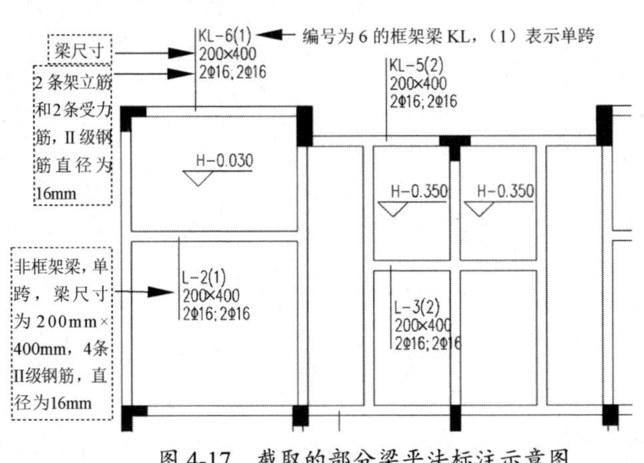

图 4-17 截取的部分梁平法标注示意图

（4）读板平法配筋表示。

在一层结构平面图中，采用平面注写板配筋的表达方式。由于本图纸是简易表示图纸，因此并没有完整地表达出板配筋的内容，如没有注写楼板名称、板厚等。整个一层的结构楼板采用均匀板厚进行设计，已在“附注”中说明。

图 4-18 为部分板平法配筋表示。

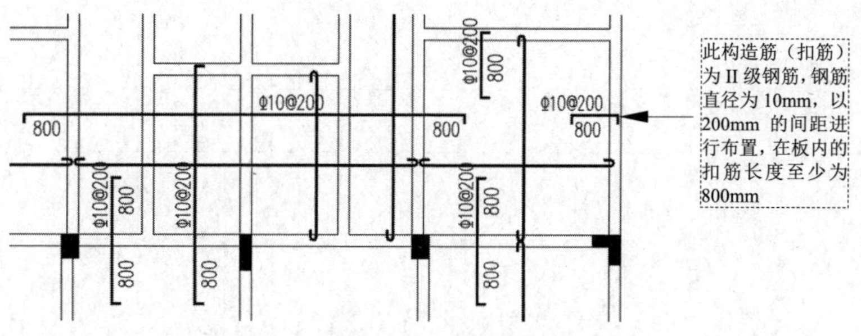

图 4-18　部分板平法配筋表示

在别墅前侧区域中画一条矩形对角斜线，表示该斜线经过的房间包容在此矩形区域内，斜线上注明该区域所有板面的标高（-0.050m），说明此区域的板面要比别墅后侧区域的板面低 0.050m，如图 4-19 所示。

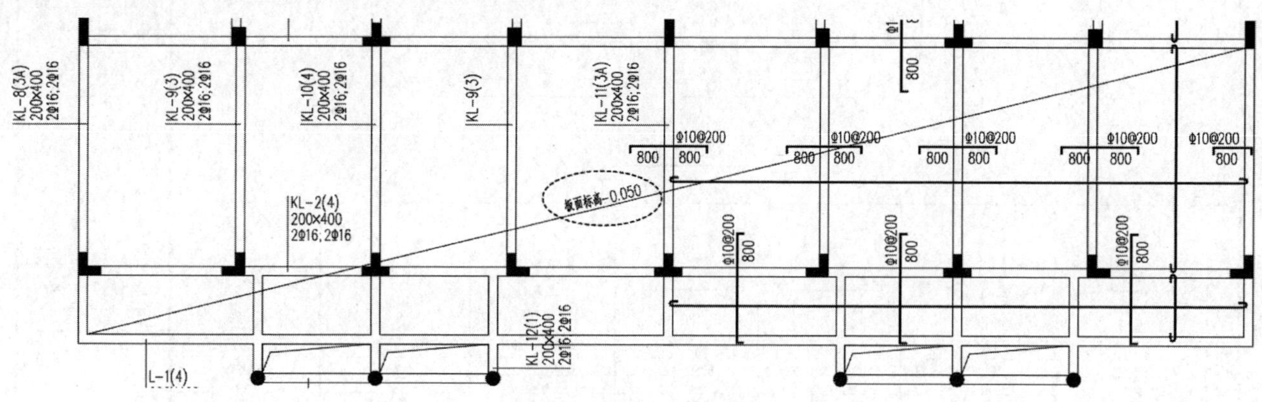

图 4-19　房间中斜线的表达

【实例解读】

图 4-20 为墙、柱平法施工图，该图采用平法表示墙、柱施工图。

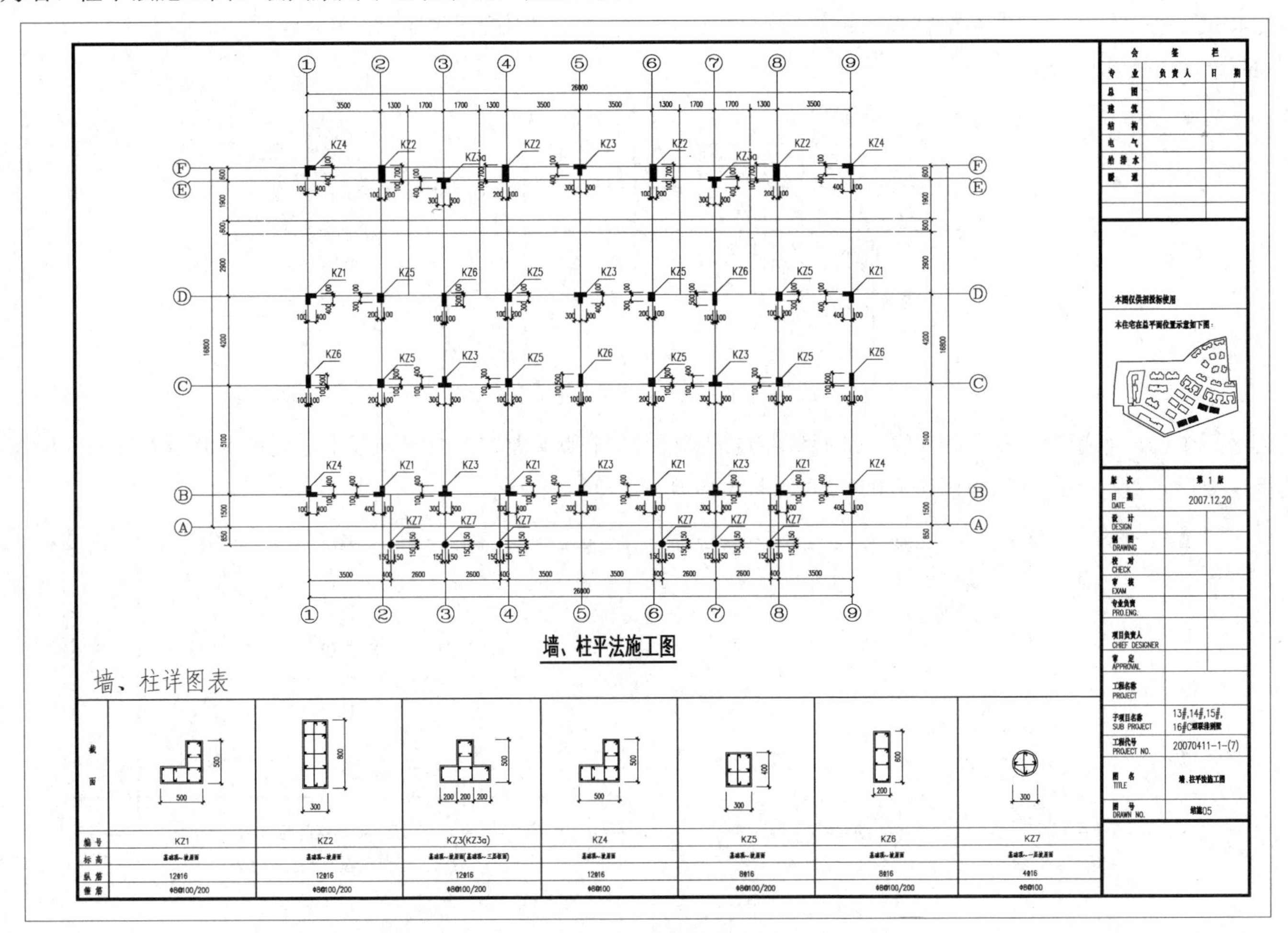

图 4-20　墙、柱平法施工图

识读图纸的步骤如下。

（1）读图名、标题栏、轴线及轴线编号。

从图纸的图名及标题栏可以得知，该图纸为 C 型联排别墅的墙、柱平法施工图，其轴线及轴线编号的含义与基础平面布置图中轴线及轴线编号的含义相同。

（2）读结构柱布置。

从墙、柱平法施工图中可知，结构柱的编号为 KZ1～KZ7，具体的布置按照定位尺寸进行操作。

墙与柱尺寸的详细表示列在图纸下方的墙、柱详图表中，如图 4-21 所示。下面介绍两种结构柱。

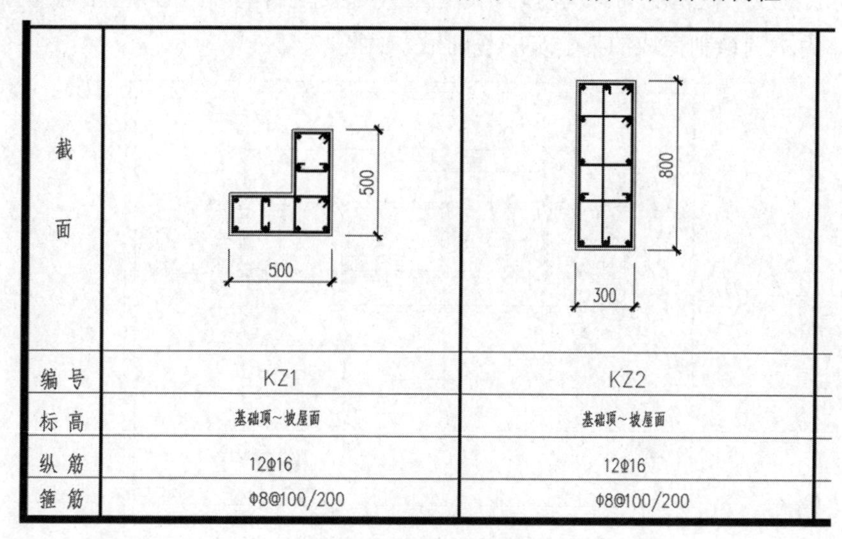

图 4-21　墙、柱详图表

其中，KZ1 表示框架结构柱的编号。图例中的尺寸表达了结构柱的外形尺寸，同时表示出了结构柱中的配筋情况。在“标高”一栏中，写明了 KZ1 结构柱的底部标高为基础顶、顶部标高为坡屋面。“纵筋”一栏中的“12Φ16”表示有 12 条纵筋、每条纵筋的直径为 16mm、钢筋材料为 II 级。“箍筋”一栏中的“Φ8@100/200”表示箍筋采用直径为 8mm 的 I 级钢筋、由上往下布置的间距为 100mm、箍筋的宽度为 200mm、箍筋长度=柱尺寸-保护层。

4.4　绘制建筑结构施工图

本节详细介绍在 AutoCAD 中绘制结构施工图的方法，包括基础梁平面图、独立基础图及基础详图、结构平面布置图、楼板配筋图。学习本节内容后，读者基本上可以掌握结构施工图的绘制方法。

4.4.1　绘制基础梁平面图

在房屋施工的过程中，首先要放灰线、挖基坑和砌筑基础，这些工作都要根据基础平面布置图和基础详图来进行。基础平面布置图中包含有独立基础和基础梁。图 4-22 为本例绘制完成的某建筑的基础梁平面图。

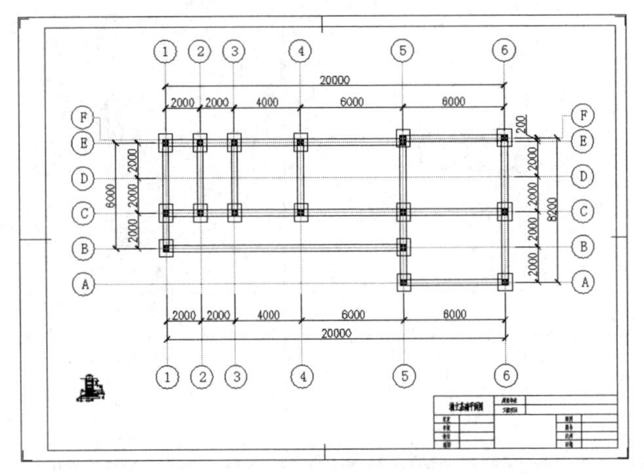

图 4-22　本例绘制完成的某建筑的基础梁平面图

操作步骤

① 打开本例文件夹中的样板文件“A2 建筑样板.dwt”。

② 选择菜单栏中的【修改】|【缩放】命令，将整个图框放大 60 倍，以能容下整个基础图形。

③ 打开【标注样式管理器】对话框，修改建筑标注样式。其中，【线】、【符号和箭头】和【文字】选项卡的设置结果如图 4-23 所示。

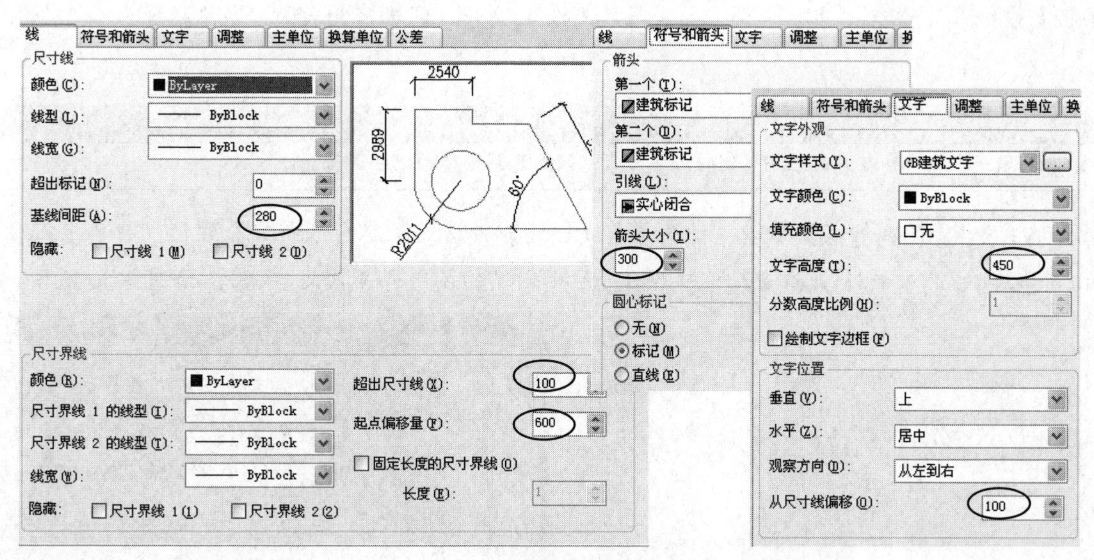

图 4-23　修改建筑标注样式

④ 将【轴线】层设为当前层。调用【直线】命令和【偏移】命令绘制出如图 4-24 所示的轴线。

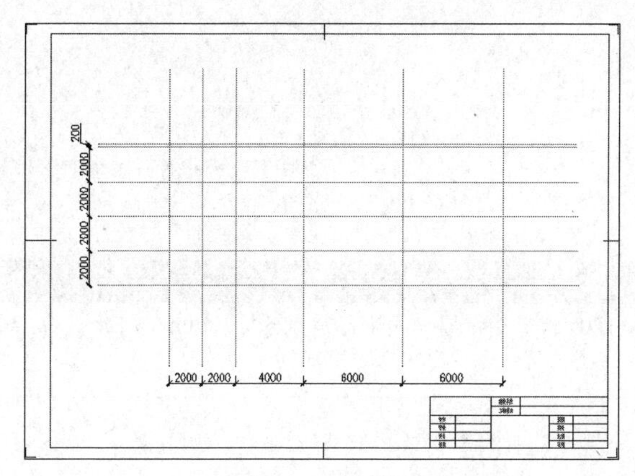

图 4-24　绘制轴线

⑤ 使用【圆心，半径】命令和【多行文字】命令，在轴线端点绘制编号（圆半径为650、字体高度为600、字体样式为Standard），如图4-25所示。

技巧点拨：

编号的绘制方法是：先绘制其中一个编号，其余的采用复制的方法，只需修改复制编号的文字即可。

⑥ 在菜单栏中执行【格式】|【多线样式】命令，打开【多线样式】对话框。单击【新建】按钮，新建【基础墙】多线样式，设置偏移距离为120mm、-120mm，并将【基础墙】置为当前（后续创建的多线样式为此样式），如图4-26所示。

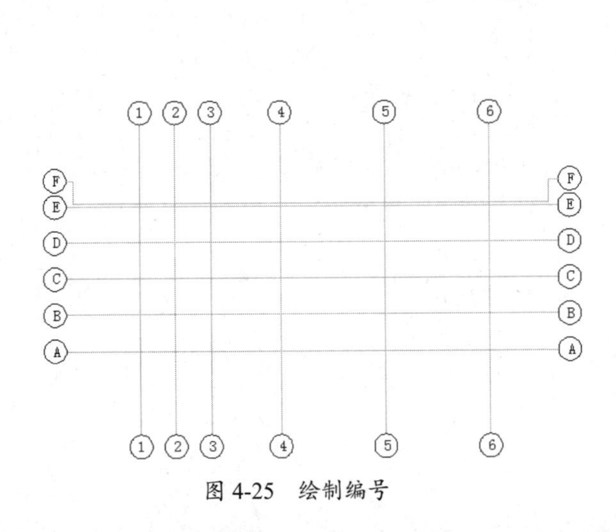

图4-25 绘制编号

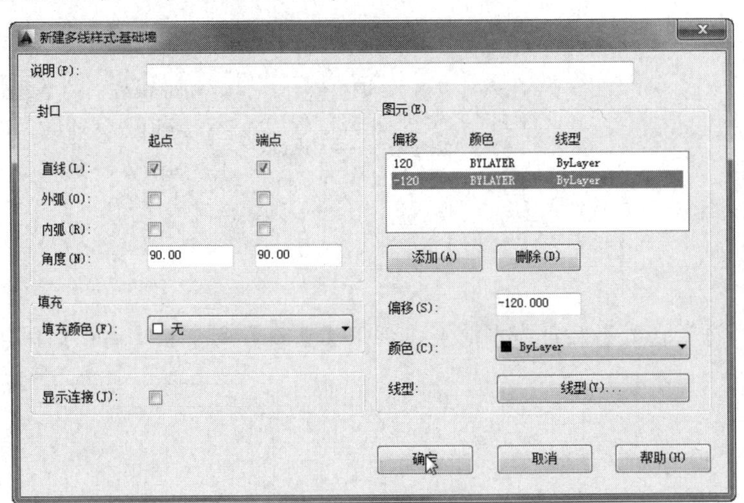

图4-26 设置多线样式

技巧点拨：

在【新建多线样式:基础墙】对话框中，偏移值为±120mm，是指墙体的实际厚度为120mm。因此，在绘制多线时，必须将系统默认的比例20改为1，否则将不能创建正确的墙体多线。

⑦ 将图层设为【轮廓实线】。在菜单栏中执行【绘图】|【多线】命令，然后捕捉轴线交点，绘制多线，如图4-27所示。

⑧ 使用【分解】命令，将多线分解。然后对多线进行修剪，结果如图 4-28 所示。

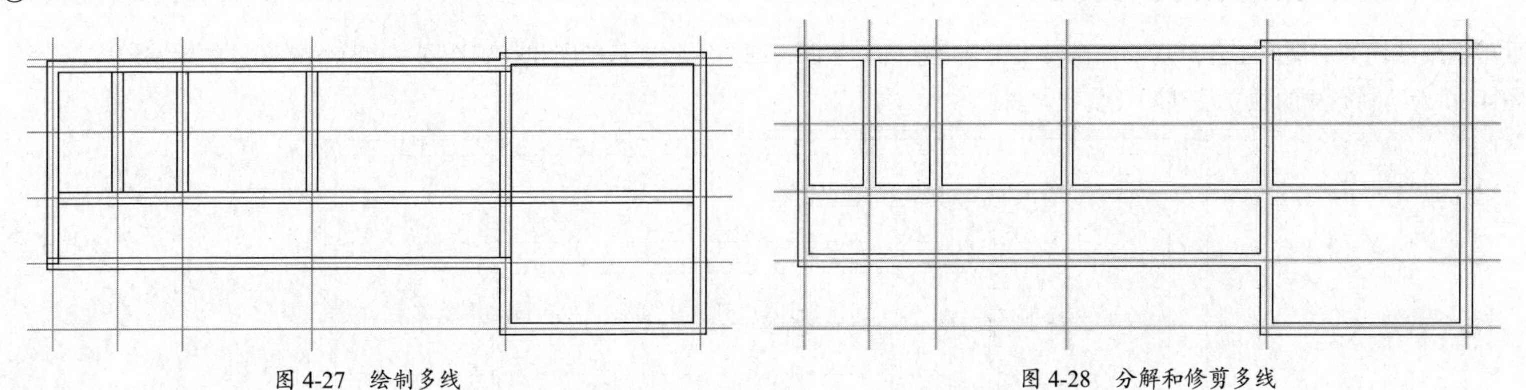

图 4-27　绘制多线　　　　图 4-28　分解和修剪多线

⑨ 标注尺寸。只需标注纵向及横向各轴线之间的距离，以及轴线与基础底边和墙边的距离即可，如图 4-29 所示。

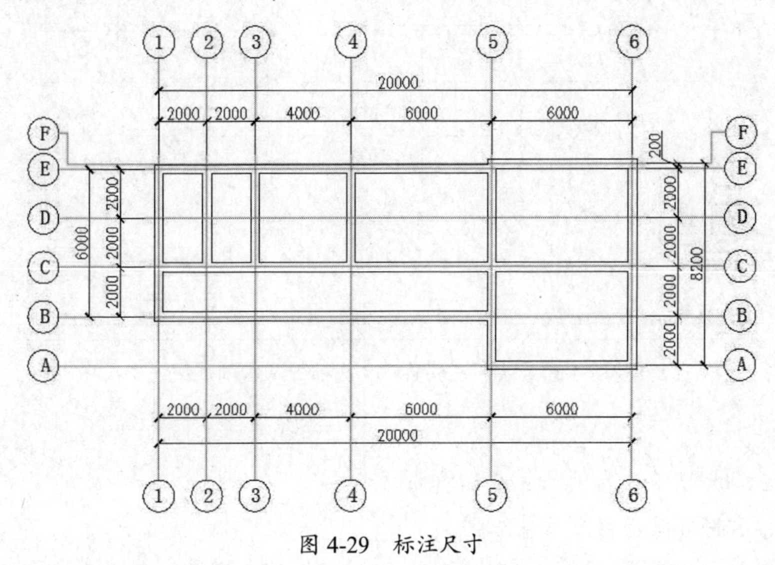

图 4-29　标注尺寸

⑩ 至此，基础梁平面图绘制完成。最后将结果保存。

4.4.2 绘制独立基础图及基础详图

采用框架结构的房屋及工业厂房的基础常采用独立基础。下面详细介绍独立基础图和基础详图（也称大样图）的绘制过程。图 4-30 为绘制完成的独立基础图及基础详图。

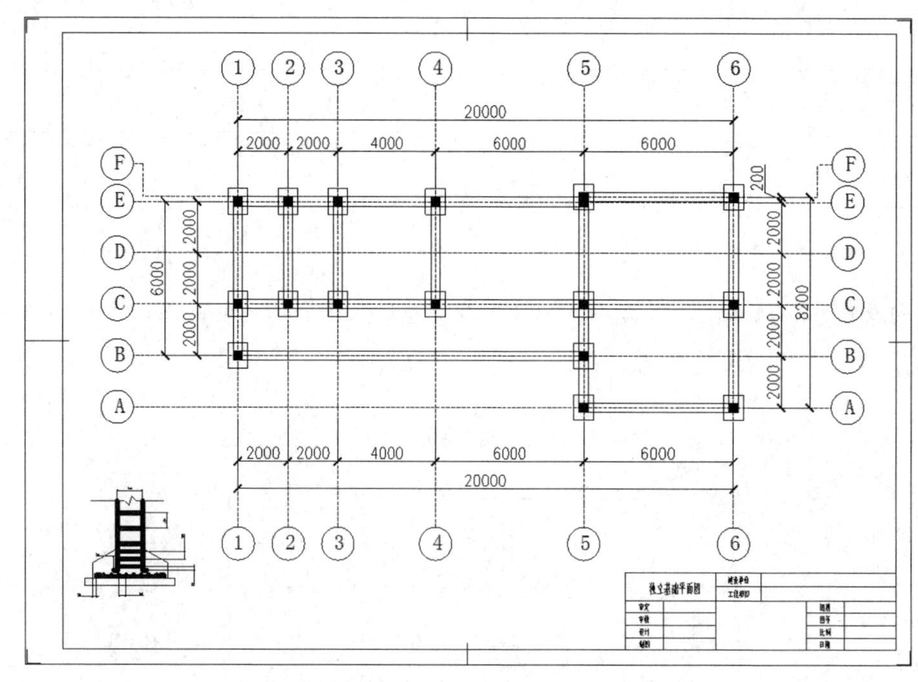

图 4-30　绘制完成的独立基础图及基础详图

操作步骤

① 复制前面绘制的基础梁平面图，以此作为本例独立基础图的样板。

② 打开复制的基础梁平面图，然后将其另存为独立基础图。

③ 使用夹点编辑模式，拉长轴线相交位置的多线，以形成基础柱，如图 4-31 所示。

④ 使用【填充图案】命令，选择 SOLID 图案进行填充，结果如图 4-32 所示。

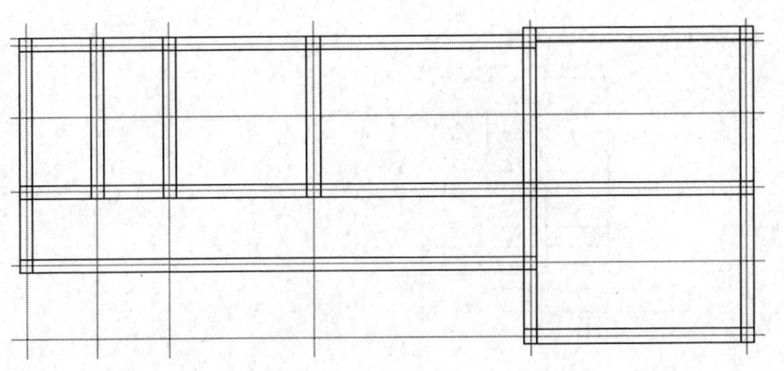

图 4-31　拉长多线

图 4-32　填充图案

⑤ 绘制 800mm×1000mm 的矩形基础，插入图中的柱子位置，如图 4-33 所示。

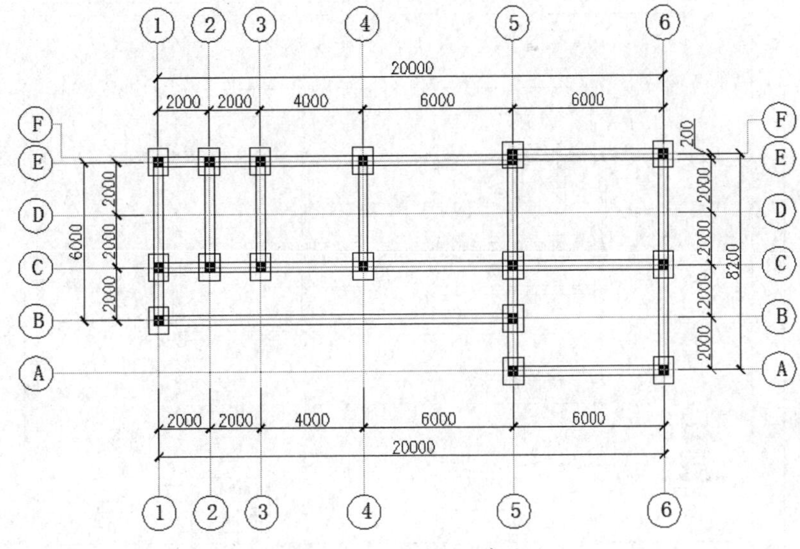

图 4-33　绘制矩形基础

⑥ 绘制基础详图，按照尺寸调用【直线】命令画出详图轮廓，如图 4-34 所示。

⑦ 调用【直线】命令，绘制钢筋剖面详图，如图 4-35 所示。

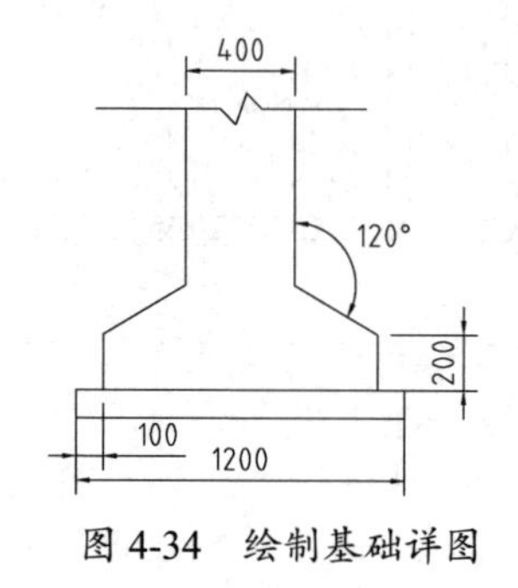

图 4-34　绘制基础详图

图 4-35　绘制钢筋剖面详图

⑧ 至此，独立基础图及基础详图绘制完成，如图 4-36 所示，最后保存结果。

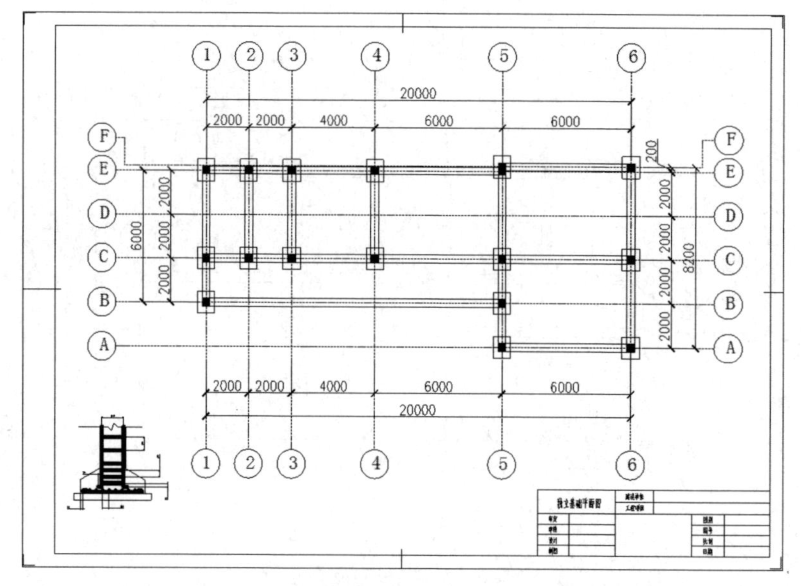

图 4-36　绘制完成的独立基础图及基础详图

4.4.3　绘制结构平面布置图

结构平面布置图是表示建筑物构件平面布置的图样，分为楼层结构平面布置图、屋面结构平面布置图，本书着重介绍民用建筑的楼层结构平面布置图。

楼层结构平面布置图是假想沿楼板面将房屋水平剖开后所得的楼层结构水平投影图，用来表示每层楼的梁、板、柱、墙等承重构件的平面布置，或现浇板的构造与配筋及它们之间的结构关系。

本例绘制的结构平面布置图如图 4-37 所示。

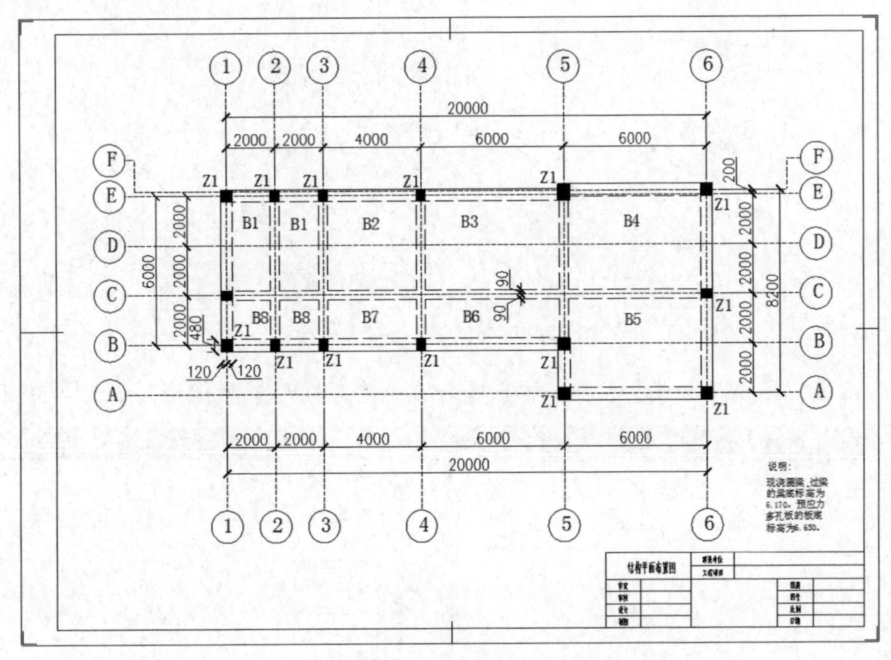

图 4-37　本例绘制的结构平面布置图

操作步骤

① 打开基础梁平面图，然后将其另存为结构平面布置图。

② 删除图形中的多线。

③ 在菜单栏中执行【格式】|【多线样式】命令，打开【多线样式】对话框。新建【外部墙】多线样式，然后在【新建多线样式:外部墙】对话框中设置偏移距离为120mm、-120mm。在编辑【-120】偏移值时单击【线型】按钮，如图4-38所示。

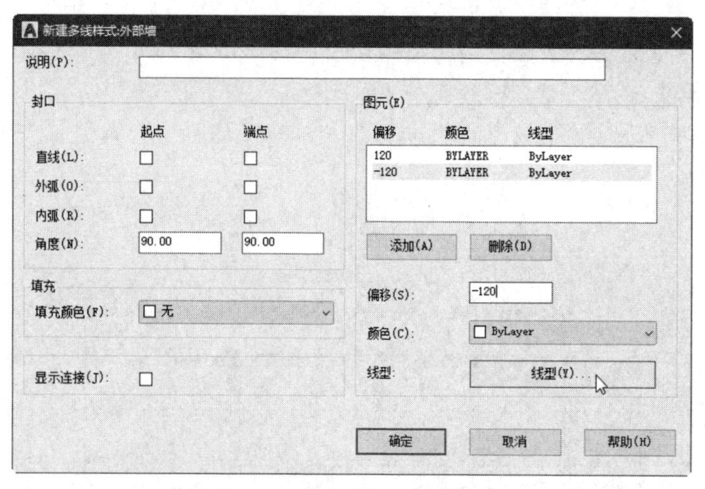

图4-38 设置外部墙样式的值

④ 随后弹出【选择线型】对话框，单击【加载】按钮，弹出【加载或重载线型】对话框，如图4-39所示。

图4-39 加载线型

⑤ 单击【加载或重载线型】对话框中的【文件】按钮，随后弹出【选择线型文件】对话框，选择【acadiso.lin】文件并单击鼠标右键，如图 4-40 所示。

⑥ 选择快捷菜单中的【打开】选项，然后在打开的【acadiso.lin-记事本】窗口中复制并粘贴“ACAD_ISO02W100,ISO dash __ __ __”线型，并修改此线型，如图 4-41 所示。

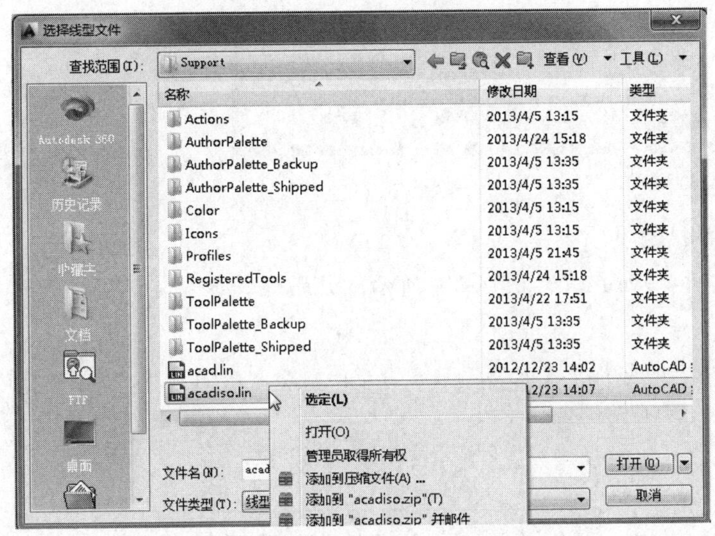

图 4-40　选中【acadiso.lin 文件】

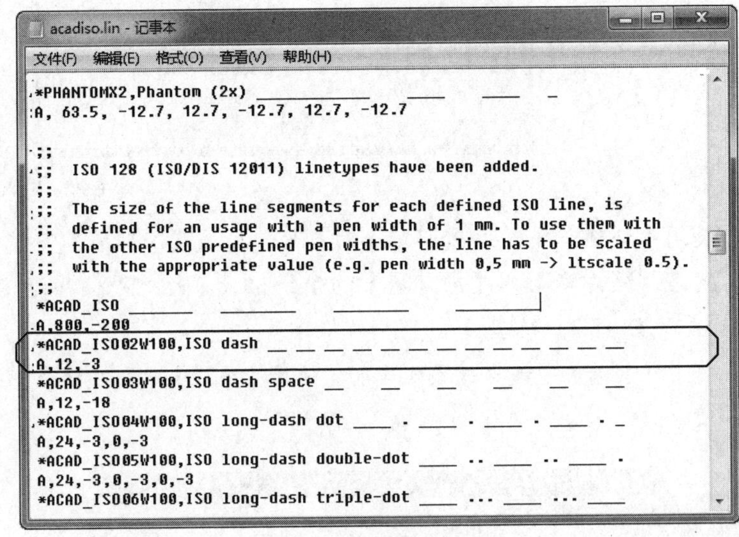

图 4-41　修改线型参数

⑦ 修改后将文件另存为【acadiso-1.lin】并关闭窗口。然后在【选择线型文件】对话框中选择新建的【acadiso-1.lin】文件并将其加载进 AutoCAD 中。

⑧ 在【加载或重载线型】对话框中选择【ACAD_ISO】线型后单击【确定】按钮，然后在【选择线型】对话框中单击【确定】按钮，完成加载，如图 4-42 所示。

技巧点拨：

对线型参数进行设置，其目的是在绘制中心线时将比例增大，便于观察。还有一种设置线型比例的方法，就是在菜单栏中执行【格式】|【线型】命令，然后在打开的对话框中单击【显示细节】按钮，并在下方对【全局比例因子】进行设置。

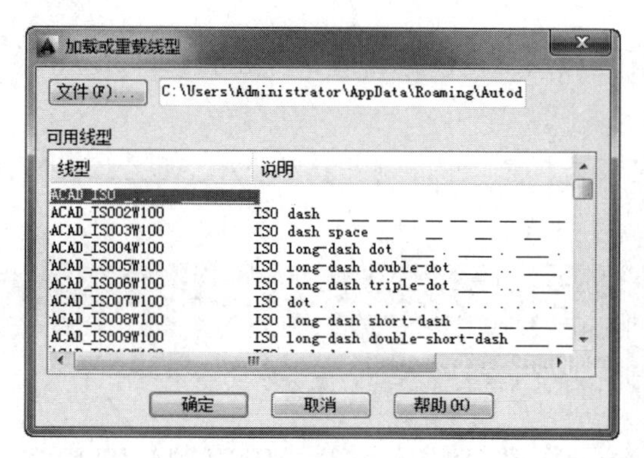

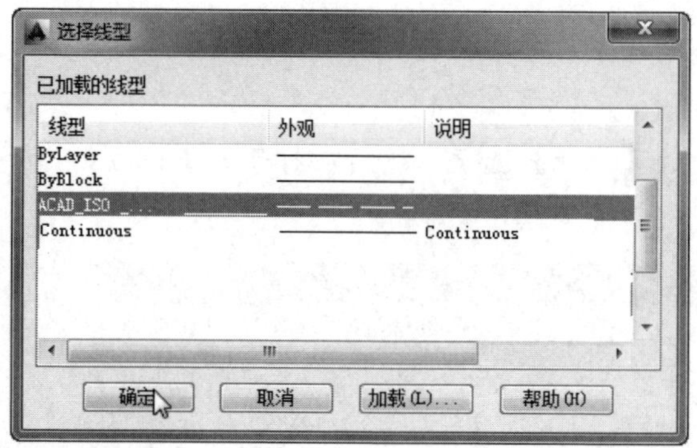

图 4-42　完成新线型的加载

⑨ 关闭【新建多线样式:外部墙】对话框，完成【外部墙】多线样式的创建。

⑩ 同理，新建命名为【内部墙】的多线样式。此样式偏移为 90mm 和-90mm，如图 4-43 所示，且两线的线型均选择前面新建的【ACAD_ISO】线型。

⑪ 将【外部墙】多线样式置为当前，使用【多线】命令在轴线中绘制外墙；重新将【内部墙】置为当前，绘制内墙多线，结果如图 4-44 所示。

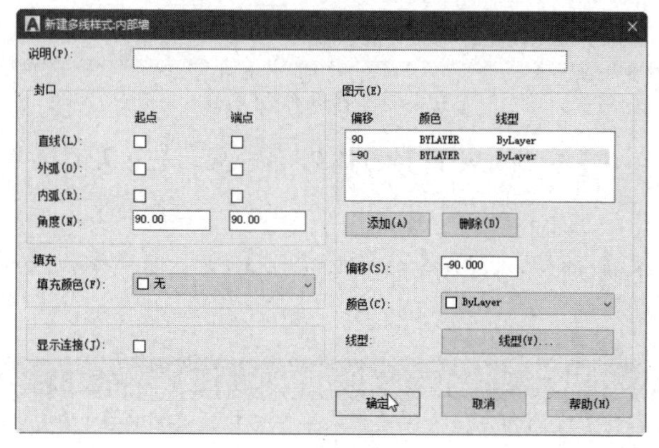

图 4-43　新建【内部墙】多线样式

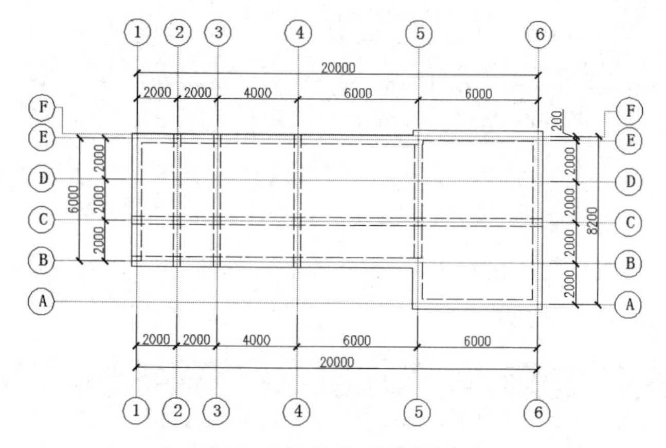

图 4-44　绘制内/外墙多线

⑫ 使用【分解】命令分解多线，然后在某些 24 墙与 18 墙的交接处填充水泥柱子图案，选择填充的图案为 SOLID，填充结果如图 4-45 所示。

⑬ 为墙、柱、梁等构件标注位置和编号，且文字高度为 500、样式为工程图样式。最后输入图纸的说明文字，结果如图 4-46 所示。

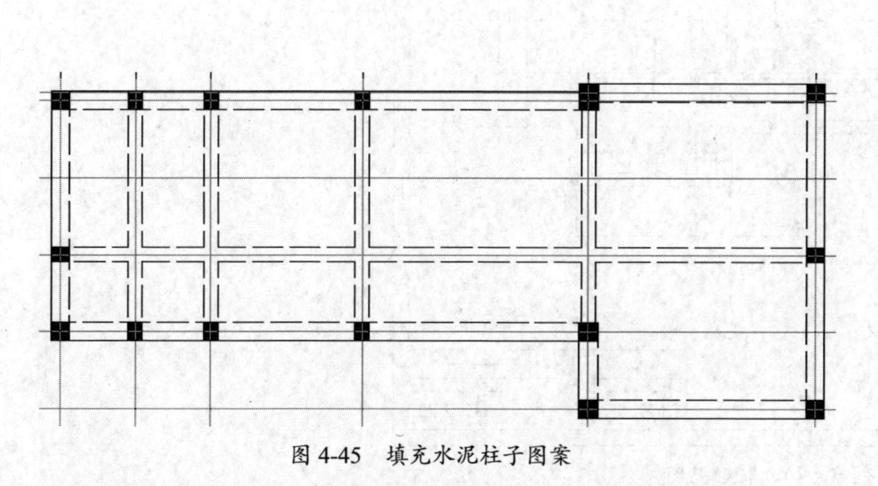

图 4-45　填充水泥柱子图案

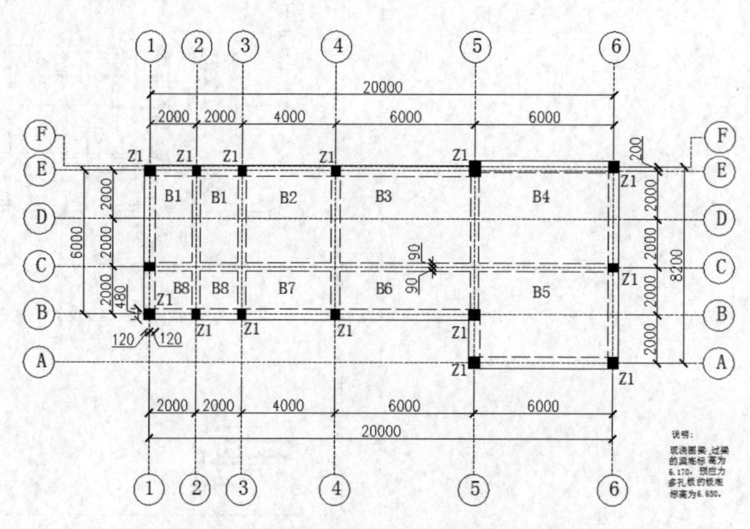

图 4-46　标注位置和编号并输入说明文字

⑭ 至此，结构平面布置图绘制完成。最后将结果保存。

4.4.4　绘制楼板配筋图

一般情况下，结构平面布置图已经包括了楼板配筋的标注，但也有另外独立绘制楼板配筋图的做法。下面主要介绍如何为结构平面布置图绘制楼板配筋图。本例绘制完成的楼板配筋图如图 4-47 所示。

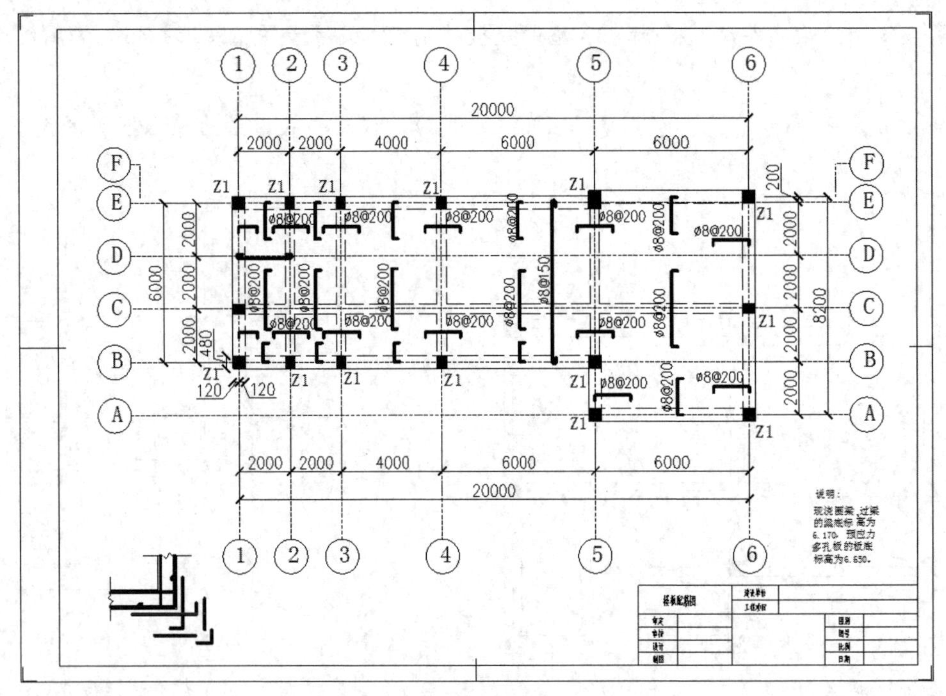

图 4-47　本例绘制完成的楼板配筋图

楼板配筋图主要应画出板的钢筋详图，表示受力筋的形状和配置情况，并注明其编号、规格、直径、间距和数量等。每种规格的钢筋只画一根（按其立面形状画在钢筋安放的位置上）。如果总图不能清楚地表示钢筋的详细情况，则可另外画出钢筋详图。在结构平面布置图中，分布筋不必画出。对于配筋相同的板，只需将其中一块的配筋画出即可。

操作步骤

① 打开素材文件“结构平面布置图.dwg”。

② 删除结构平面布置图中内部的编号，然后使用【直线】命令绘制钢筋（顶层钢筋，也叫扣筋）的图例，如图 4-48 所示（由于现仅用了两种钢筋，故只绘制两种图例）。

图 4-48　钢筋图例

③ 将绘制的钢筋图例依次插入结构平面布置图中，如图 4-49 所示。

技巧点拨：

如果钢筋长度不够，即可采用延伸或拉长的方法，使钢筋至少一端在轴线上。

④ 使用【多行文字】命令，为钢筋（顶层钢筋）注明直径和间距，文字高度为 400，字体为工程图文字，结果如图 4-50 所示。

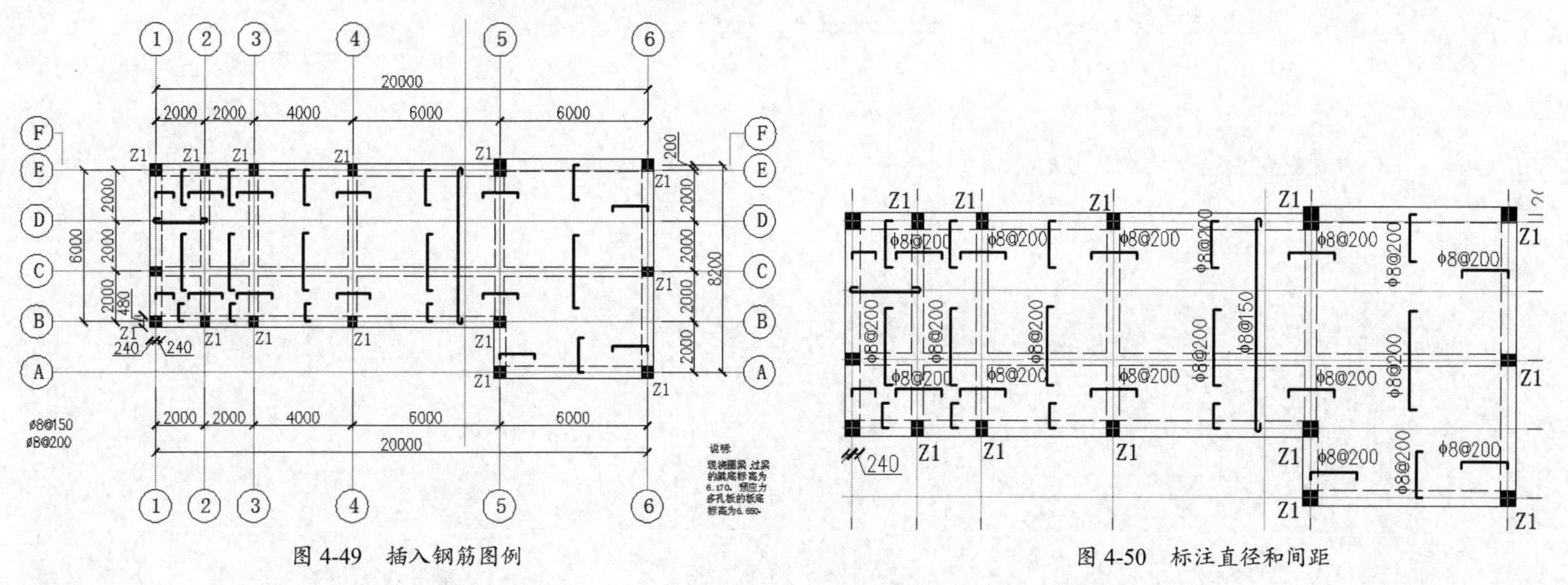

图 4-49　插入钢筋图例　　　　图 4-50　标注直径和间距

⑤ 由于图 4-50 中的钢筋不能被清楚地表示出来，所以需要在图外画出钢筋详图。使用【直线】命令，画出墙体、楼板、柱体或梁的外轮廓及其折断线，如图 4-51 所示。

⑥ 将钢筋图形按其楼板形状画在钢筋的实际安装位置上，如图 4-52 所示。

⑦ 在构造详图旁画上钢筋的另外几种可能的配置形式，如图 4-53 所示。

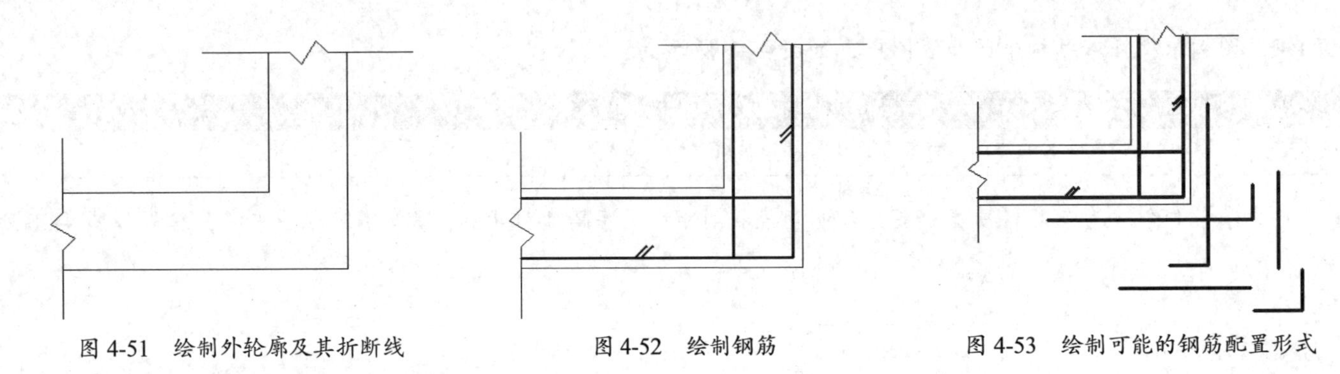

图 4-51　绘制外轮廓及其折断线　　图 4-52　绘制钢筋　　图 4-53　绘制可能的钢筋配置形式

⑧ 至此，本例楼板配筋图绘制完成。最后将结果保存。

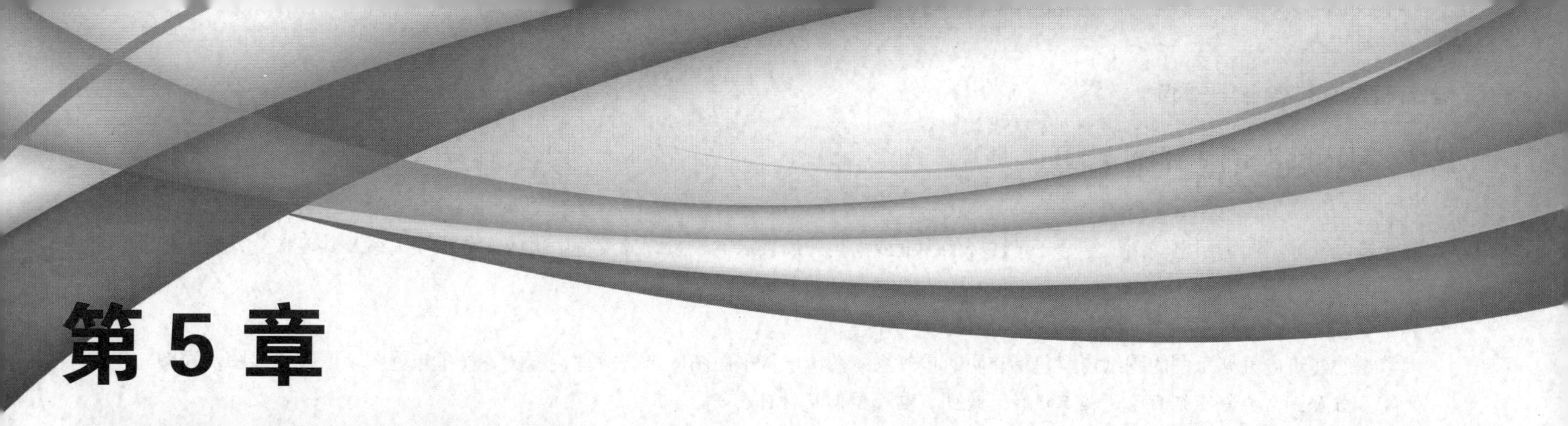

第5章 识读建筑机电施工图

本章重点

（1）识读建筑电气施工图，包括电气施工图的组成与内容，以及制图的一般规定。
（2）给排水施工图的识读。
（3）暖通施工图的识读。

5.1 识读建筑电气施工图

建筑电气施工图是用电气图形符号、带注释的围框或简化外形表示电气系统或设备中组成部分相互关系及其连接关系的一种图。

5.1.1 建筑电气施工图的组成与内容

常见的建筑电气施工图的图纸内容包括首页、电气系统图、电气平面图、电气原理接线图、设备布置图、安装接线图及详图。

- 首页：主要有图纸目录、施工设计总说明、电气图例及材料表等。
- 电气系统图：表现整个工程项目或一部分项目的供电方式，集中反映了电气工程的规模。
- 电气平面图：表现电气设备与线路平面布置情况，是进行电气安装的重要依据。电气平面图包括电气总平面图、电力平面图、照明平面图、变电所平面图、防雷与接地平面图等。
- 电气原理接线图：表现某设备或系统的电气工作原理，用来指导设备与系统的安装、接线、调试、使用与维护。电气原理接线图包括整体式原理接线图和展开式原理接线图。
- 设备布置图：表现各种电气设备之间的位置、安装方式和相互关系。设备布置图主要由平面图、立面图、断面图、剖面图及构件详图等组成。
- 安装接线图：表现设备或系统内部各种电气元件之间的连线情况，用来指导接线与查线，与电气原理接线图相对应。
- 详图：表现电气工程中某部分或部件的具体安装要求与做法。其中一部分的详图选用的是国家标准图。

5.1.2 建筑电气施工图的一般规定

在建筑电气施工图的一般规定中，图纸幅面、尺寸标注、文字字体等内容与建筑制图的一般规定是相同的，下面介绍建筑电气施工图的其他规定。

1. 照明灯具的标注形式

照明灯具的标注形式如图 5-1 所示。

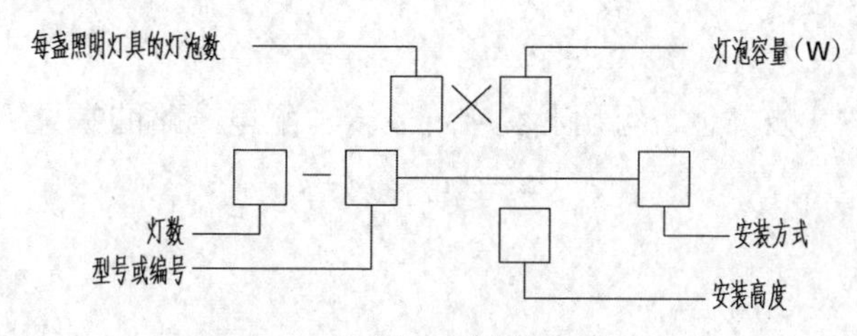

图 5-1　照明灯具的标注形式

型号或编号常用拼音字母表示；灯数表明有 n 组相同的灯具；安装方式文字符号如表 5-1 所示。

表 5-1　安装方式文字符号

名　称	新 符 号	旧 符 号	名　称	新 符 号	旧 符 号
线吊式	SW	CP	嵌入式	R	R
链吊式	CS	L	顶棚内安装	CR	DR
管吊式	DS	G	墙壁内安装	WR	BR
壁装式	W	B	支架上安装	S	J
吸顶式	C	D	柱上安装	CL	Z
—	—	—	座装	HM	ZH

安装高度是指从地面到灯具的距离，单位为 m。若为吸顶式安装，则安装高度及安装方式可简化为“—”。照明灯具的文字标注格式为

$$a-b\frac{c\times d\times L}{e}f$$

式中　a——同型号灯具的数量；

b——灯具的型号或编号；

c——每盏照明灯的灯泡数量；

d——灯泡容量（W）；

e——灯泡安装高度（m）；

f——安装方式；

L——光源种类（白炽灯或荧光灯）。

2. 线路的标注形式

配电线路的标注用来表示线路的敷设方式及部位，可用英文字母表示。配电线路的常见标注形式为

$$a-b(c\times d)e-f$$

式中 a——线路编号；

b——导线型号；

c——导线根数；

d——导线截面积（mm^2）；

e——穿线管管径（mm）；

f——导线敷设方式及部位。

需标注引入线路规格时的标注形式为

$$a\frac{b-c}{d(e\times f)-g}$$

式中 a——设备编号；

b——设备型号；

c——设备功率（kW）；

d——导线型号；

e——导线根数；

f——导线截面积（mm^2）；

g——导线敷设方式及部位。

线路敷设方式文字符号及线路敷设部位文字符号分别如表 5-2 及表 5-3 所示。

表 5-2 线路敷设方式文字符号

敷设方式	新符号	旧符号	敷设方式	新符号	旧符号
穿低压流体输送用焊接钢管敷设	SC	C	电缆桥架敷设	CT	CT
穿电线管敷设	MT	DG	金属线槽敷设	MR	GC

续表

敷设方式	新符号	旧符号	敷设方式	新符号	旧符号
穿硬塑料导管敷设	PC	VG	塑料线槽敷设	PR	XC
穿阻燃半硬塑料导管敷设	FPC	PVC	直埋敷设	DB	
穿塑料波纹电线管敷设	KPC	KPG	电缆沟敷设	TC	
穿可挠金属电线保护套管敷设	CP	DGL	混凝土排管敷设	CE	
用钢索敷设	M	—	—	—	—

表 5-3　线路敷设部位文字符号

敷设部位	新符号	旧符号	敷设部位	新符号	旧符号
沿或跨梁（屋架）敷设	AB	LM	暗敷设在墙内	WC	QA
暗敷设在梁内	BC	LA	沿顶棚或顶板面敷设	CE	PL
沿或跨柱敷设	AC	ZM	暗敷设在屋面或顶板内	CC	PA
暗敷设在柱内	CLC	ZA	吊顶内敷设	SCE	PNA
沿墙面敷设	WS	QA	地板或地面下敷设	FC	DA

用电设备的文字标注格式为

$$\frac{a}{b}$$

式中　a——设备编号；

b——额定功率（kW）。

动力和照明配电箱的文字标注格式为

$$a\frac{b}{c}$$

式中　a——设备编号；

b——设备型号；

c——设备功率（kW）。

例如，$5\frac{\text{XL}-10}{16.0}$表示配电箱的编号为 5，型号为 XL-10，容量为 16.0kW。

3. 图线

绘制建筑电气施工图所用的各种线条统称为图线，常用图线形式及应用如表 5-4 所示。

表 5-4 常用图线形式及应用

图线名称	图线形式	图形应用	图线名称	图线形式	图形应用
粗实线	━━━━━━	电气线路，一次线路	点画线	—— — ——	控制线
细实线	━━━━━━	二次线路，一般线路	双点画线	—— - - ——	辅助围框线
虚线	— — — — —	屏蔽线路，机械线路	—	—	—

5.1.3 识读建筑电气施工图实例

建筑电气施工图是一种技术语言，只有读懂它，才能对整个电气工程有一个全面的了解，以便在施工安装中能全面、有计划、有条不紊地进行组织施工，确保工程按计划圆满完成。

识读建筑电气施工图的方法如下。

（1）熟悉图例符号和供配电的基本知识，理清图例符号代表的内容。常用电气设备工程图例及文字符号可参见《电气图形符号总则》。

（2）在读图的过程中，应结合建筑电气施工图、电气标准图和相关资料一起反复对照着阅读，理清电气系统图和电气平面图的内容。只有这样才能真正了解设计意图和工程的整体情况。

（3）在读图时，一般按“进线→变、配电所→开关柜、配电屏→各配电线路→车间或住宅配电箱（盘）→室内干线→支线及各路用电设备”的顺序来识读。

（4）读图最有效的方法是结合实际工程看图：一边读图，一边在施工现场看。一个工程下来，这样既能掌握一定的电气工程知识，又能较好地掌握建筑电气施工图的读图方法。

读图步骤是：首先看电气设计说明；其次阅读电气系统图；然后阅读电气平面图；最后阅读电气工程详图、加工图及主要材料设备图。

下面以某公寓楼的电气设计为例来详细解读建筑电气施工图表达的内容。

1. 识读电气设计说明

图 5-2 为某公寓楼项目的电气设计说明。

电气设计说明

一. 设计依据

1. 建筑概况:
   地上五层, 层高3.0米, 均为公寓; 结构形式为砖混结构, 现浇混凝土楼板.
2. 相关专业提供的工程设计资料;
3. 建设单位提供的设计任务书及设计要求;
4. 中华人民共和国现行主要标准及法规:
   《民用建筑电气设计规范》JGJ/T 16—2008
   《住宅设计规范》GB 50096—2011
   《建筑物防雷设计规范》GB 50057—2010
   《有线电视系统工程技术规范》GB 50200—94
   其它有关国家及地方的现行规程、规范及标准.

二. 设计范围

1. 本工程设计包括红线内的以下电气系统:
   1) 220/380V配电系统;
   2) 建筑物防雷、接地系统及安全措施;
   3) 有线电视系统;
   4) 电话系统;
   5) 网络布线系统;
2. 本工程电源分界点为底层电源进线箱内的进线开关.

三. 220/380V配电系统

1. 负荷分类及容量:
   用电负荷均为三级负荷, 其容量为240kW.
2. 供电电源:
   本工程从小区就近变电所引来一路220/380V电源供给本楼的负荷用电.
3. 计费:
   根据建设单位要求, 本工程住户电费采用IC卡电表.
4. 住宅用电指标:
   根据住宅设计规范及建设单位要求, 本工程住宅用电标准为双职工公寓每户4kW. 单职工公寓每户3kW.
5. 供电方式:
   本工程采用放射式与树干式相结合的供电方式.
6. 照明配电:
   照明、插座均由不同的支路供电; 除空调插座外, 所有插座回路均设漏电断路器保护.

四. 设备安装

1. 住户配电箱底边距地1.8m嵌墙暗装, 其余配电箱均底边距地1.4m嵌墙暗装.
2. 除注明外, 开关、插座分别距地1.3m、0.3m暗装. 卫生间内开关、插座选用防潮、防溅型面板.

五. 导线选择及敷设

1. 照明干支线选用BV-0.45/0.75kV聚氯乙烯绝缘铜芯导线. 所有导线均穿SC钢管埋地埋墙暗敷.
2. 图中导线未注明者均为BV2.5mm².
2. BV2.5mm² 导线穿线根数与管径为2~3根SC15, 4~6根SC20.

六. 建筑物防雷、接地系统及安全措施

(一) 建筑物防雷:

1. 本工程防雷等级为三类. 建筑物的防雷装置应满足防直击雷、防雷电感应及雷电波的侵入, 并设置总等电位联结.
2. 接闪器:
   在屋顶采用ϕ12热镀锌圆钢作避雷带, 屋顶避雷带连接线网格不大于20m×20m或24m×16m.
3. 引下线:
   利用建筑物钢筋混凝土柱子内两根ϕ16以上主筋通长焊接作为引下线, 引下线间距不大于25m. 所有外墙引下线在室外地面下1m处引出一根40X4热镀锌扁钢, 扁钢伸出室外, 距外墙皮的距离不小于1m.
4. 接地极:
   接地极为建筑物基础底梁上的上下两层钢筋中的两根主筋通长焊接形成的基础接地网.
5. 引下线上端与避雷带焊接, 下端与接地极焊接. 建筑物四角的外墙引下线在室外地面上0.5m处设测试卡子.
6. 凡突出屋面的所有金属构件、金属通风管、金属屋面、金属屋架等均与避雷带可靠焊接.
7. 室外接地凡焊接处均应刷沥青防腐.

(二) 接地及安全措施:

1. 本工程配电系统接地、防雷接地、弱电接地共用统一的接地极, 要求接地电阻不大于1欧姆, 实测不满足要求时, 增设人工接地极.
2. 本工程采用总等电位联结, 总等电位板MEB由紫铜板制成, 应将建筑物内保护干线、设备进线总管等进行联结, 总等电位联结线采用BV(1X25)SC32, 总等电位联结均采用等电位卡子, 禁止在钢管道上焊接. 有淋浴室的卫生间采用局部等电位联结, 从底层MEB箱引出BV(1X25)SC32至局部等电位箱(LEB), 局部等电位箱暗装, 底边距地0.3m. 将卫生间内所有钢管道、金属构件联结. 具体做法参见国标图集《等电位联结安装》02D501-2.
3. 过电压保护: 在电源总配电柜内装第一级电涌保护器(SPD).
4. 本工程接地型式采用TN-S系统, 电源在进户处做重复接地, 并与防雷接地共用接地极. 保护导体最小截面积的规定见下表:

相线的截面积S(mm²)	保护导体的最小截面积S_p(mm²)
$S\leqslant16$	S
$16<S\leqslant35$	16
$35<S\leqslant400$	$S/2$

七. 有线电视系统

1. 电视信号由室外有线电视网的市政接口引来.
2. 系统采用750MHz邻频传输, 要求用户电平满足64±4dB; 图象清晰度不低于4级.
3. 放大器箱及分支分配器箱均为嵌墙明装, 底边距地0.5m.
4. 干线电缆选用SYV-75-9、-7穿SC25、SC20管. 支线电缆选用SYV-75-5,穿SC15管. 沿墙及楼板暗敷. 用户电视插座暗装, 底边距地0.3m.

八. 电话系统

1. 全楼住户共使用50对电话线.
2. 住宅每户按1对电话线考虑.
3. 市政电话电缆先由室外引入至首层总接线箱, 再由总接线箱引至各层接线箱. 各层接线箱分线给住户内的电话插座.
4. 电话电缆及电话线分别选用HYA和RVS型, 穿钢管敷设. 电话干线电缆在地面内暗敷. 电话支线沿墙及楼板暗敷. RVS电话线穿钢管SC15暗配.
5. 每层的电话分线箱嵌墙暗装, 底边距地0.5m. 电话插座暗装, 底边距地0.3m.

九. 网络布线系统

1. 本工程共有住宅用户50个, 每户按1根网线考虑, 全楼共有计算机插座88个.
2. 由室外引来的光缆至底层的网络设备配线柜, 再由配线柜配线给各层的交换机柜, 由各层交换机柜配给住宅用户.
3. 由室外引入楼内的数据网线选用2芯非屏蔽多模光纤, 穿钢管埋地引入; 从底层至各层交换机柜及各层交换机柜至各户计算机插座的线路采用超五类4对双绞线, 穿钢管为单根SC15, 两根SC20沿墙及楼板暗敷.
4. 网络设备配线柜在各层挂墙明装, 箱顶距梁底0.3m; 计算机插座选用网线匹配, 底边距地0.3m暗装.

十. 其他

1. 凡与施工有关而又未说明之处, 参见国家、地方标准图集施工, 或与设计院协商解决.
2. 本工程所选设备、材料必须具有国家级检测中心的检测合格证书; 必须满足与产品相关的国家标准; 供电产品应具有入网许可证.

建筑 结构 暖通 给排水 电气

图 5-2　某公寓楼项目的电气设计说明

【实例解读】

电气设计说明用于说明施工电气工程的概况和设计者的意图，还用于表达图纸中图形、符号难以表达清楚的设计内容。要求其内容简单明了、通俗易懂、语言不能有歧义。

本例的电气设计说明包含的内容有设计依据，设计范围，220/380V 配电系统，设备安装，导线选择及敷设，建筑物防雷、接地系统及安全措施，有线电视系统，电话系统，网络布线系统及其他。

通过阅读本例电气设计说明可以了解到以下基本信息。

- 本工程属于普通公寓楼建筑。地上有五层、层高 3m、结构形式为砖混结构、现浇混凝土楼板。
- 本工程设计包括红线内的电气系统设计：220/380V 配电系统，建筑物防雷、接地系统及安全措施，有线电视系统，电话系统和网络布线系统。
- 本工程用电负荷均为三级负荷，容量为 240kW；本工程单元供电电源从小区就近变电所引来，用电计费方式为 IC 卡电表充值。
- 根据住宅设计规范及建设单位要求，本工程住宅用电指标为双职工公寓每户 4kW、单职工公寓每户 3kW。
- 本工程采用放射式与树干式相结合的供电方式。

2. 识读系统图

图 5-3 为整栋公寓楼的干线连接系统图，包括配电系统图、有线电视系统图、电话系统图和网络系统图。干线连接系统图表示包括从建筑 1F 到 5F 的电气设备安装与线路连接情况。

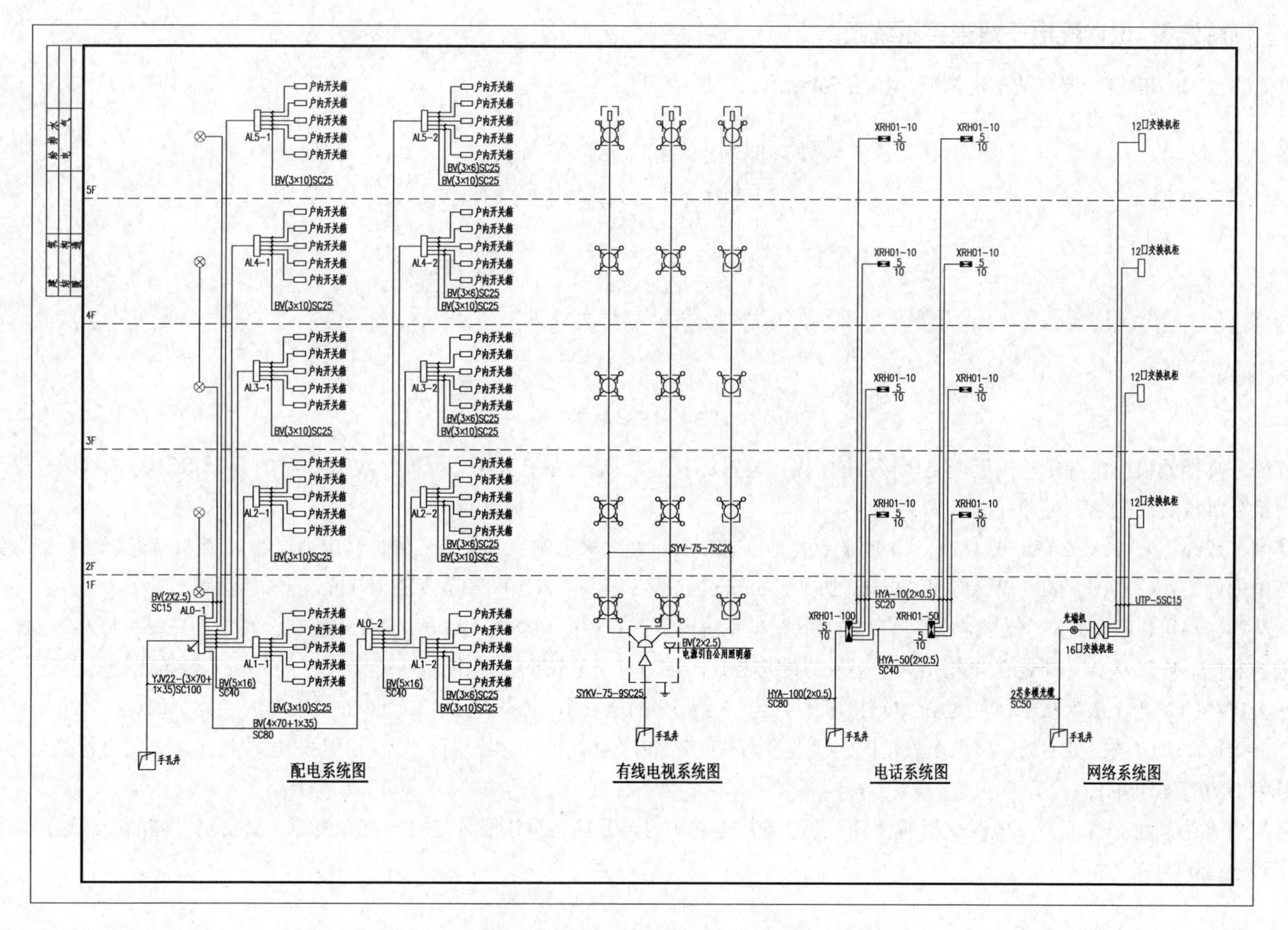

图 5-3　整栋公寓楼的干线连接系统图

【实例解读】：识读配电干线连接系统图

首先解读 1F（建筑一层）的配电情况，如图 5-4 所示。

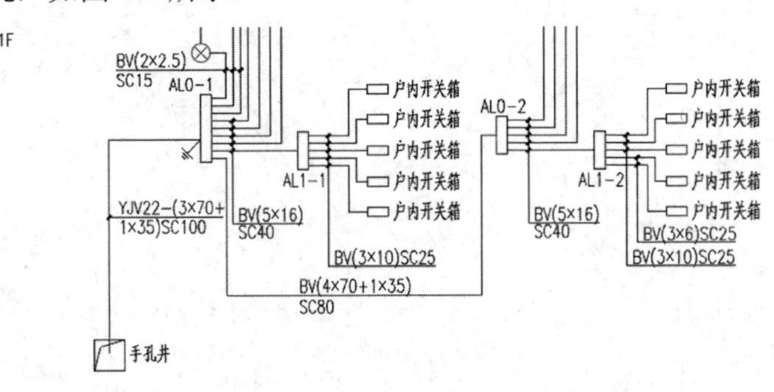

图 5-4　1F 配电情况

整栋公寓楼的供电电源是从附近变电所接入的，接入位置是手孔井，通过手孔井用型号为 YJV22-(3×70+1×35)SC100 的线缆将交流电电源引出至公寓楼底层的总配电箱（编号为 AL0-1）。

其中，线缆型号 YJV22-(3×70+1×35)SC100 的意义是：YJV 表示交联聚乙烯绝缘聚氯乙烯护套电力电缆；22 表示聚氯乙烯护套钢带铠装铜芯电力电缆；（3×70+1×35）表示 3 根 $70mm^2$ 加 1 根 $35mm^2$ 的铜芯电线；SC100 表示直径 100mm 的焊接钢管穿管敷设。

从结构布局可以看出，整个公寓楼是左右对称的，配电系统也是左右对称布局的。AL0-1 总配电箱在公寓楼的左侧；AL0-2 总配电箱在公寓楼的右侧。电源从 AL0-1 总配电箱接入，接入的线缆为 BV(4×70+1×35)SC80，其中，BV 代表 BV 型聚氯乙烯绝缘铜芯单芯电线。

在公寓楼的左侧，依次从 AL0-1 总配电箱接出线缆至 1F 到 5F 的电表箱（编号为 AL1，1F 的电表箱编号为 AL1-1，其余楼层依次为 AL1-2、AL1-3、AL1-4、AL1-5)，接入电表箱的线缆型号为 BV(5×16)SC40。另外，各层楼梯间的照明灯电源也是从总配电箱接出的，其线缆型号为 BV(2×2.5) SC15。

各层电表箱是统一管理各户电源使用的设备，通过各层电表箱将电源输送至该层各户的户内开关箱。公寓楼右侧的干线连接情况与左侧的干线连接情况完全相同。

【实例解读】：识读有线电视系统图

同理，可以通过阅读 1F 的有线电视线路的连接，完成对整个有线电视系统图的识读。图 5-5 为有线电视干线连接系统图。

1F 中的有线电视线路从手孔井引出，选用的线缆型号为 SYKV-75-9SC25（意义为：S 表示同轴射频电缆；Y 表示聚乙烯绝缘材料；K 表示藕芯式绝缘形式；V 表示聚氯乙烯护套；75 表示线缆特性阻抗为 75Ω；9 表示绝缘外径；SC25 表示直径 25mm 焊接钢管穿管敷设）。线缆经过放大器“△”、分配器“⌓”后接入四分支器“⊠”或二分支器“⊠”中，最后经过各层的分支器完成干线连接。分配器旁边安装有 BV(2×2.5)照明灯具，其电源引自公用照明箱。

【实例解读】：识读电话系统图

1F 的电话干线连接系统图如图 5-6 所示。电话主线（型号为 HYA-100(2×0.5) SC80）也是从手孔井引出的，接入电话组线箱“▮”（型号为 XRH01-100 5/10）中，再用型号为 HYA-10(2×0.5) SC20 和 HYA-50(2×0.5) SC40 的线缆引出至各层的子电话组线箱。

【实例解读】：识读网络系统图

网络系统图是描述宽带网络线路连接情况的示意图。在本例中，1F 的网络干线连接系统图如图 5-7 所示。线路及元件的连接情况是：从手孔井中用型号为 2 芯多模光缆 SC50 的光缆引出至楼梯间的光端机和 16 口交换机柜中，然后用 UTP-5SC15 型号的光缆引出至各层的 12 口交换机柜（见图 5-3）中。

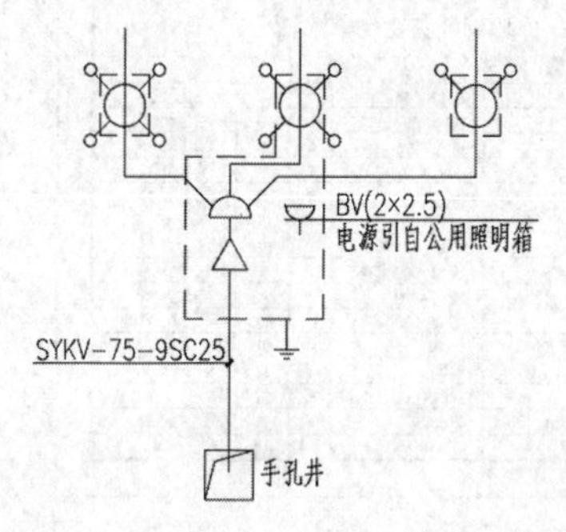

图 5-5　有线电视干线连接系统图

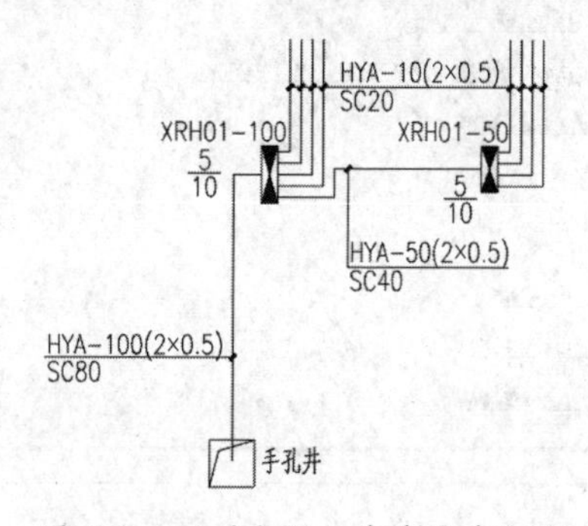

图 5-6　1F 的电话干线连接系统图

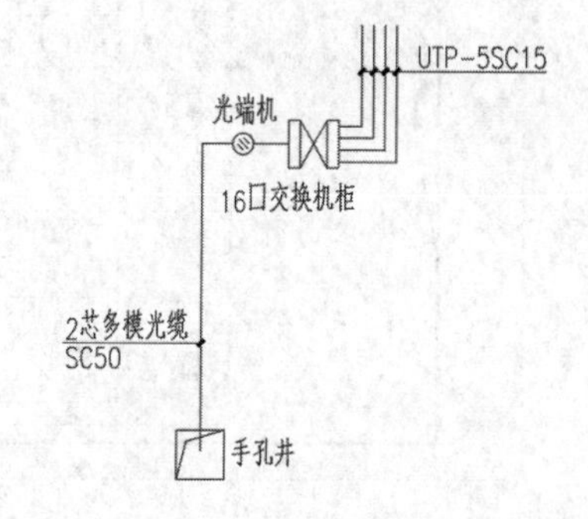

图 5-7　1F 的网络干线连接系统图

【实例解读】：识读总配电箱、电表箱、户内开关箱系统图

图 5-8 为电气系统图总图，包括总配电箱系统图、电表箱系统图和户内开关箱系统图。

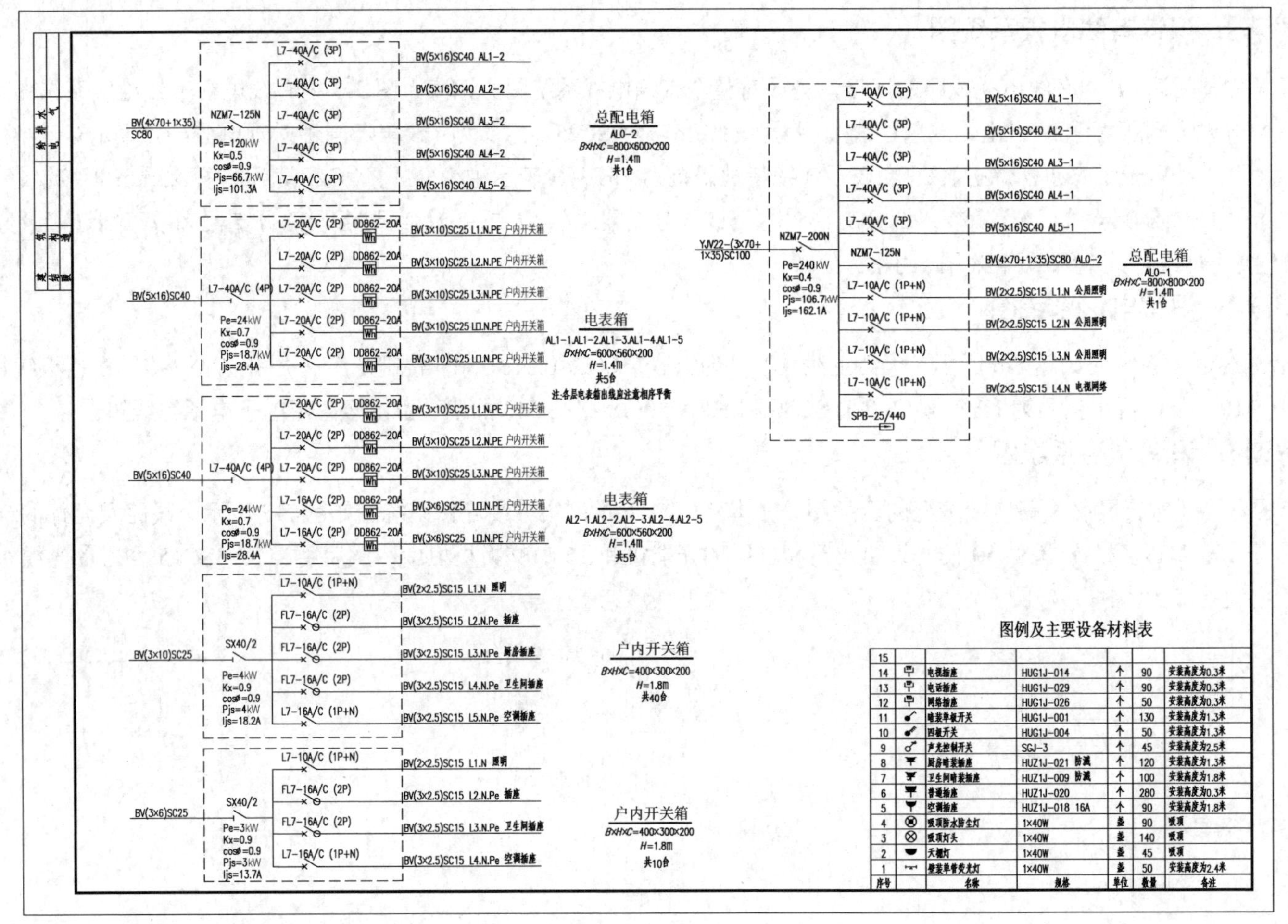

序号		名称	规格	单位	数量	备注
15						
14		电视插座	HUG1J-014	个	90	安装高度为0.3米
13		电话插座	HUG1J-029	个	90	安装高度为0.3米
12		网络插座	HUG1J-026	个	50	安装高度为0.3米
11		暗装单极开关	HUG1J-001	个	130	安装高度为1.3米
10		四极开关	HUG1J-004	个	50	安装高度为1.3米
9		声光控制开关	SGJ-3	个	45	安装高度为2.5米
8		厨房暗装插座	HUZ1J-021 防溅	个	120	安装高度为1.3米
7		卫生间暗装插座	HUZ1J-009 防溅	个	100	安装高度为1.8米
6		普通插座	HUZ1J-020	个	280	安装高度为0.3米
5		空调插座	HUZ1J-018 16A	个	90	安装高度为1.8米
4		吸顶防水防尘灯	1×40W	盏	90	吸顶
3		吸顶灯头	1×40W	盏	140	吸顶
2		天棚灯	1×40W	盏	45	吸顶
1		壁装单管荧光灯	1×40W	盏	50	安装高度为2.4米

图 5-8 电气系统图总图

图 5-9 为公寓楼 1F 中左侧的 AL0-1 总配电箱系统图。此图描述了线缆引入和引出的干线连接情况。在总配电箱中有配电元件、照明灯和电视网络元件。各电气元件连接线路中用开关进行电源切断、闭合连接控制。

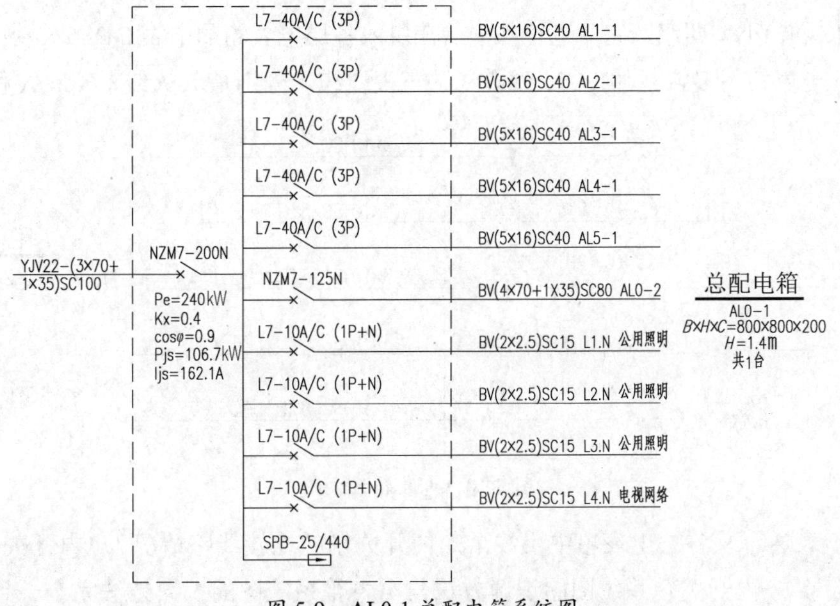

图 5-9　AL0-1 总配电箱系统图

图 5-9 中的虚线框表示总配电箱，总配电箱的总体尺寸为 $B \times H \times C$=800mm×800mm×200mm，安装高度 H 为 1.4m。引入的线缆型号为 YJV22-(3×70+1×35)SC100，通过穆勒塑胶壳断电器（型号为 NZM7-200N）来保护整个总配电箱的线路及元件。穆勒塑胶壳断电器的各项参数为：Pe=240kW（额定功率为 240kW）；Kx=0.4（需用系数）；cosφ=0.9（功率因数不低于 0.82）；Pjs=106.7kW（计算功率值）；Ijs=162.1A（计算电流值）。在总配电箱的面板中布置有型号分别为 L7-40A/C (3P)（L7 小型三级断路器）、NZM7-125N（塑胶壳断路器）、L7-10A/C (1P+N)（单级小型断路器）、SPB-25/440（浪涌保护器）的元件，这些电气元件均与 NZM7-200N 穆勒塑胶壳断电器连接。

- 从 L7-40A/C (3P)小型三级断路器接线至各层的电表箱中，线缆型号为 BV(5×16)SC40。
- 从 NZM7-125N 塑胶壳断路器接线至公寓楼右侧的 AL0-2 总配电箱中，线缆型号为 BV(4×70+1×35)SC80。
- 从 L7-10A/C (1P+N)单级小型断路器中接线至各层楼梯间的公用照明和电视网络设备中，线缆型号为 BV(2×2.5)SC15。

图 5-10 为电表箱系统图，表达了从总配电箱中引出线至各层电表箱的干线连接情况。首先从 1F 的楼梯间位置用 BV(5×16)SC40 线缆引出至 1F 到 5F 的电表箱（电表箱的总体尺寸为 $B \times H \times C$=600mm×560mm×200mm，安装高度为 1.4m）中。图 5-10 中的虚线框表示电表箱的元件面板配

置。电表箱的总线路采用 L7-40A/C (4P)小型四级断路器进行保护，在引入各层电表箱的电表 DD862-20A 时，又采用了 L7-20A/C (2P)小型二级断路器进行保护，最后各层的电表箱用 BV(3×10)SC25 线缆（共三根线缆，分别是 L 火线、N 零线和 PE 地线）引线至户内开关箱。

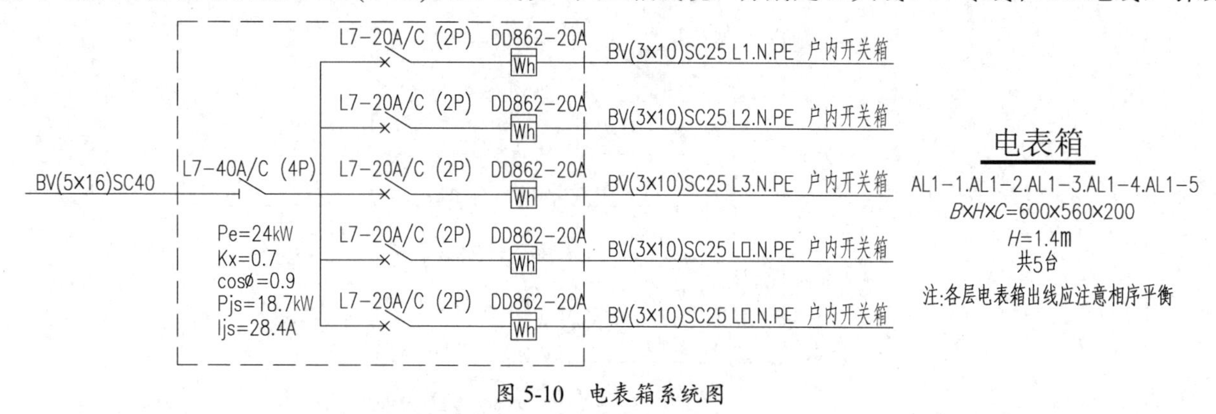

图 5-10 电表箱系统图

图 5-11 为户内开关箱系统图，表达了从各层电表箱中引线至户内开关箱的连接线路情况。户内开关箱的总体尺寸为 $B\times H\times C$=400mm×300mm×200mm，安装高度为 1.8m。户内开关箱系统图的识读方法与电表箱系统图的识读方法完全一致，区别在于使用的电气开关元件不同。

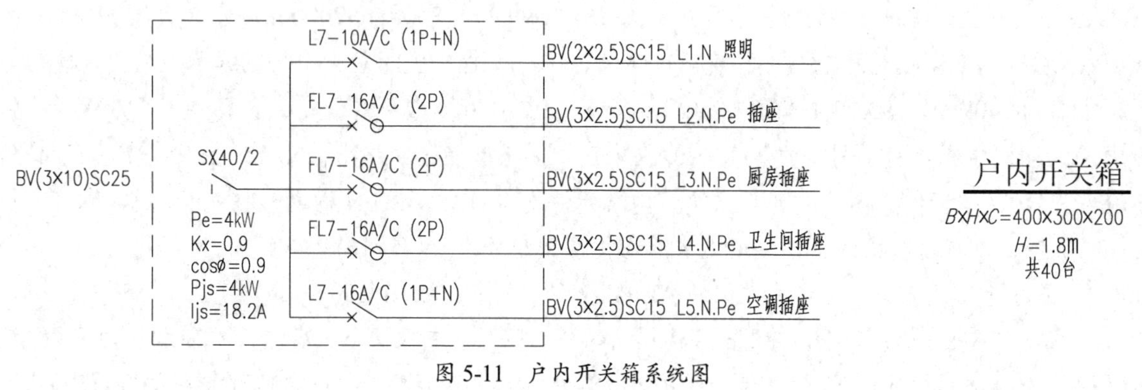

图 5-11 户内开关箱系统图

3. 识读平面布置图

本例公寓楼的电气平面布置图包括照明平面图、弱电平面图、插座平面图、屋面防雷平面图和接地平面图。

【实例解读】：识读照明平面图

本例公寓楼的照明平面图包括底层照明平面图和标准层照明平面图。这里仅以底层照明平面图为例进行解读。

图 5-12 为公寓楼的底层照明平面图。在读照明平面图时，要结合图例及主要设备材料表（见图 5-13），以清楚各图例表示的含义；同时要配合系统图来看，以便快速识读图纸。

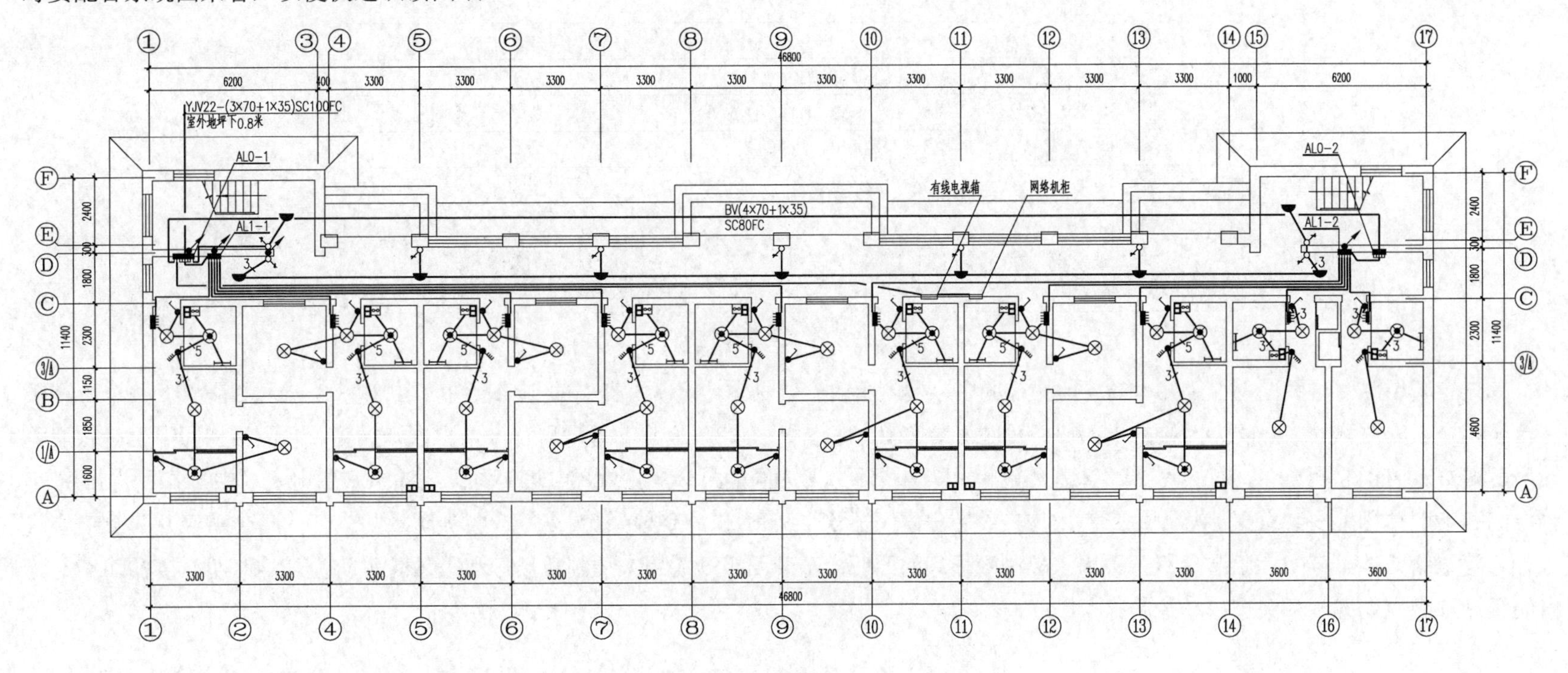

图 5-12　公寓楼的底层照明平面图

序号		名称	规格	单位	数量	备注
15						
14	TV	电视插座	HUG1J-014	个	90	安装高度为0.3米
13	TP	电话插座	HUG1J-029	个	90	安装高度为0.3米
12	TD	网络插座	HUG1J-026	个	50	安装高度为0.3米
11		暗装单极开关	HUG1J-001	个	130	安装高度为1.3米
10		暗装四极开关	HUG1J-004	个	50	安装高度为1.3米
9		声光控制开关	SGJ-3	个	45	安装高度为2.5米
8		厨房暗装插座	HUZ1J-021 防溅	个	120	安装高度为1.3米
7		卫生间暗装插座	HUZ1J-009 防溅	个	100	安装高度为1.8米
6		普通插座	HUZ1J-020	个	280	安装高度为0.3米
5		空调插座	HUZ1J-018 16A	个	90	安装高度为1.8米
4		吸顶防水防尘灯	1×40W	盏	90	吸顶
3		吸顶灯	1×40W	盏	140	吸顶
2		天棚灯	1×40W	盏	45	吸顶
1		壁装单管荧光灯	1×40W	盏	50	安装高度为2.4米

图 5-13　建筑电气图例表

首先看底层照明平面图的左上角位置，即楼梯间中总配电箱的安装位置。识读内容如图 5-14 所示，结合图 5-12 可以得知，整个公寓楼建筑布局是左右对称的，中间为大楼的出入口，两侧为楼梯间。底层中一共有 10 户，每户配有一个户内开关箱。两侧楼梯间中配有总配电箱，左侧为 AL0-1 总配电箱，右侧为 AL0-2 总配电箱。以轴线编号⑨为间隔，分别从总配电箱中引出线缆至底层电表箱中，最后引至各户。楼梯间和走廊顶棚上安装有天棚灯，每户室内均安装有户内开关箱、吸顶灯、壁装单管荧光灯、吸顶防水防尘灯、暗装单级开关及暗装四级开关等电路元件。其中，暗装单级开关用来控制吸顶灯的照明；暗装四级开关用来控制吸顶灯和吸顶防水防尘灯的照明；楼梯间和走廊内的天棚灯靠声光控制开关来自动控制。

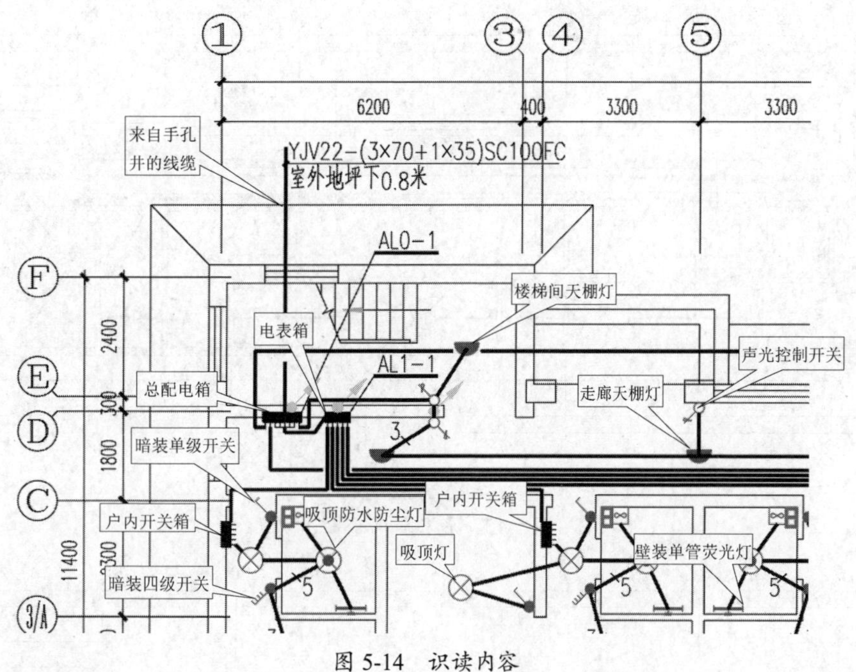

图 5-14　识读内容

【实例解读】：识读弱电平面图

弱电平面图是表达室内电话、有线电视、宽带网络线缆及设备的连接示意图。图 5-15 为底层弱电平面图。

从图 5-15 中可以得知，每种设备元件的室外安装位置均不同，左右两侧楼梯间安装的是电话组线箱；在靠近轴线编号①的走廊上安装有 16 口交换机柜；在靠近轴线编号⑪的走廊上安装有宽带网络分配箱。

从上述 3 种设备中引线至各户内，户内均安装有 TP（电话插座）、TD（网络插座）和 TV（电视插座）3 种插座。

【实例解读】：识读插座平面图

在室内装修设计中，插座与开关有时是安装在一起的，有时是各自安装的。插座平面图表达的是户内各种插座的布置位置和线路连接情况。图 5-16 为底层插座平面图。

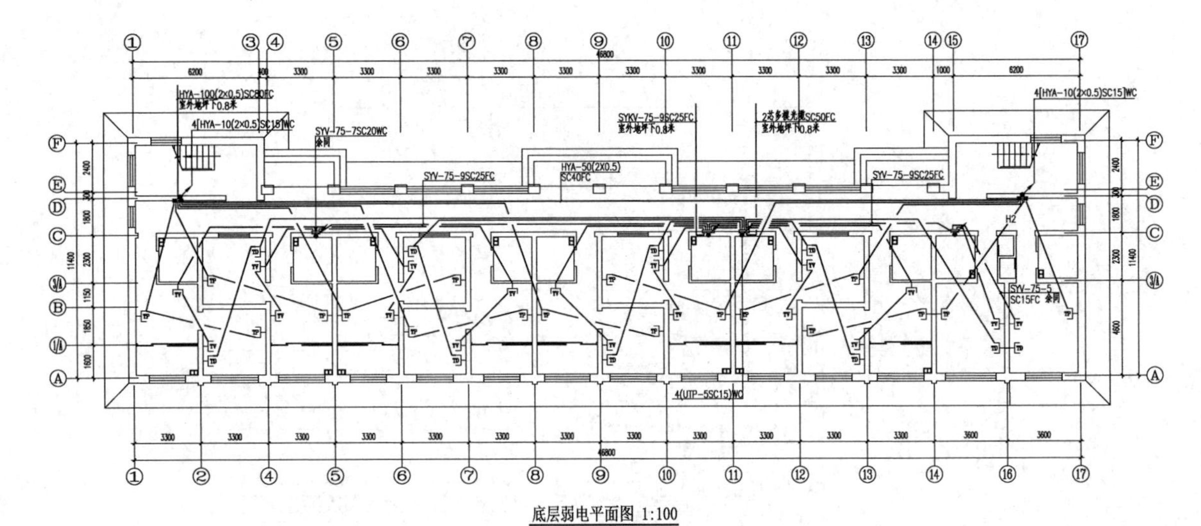

图 5-15　底层弱电平面图

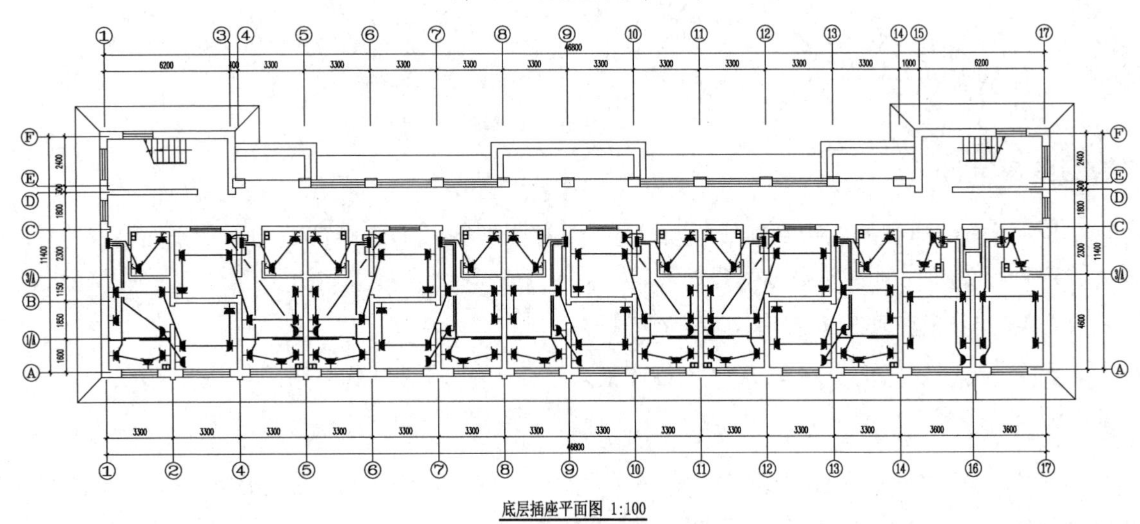

图 5-16　底层插座平面图

从图 5-16 中可以得知，各户内的插座均与户内开关箱相连接。户内开关箱是控制整个室内用电的电源开关控制箱，不同房间或不同用途的电能使用须在户内开关箱中安装空气开关来控制。结合图 5-13 可知，每户内共有四种插座：厨房暗装插座、卫生间暗装插座、普通插座和空调插座。

【实例解读】：识读屋面防雷平面图

屋面防雷平面图是为了保护建筑物防止雷电袭击所采取的安全保护措施而绘制的防雷设施安装图。防雷保护包括对建筑物、电气设备及线路的保护。

图 5-17 为屋面防雷平面图，从图中可知，整个屋顶安装有八个避雷针，在坡面屋顶上，避雷针之间用避雷带连接线连接，采用 4×25 镀锌扁钢沿屋面垫层敷设；坡屋顶周边的避雷针之间的避雷带采用 ϕ12 镀锌圆钢沿檐口顶架设支架，支架间距为 1m、高 0.1m；引下线利用构造柱内通长主筋两根与接地极焊接连通。

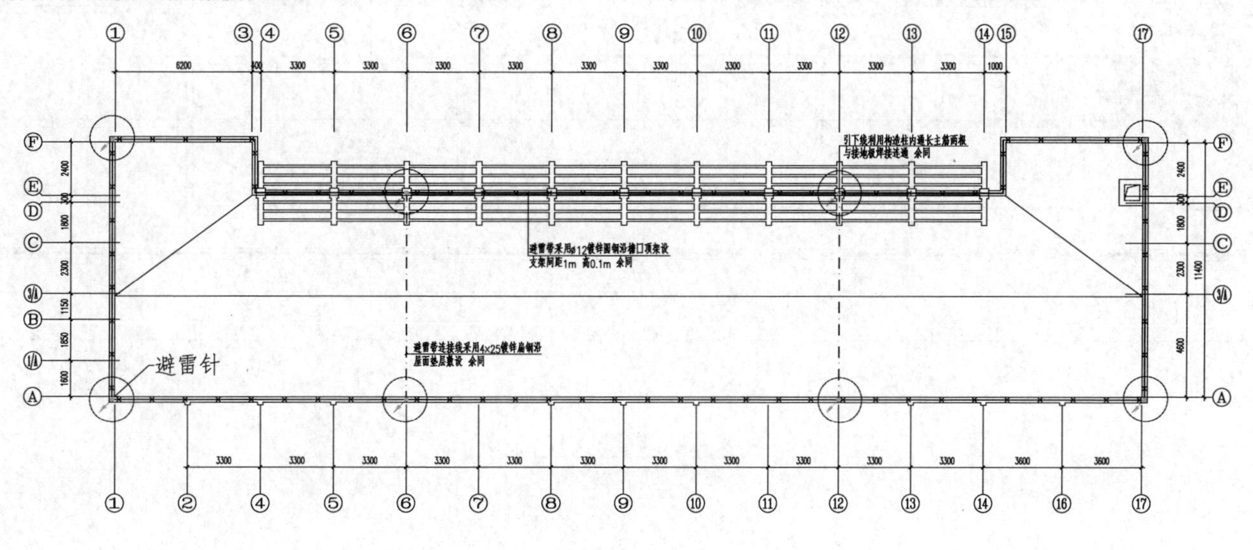

屋面防雷平面图 1:100

图 5-17　屋面防雷平面图

【实例解读】：识读接地平面图

接地与防雷是一套完整的建筑物防雷保护措施。接地系统包括防雷接地、设备保护接地、工作接地。图 5-18 为底层接地平面图，从图中可知，防雷接地是从坡屋顶的避雷针向地面接入的装置，分别在八个避雷针的位置。另外，各户内的设备保护接地是为了保护户内照明用电、设备用电及电话和宽带的保护装置，均通过 LEB 局部等电位联结装置接入地面。

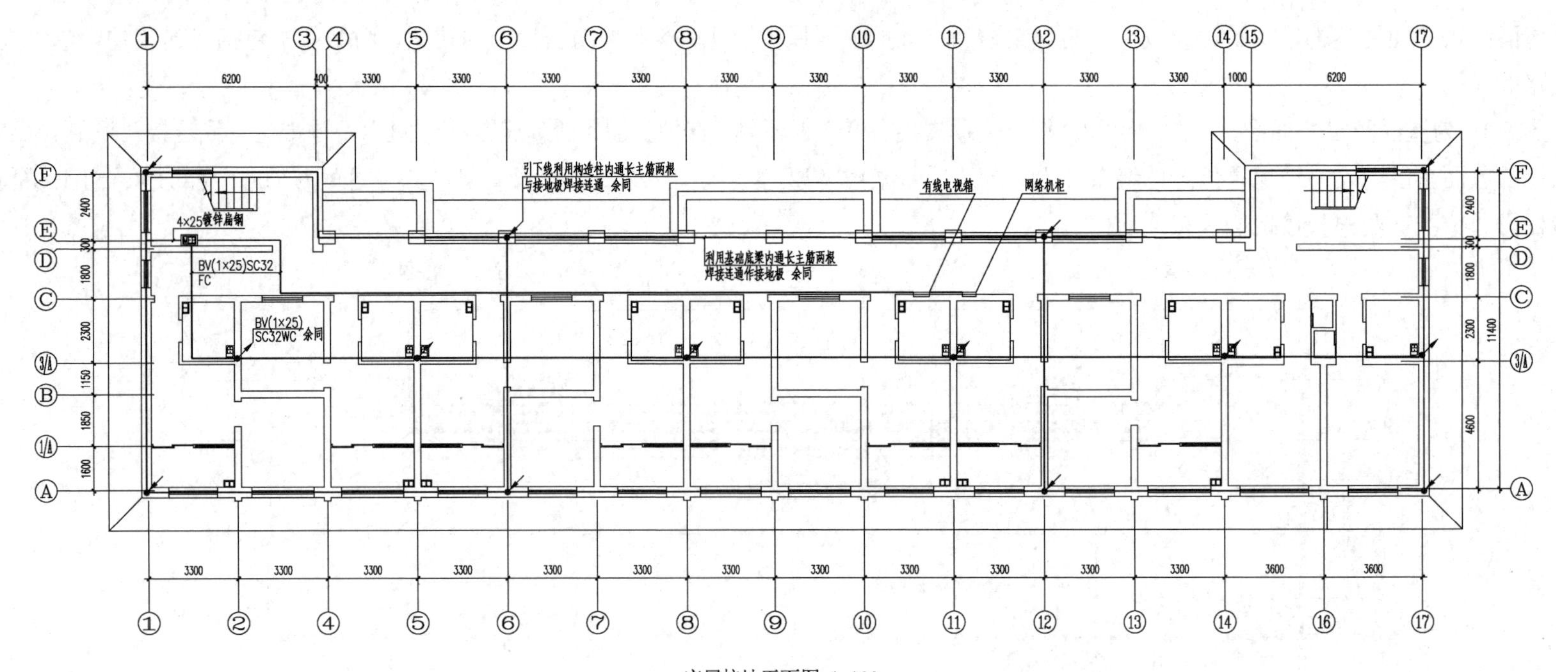

图 5-18 底层接地平面图

5.2　识读给排水施工图

一般建筑给排水系统包括给水系统、排水系统和中水系统。

（1）给水系统：通过管道及辅助设备，按照建筑物和用户的生产、生活和消防需要，有组织地输送到用水点的网络称为给水系统，包括生活给水系统、生产给水系统和消防给水系统。

（2）排水系统：通过管道及辅助设备，把屋面雨雪水，以及生活和生产产生的污水、废水及时排放出去的网络称为排水系统。

（3）中水系统：将建筑内的冷却水、沐浴排水、盥洗排水，经过物理、化学处理的洗衣排水用于厕所冲洗便器、绿化、洗车、道路浇洒、空调冷却及水景等的供水系统称为中水系统。

5.2.1　给排水施工图的组成与内容

给排水施工图既是工程项目施工合同的组成部分，又是组织施工的重要依据，还是确定工程造价和预算的主要依据。

给排水施工图按设计任务要求，应包括图纸目录、给排水平面图、系统图、详图（大样图）、设计说明及主要设备材料表等。

1. 图纸目录

为了方便识读图样，图纸目录列出了图样内容名称、图号、张数、图幅及相应的顺序号。

2. 系统图

给排水系统图也称给排水轴测图，应表达出给排水管线和设备附件在建筑中的空间布置情况。系统图一般应按给水、排水、中水、热水供应、消防等各系统单独绘制，以便在安装施工和造价计算时使用。系统图的绘制比例应与平面图的绘制比例一致。

给排水系统图应表达如下内容：各种管道的管径、坡度；支管与立管的连接处、管道各种附件的安装标高；各立管的编号应与平面图各立管的编号一致。

在系统图中，对于用水设备及卫生器具的种类、数量和位置完全相同的支管、立管，可不重复完全绘制，但应用文字标明。当系统图的立管、支管在轴测方向重复交叉影响视图时，可标号断开并移至空白处绘制。

对于建筑居住小区的给排水管道，一般不绘制系统图，但应绘制管道纵断面图。

3. 给排水平面图

给排水平面图应表达给排水管线和设备附件的平面布置情况。

建筑内部给排水以选用的给排水方式确定平面图的数量。底层及地下室必绘；顶层若有水箱等设备，也必须单独给出；若建筑物中间各层，如卫生设备或用水设备的种类、数量和位置均相同，则可绘一张标准层平面图；否则，应逐层绘制。一张平面图上可以绘制几种类型的管线，若管线复杂，也可分别绘制，以图纸能清楚表达设计意图而图纸数量又较少为原则。平面图中应突出管线和设备，即用粗线表示管线，其余均为细线。平面图的比例一般与建筑图的比例一致，常用的比例为1:100。

给排水平面图应表达如下内容：用水房间和用水设备的种类、数量、位置等；各种功能的管道、管道附件、卫生器具，如消火栓箱、喷头等，均应用图例表示；各种横干管、立管、支管的管径、坡度等均应标出；各管道、立管均应编号并标明。

4. 详图

凡平面图、系统图中局部构造因受图面比例影响而表达不完善或无法表达时，必须绘制施工详图。详图中应尽量详细地注明尺寸。

施工详图首先应采用标准图、通用施工详图，如卫生器具安装、排水检查井、阀门井、水表井、雨水检查井、局部污水处理构筑物等均有各种施工标准图。

5. 设计说明及主要材料设备表

对于图纸中无法表达或表达不清的而又必须为施工技术人员所了解的内容，可在设计说明中写出。设计说明应表达如下内容：设计概况、设计内容、引用规范、施工方法、施工中特殊情况的技术处理措施、施工中必须严格遵循的技术规程和规定等。对于工程中选用的主要材料及设备，应列表注明，且表中应列出材料的类别、规格、数量，设备的品种、规格和主要尺寸。

5.2.2 建筑给排水制图的一般规定

1. 图线

线宽应根据图纸的类别、比例和复杂程度，按《房屋建筑制图统一标准》中的规定选用。线宽 b 宜为0.7mm或1.0mm。

给排水专业制图常用的各种线型如表5-5所示。

表 5-5　给排水专业制图常用的各种线型

名　称	线　型	线宽/mm	用　途
粗实线	———————	b	新设计的各种排水和其他重力流管线
粗虚线	— — — — — —	b	新设计的各种排水和其他重力流管线的不可见轮廓线
中粗实线	———————	$0.75b$	新设计的各种给水和其他压力流管线；原有的各种排水和其他重力流管线
中粗虚线	— — — — — —	$0.75b$	新设计的各种给水和其他压力流管线及原有的各种排水和其他重力流管线的不可见轮廓线
中实线	———————	$0.50b$	给排水设备、零（附）件的可见轮廓线；总图中新建的建筑物和构筑物的可见轮廓线；原有的各种给水和其他压力流管线
中虚线	— — — — — —	$0.50b$	给排水设备、零（附）件的不可见轮廓线；总图中新建的建筑物和构筑物的不可见轮廓线；原有的各种给水和其他压力流管线的不可见轮廓线
细实线	———————	$0.25b$	建筑物的可见轮廓线；总图中原有的建筑物和构筑物的可见轮廓线；制图中的各种标注线
细虚线	— — — — — —	$0.25b$	建筑物的不可见轮廓线；总图中原有的建筑物和构筑物的不可见轮廓线
单点长画线	—·—·—·—	$0.25b$	中心线、定位轴线
折断线	——√——	$0.25b$	断开界线
波浪线	～～～～	$0.25b$	平面图中的水面线；局部构造层次范围线；保温范围示意线等

2．比例

给排水专业制图常用的比例如表 5-6 所示。

表 5-6　给排水专业制图常用的比例

名　称	比　例	备　注
区域规划图、区域位置图	1:50000、1:25000、1:10000 1:5000、1:2000	宜与总图专业一致
总平面图	1:1000、1:500、1:300	宜与总图专业一致
管道纵断面图	纵向：1:200、1:100、1:50 横向：1:1000、1:500、1:300	—
水处理厂（站）平面图	1:500、1:200、1:100	—
水处理构筑物、设备间、卫生间、泵房的平/断面图	1:100、1:50、1:40、1:30	—
建筑给排水平面图	1:200、1:150、1:100	宜与建筑图比例一致
建筑给排水轴测图	1:150、1:100、1:50	宜与相应图纸比例一致
详图	1:50、1:30、1:20、1:10、1:5、1:2、1:1、2:1	—

在管道纵断面图中，可根据需要对纵向与横向采用不同的组合比例。在建筑给排水轴测图中，如果局部表达有困难，则该处可不按比例绘制。水处理流程图、水处理高程图和建筑给排水系统原理图均不按比例绘制。

3. 标高

标高符号及一般标注方法应符合《房屋建筑制图统一标准》的规定。

室内工程应标注相对标高；室外工程宜标注绝对标高，当无绝对标高资料时，可标注相对标高，但应与总图专业一致。

压力管道应标注管道中心标高；沟渠和重力流管道宜标注沟（管）内底标高。

在下列部位应标注标高。

- 沟渠和重力流管道的起讫点、转角点、连接点、变坡点、变尺寸（管径）点及交叉点。
- 压力流管道中的标高控制点。
- 管道穿外墙、剪力墙和构筑物的壁及底板等处。
- 不同水位线处。
- 构筑物和土建部分的相关标高。

标高的标注方法应符合下列规定。

- 在平面图中，管道标高应按图 5-19 中的方式标注。
- 在平面图中，沟渠标高应按图 5-20 中的方式标注。

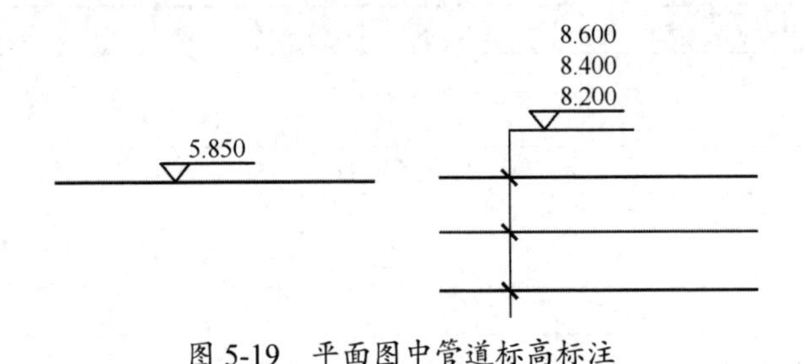

图 5-19　平面图中管道标高标注

图 5-20　平面图中沟渠标高标注

- 在剖面图中，管道及水位的标高应按图 5-21 中的方式标注。
- 在轴测图中，管道标高应按图 5-22 中的方式标注。

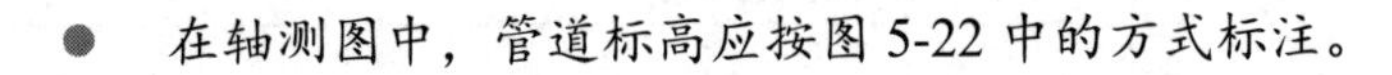

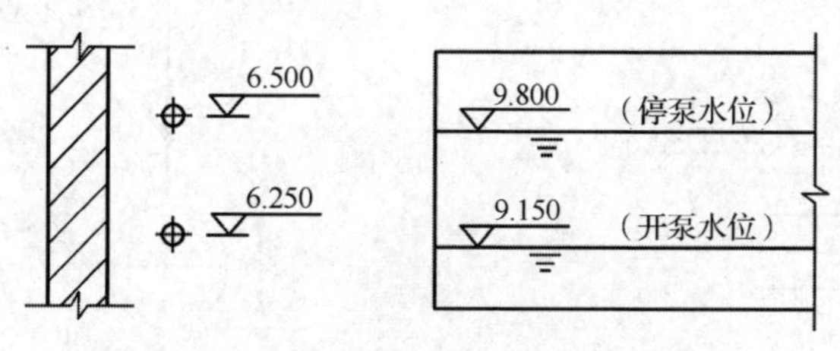

图 5-21　剖面图中管道及水位的标高标注

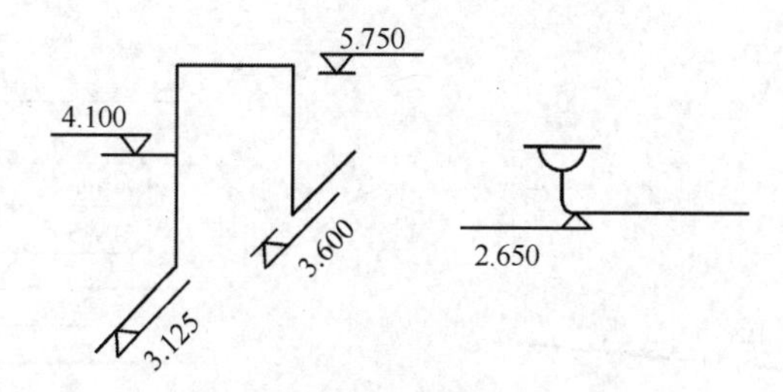

图 5-22　轴测图中管道标高标注

在建筑工程中，也可标注管道相对于本层建筑地面的标高，标注方法为“H+×.×××”，H 表示本层建筑地面的标高（如 H+0.250）。

4．管径

管径应以 mm 为单位。管径的表达方式应符合下列规定。

- 水煤气输送钢管（镀锌或非镀锌）、铸铁管等管材的管径宜以公称直径 DN 表示（如 DN15、DN50）。
- 无缝钢管、焊接钢管（直缝或螺旋缝）、铜管、不锈钢管等管材的管径宜以外径 *D*×壁厚表示（如 *D*108×4、*D*159×4.5 等）。
- 钢筋混凝土（或混凝土）管、陶土管、耐酸陶瓷管、缸瓦管等管材的管径宜以内径 *d* 表示（如 *d*230、*d*380 等）。
- 塑料管材的管径宜按产品标准的方法表示。
- 当设计均用公称直径 DN 表示管径时，应有公称直径 DN 与相应产品规格的对照表。

管径的标注方法应符合下列规定。

- 对于单根管道，管径应按图 5-23 中的方式标注。
- 对于多根管道，管径应按图 5-24 中的方式标注。
- 当建筑物的给水引入管或排水排出管的数量超过 1 根时，宜进行编号，编号宜按图 5-25 中的方法表示。

5．编号

对于建筑物内穿越楼层的立管，当其数量超过 1 根时，宜进行编号，编号宜按图 5-26 中的方法表示。

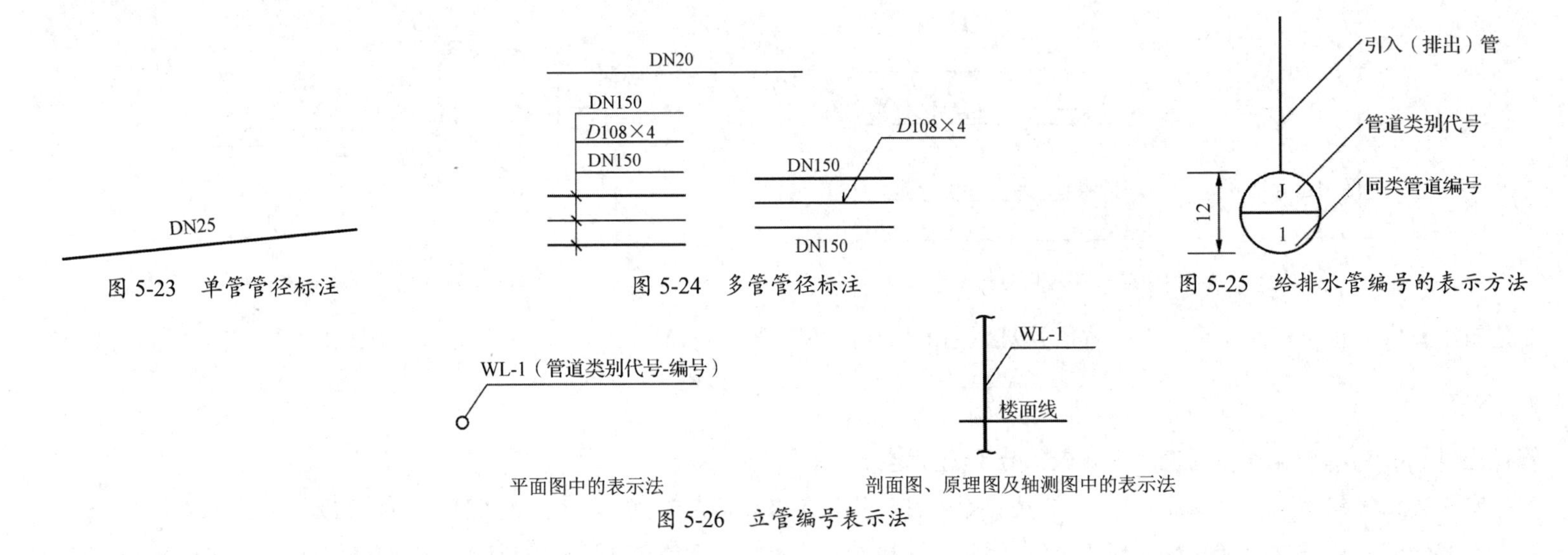

图 5-23　单管管径标注

图 5-24　多管管径标注

图 5-25　给排水管编号的表示方法

图 5-26　立管编号表示法

总平面图中的管道编号规则如下。

- 当给排水附属构筑物的数量超过 1 个时，宜进行编号，编号方法为“构筑物代号-编号”。
- 给水构筑物的编号顺序宜为：从水源到干管，再从干管到支管，最后到用户。
- 排水构筑物的编号顺序宜为：从上游到下游，先干管后支管。
- 当给排水机电设备的数量超过 1 台时，宜进行编号，并应有设备编号与设备名称对照表。

6. 图例

建筑给排水施工图中的管道、给排水附件、卫生器具、升压和储水设备及给排水构造物等都是用图例符号表示的，在识读给排水施工图时，必须明白这些图例符号的含义。常用给排水图例如图 5-27 所示。

序号	名称	图例	序号	名称	图例	序号	名称	图例	序号	名称	图例
1	给水管	J	26	喇叭口		51	闸阀		76	洗脸盆	
2	排水管	P	27	吸水喇叭口		52	截止阀		77	立式洗脸盆	
3	污水管	W	28	异径管		53	球阀		78	浴盆	
4	废水管	F	29	偏心异径管		54	隔膜阀		79	化验盆　洗涤盆	
5	消火栓给水管	XH	30	自动冲洗水箱		55	液动阀		80	盥洗槽	
6	自动喷水灭火给水管	ZP	31	淋浴喷头		56	气动阀		81	拖布池	
7	热水给水管	RJ	32	管道立管	JL-1　JL-1	57	减压阀		82	立式小便器	
8	热水回水管	RH	33	立管检查口		58	旋塞阀		83	挂式小便器	
9	冷却循环给水管	XJ	34	套管伸缩器		59	温度调节阀		84	蹲式大便器	
10	冷却循环回水管	Xh	35	弧形伸缩器		60	压力调节阀		85	坐式大便器	
11	冲霜水给水管	CJ	36	刚性防水套管		61	电磁阀		86	小便槽	
12	冲霜水回水管	CH	37	柔性防水套管		62	止回阀		87	化粪池	HC
13	蒸汽管	Z	38	软管		63	消声止回阀		88	隔油池	YC
14	雨水管	Y	39	可挠曲橡胶接头		64	自动排气阀		89	水封井	
15	空调凝结水管	KN	40	管道固定支架		65	电动阀		90	阀门井　检查井	
16	暖气管	N	41	保温管		66	湿式报警阀		91	水表井	
17	坡向		42	法兰连接		67	法兰止回阀		92	雨水口（单箅）	
18	排水明沟	坡向	43	承插连接		68	消防报警阀		93	流量计	
19	排水暗沟	坡向	44	管堵		69	浮球阀		94	温度计	
20	清扫口		45	乙字管		70	水龙头		95	水流指示器	
21	雨水斗	YD	46	室外消火栓		71	延时自闭冲洗阀		96	压力表	
22	圆形地漏		47	室内消火栓（单口）		72	泵		97	水表	
23	方形地漏		48	室内消火栓（双口）		73	离心水泵		98	除垢器	
24	存水弯		49	水泵接合器		74	管道泵		99	疏水器	
25	透气帽		50	自动喷淋头		75	潜水泵		100	Y 型过滤器	

图 5-27　常用给排水图例

5.2.3　识读给排水施工图实例

识读给排水施工图的方法与识读其他建筑施工图纸的方法类似，应当先看图纸目录、设计说明和设备材料表，以对建筑给排水施工有一个初步的了解，再深入阅读其他图纸，如平面图、系统图、详图等。切记，在读图时，应结合其他图纸相互对照着来看，避免理解错误。

下面以某康复中心大楼的给排水施工图为例来解读给排水施工图的具体含义。

1. 识读图纸目录、设计说明和设备材料表

【实例解读】

识读图纸目录、设计说明和设备材料表是为识读给排水施工的重要图纸做准备的。

（1）图纸目录。

本例康复中心大楼给排水施工图的图纸目录中列出了所有给排水施工图图纸的内容，其排列的先后顺序为我们识读图纸的顺序提供了参考。

（2）设计说明和设备材料表。

接下来要阅读的图纸是给排水施工图设计总说明（一）和给排水施工图设计总说明（二）。设计说明中的具体内容如下。

- 设计依据：现行的给排水施工图设计引用的相关标准、设计条件及政府批文等。
- 工程概况：具体描述本项目的工程施工和设计范围。
- 设计技术参数：介绍生活用水、消防用水及消防设备的相关技术参数。
- 通用规定：介绍与整个项目给排水施工图设计相关的通用设计规范内容。
- 室内给水：介绍建筑内部的供水方式、设备安装位置、管道安装方式及具体细节设计参数。
- 室内排水：介绍与建筑排水系统相关的内容。
- 室内消防：介绍与建筑消防系统相关的设计和参考内容。
- 室外给排水：介绍室外部分与给排水设计相关的内容。
- 管道实验压力、验收及其他：介绍管道实验压力数据、验收方式及其他相关内容。

在给排水施工图设计总说明（二）图纸的最后空白区域还给出了选用标准图集目录表和图例表，如图 5-28 所示。在看各种给排水施工图时，务必配合图例表查看，以便帮助我们理解图纸表达的设计思想。

设备材料表附在某些给排水施工图纸中，在后面解读时一并进行讲解。

选用标准图集目录

序号	图集编号	名　称	页码	备注
1	12S101	矩形给水箱	全册	
2	99SS103	立式水泵隔振及安装	全册	
3	02SS104	二次供水消毒设备选用与安装	全册	
4	01SS105	常用小型仪表及特种阀门选用安装	全册	
5	12S108-1	倒流防止器安装	全册	
6	01S123	贮水罐选用及安装	全册	
7	13S201	室外消火栓安装	全册	
8	04S202	室内消火栓安装	全册	
9	04S203	消防水泵接合器安装	全册	
10	04S204	消防专用水泵选用及安装	全册	
11	98S205	消防增压稳压设备选用与安装	全册	
12	04S206	自动喷水与水喷雾灭火设施安装	全册	
13	07S207	气体消防系统选用、安装与建筑灭火器配置	全册	
14	04S301	建筑排水设备附件选用安装	全册	
15	09S302	雨水斗选用及安装斗	全册	
16	09S304	卫生设备安装	全册	
17	08S305	小型潜水排污泵选用及安装	全册	
18	03S401	管道和设备保温、防结露及电伴热	全册	
19	03S402	室内管道支架及吊架	全册	
20	03S403	钢制管件	全册	
21	02S404	防水套管	全册	
22	10S406	建筑排水塑料管道安装	全册	
23	10S407-2	建筑给水薄壁不锈钢管道安装	全册	
24	04S409	建筑排水用柔性接口铸铁管安装	全册	
25	05S502	室外给水管道附属构筑物	全册	
26	08SS523	建筑小区塑料排水检查井	全册	供参考
27	05S518	雨水口	全册	
28	04S519	小型排水构筑物	全册	
29	04S520	埋地塑料排水管道施工	全册	
30	02S701	砖砌化粪池	全册	
31	05S804	矩形钢筋混凝土蓄水池	全册	供参考

图　例

名　称	符号 平面图	符号 系统图	名　称	符号 平面图	符号 系统图
给水管	JL-*	—J—	浮球阀		
分区加压给水管	JL-*	-J2~4-	液位控制阀		
消火栓管	XL-*	—X—	自动排气阀		
喷淋管	ZPL-*	—ZP—	湿式报警阀		
消防水炮管	SPL-*	—SP—	信号阀		
热水供水管	RJL-*	—RJ—	水流指示器		
热水回水管	RHL-*	—RH—	闸阀		
雨水管	YL-*	—Y—	截止阀		
生活污水管	WL-*	—W—	蝶阀		
生产废水管	FL-*	—F—	止回阀		
压力废水管	YFL-*	—YF—	缓闭止回阀		
通气管	TL-*	—T—	安全阀		
水泵			水表		
潜水排污泵			雨水斗		
手提式灭火器			水龙头		
阀门井			清扫口		
水表井			地漏		
检查井			排水漏斗		
洗脸盆			消火栓		
坐便器			下喷喷头		
蹲便器			上喷喷头		
小便器			边墙型喷头		
洗涤池			末端试水阀		
浴缸			末端试水装置		
淋浴房			过滤器		
混合水龙头			同心异径管		
角阀			偏心异径管		
感应式冲洗阀			橡胶软接头		
存水弯			金属波纹管		
通气帽			刚性防水套管		
立管检查口			压力表		
自动记录流量计			管堵		
压力传感器	P				

图 5-28　选用标准图集目录表和图例表

2. 识读给排水平面图

本例康复中心大楼属于多层建筑，地下为负一层地下室；地上共 11 层，其中，1～5 层为残疾人服务中心，6～8 层为康复部，9～11 层为残疾人托养中心；建筑面积为 11028m^2，建筑高度为 44.10m；耐火等级为一级，抗震设防烈度为 7 度，属于二类高层综合楼。

本例康复中心大楼的给排水设计范围为建筑单体的室内生活给排水及消防给排水设计。对于气体灭火系统、屋顶太阳能热水系统，在本次设计中已预留条件，均需由专业设备厂家进行二次深化设计、确认。

本例建筑的给排水平面图图纸包括楼层给排水平面图和消防喷淋布置平面图。由于图纸较多，下面仅以负一层、一层、六层及屋顶的给排水平面图和一层喷淋布置平面图进行解读，其他楼层为标准层楼层，其给排水和消防喷淋系统设计与一层的给排水和消防喷淋系统设计大致相同。

注意：

在整个给排水系统中，由于用途不同，各种管道用不同的颜色表示。如果不清楚管道表示什么内容，可以结合图例查看。本例给排水施工图的 CAD 图纸均在源文件夹中，建议以黑色背景来查看图纸。

【实例解读】：识读负一层给排水平面图

图 5-29 为康复中心大楼负一层给排水平面图。

（1）识读给水部分图纸内容。

由图纸图名、比例可以得知，图纸的名称为负一层给排水平面图，绘制比例为 1:100。

整个负一层的给水系统包括生活给水系统和消防给水系统。其中，生活给水系统主要是为日常生活提供用水（如自来水）并通过水管输送至各层生活房间的用水网点处，给水管网包括热水供水管、冷水供水管及设备元件；消防给水系统是为整栋大楼的消防用水提供水源。

首先看大楼背面消防泵地下室的一侧，如图 5-30 所示，读图内容如下。

- 在地下室外，绿色水管（需打开源文件夹中的 CAD 图纸一起查看）接市政水管网，较短的一条给水管为-1～4 层提供生活用水，水管直径为 DN150（150mm），接入点安装有闸阀和水表设备。较长的一条给水管通往生活泵房中的叠压供水机组，为 5～11 层提供用水。
- 红色水管（需打开源文件夹中的 CAD 图纸一起查看）为消防栓系统的运水管，接大楼外的消防水池，管材采用热浸镀锌普通焊接钢管，采用覆土安装的方式。消防栓水管接至消防泵房中，经过消防泵提升压力后接至其余地下室房间和其他楼层。

- 紫色水管（需打开源文件夹中的 CAD 图纸一起查看）为喷淋系统运水管，接大楼外的消防水池，管材采用热浸镀锌普通焊接钢管，采用覆土安装的方式。
- 室外消防栓水管和喷淋水管的材质与室内的消防栓水管和喷淋水管的材质不同，室内采用的是加厚镀锌管钢管。

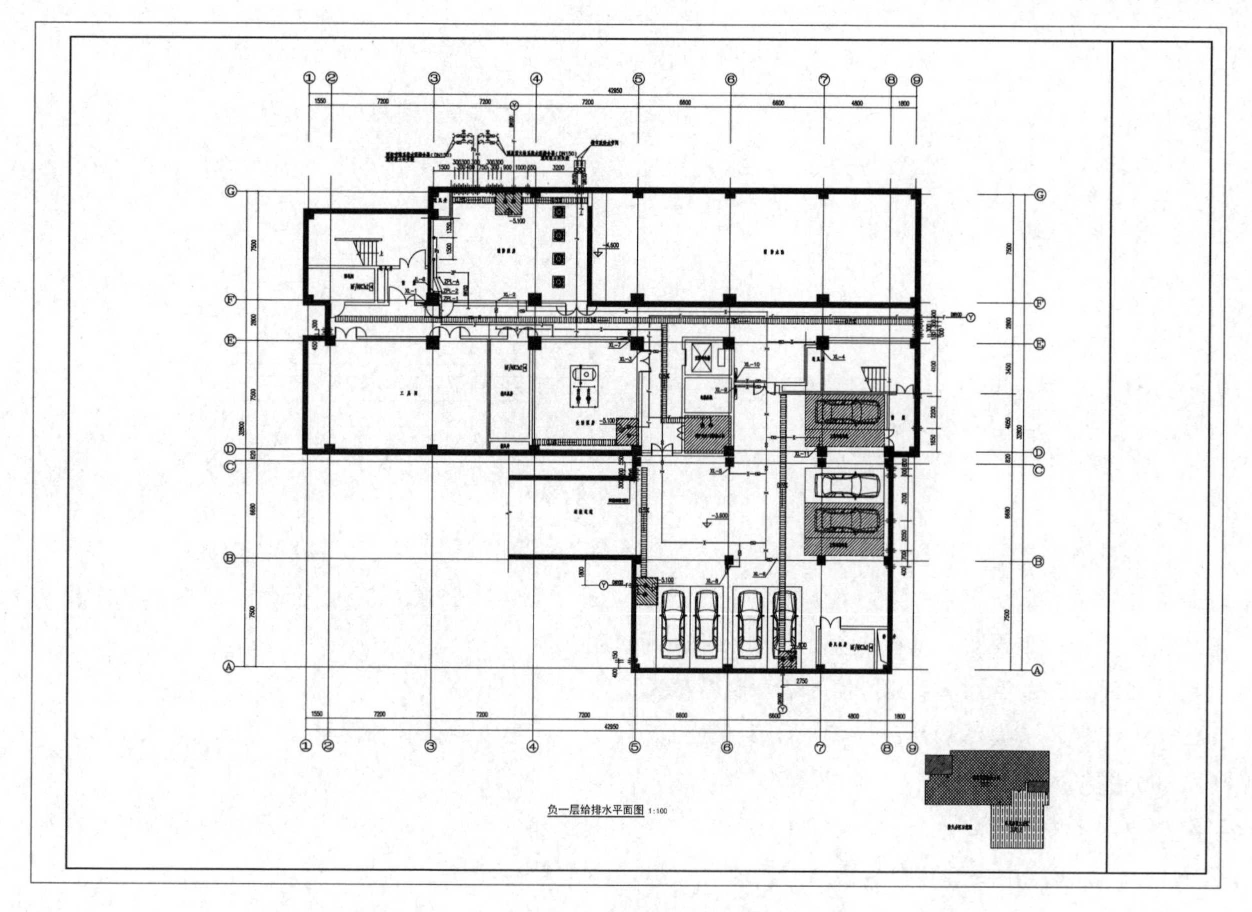

图 5-29　康复中心大楼负一层给排水平面图

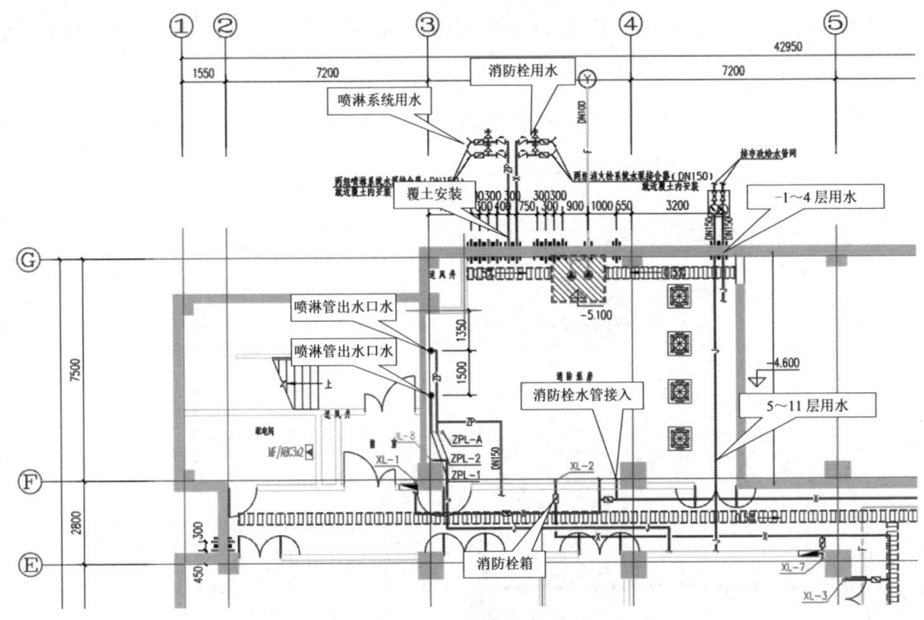

图 5-30　室外给水系统

地下室室内部分的给水系统主要是消防栓给水系统管网和生活用水管网，如图 5-31 所示，读图内容如下。

- 生活用水水管从室外接入后，一条经消防泵房直接接至 1 层；另一条接入生活泵房中，经过叠压供水机组提升压力后接至消防泵房的左下角位置，直接通往 5 层。具体走向还应结合系统原理图来看。
- 消防栓水管经过蝶阀后通往地下室各房间的消防栓箱。
- 消防栓水管位于地下室各房间结构柱的位置，接立管至上面楼层中，接出点位置在图中注出。

（2）识读生活排水部分图纸内容。

地下室的排水系统主要用于停车库集水坑、消防泵房集水坑、生活泵房集水坑及消防电梯井集水坑的排放（在图纸中以黄褐色区别显示）。排水管管径为 DN110，集水坑中均安装有水泵，用来抽取集水，如图 5-32 所示。

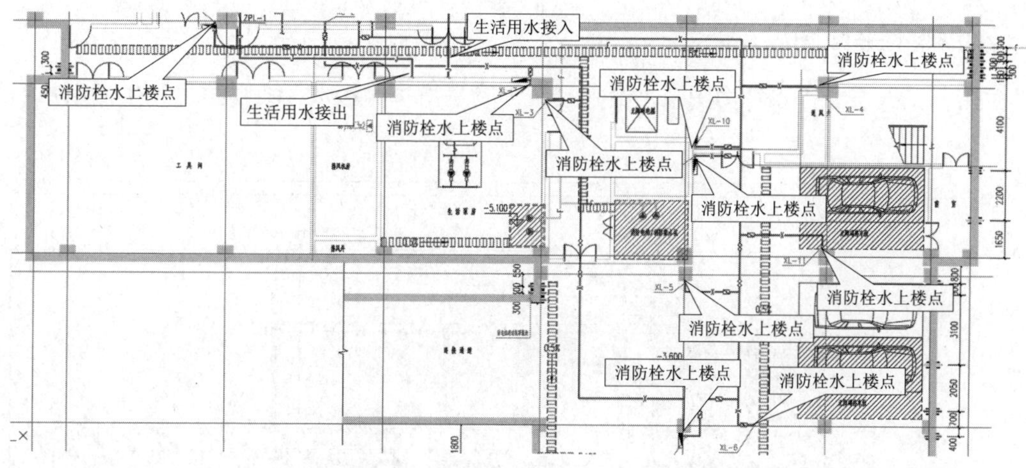

图 5-31　地下室室内部分的给水系统

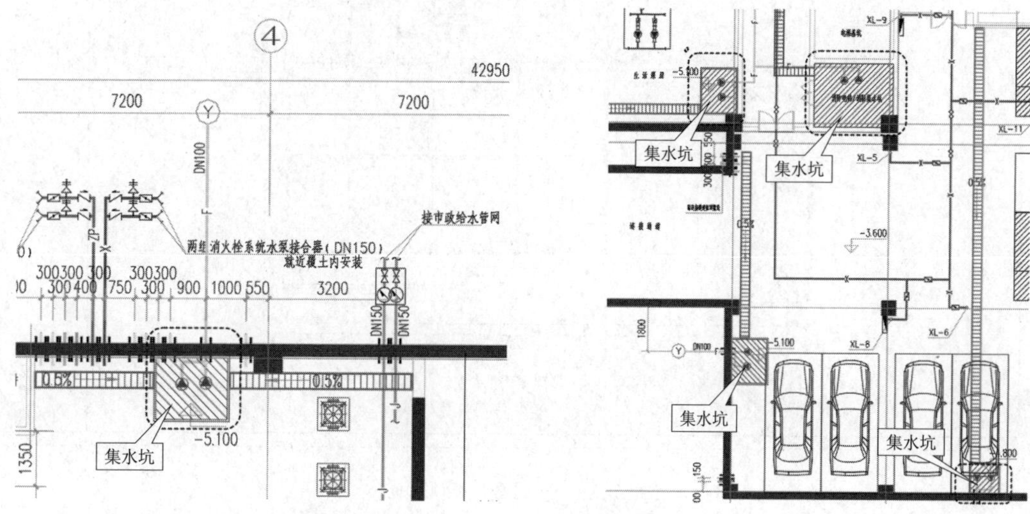

图 5-32　地下室排水系统

【实例解读】：识读一层给排水平面图

图 5-33 为一层给排水平面图。在一层给排水平面图中，给水系统仍然是消防栓给水、喷淋给水和生活用水系统。排水系统包括污水排放系统和中水回收系统。

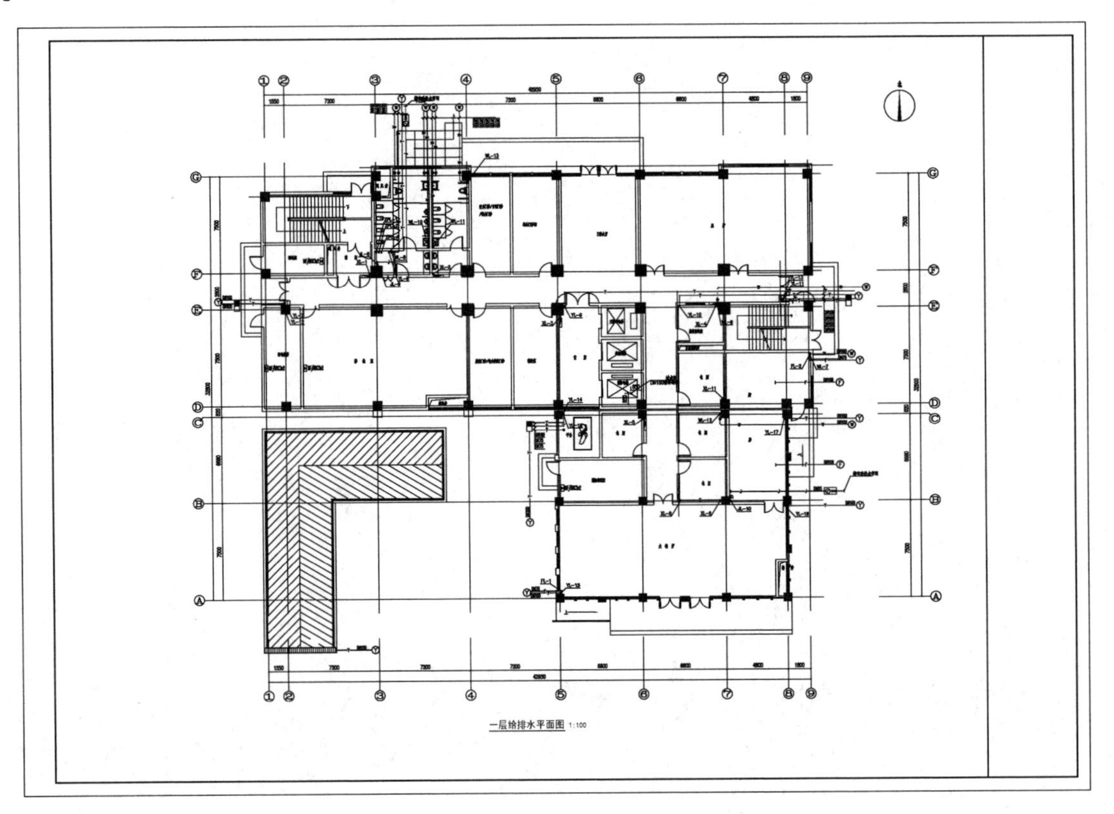

图 5-33　一层给排水平面图

（1）识读给水系统部分。

给水系统中的消防栓给水管道均从地下室接入，然后接至一层各房间或楼道内的消防栓箱中，如图 5-34 所示。而消防栓给水系统的立管最终将接至康复中心大楼的屋顶，因此每层的消防栓给水系统的布置基本上是相同的。

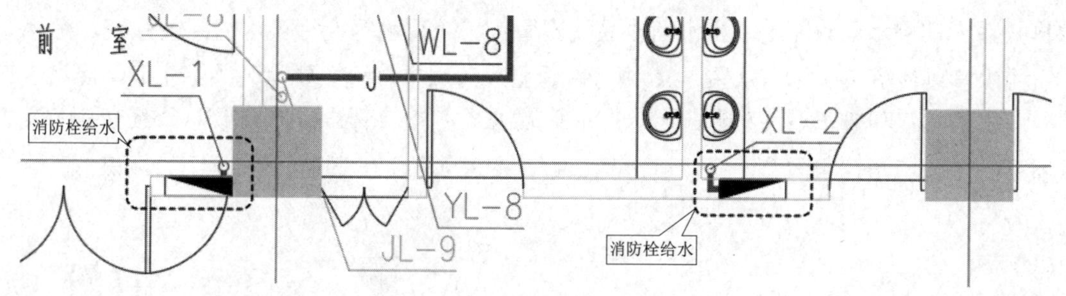

图 5-34　消防栓给水系统

在一层给排水平面图中，卫生间、盥洗室和厨房是生活给水系统的水管接入点，如图 5-35 所示。

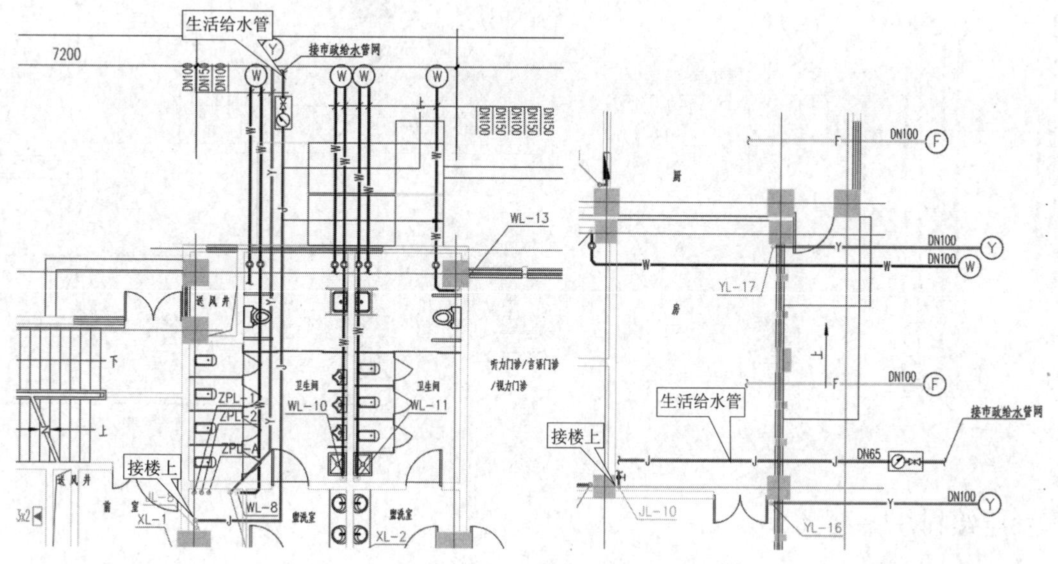

图 5-35　一层生活给水系统

（2）识读排水系统部分。

排水系统主要是污水排放系统和中水回收系统。中水回收系统即雨水、空调水等无污染水的回收系统。污水系统水管在给排水施工图中常以浅黄色表示、中水系统水管以浅蓝色表示。从图 5-36 中可以看出，污水排水管主要从公共卫生间、厨房、康复咨询室及包厢的地板中接出。污水排水管前端安装有清扫口和排水漏斗装置。污水排水管接出至室外，端部以Ⓦ标识，管径包括 DN150 和 DN100。

中水回收系统主要从屋顶露台、房檐、天沟、雨棚、阳台及空调安装等位置引出管道（端部以Ⓨ标识，管径包括 DN100 和 DN75），最终引至一层室外的下水道。

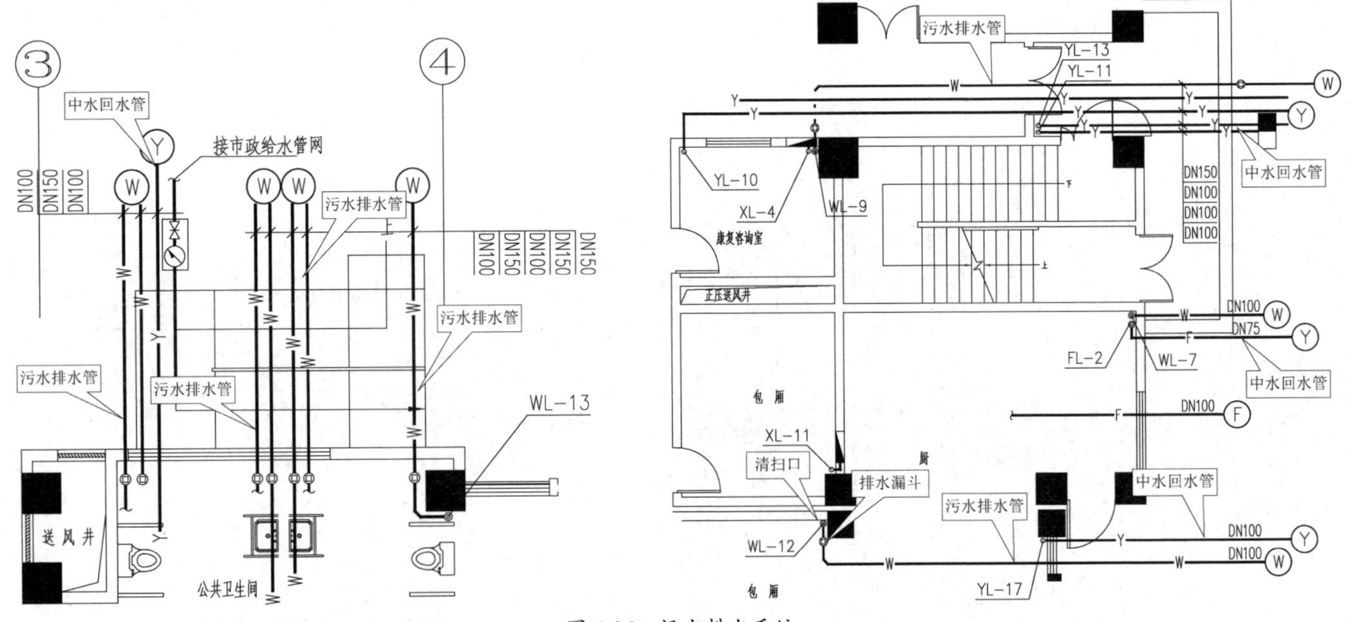

图 5-36　污水排水系统

【实例解读】：识读六层给排水平面图

六层给排水平面图中除了前面介绍的生活用水、消防栓用水及喷淋系统用水，还有通过楼顶设置的太阳能集热板、保温热水箱等装置。生活热水供应系统仅在 6～11 层的康复部及托养中心使用，采用全日制机械循环。生活热水供应系统设置循环水泵，轮换试用、互为备用，循环水泵由泵前回水管的电接点温度计自动控制。当 T=50℃时，循环水泵开始运转；当 T=55℃时，循环水泵停止运转。

在六层给排水平面图中，生活热水供应系统水管以浅蓝色显示，水管标识为 RH。热水水管的给水口标识为 RHL、回水口标识为 RJL，如图 5-37 所示。

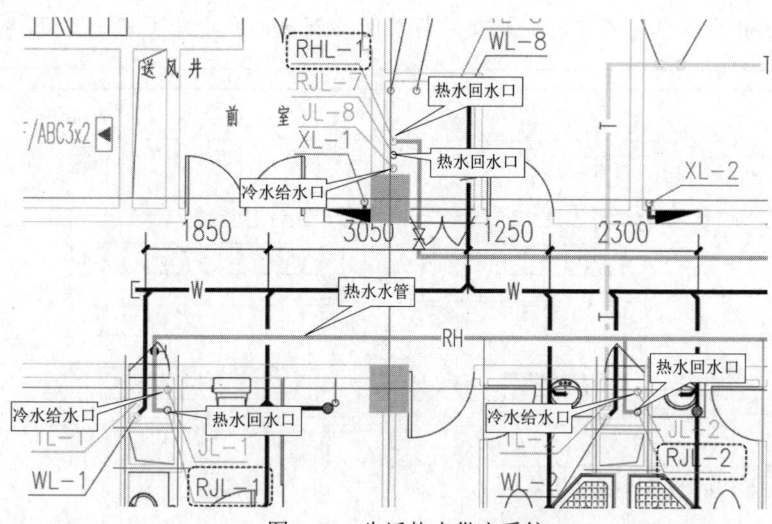

图 5-37　生活热水供应系统

【实例解读】：识读屋顶给排水平面图

屋顶给排水平面图包含两张图纸：屋顶层给排水平面图和机房顶层给排水平面图。

（1）识读屋顶层给排水平面图。

屋顶层给排水平面图主要反映屋顶热水系统的组成及管道铺设情况，如图 5-38 所示。

从图 5-38 中可以得知，屋顶的热水系统由保温水箱，太阳能集热器，冷、热水管道组成。一般情况下，热回水管道以深蓝色表示，热给水管道以浅蓝色表示，冷水管道以浅绿色表示，太阳能集热器中的集热循环管道以粉色和紫色表示。

屋顶热水系统的热给水和热回水的工作原理如下。

- 在负一层的生活泵房中，通过叠压供水机组提升水压，冷水直接通往 5～顶层，冷水给水口位置在楼梯间旁边的水管井暗室中，从水管井暗室再引出冷水管至保温水箱。在进入保温水箱前，通过闸阀、过滤器和冷水电磁阀控制冷水。

- 太阳能集热器收集太阳能后，通过下循环管道输送至板式热换器中转换成热能，接着输送至空气源热泵（节能装置）中进行热能高位转换，最后将高热能输送至保温水箱，保温水箱得到热能后加热冷水。
- 冷水加热后，从保温水箱中引出并输送至各层。同时，为了使用户在开启水龙头后能及时使用热水，特别设置了节能的热回水管。热回水管的作用：当热给水管中的热水用不完时，能及时将其回收到热回水管中并输送回保温水箱继续加热，如图 5-39 所示。

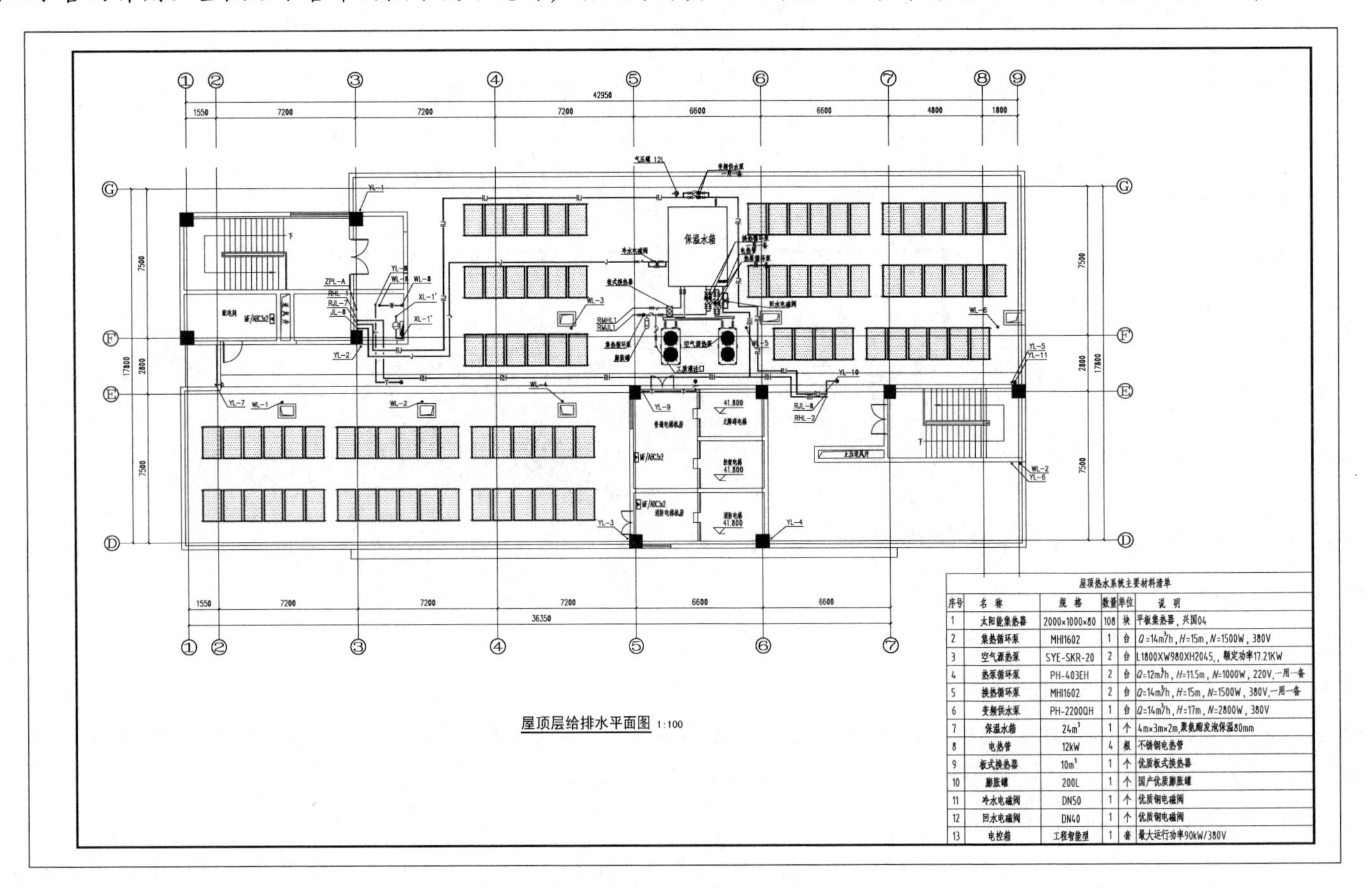

屋顶热水系统主要材料清单

序号	名称	规格	数量	单位	说明
1	太阳能集热器	2000×1000×80	108	块	平板集热器，共国04
2	集热循环泵	MHI1602	1	台	Q=14m³/h，H=15m，N=1500W，380V
3	空气源热泵	SYE-SKR-20	2	台	L1800XW980XH2045，，额定功率17.21KW
4	热泵循环泵	PH-403EH	2	台	Q=12m³/h，H=11.5m，N=1000W，220V，一用一备
5	换热循环泵	MHI1602	2	台	Q=14m³/h，H=15m，N=1500W，380V，一用一备
6	变频供水泵	PH-2200QH	1	台	Q=14m³/h，H=17m，N=2800W，380V
7	保温水箱	24m³	1	个	4m×3m×2m，聚氨酯发泡保温80mm
8	电热管	12kW	4	根	不锈钢电热管
9	板式换热器	10m³	1	个	优质板式换热器
10	膨胀罐	200L	1	个	国产优质膨胀罐
11	冷水电磁阀	DN50	1	个	优质铜电磁阀
12	回水电磁阀	DN40	1	个	优质铜电磁阀
13	电控箱	工程智能型	1	套	最大运行功率90kW/380V

图 5-38 屋顶层给排水平面图

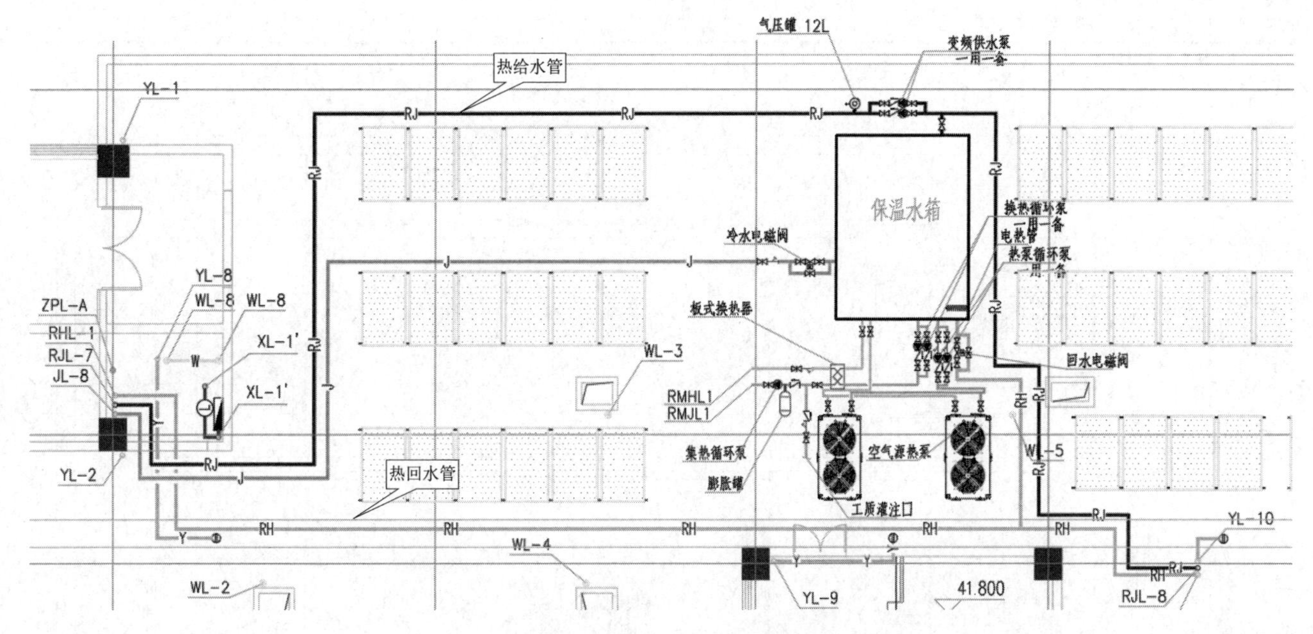

图 5-39　屋顶热水系统示意图

对于其他排水系统，如中水回收系统、消防栓给水系统及污水排放系统等不再详解解读。

（2）识读机房顶层给排水平面图。

机房顶层给排水平面图反映了设置在屋顶的不锈钢消防水箱的工作原理。此水箱将作为消防栓用水和喷淋系统用水的储存罐。

图 5-40 为机房顶层给排水平面图。图中左上角区域为水箱装置，通过生活用水给水管道（管径为 DN50）从水箱负一层生活泵房中直接输送至水箱。如图 5-41 所示，水箱有效容积为 18m^3，水箱尺寸为 4m×3m×2m；箱顶安装有两条通气管，用于水箱通风，箱顶右上角设置有矩形洞口，箱底接废水排水管至蚊蝇罩，再接污水管至一层室外；在水箱左下角接有消防栓给水管和消防喷淋水管并通往各层；水箱顶部的女儿墙上、下部位均设有中水回收系统，通往一层室外。

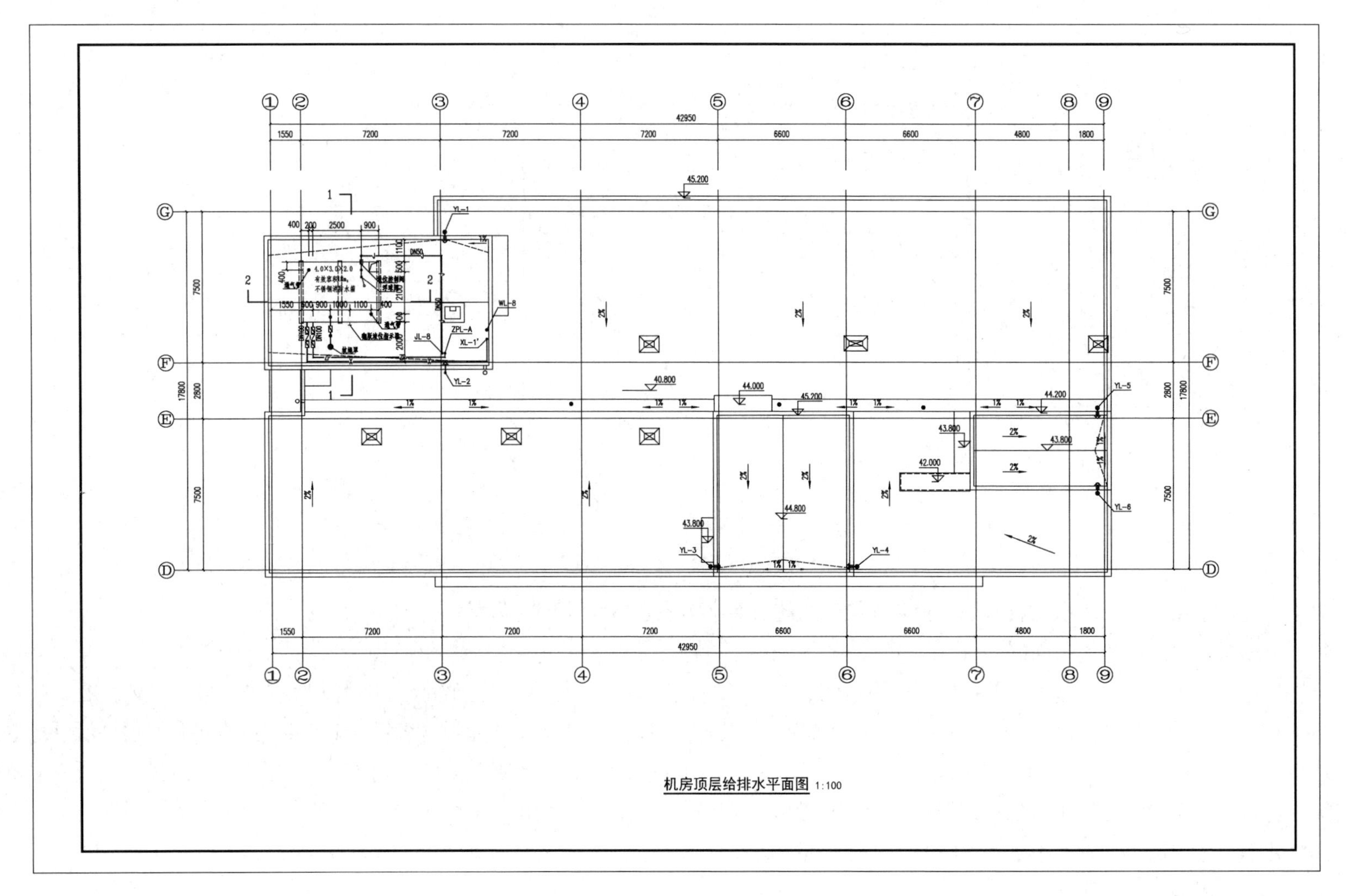

图 5-40　机房顶层给排水平面图

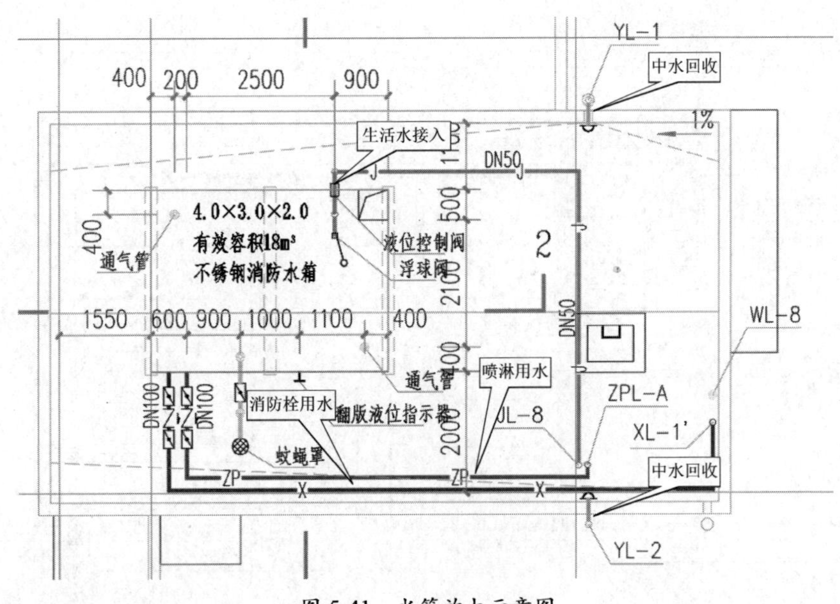

图 5-41　水箱放大示意图

【实例解读】：识读一层喷淋布置平面图

这里仅对一层的喷淋布置平面图进行解读，其余楼层的喷淋布置平面图的解读方法是相同的。消防喷淋系统是一种消防灭火的喷水装置，可以人工控制也可以自动控制。系统安装有报警装置，可以在火灾发生时自动发出警报。自动控制的消防喷淋系统可以自动喷淋并和其他消防设施联动工作，因此能有效控制初期火灾。

消防喷淋系统由支吊架、喷淋水管、喷淋头组成。图 5-42 为本例康复中心大楼的一层喷淋布置平面图。

识读图纸内容如下。

- 喷淋管道主管直径为 DN150，从楼顶水箱接入喷淋用水，一层喷淋出水管道处设有信号阀和水流指示器。
- 喷淋头为下喷喷头，喷淋分管管径为 DN25。
- 消防喷淋后产生的废水经由排水漏斗排出。

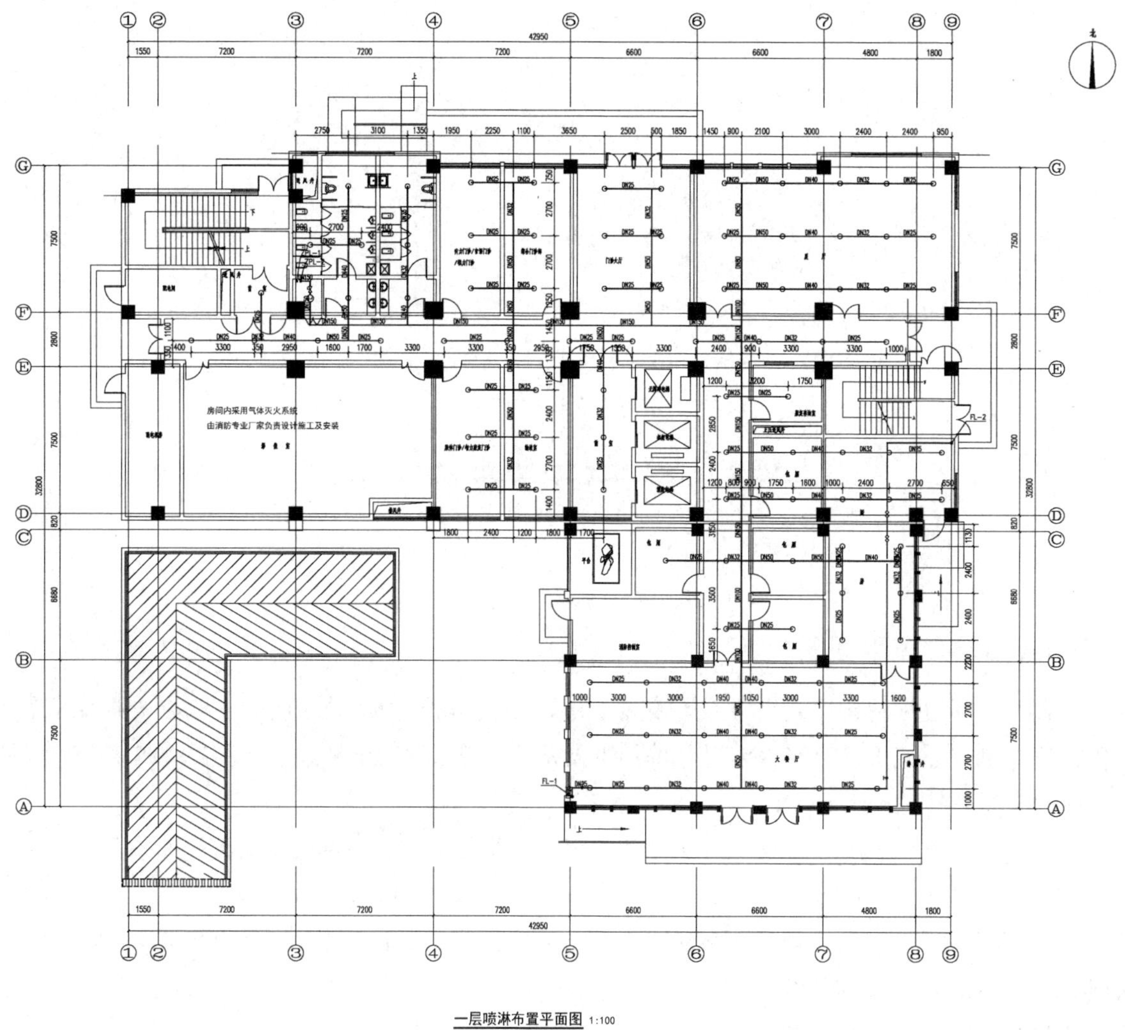

图 5-42　本例康复中心大楼的一层喷淋布置平面图

3. 识读系统原理图

给排水系统原理图是配合平面图并突出系统工作原理和构成的立面视图。系统原理图表达了平面图中难以表达清楚的内容，如立管的设计、各层横管与立管及给排水点的连接、设备及器件的设计及其在系统中所处的环节等。系统原理图反映了整个给排水系统的工艺与原理，整个系统的设计是否正确、合理、先进与否都要在原图上反馈出来。

康复中心大楼的给排水系统的系统原理图包括消防栓系统原理图、喷淋系统原理图、雨水系统原理图、污水系统原理图、热水系统原理图和给水系统原理图。

【实例解读】：识读消防栓系统原理图

消防栓系统原理图是反映整栋大楼消防栓管线与设备布置及工作原理的图纸。

图 5-43 为消防栓系统原理图。识读图步骤及内容如下。

- 先看楼层标高。从绘制的楼层标高可以知道，康复中心大楼总共有 14 层，地下 1 层、地上 13 层，12 层为屋顶层，13 层为机房顶层。
- 看-1F～1F 之间的部分。在康复中心大楼地下层的外侧建设有钢筋混凝土结构的消防水池，总有效容积为 324m^3，该消防水池的用水源接市政给水管网（DN100 的进水管）；消防水池是在机房顶层的高位水箱（用水来自市政管网及雨水回收）不能满足室内外消防用水的情况下增设的。
- 消防水池内设有最低报警水位、最高报警水位装置。当水位低于-3.600m 时，报警装置启动并自动报警；当水位超过-1.500m 时，报警装置启动，浮球阀上升使进水口关闭（低于警戒水位时，浮球阀下落，此时会打开进水口自动补水）。平时的蓄水最高水位是-1.600m，超出该水位的水将自动由 DN150 的泄水管排出。当火警来临时可以临时蓄水至-1.000m 的最高水位，超过最高水位经由 DN150 的溢水管排出，如图 5-44 所示。

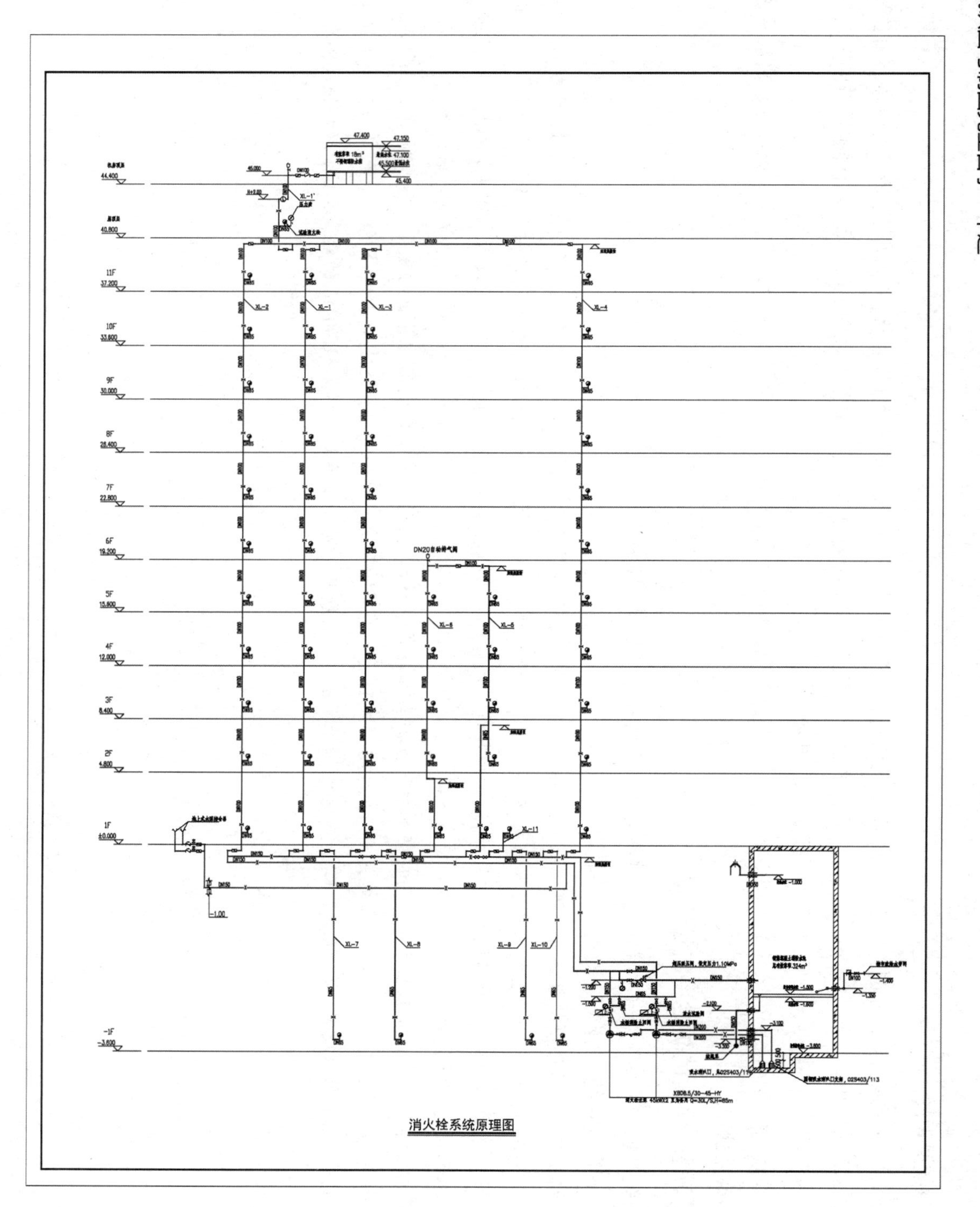

图 5-43 消防栓系统原理图

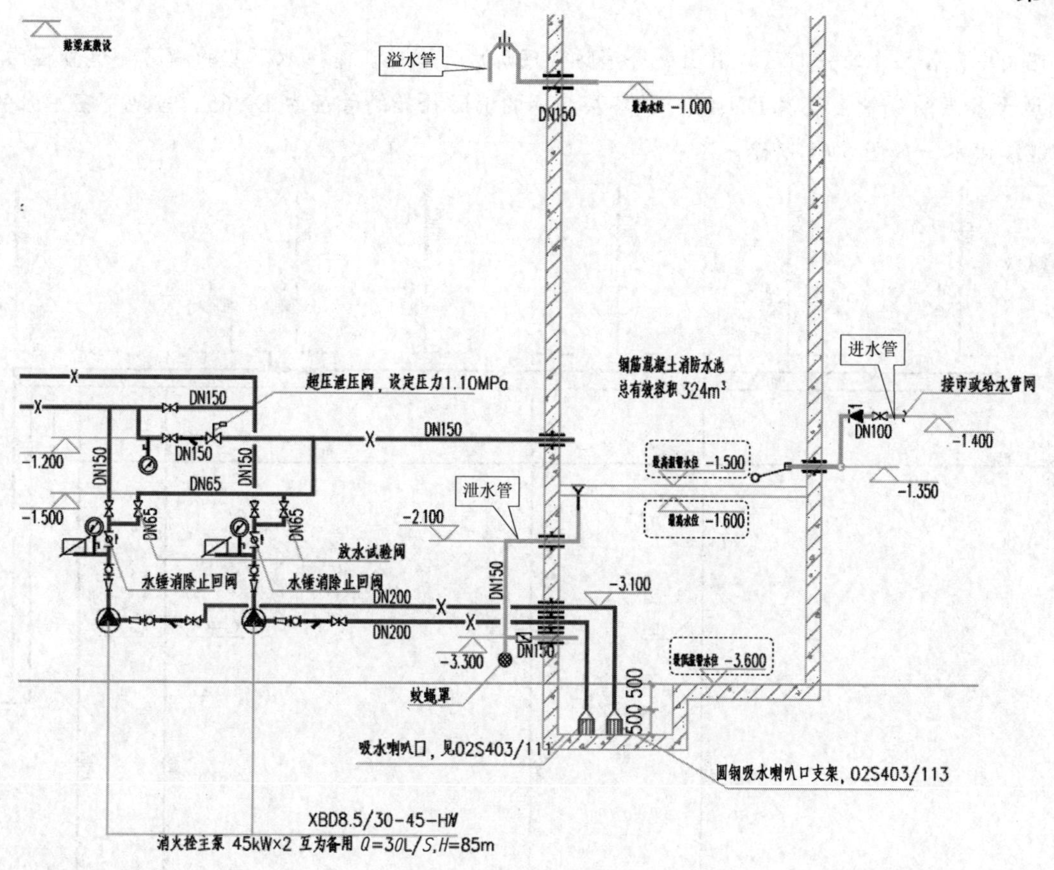

图5-44　消防水池工作原理

- 系统原理图中的管道分水平管和立管，水平管的布置已在平面布置图中反映出来了，立管反映了从地下室通往各层的管道布置。当消防水池中的水位处于最高报警水位以下时，通过圆钢吸水喇叭口吸水，并经由两根DN200的管道输送至各层消防栓箱中，管道中安装有过滤器、橡胶软接头、偏心异径管、消防栓主泵、水锤消除止回阀、放水试验阀、压力表、超压泄压阀等设备元件。
- 当大量消防用水蓄水至最高水位时，同时开启DN150管道输送消防用水。

- 在消防栓系统原理图中，从立管的分布可以看出整个消防管网形成了回路。输往地下室的消防管道直径为 DN65，横向水平主管直径为 DN150，输送至各层的分管直径为 DN100，接各层房间的消防栓箱的管径为 DN65。当地下室水泵的压力不足时，可由地上式水泵提供动力继续供水，如图 5-45 所示。

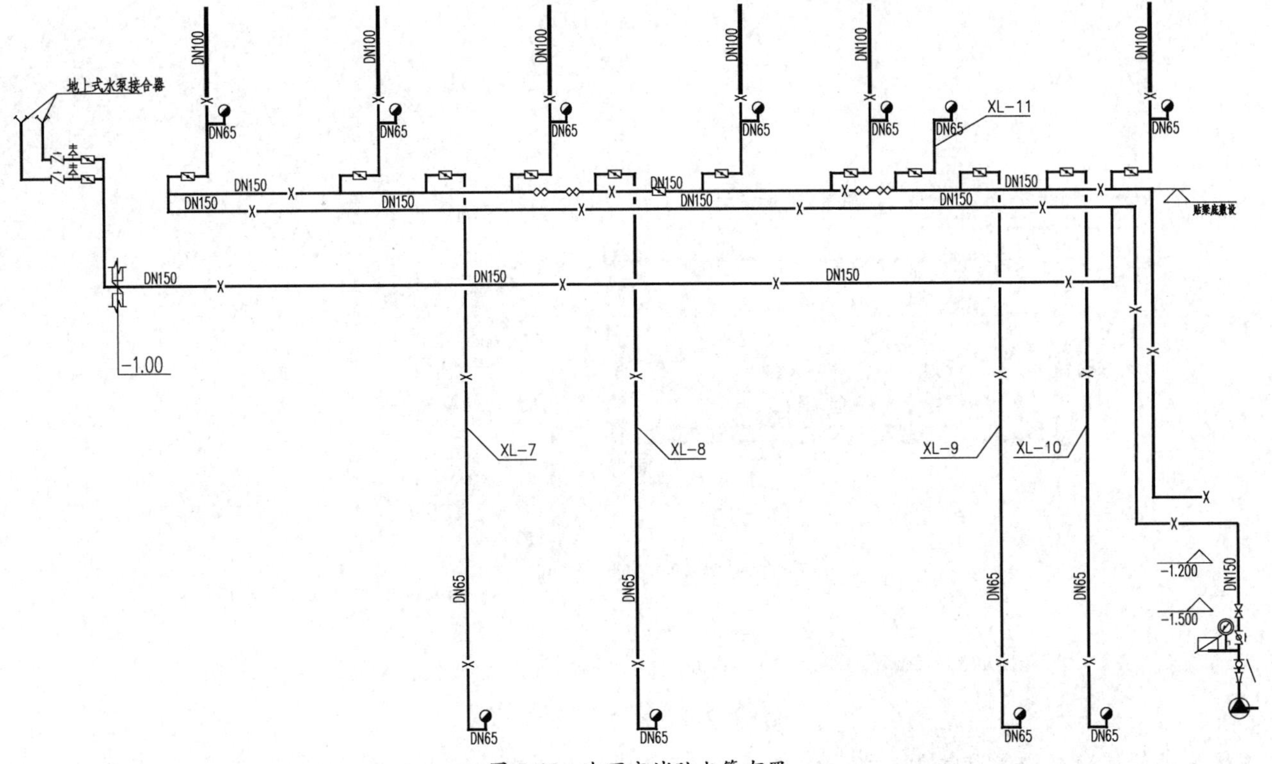

图 5-45　地下室消防水管布置

- 机房顶层的高位消防水箱在平面布置图中已经介绍过，用水水源是从市政管网直接接入的。在使用少量消防用水时，通过 DN100 管道输往楼下各层消防栓箱。当该水箱蓄水用尽时，也可由消防水池输送补水，如图 5-46 所示。

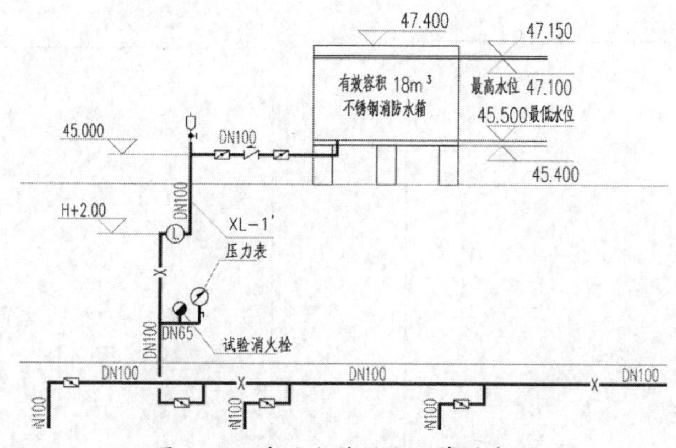

图 5-46　消防水箱供水及管道布置

【实例解读】：识读喷淋系统原理图

喷淋系统是用于各层灭火、灭烟且布置于楼层顶面的消防设施，主要反映喷淋管道、喷头的布置情况。图 5-47 为喷淋系统原理图。

喷淋系统用水与消防栓用水相同，均来自地下层的消防水池；其工作原理也与消防栓系统的工作原理相同。不同的是，与喷淋系统形成回路的是废水排放系统。

识读图纸内容如下。

- 从消防水池引出用水后，一条管道经由-1F 至 3F 输送至喷淋头，-1F 喷淋头向上喷淋，其余楼层的喷淋头向下喷淋。
- 第二条管道是直接输送至 4F～屋顶层的，输送管道的管径为 DN150。各层喷淋用的废水经由各层布置的 DN75 废水管网输送至地下室排水沟。
- 第三条管道直接输送至机房顶层的消防水箱，以补充消防水箱的用水不足。

【实例解读】：识读雨水系统原理图

雨水系统属于中水回收系统的一种，用于建筑物屋顶、房檐、阳台、雨篷等位置的雨水收集并排放至地下排水沟。雨水系统的横管布置可在各层给排水施工图中查看，雨水系统原理图反映的是从 1F 到顶层的立管布置情况。

图 5-48 为雨水系统原理图。雨水系统原理图表达的工作原理比较简单，就是依靠雨水收集管道将雨水、空调水等收集后排放至地下排水沟中。

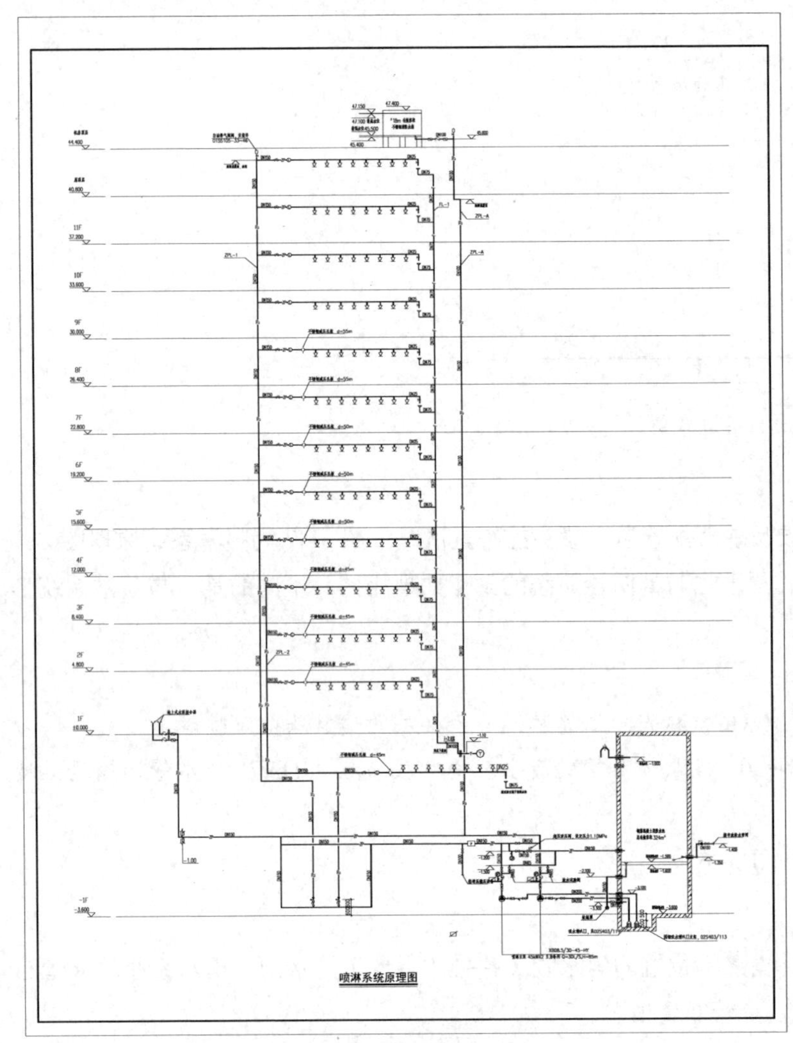

图 5-47　喷淋系统原理图

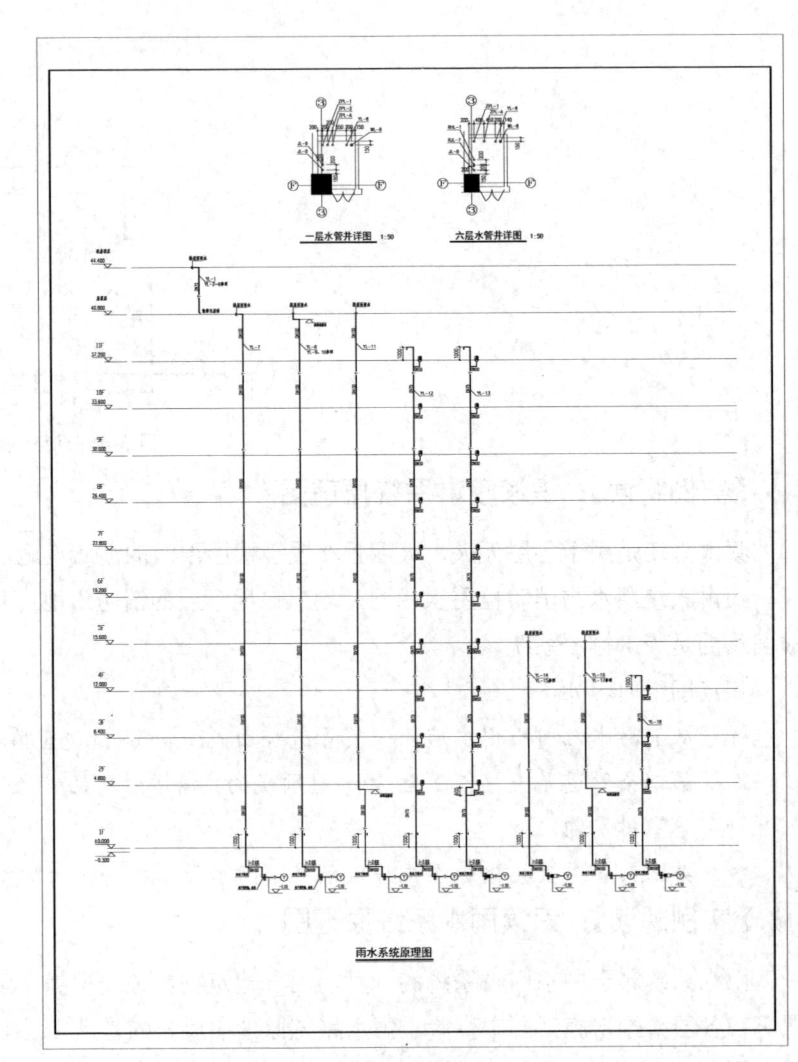

图 5-48　雨水系统原理图

雨水系统原理图上方的一层水管井详图和六层水管井详图分别是一层给排水施工图和六层给排水施工图中水管井位置的放大图，反映的是喷淋管道、给水管道和雨水回收管道的布置情况。

由图 5-48 可以得知，从左往右数，一层中第四条、第五条和第八条雨水回收管道没有直接通往屋顶或屋面。配合一层给排水施工图看，其中第三条（编号 YL-12）和第四条（编号 YL-13）管道是在设备平台处通往各层的（1F～11F），这表明它们属于空调水回收管道，如图 5-49 所示。

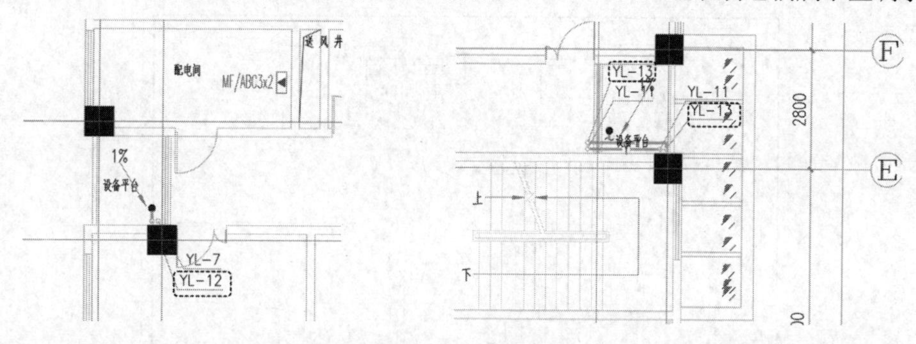

图 5-49　空调水回收管道

编号为 YL-18 的雨水回收管道通往 1F～4F，管道位置在平台，表明它属于平台类型的雨水回收管道，如图 5-50 所示。其余管道直接通往屋顶，属于屋面雨水回收系统。

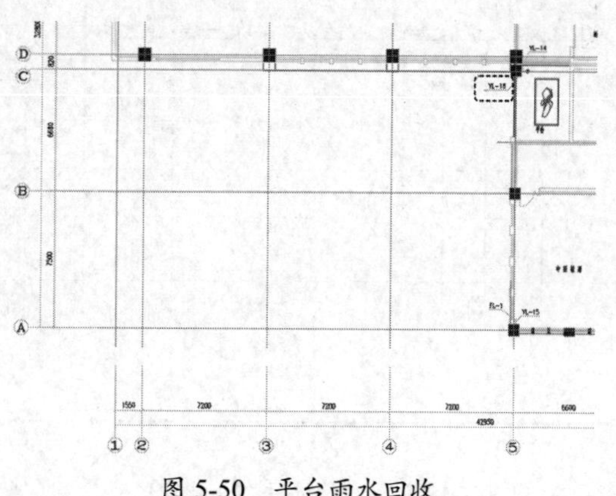

图 5-50　平台雨水回收

【实例解读】：识读污水系统原理图

污水系统原理图反映的是大楼生活污水与喷淋废水的排放及管道、设备安装情况。

图 5-51 为污水系统原理图。

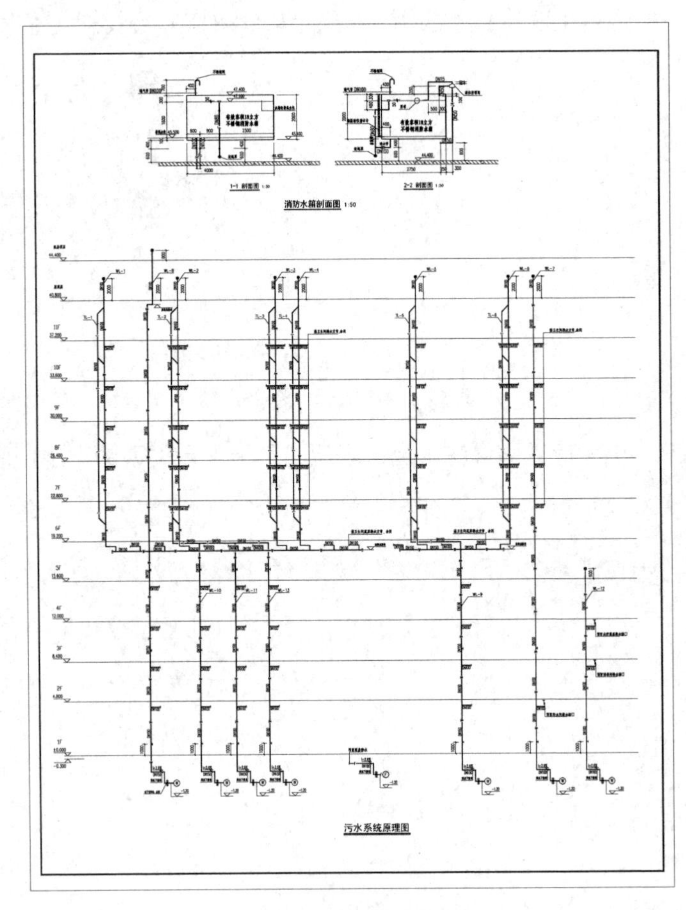

图 5-51　污水系统原理图

生活污水主要来自厨房、卫生间及盥洗池，因此污水管道均与各层的厨房、卫生间及盥洗池连通。可以配合各层给排水施工图查看污水管道的具体走向及分布情况。污水系统原理图表明每层都有污水管道连通。废水系统管道是消防喷淋系统消防用水后用于收集废水而铺设的排水系统，具体布置参照各层给排水施工图。

污水系统原理图顶部的消防水箱剖面图反映了机房顶层的消防水箱的剖面结构和各系统管道的安装连接情况。同时反映了消防水箱的工作原理。

【实例解读】：识读热水系统原理图

热水系统原理图反映了热水系统的工作原理及管道布置情况。

图 5-52 为康复中心大楼的热水系统原理图。从图纸可以得知，整栋大楼的 4F 和 6F～11F 均有热给水、热回水管道。热给水管道管径因楼层的不同而不同，主管管径为 DN100、10F 和 11F 的管道管径为 DN50、9F 和 8F 的管道管径为 DN40、7F 和 6F 的管道管径为 DN32、直接通往 4F 的管道管径为 DN50；热回水主管管径为 DN100，在通往 6F 各房间时，管径会依次变小。

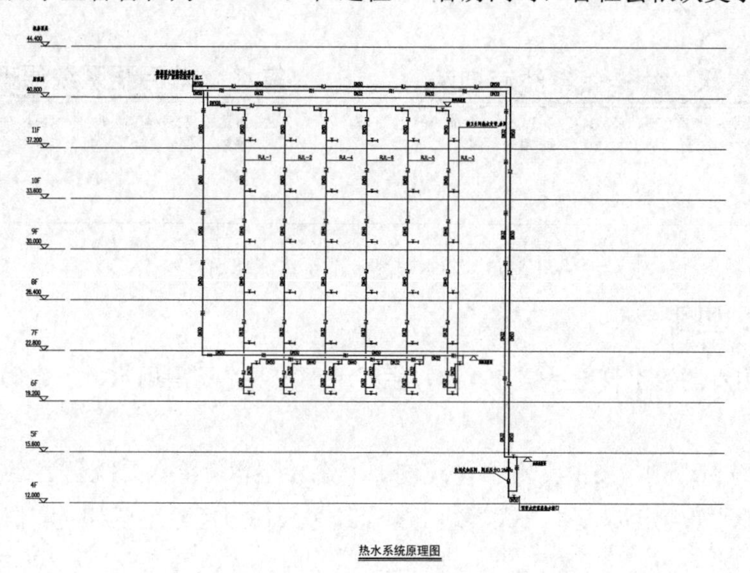

图 5-52　康复中心大楼的热水系统原理图

热水系统原理图顶部的集水坑排污泵系统原理图反映了电梯、消防泵房及生活泵房的集水坑污水排放工作原理。由水泵抽取集水坑中的废水并经由废水管道排出，如图 5-53 所示。

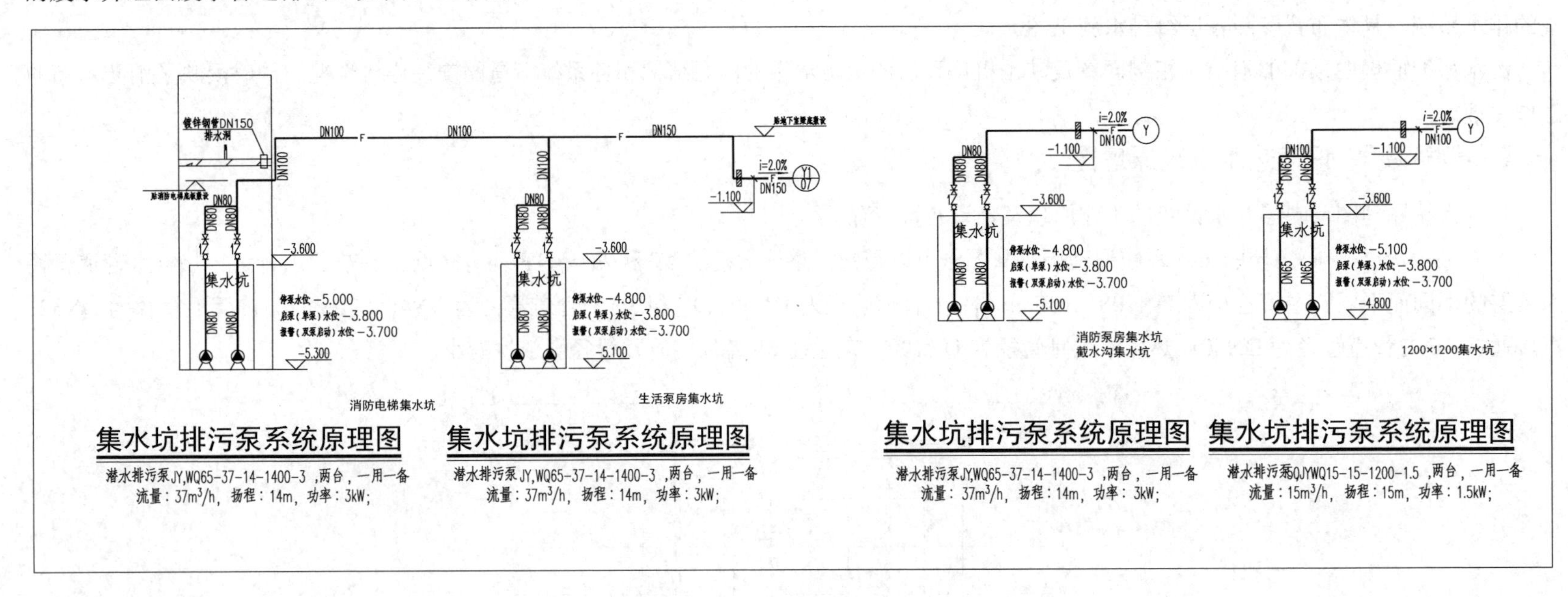

图 5-53 集水坑排污泵系统原理图

【实例解读】：识读给水系统原理图

给水系统是生活用水、消防水箱用水的给水管道系统。其中，生活用水主要是厨房用水、卫生间冲厕用水、盥洗室洗手用水或洗手池用水等。

图 5-54 为康复中心大楼的给水系统原理图。图中反映了除 5F 外，其余楼层均有给水系统管道连接，说明这些楼层中均需要生活用水。给水系统的工作原理是：自来水接市政水管网至康复中心大楼地下室，经主泵加压后输送至各层和消防水箱。

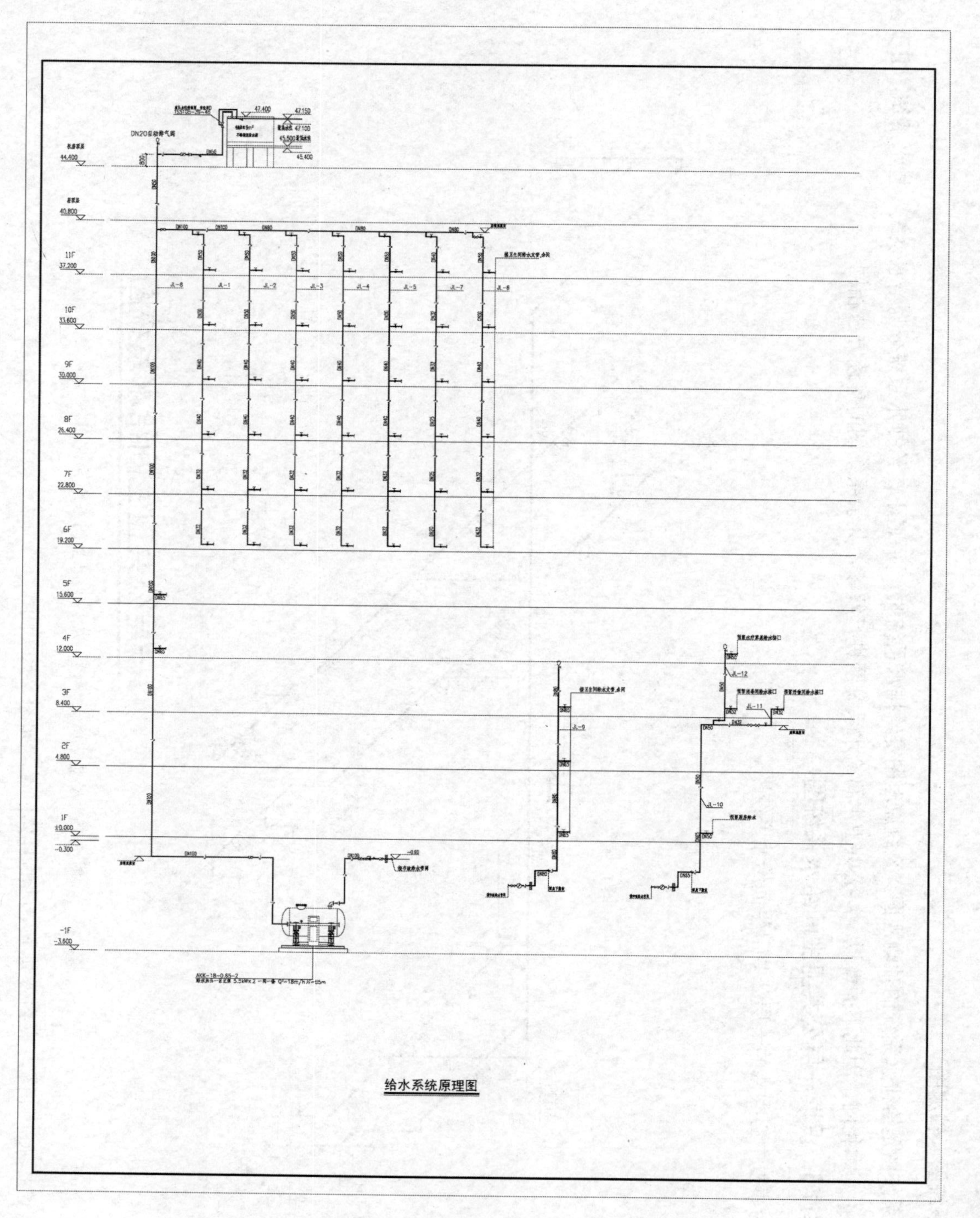

图 5-54　康复中心大楼的给水系统原理图

4．识读系统图（轴测图）

实际上，系统图是给排水系统的轴测视图（系统原理图是给排水系统的立面视图)。给排水系统分为给水系统和排水系统，由于各层的给排水系统布置基本相同，因此下面暂以一层公共卫生间给水系统图进行解读，其余系统图的解读方法相同。

【实例解读】：识读一层公共卫生间给水系统图

图 5-55 为康复中心大楼的一层公共卫生间给水系统图。

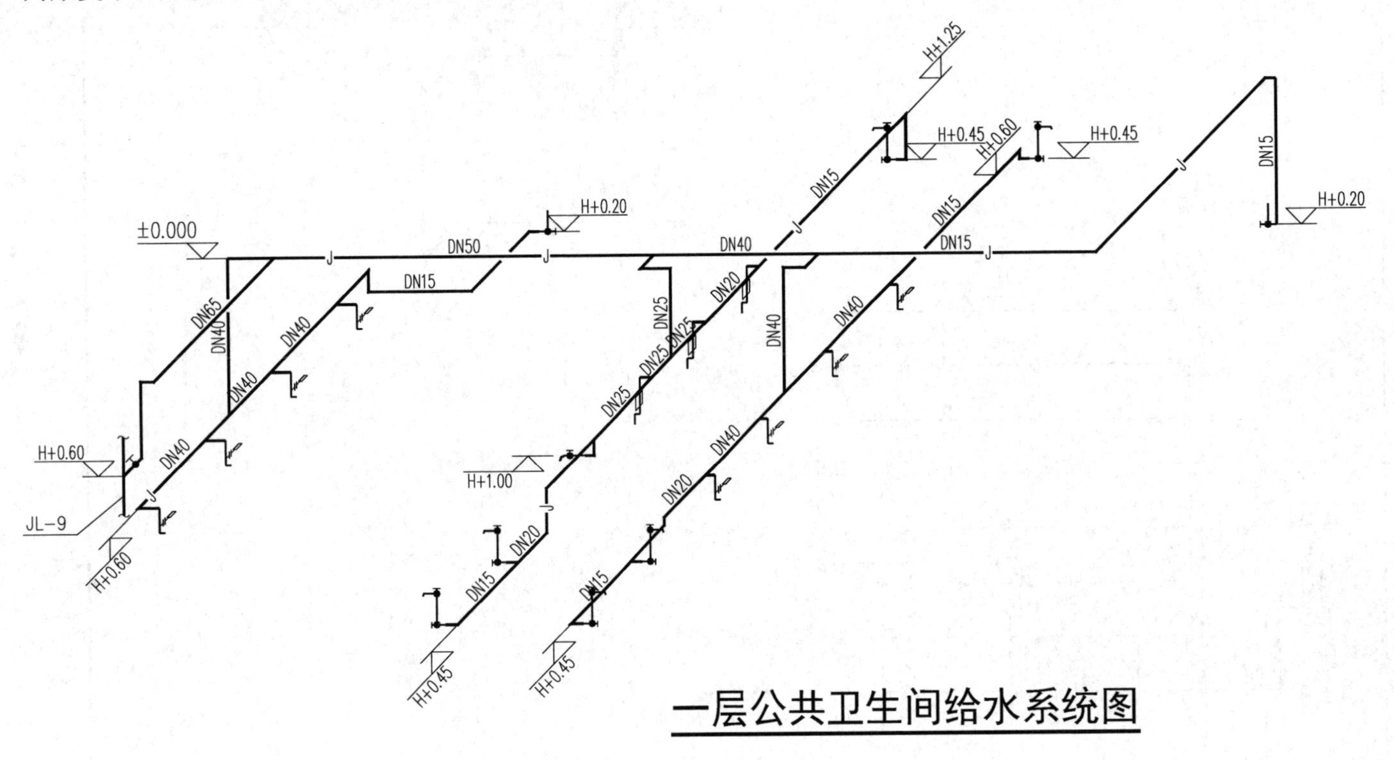

图 5-55　康复中心大楼的一层公共卫生间给水系统图

结合一层给排水平面图，找到公共卫生间的具体位置，如图 5-56 所示。

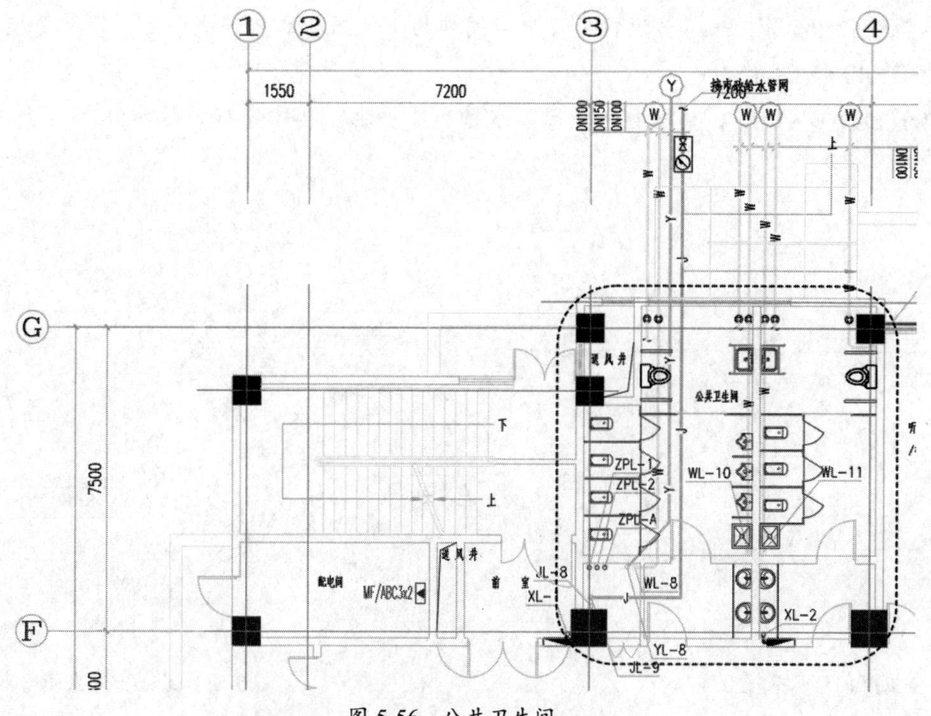

图 5-56　公共卫生间

识读图纸内容如下。

- 从一层给排水平面图和一层公共卫生间给排水系统图可知，公共卫生间位于平面图的左上角，公共卫生间分男女卫生间和盥洗室两部分，入门位置是盥洗室（未标识出）。卫生间中有蹲式便器和坐便器，男士卫生间中的坐便器是为残疾人准备的，配有洗手池。此外，男士卫生间中还配有小便池。给水管道为公共卫生间中的每个便池和洗手池输送用水，给水主管直接连通市政管网，覆土安装后进入一层，通过 JL-9 管道输送至 1F～5F。
- 看系统图。找到 JL-9 给水管道（在系统图的左侧，立管）并确定给水点，在标高为 H（此值须根据施工现场来确定）处接入一层公共卫生间，并安装截止阀控制给水，接入管道的管径为 DN65，接入给水管道后保持水管标高为 H+0.60（在 H 的基础上增加 0.60m）的位置水平布管，然后接分管（管径为 DN40）至男士卫生间的四个蹲式便器和残疾人士用的坐便器，如图 5-57 所示。

- 用 DN50 管径的给水管接 DN65 管，一部分通往男士卫生间中的小便器、水槽和洗手池，管径更换为 DN25；另一部分通往女士卫生间，管径依次变为 DN40 和 DN15。
- 在女士卫生间中，当管径为 DN40 时，依次接入便器、水槽和洗手池，具体分布如图 5-58 所示。

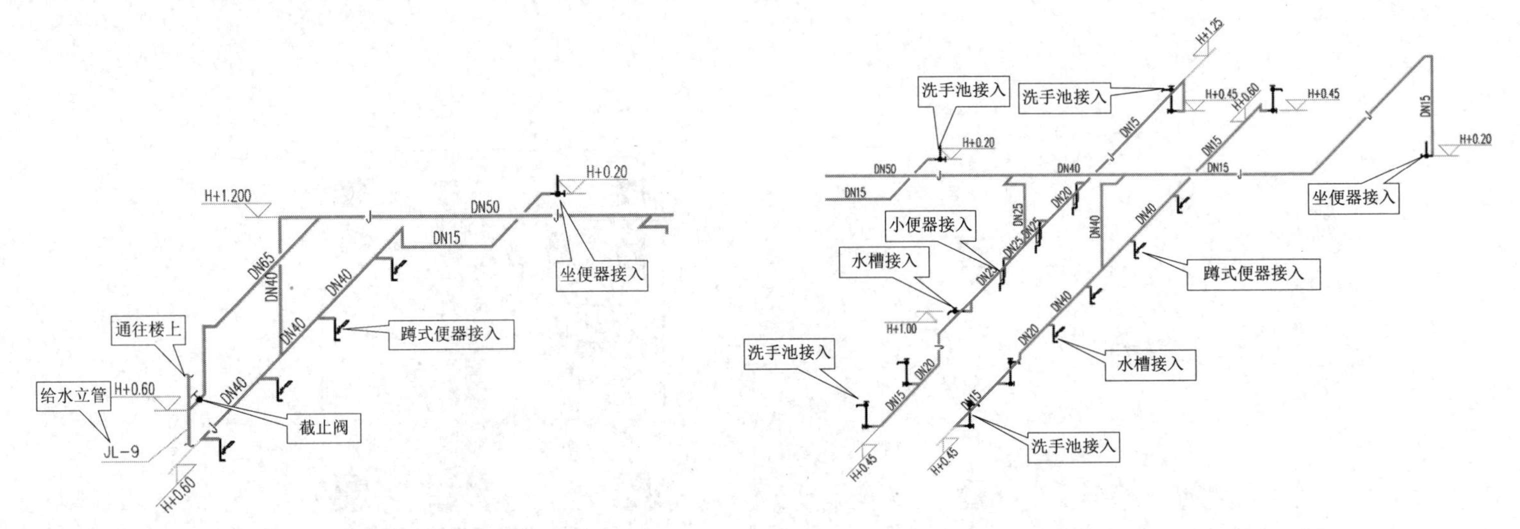

图 5-57　男士卫生间给水管道分布

图 5-58　男女士卫生间给水管道分布

5. 识读详图

给排水详图是在某些区域的给排水系统无法表达清楚时采取的图样放大的表示方法。例如，卫生间的给排水管道布置，由于房间小且布管多，不能在平面图或系统原理图中表达清楚，而以详图的形式即可表达清晰、完整。

【实例解读】：识读康复部 1#卫生间给排水详图

下面以康复中心大楼的康复部 1#卫生间给排水详图为例进行详细解读，其余详图识读方法与此相同。

图 5-59 为康复部 1#卫生间给排水详图。

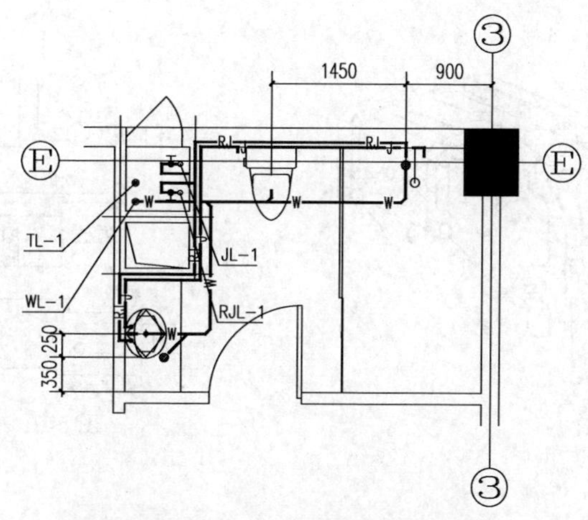

图 5-59　康复部 1#卫生间给排水详图

识读图 5-59 并结合给排水平面图可知，依据轴线编号可以确定康复部 1#卫生间在整栋大楼的 5F～11F 均有设置，具体位置在每层平面图的左下角。该卫生间布置有洗手池、坐便器及地漏等设备。

在 5F～11F 中，除了接入了给水系统，还接入了热水系统。卫生间产生的污水经由污水系统排出。

5.3　识读暖通施工图

暖通设计专业会细分为以下几个方向：采暖、供热、通风、空调、除尘和锅炉。由于国内地区温差大，南方和北方的暖通设计会有所不同：南方地区主要是通风和空调；北方地区除了通风、空调，还有采暖和供热。

就南方区域来说，最为常见的就是通风系统和中央空调系统，分别如图 5-60 和图 5-61 所示。

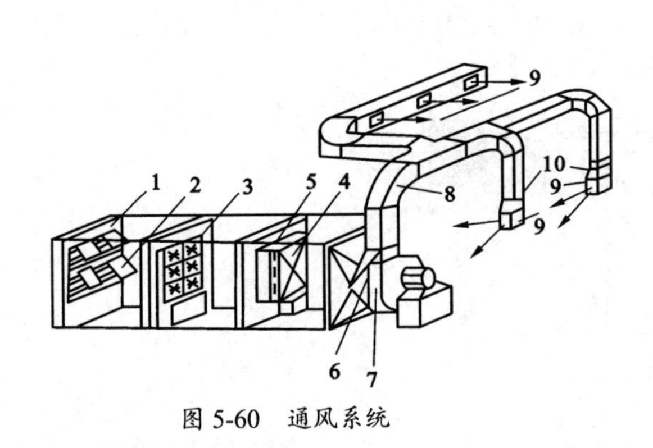

图 5-60　通风系统

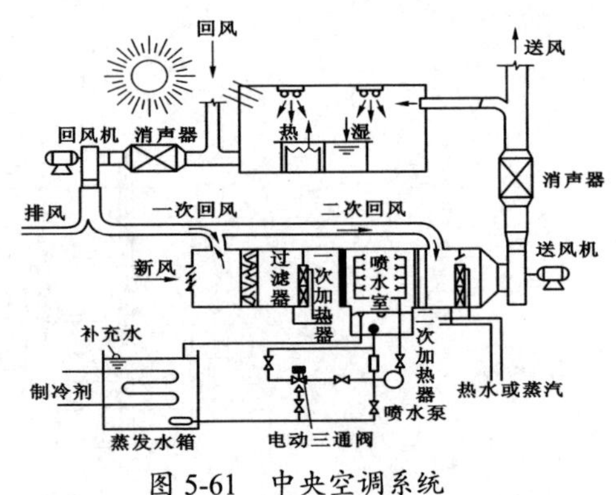

图 5-61　中央空调系统

5.3.1　暖通施工图的组成与内容

暖通施工图的图样与给排水施工图的图样大体相同，一般有设计说明、施工说明、图例、设备材料表、平面图、系统图、流程图、详图。

1．设计说明

设计说明包括设计概况、设计参数、冷热源情况、冷热媒参数、空调冷热负荷及负荷指标、水系统总阻力、系统形式和控制方法等内容。

2．施工说明

施工说明包括的内容有：使用管道、阀门附件、保温等的材料，系统工作压力和试压要求；施工安装要求及注意事项；管道容器的试压和冲洗等；标准图集的采用。

3．图例

图例是指用表格的形式列出该系统中使用的图形符号或文字符号，目的是使读图者容易读懂图样。

4．设备材料表

设备材料表一般要列出系统主要设备及主要材料的规格、型号、数量、具体要求。但是表中的数据一般只作为概算估计数，不作为设备和材料的供货依据。

5．平面图

暖通平面图中包含的内容有建筑轮廓、主要轴线、轴线尺寸、室内外地面标高、房间名称。

平面图上应标注风管和水管的规格、标高及定位尺寸，各类空调、通风设备和附件的平面位置，设备、附件、立管的编号。

6．系统图

对于小型空调系统，当平面图不能表达清楚时，要绘制系统图，且比例宜与平面图的比例一致，按 45°或 30°轴测投影绘制。系统图应绘出设备、阀门、控制仪表、配件、标注介质流向、管径及设备编号、管道标高。

7．流程图

对于大型空调系统，当管道系统比较复杂时，要绘制流程图（包括冷热源机房流程图、冷却水流程图、通风系统流程图等)。流程图可不按比例绘制，但管路分支应与平面图相符，且管道与设备的接口方向与实际情况相符。流程图应绘出设备、阀门、控制仪表、配件、标注介质流向、管径及立管、设备编号。

8．详图

暖通详图包括通风、空调、制冷设备等详图。

绘出通风、空调、制冷设备的轮廓位置及编号，注明设备和基础与墙或轴线的尺寸，连接设备的风管、水管的位置走向；注明尺寸、标高、管径。

5.3.2　识读暖通施工图实例

建筑暖通空调系统主要由采暖系统、通风系统和空调系统组成。南方地区常年气候暖和，气温比北方气温高，因此在南方建筑中只有通风系统和空调系统，而在北方建筑中则会安装采暖系统。下面以北方某地的山区别墅建筑为例，解读建筑采暖系统、通风系统和空调系统的平面图、系统图和详图。

1．识读暖通平面图

暖通平面图包括采暖平面图、通风平面图和空调平面图。在本例别墅建筑中，通风系统和空调系统都有降低室内温度的作用，从而达到调节室温的目的，因此将这两种暖通系统绘制在一张施工图图纸中。

采暖是北方地区的建筑中不可或缺的暖通设施，随着人们的生活水平越来越高，人们对自己的工作和生活环境要求也提高了。为了保证一年四季人们工作和生活的房间内都有舒适的温度，暖通空调工程向室内提供了一定的热量，满足了人们的要求。

中央空调的主要作用是调节室内温度，无论是炎热的夏天还是寒冷的冬天，都可以将室内温度控制在舒适的范围内。

通风系统具有送风系统和排风系统，通过置换的方式形成室内外循环，不仅可以将室内的污浊空气排出，还可以将过滤后的室外的新鲜空气送入室内，全面保证了室内的空气质量。另外，通风系统的运行功率一般较低，使用通风系统改善室内空气质量，相较于带新风功能的空调，更高效节能。

【实例解读】：识读采暖平面图

本例别墅建筑为地下一层、地上两层，总高度为9.1m，建筑面积为1717.14m²，建筑结构形式为钢筋混凝土框架结构。暖通设计图例如图5-62所示。

符号	说明	***X***	矩形风管 宽×高（mm）
	风机盘管		轴流风机
			双层百叶风口
lh	冷冻水回水管	（轴）混	流式管道风机
lg	冷冻水供水管		吊顶式排气扇
n	冷凝水管		风管软接头
	坡向		280°c防火阀
i=0.003	坡度		70°c防火阀
	采暖供水管	手动调节阀	电动调节阀
	采暖回水管		风管
.	顶标高或圆管中心标高	H+*.**	本层地坪起算的标高

图5-62　暖通设计图例

采暖系统管道的敷设包括采暖干管敷设和辐射采暖管敷设，这两种管道将分别在平面图中进行表达。图5-63为地下层采暖干管平面图。

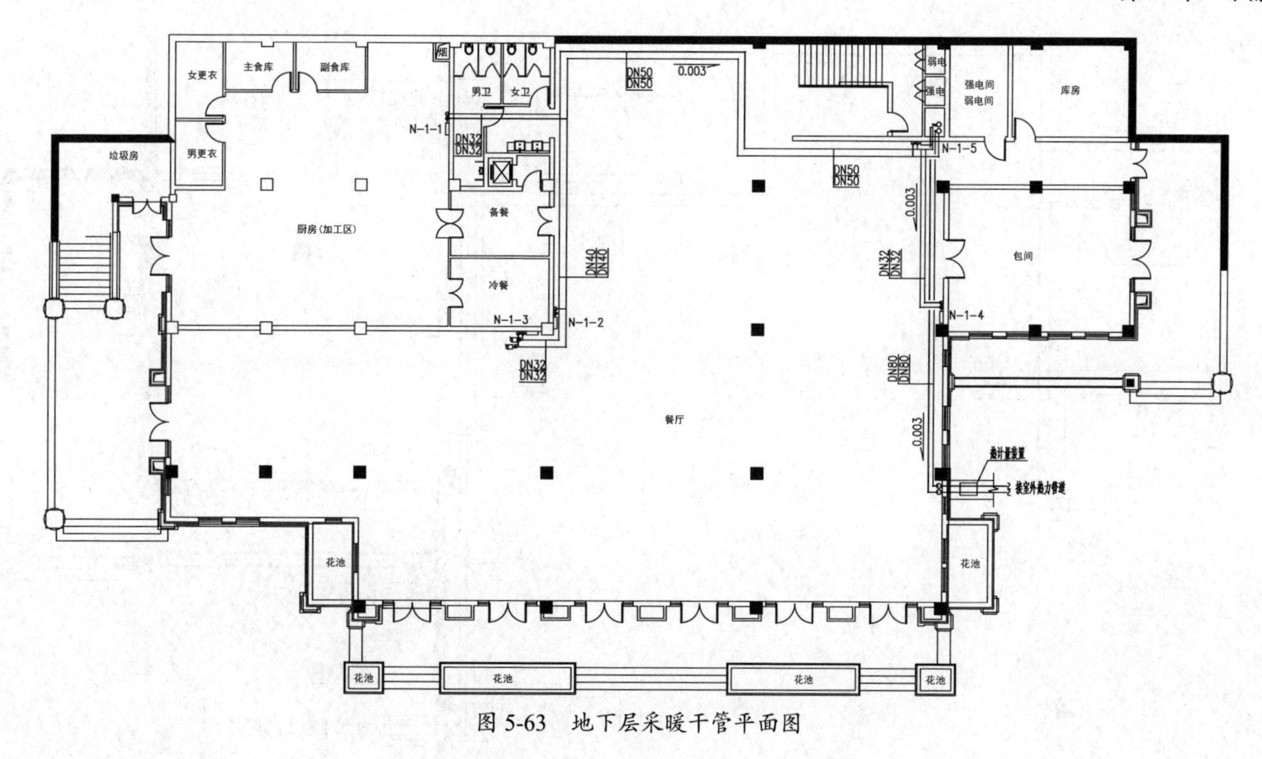

图 5-63　地下层采暖干管平面图

识读图纸内容如下。

- 首先从室外（花池旁）的热力管道接入暖供水管道，经过热计量装置接入室内。
- 暖回水管与暖供水管道并列安装，只是暖回水管从室内到室外按 0.003 的坡度进行安装。
- 暖供水管和暖回水管管径均为 DN80，每外接一分支管，其管径将依次减小。暖供水管和暖回水管沿着餐厅的墙边安装，在水管暗室中接立管通往一层和二层，如图 5-64 所示。
- 整个地下室安装有 5 台分集水器（编号为 N-1-1～N-1-5），用以敷设辐射采暖管。
- 在 N-1-3 分集水器的位置安装有自动排气阀，以保证采暖设备的安全。

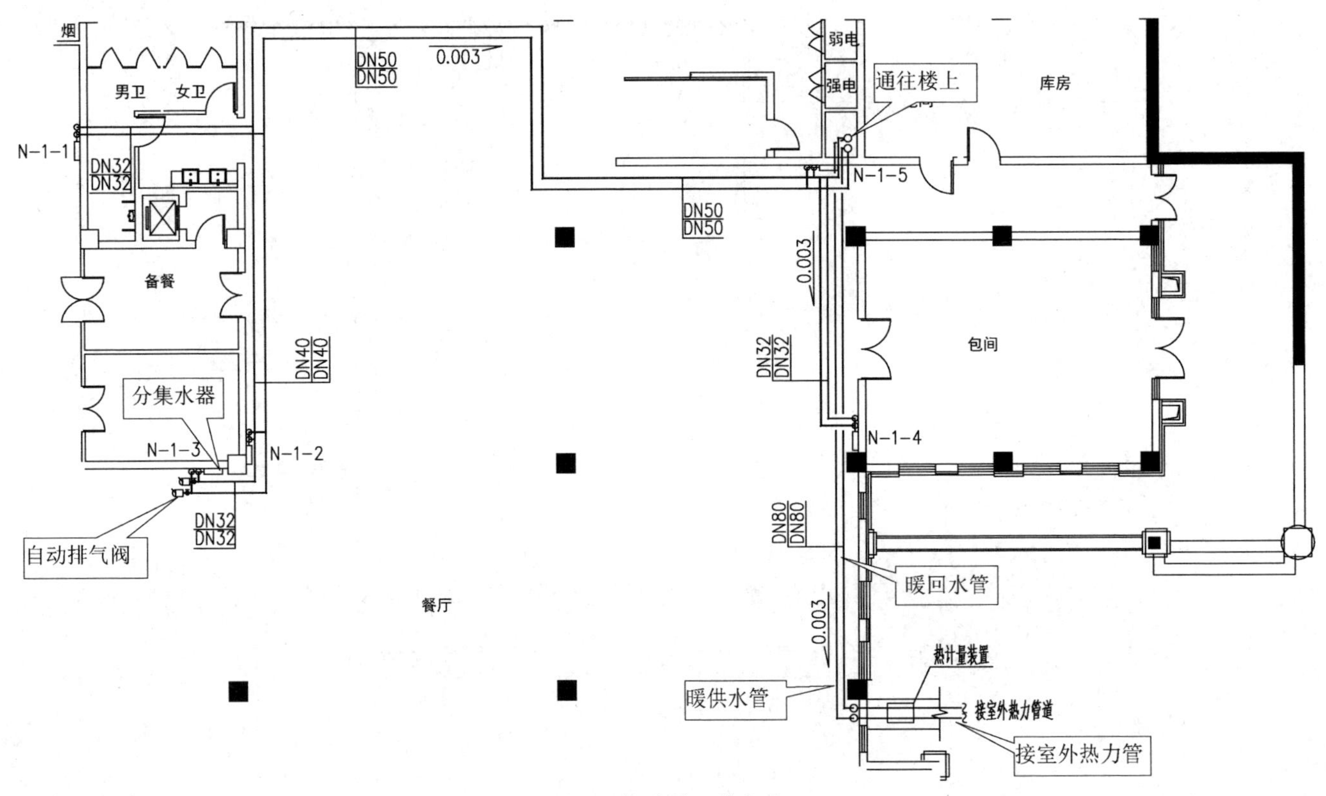

图 5-64　采暖干管布置

一层和二层的采暖干管的布置大致相同，这里不再赘述。

图 5-65 为一层地面辐射采暖平面图，反映的是一层地面辐射采暖管的敷设情况。在看此图时，须结合一层采暖干管平面图。一层采暖干管平面图反映的是采暖干管的接入点和分集水器的分布位置。辐射采暖管正是从分集水器接入和接出的。

在一层地面辐射采暖平面图中，每个房间均敷设有辐射采暖管，并注明了采暖管的管长、管安装间距和墙边距离参数等。

另外，还设置了地暖伸缩缝，这是地暖施工设计中非常重要的一部分。为了防止地面由于热胀冷缩而开裂，地暖填充层必须按照要求设置地暖伸缩缝，如图 5-66 所示。

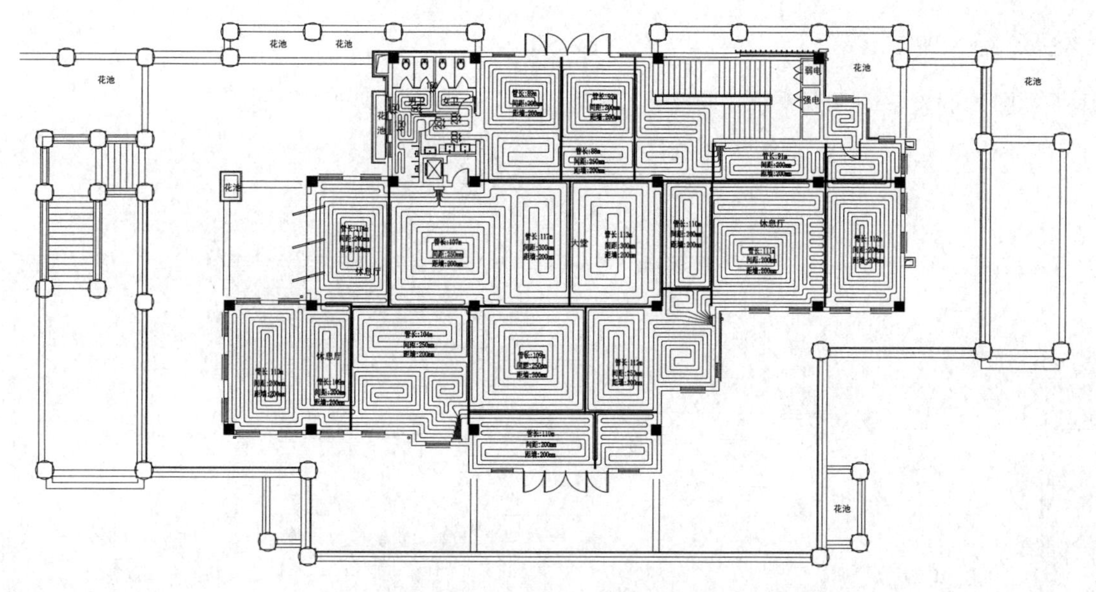

图 5-65　一层地面辐射采暖平面图

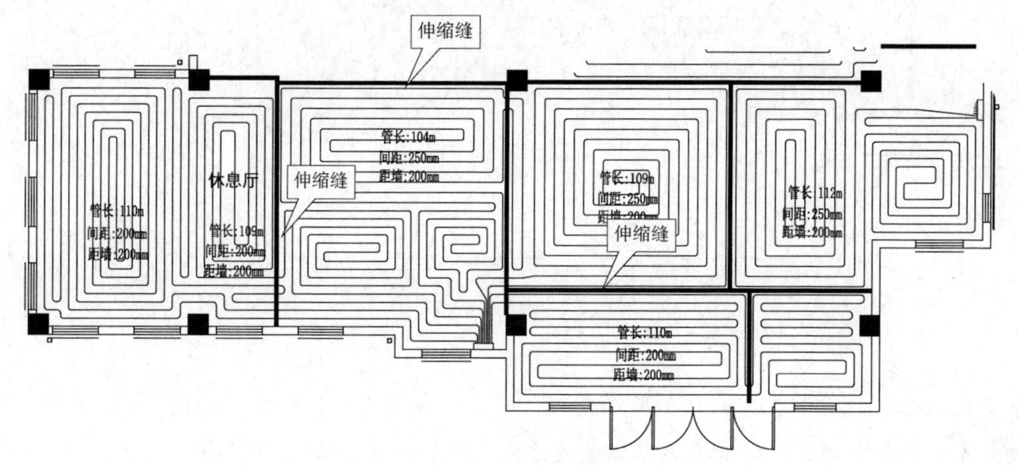

图 5-66　地暖伸缩缝

【实例解读】：识读空调通风平面图

这里以一层空调通风平面图为例来解读空调系统和通风系统。图 5-67 为一层空调通风平面图。

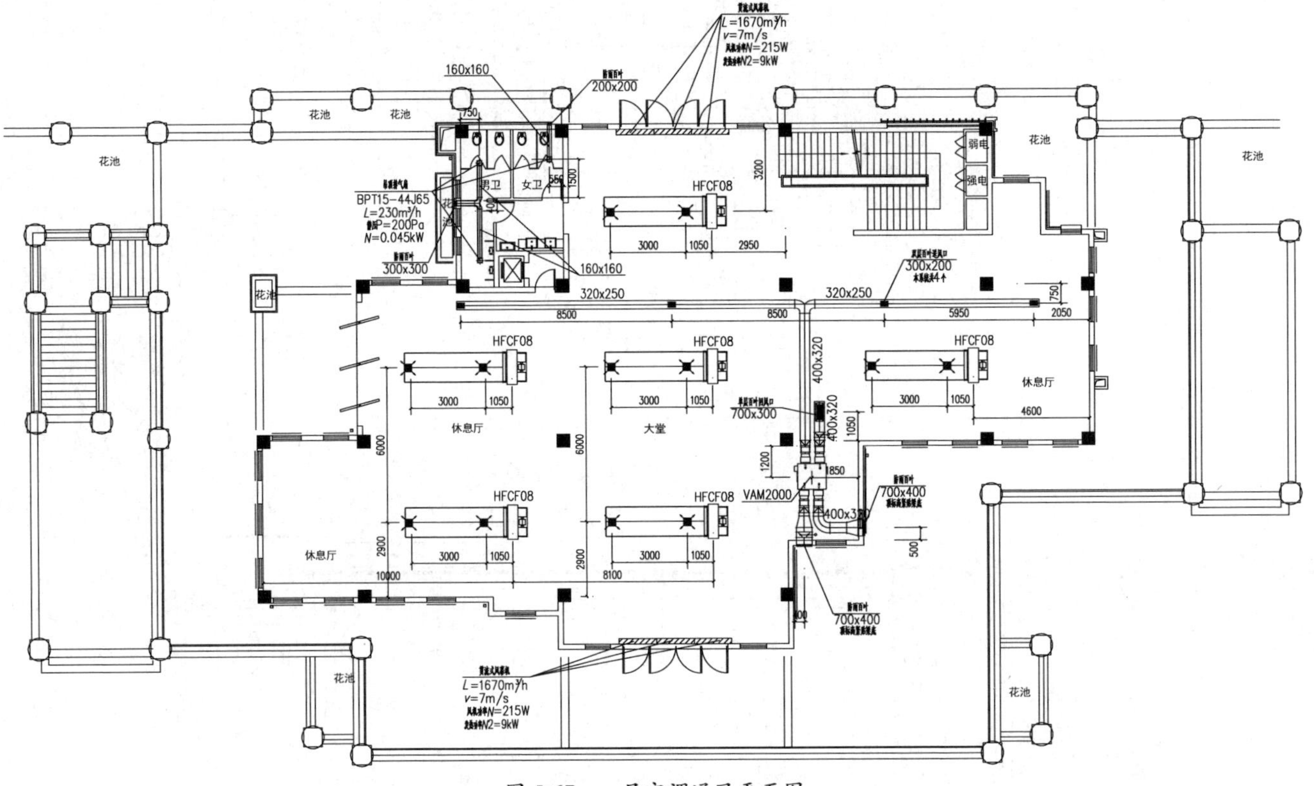

图 5-67　一层空调通风平面图

识读图纸内容如下。

- 整个一层的空调系统由六台风机盘管机组（包括风机盘管、送风管和送风口）组成，如图 5-68 所示。虽然连接风机盘管机组的空调水管管道（冷凝水管道、冷水回水管道和冷水供水管道）没有绘制出来，但结合空调系统图可以了解空调水管管道的布置情况。

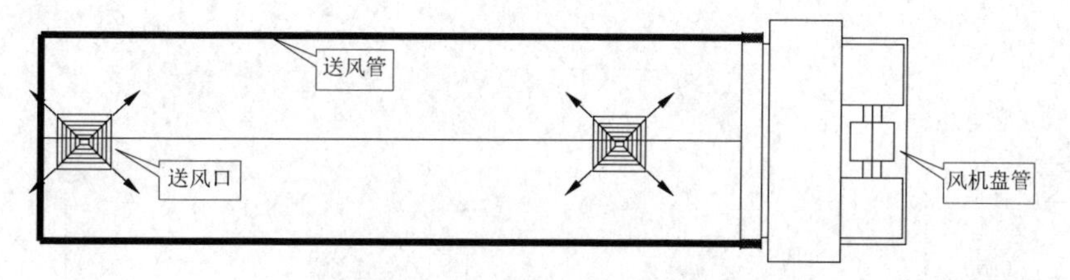

图 5-68　风机盘管机组的组成

- 通风系统由回风口、送风管、热交换器和通风口构成，如图 5-69 所示。

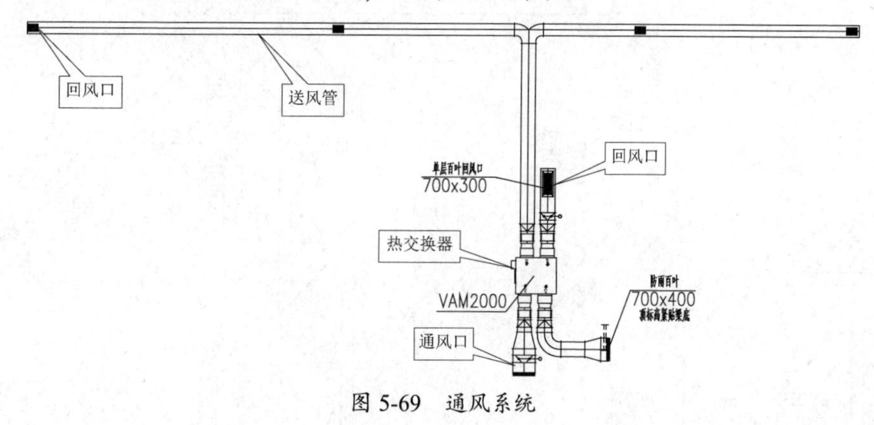

图 5-69　通风系统

2．识读暖通系统图

本例别墅建筑的暖通系统图包括采暖系统图和空调系统图。

【实例解读】

图 5-70 为采暖系统图。采暖系统图非常直观地反映了各层采暖设备和管道的布置情况，须结合各层采暖平面图交互查看。编号为 N-1-1 的分集水器表示负一层的第一台分集水器，编号为 N-2-3 的分集水器表示一层第三台分集水器。

图 5-71 为空调系统图，反映了负一层和一层空调系统的设备及管道的布置与安装情况。图中表达了负一层安装有两台风机盘管机组，一层安装有六台风机盘管机组。风机盘管机组之间由三条管道进行连接，包括冷凝水管道、冷水回水管道和冷水供水管道，并注出了各管道在不同路段中的管径。

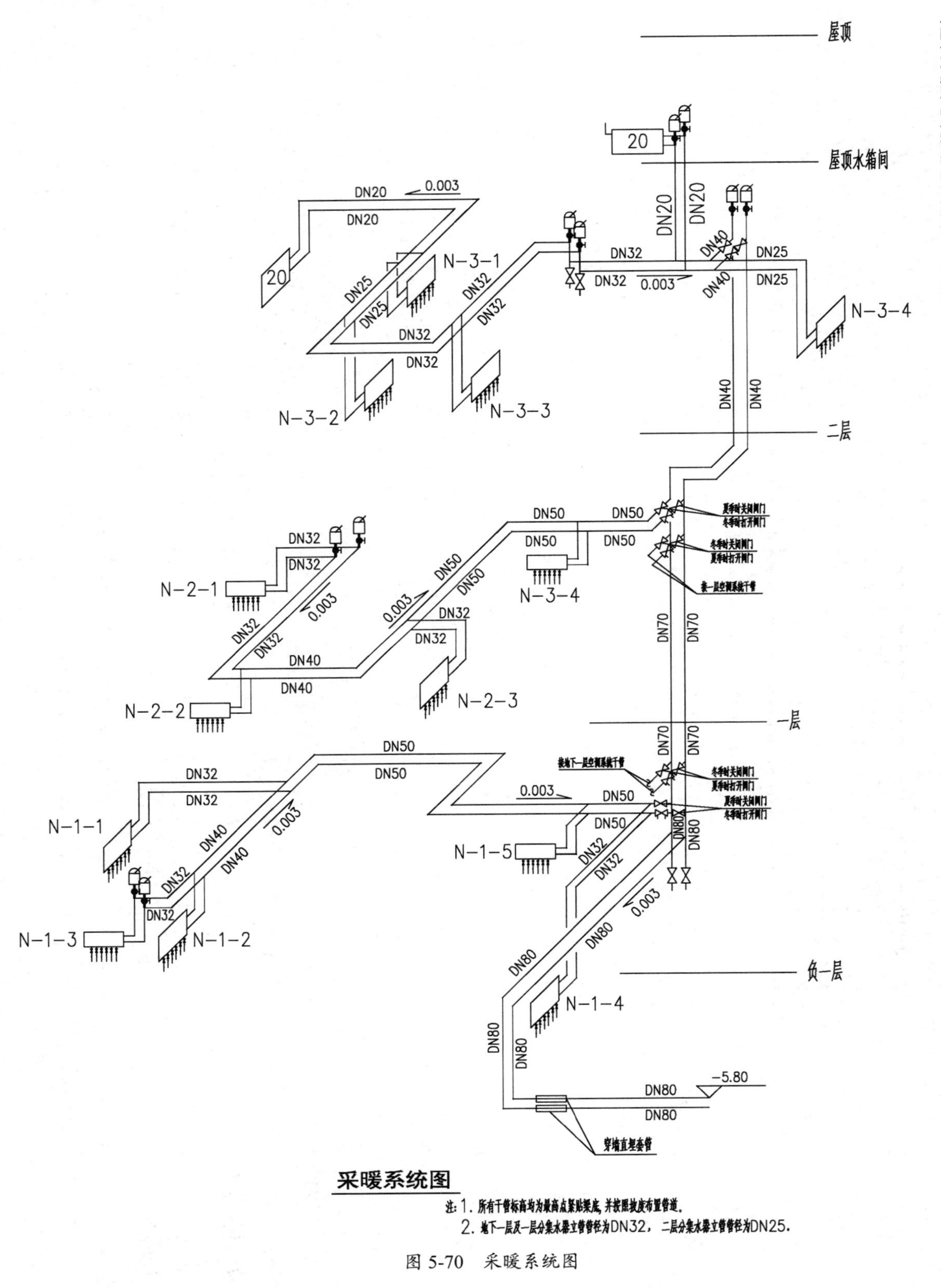
屋顶
屋顶水箱间
二层
一层
负一层
N−3−1
N−3−2
N−3−3
N−3−4
N−2−1
N−2−2
N−2−3
N−1−1
N−1−2
N−1−3
N−1−4
N−1−5
DN20
DN25
DN32
DN40
DN50
DN70
DN80
0.003
−5.80
20
夏季时关闭阀门
冬季时打开阀门
冬季时关闭阀门
夏季时打开阀门
接一层空调系统干管
接地下一层空调系统干管
穿墙直埋套管
采暖系统图
注：1. 所有干管标高均为最高点紧贴梁底，并按照坡度布置管道。
2. 地下一层及一层分集水器立管管径为DN32，二层分集水器立管管径为DN25.

图 5-70 采暖系统图

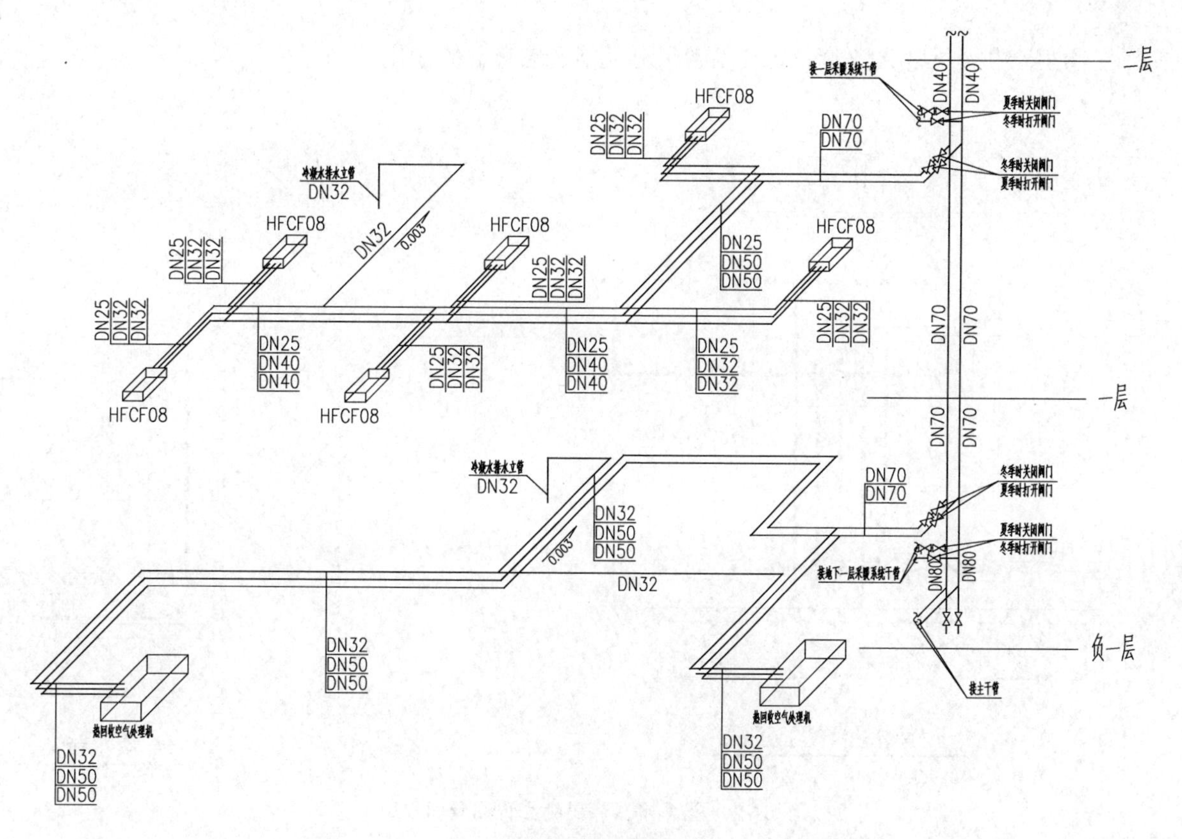

空调系统图

注：所有干管标高均为最高点紧贴梁底，并按照坡度布置管道。

图 5-71　空调系统图

3．识读暖通详图

图 5-72 为分/集水器详图的主视图和侧视图。详图中的分/集水器部分体现了空调水系统根据建筑功能设置的空调供回水环路。考虑到随室外气象参数的变化，不同功能建筑房间的空调负荷变化是不一样的，在回水管上设置温度计可以对不同环路的负荷情况有一个基本的

判断，并依据此判断调节分水器上供水环路的平衡阀，使其流量分配能适应负荷的变化。

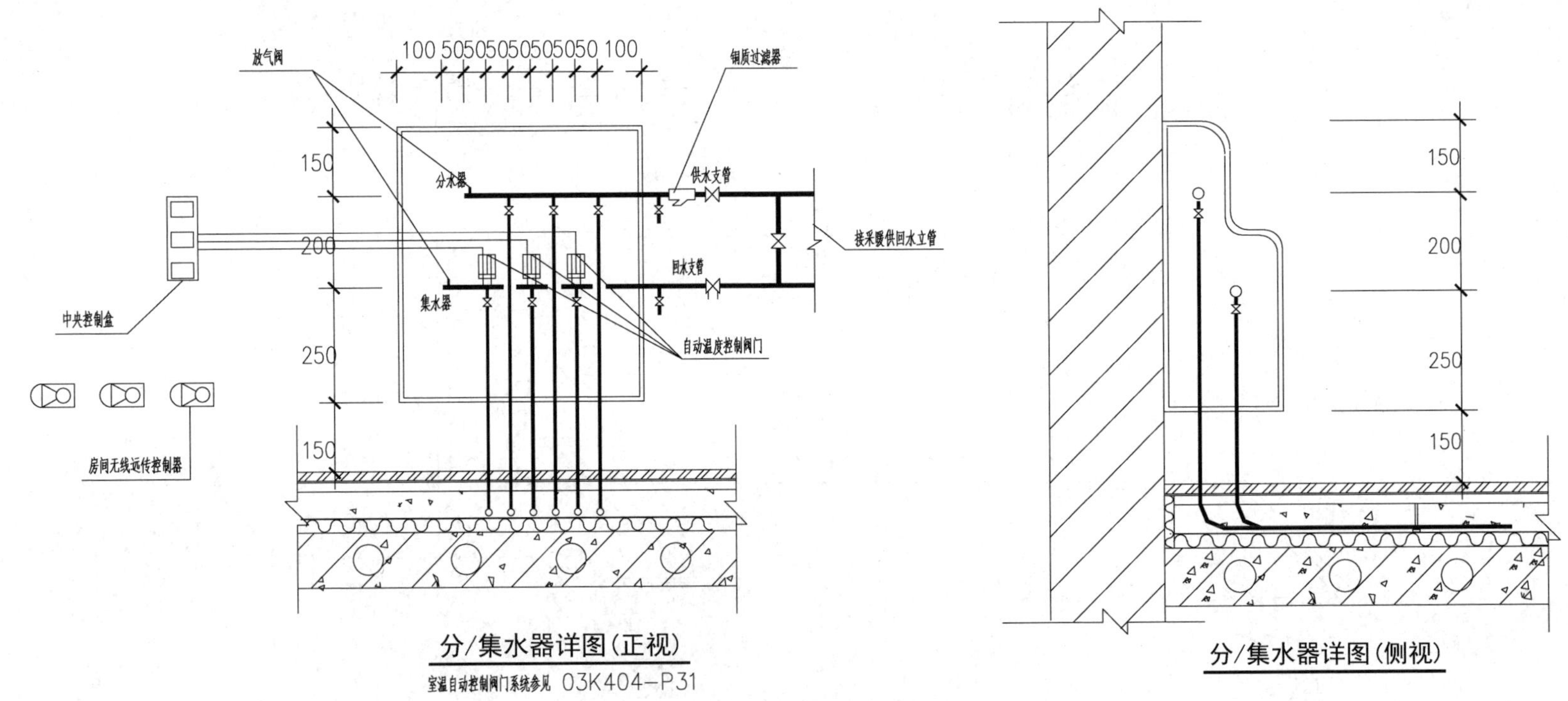

图 5-72　分/集水器详图的主视图和侧视图

第 6 章

BIM 建筑设计与制图

本章重点

（1）建筑项目介绍。
（2）浩辰云建筑 2018 的模型构建方法。
（3）创建工程的步骤。
（4）建筑模型的创建过程。

6.1 建筑项目介绍

本工程为拆迁安置店面房 E 区 6 号楼，建筑类型为底商住宅楼，地上六层，占地面积为 288m²，总建筑面积为 1679.8m²。本工程尺寸除标高以 m 为单位外，其余均以 mm 为单位，室内外高差 0.3m，卫生间标高比相应楼面低 0.05m。设计使用年限为 50 年、建筑结构的安全等级为二级、Ⅲ类建筑，抗震不设防、屋面防水等级三级、耐火等级二级、防雷类别为三类。

图 6-1 为拆迁安置店面房实景效果图。

图 6-1　拆迁安置店面房实景效果图

图 6-2 为Ⓒ～Ⓐ立面图；图 6-3 为①～⑪立面图。

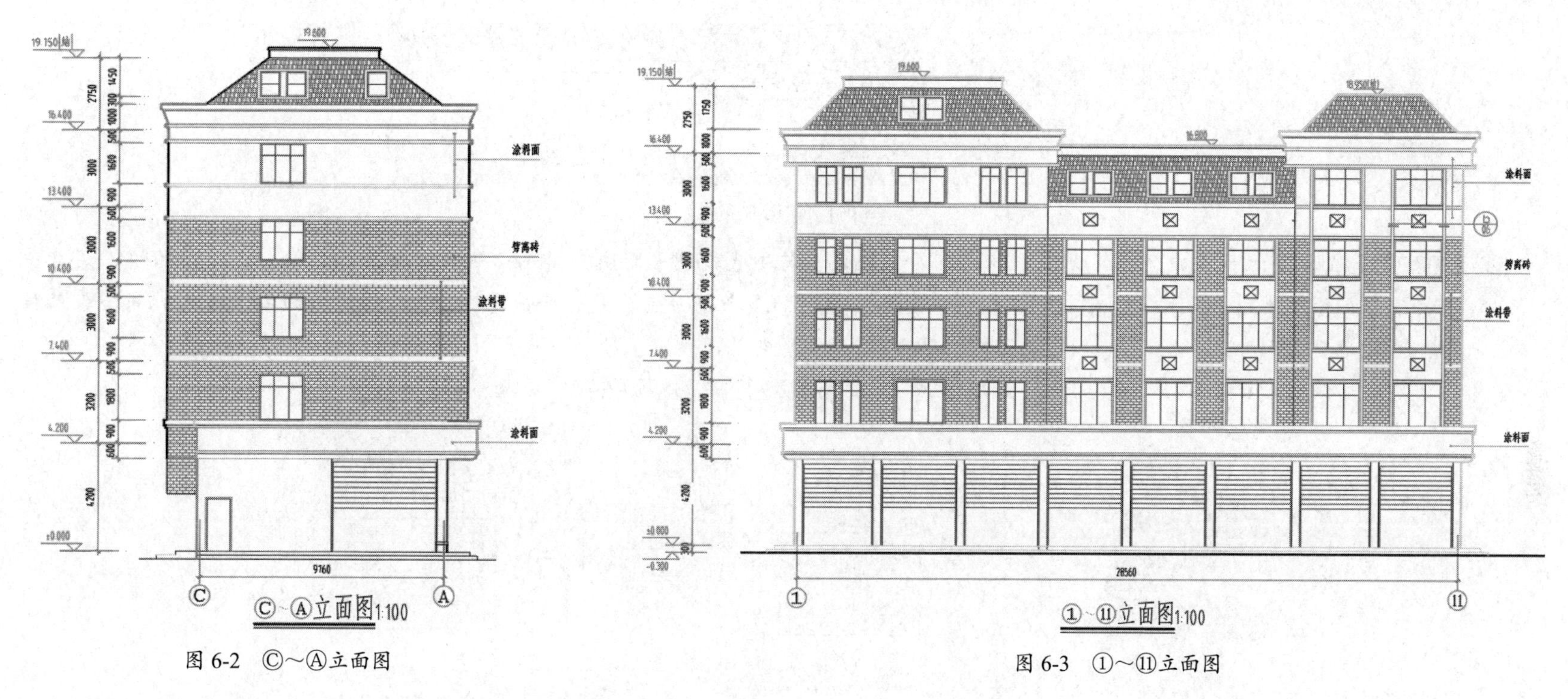

图 6-2　Ⓒ～Ⓐ立面图

图 6-3　①～⑪立面图

下面以安置房的一层建筑与结构设计为例来详解浩辰云建筑 2018 的三维建模操作的全过程。

6.2　创建工程

① 启动浩辰云建筑 2018（同时启动了 AutoCAD 2018）。

② 在【工程管理】工具箱中选择【新建工程】命令，弹出【新建工程】对话框，然后在该对话框中输入工程名称（拆迁安置店面房-5#楼），单击【确定】按钮完成工程的创建，如图 6-4 所示。

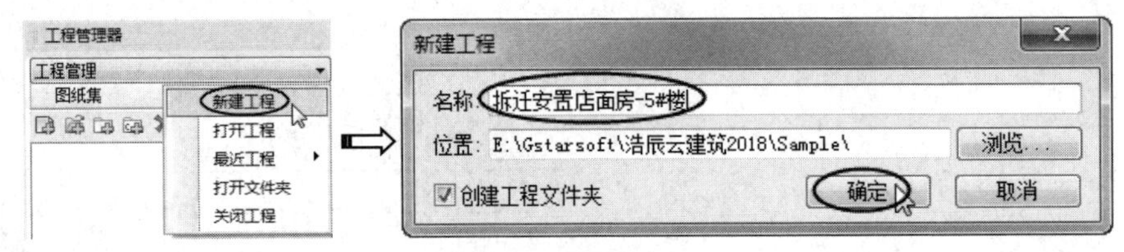

图 6-4 创建新工程

③【图纸集】工具下拉列表中列出了新工程的所有图纸列表。首先选中【平面图】类别；然后单击鼠标右键，在弹出的快捷菜单中选择【添加图纸】命令，从本例素材源文件夹中选择要打开的多个平面图；最后单击【打开】按钮将平面图图纸添加到当前工程中，如图 6-5 所示。

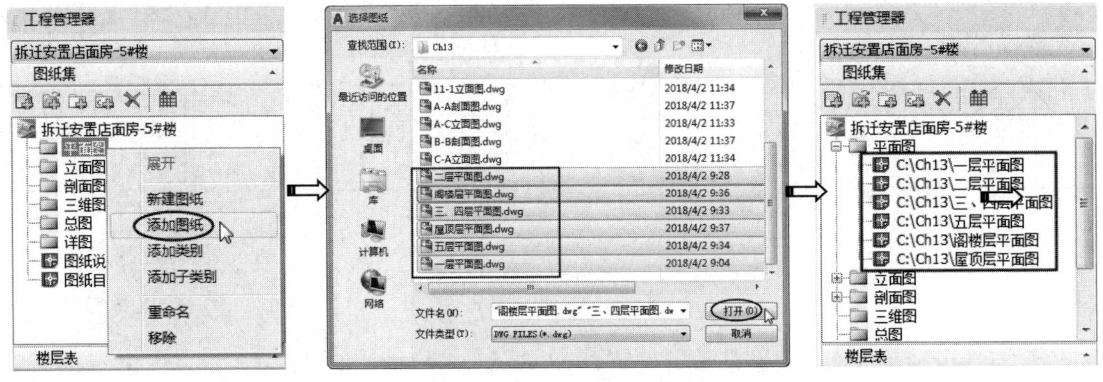

图 6-5 添加多个平面图图纸

④ 同理，分别在【立面图】、【剖面图】和【详图】类别中添加各自的图纸。

6.3 建筑模型设计

本例建筑模型包括建筑结构设计部分和建筑设计部分。其中，建筑结构设计部分包括墙体、门窗、结构柱、结构梁及结构楼板的绘制；建筑设计部分包括楼梯、台阶及散水的设计。

6.3.1　绘制墙体

① 在【平面图】类别中打开一层平面图，在软件窗口中单独打开一层平面图图纸，如图 6-6 所示。

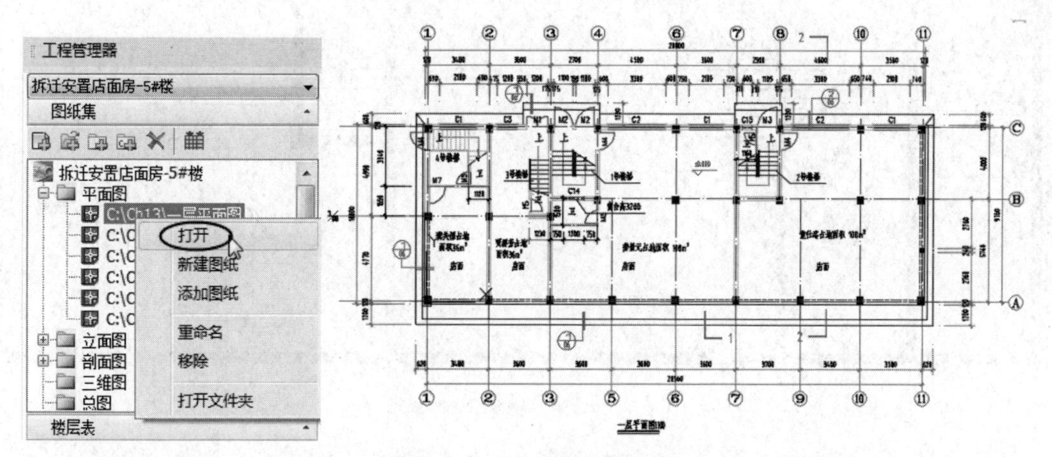

图 6-6　打开一层平面图图纸

② 在【建筑设计】工具箱中的【墙体】下拉列表中，单击【绘制墙体】按钮 绘制墙体，弹出【绘制墙体】对话框，在该对话框中设置墙体参数，然后参照一层平面图捕捉轴线绘制宽度为 200mm、高度为 4200mm 的矩形外墙，如图 6-7 所示。

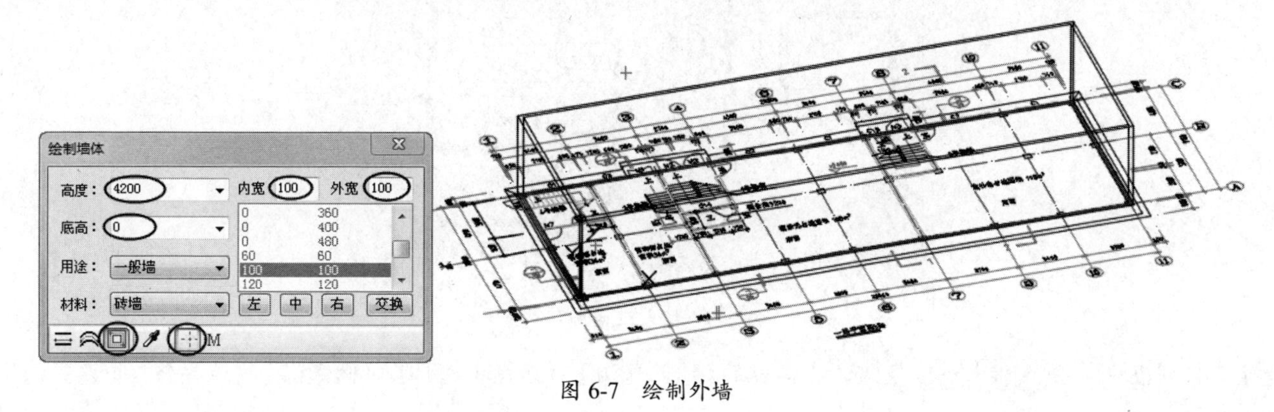

图 6-7　绘制外墙

③ 在【绘制墙体】对话框中单击【绘制直墙】按钮，然后在外墙内部绘制 200mm 的内墙，如图 6-8 所示。

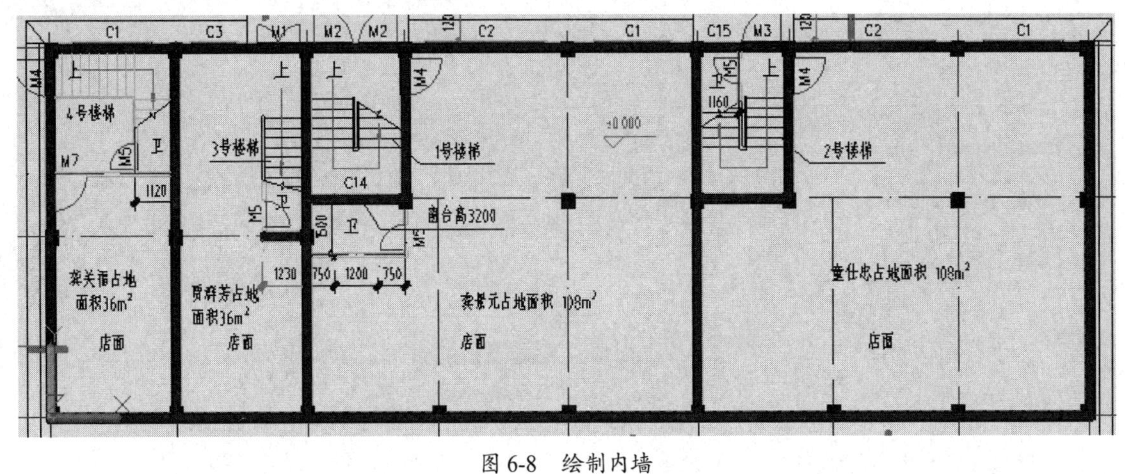

图 6-8　绘制内墙

④ 在【绘制墙体】对话框设置砖墙宽度为左宽 60mm、右宽 60mm，然后继续绘制内部的卫生间墙体，如图 6-9 所示。

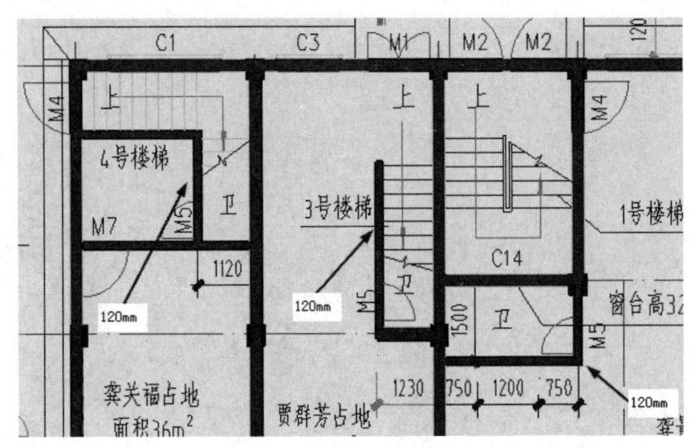

图 6-9　绘制卫生间墙体

⑤ 在【墙体】下拉列表中单击 墙柱保温 图标，在弹出的【墙柱保温】对话框中选择【双侧保温】单选按钮，并设置保温层厚为 20mm，

然后选择所有 200mm 宽的墙体并为其添加保温层（选取要加厚的墙体后按 Enter 键确认），如图 6-10 所示。

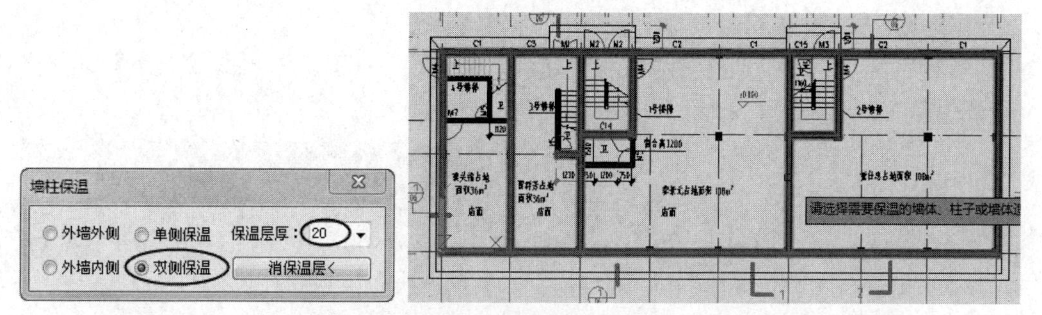

图 6-10　为 200mm 宽的墙体添加保温层

6.3.2　绘制门窗

在绘制门窗时，请打开本例源文件“建筑设计总图.dwg”，查看门窗表，如图 6-11 所示。

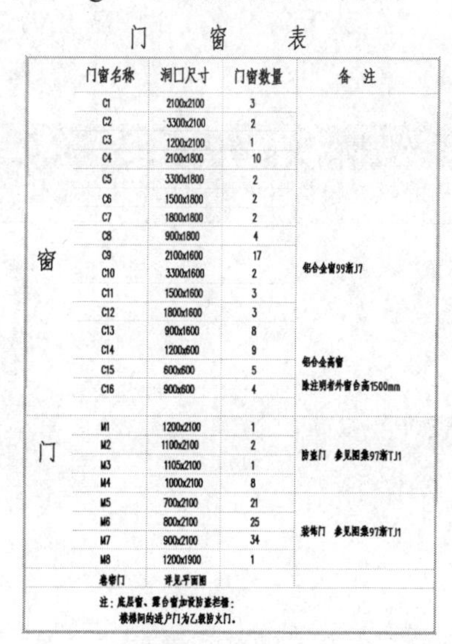

门　窗　表

	门窗名称	洞口尺寸	门窗数量	备注
窗	C1	2100x2100	3	
	C2	3300x2100	2	
	C3	1200x2100	1	
	C4	2100x1800	10	
	C5	3300x1800	2	
	C6	1500x1800	2	
	C7	1800x1800	2	
	C8	900x1800	4	
	C9	2100x1600	17	铝合金窗99浙J7
	C10	3300x1600	2	
	C11	1500x1600	3	
	C12	1800x1600	3	
	C13	900x1600	8	
	C14	1200x600	9	
	C15	600x600	5	铝合金高窗
	C16	900x600	4	除注明者外窗台高1500mm
门	M1	1200x2100	1	
	M2	1100x2100	2	防盗门　参见图集97浙TJ1
	M3	1105x2100	1	
	M4	1000x2100	8	
	M5	700x2100	21	
	M6	800x2100	25	装饰门　参见图集97浙TJ1
	M7	900x2100	34	
	M8	1200x1900	1	
	卷帘门	详见平面图		

注：底层窗、露台窗加设防盗栏栅；
楼梯间的进户门为乙级防火门。

图 6-11　门窗表

① 在一层建筑中有 M1～M5 及 M7 标记门，还有 C1、C2、C3 与 C15 标记窗。首先创建 M1 标记门，在【门窗】下拉列表中单击【门窗】按钮门　窗，弹出【门】对话框。

② 在【门】对话框中设置门编号及参数，然后单击【二维门样式】图例，并在随后弹出的【图库】窗口中双击【门口线居中双开门】样式，如图 6-12 所示。

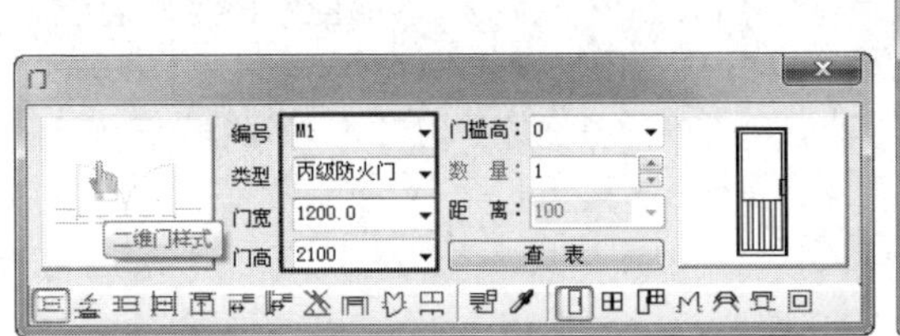

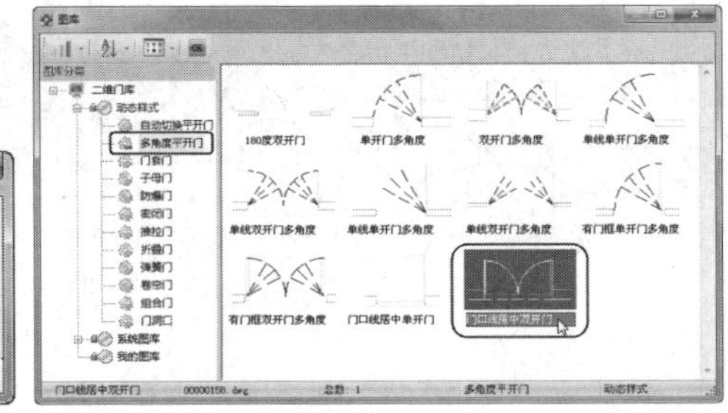

图 6-12　设置门参数并选择门样式

③ 返回【门】对话框，以【自由插入】的插入方式将门放置到图纸中 M1 标记的位置，如图 6-13 所示。按 Shift 键+中键可以旋转视图预览三维门放置的情况，如图 6-14 所示。

技巧点拨：

如果插入门和窗后却看不见它们，或者连墙体都看不见，则可以在俯视图中选择看不见的墙体（但能选中），再按 Esc 键退出，即可恢复门窗的显示。

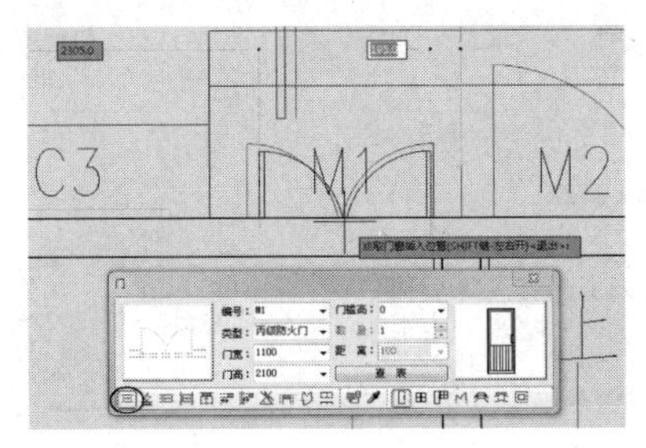

图 6-13　放置门

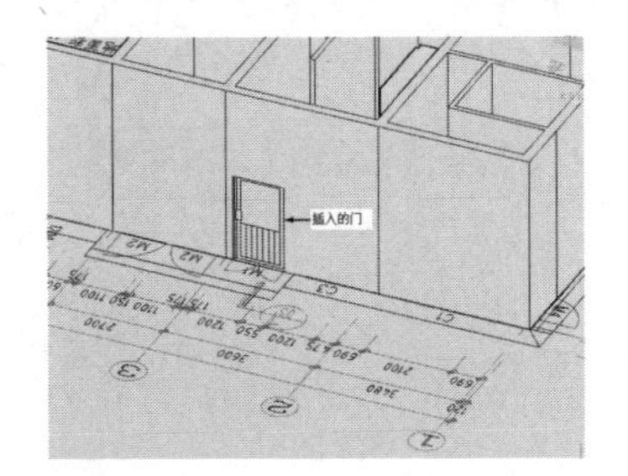

图 6-14　三维门放置的情况

④ 切换到俯视图，通过【门】对话框依次将其余门和窗插入图纸中的相应位置。其中，M1～M4 为防盗门；M5～M7 为装饰门。

6.3.3　绘制结构柱、结构梁及结构楼板

本例工程项目主体属于砖混结构。但为了简化操作，并没有在地坪层及地下层设计结构。第一层空间主要是店面，砖墙墙体除每户隔开处需要存在外，其余都是空的，因此需要绘制结构柱与结构梁，以支撑第二层的楼板及墙体。其中，结构柱的尺寸为 350mm×400mm。

在绘制结构柱与结构梁时，可以参照本例素材源文件夹中的“结构设计总图.dwg”中的“4.150 层结构平面图”。

① 在【柱梁板】下拉列表中单击【标准柱】按钮 标准柱 ，弹出【标准柱】对话框。

② 在【标准柱】对话框中设置标准柱参数，然后依次将结构柱放置在轴线相交点位置，如图 6-15 所示。

技巧点拨：

放置结构柱后，如果没有与图纸中的柱子重合，则需要使用【移动】工具进行移动。

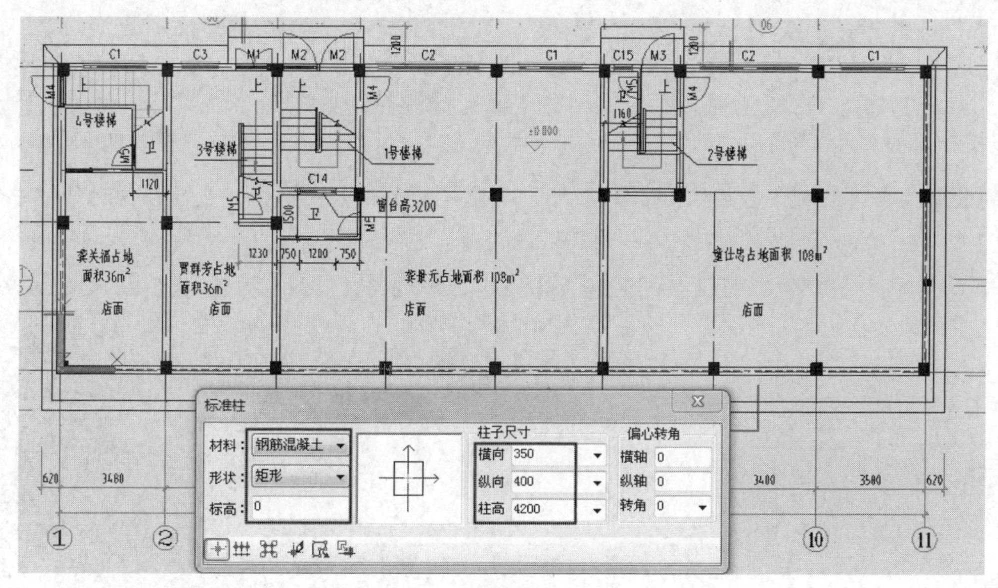

图 6-15　放置结构柱

③ 修改 200mm 宽的墙的高度。选中所有 200mm 宽的墙，然后在【特性】选项板中修改墙体的高度（4200mm）为 3800mm，这是为

了给墙上的梁（尺寸为 250mm×400mm）留出标高位置，如图 6-16 所示。

④ 同理，再修改 120mm 宽的卫生间墙体的高度（4200mm）为 3950mm，这是为了给墙上的梁（尺寸为 250mm×250mm）留出标高位置，如图 6-17 所示。

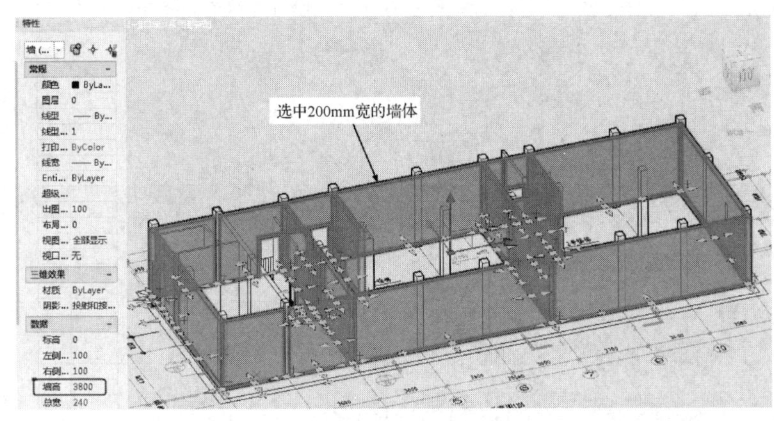

图 6-16 修改 200mm 宽的墙体高度

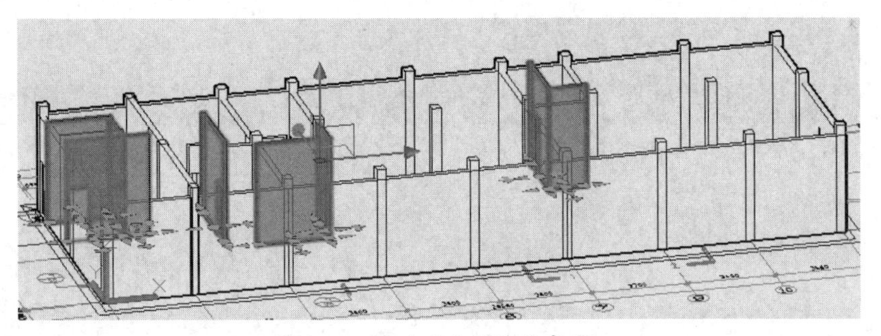

图 6-17 修改卫生间墙体高度

⑤ 在【柱梁板】下拉列表中单击【绘制梁】按钮 绘制梁 ，弹出【绘制梁】对话框，然后在该对话框中设置相应的参数，如图 6-18 所示。

⑥ 在 200mm 宽的墙体及房间中无墙体的轴线上绘制 250mm×400mm 的结构梁，其绘制方法与墙体的绘制方法相同，结果如图 6-19 所示。

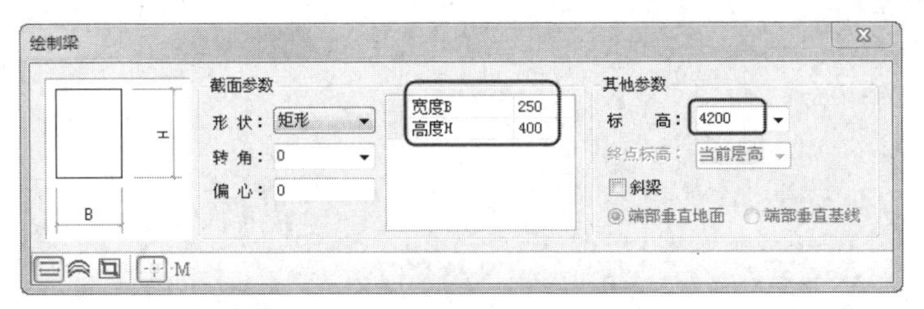

图 6-18 设置梁参数

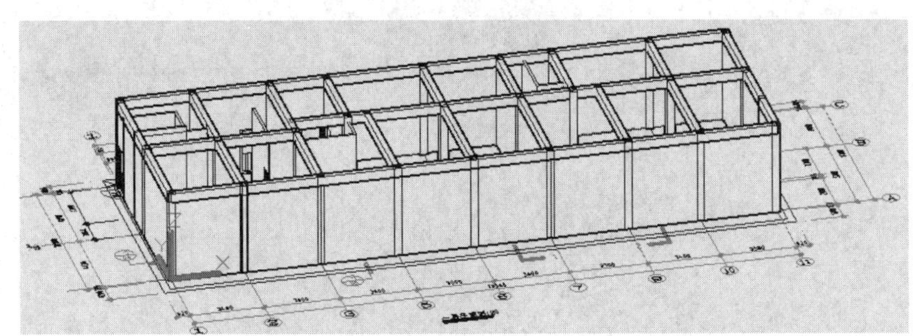

图 6-19 绘制 250mm×400mm 的结构梁

⑦ 同理，设置卫生间墙体上的结构梁尺寸为 250mm×250mm，然后绘制 1 号楼梯旁边的卫生间结构梁，如图 6-20 所示。其他卫生间是根据楼梯来设计的，其墙体顶部需要与楼梯斜板相交，将在楼梯设计完成后进行处理。

⑧ 根据“结构设计总图.dwg”中的“4.150 层结构平面图”绘制 250mm×400mm 的挑梁。首先在【轴网】下拉列表中单击【添加轴线】按钮 添加轴线，然后添加四条如图 6-21 所示的轴线。

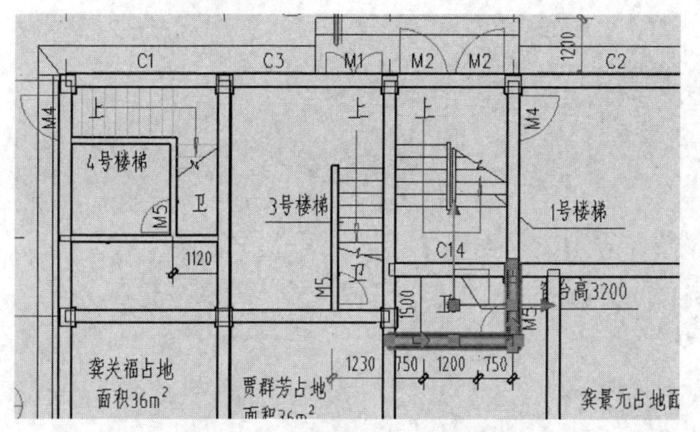

图 6-20　绘制卫生间结构梁

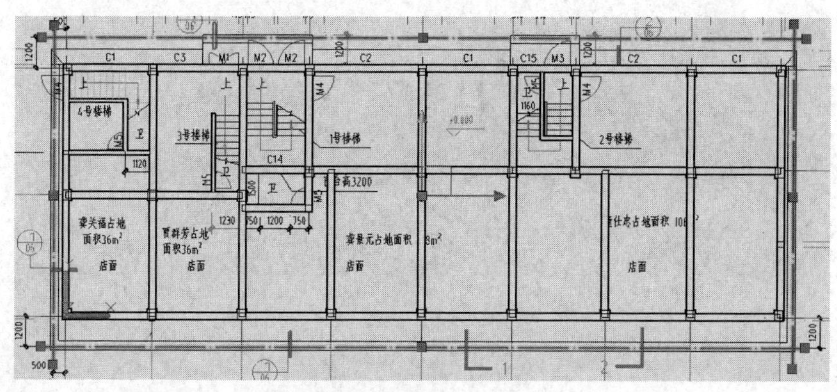

图 6-21　添加四条轴线

⑨ 在【柱梁板】下拉列表中单击【绘制梁】按钮 绘制梁，设置梁参数为 250mm×400mm，并绘制出如图 6-22 所示的挑梁。

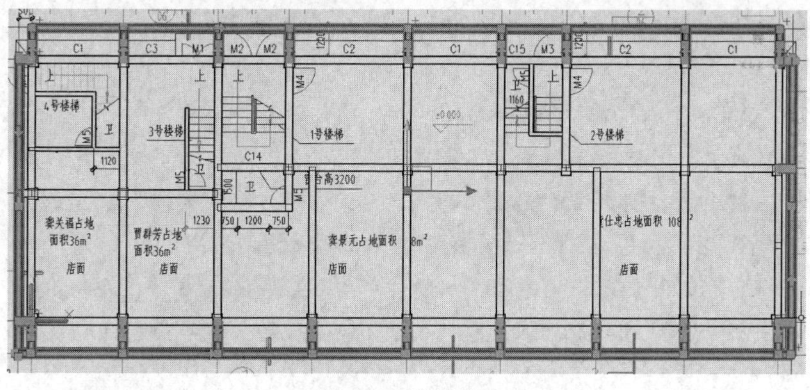

图 6-22　绘制挑梁

⑩ 在【柱梁板】下拉列表中单击【绘制楼板】按钮，弹出【绘制楼板】对话框。在该对话框中设置板厚为 200mm，【第一二点标高】为 0，然后参考 200mm 外墙内侧边来绘制楼板边界，随后系统会自动创建地坪层楼板，如图 6-23 所示。

⑪ 同理，在【绘制楼板】对话框中设置楼板标高为 4200mm，然后绘制出一层楼板，如图 6-24 所示。

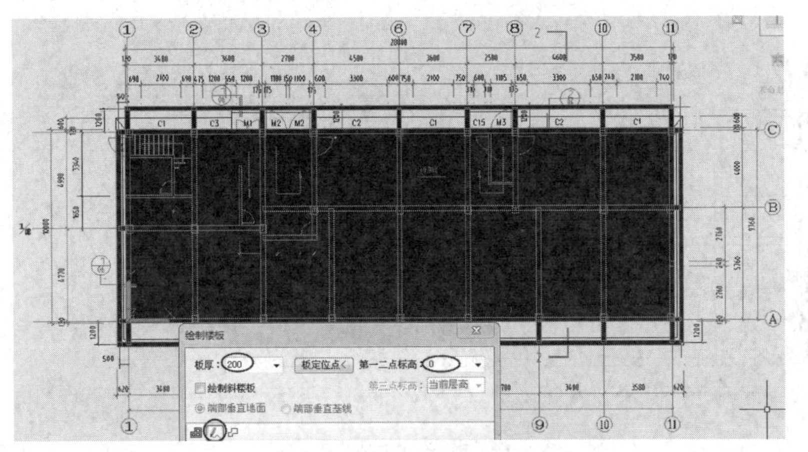

图 6-23 创建地坪层楼板

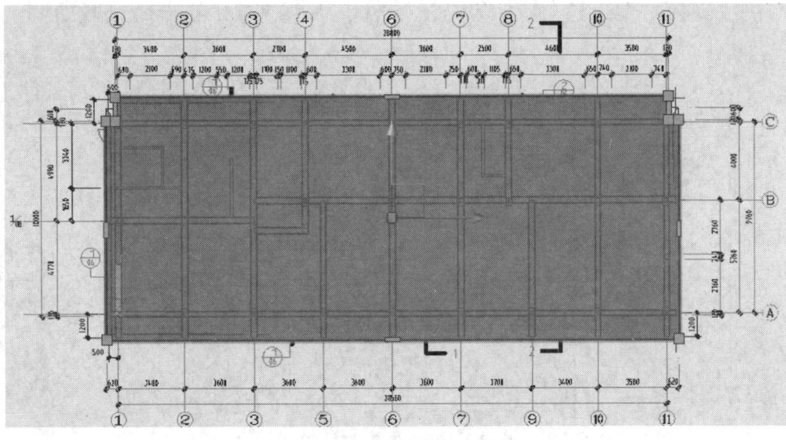

图 6-24 绘制一层楼板

6.3.4 楼梯设计

（1）设计 1 号楼梯。

① 为了便于显示并设计楼梯，暂时选中一层楼板，然后在软件窗口底部的状态栏中单击【隔离对象】按钮，在弹出的下拉列表中选择【隐藏对象】命令，将楼板隐藏。

② 首先设计 1 号楼梯。设计楼梯需要打开“建筑设计总图.dwg”图纸中的“1 号，2 号，5 号楼梯详图，坡屋面斜窗大样”图纸（此图纸也是前面图纸集中的“*A-A* 剖面图”）。图 6-25 为 1 号楼梯一层的平面图与剖面图。

③ 在【建筑设计】工具箱的【楼梯其他】下拉列表中单击【双跑楼梯】按钮，弹出【双跑楼梯】对话框。从上面的楼梯剖面图可以知道，标高位置为 0.970～4.200m 是标准双跑楼梯。0.970m 标高以下单独设计直线楼梯接楼梯平台。因此在【双跑楼梯】对话框中设置如图 6-26 所示的参数。

技巧点拨：

可以单击【梯间宽】按钮，然后在一层平面图中测量楼梯间宽度+两侧墙体的总宽度，如图 6-27 所示。那么为什么要加两侧墙呢？这是因为楼梯平台将延伸出外墙直至对齐挑梁边，平台上还要砌砖且稍后还要修改楼梯间的梁和墙体。

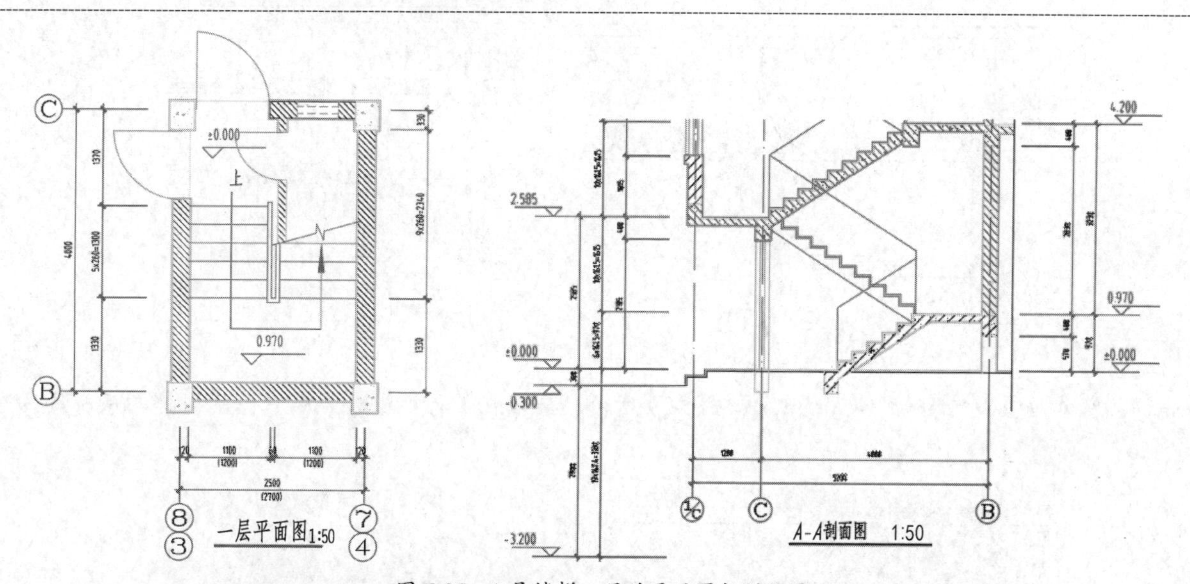

图 6-25　1 号楼梯一层的平面图与剖面图

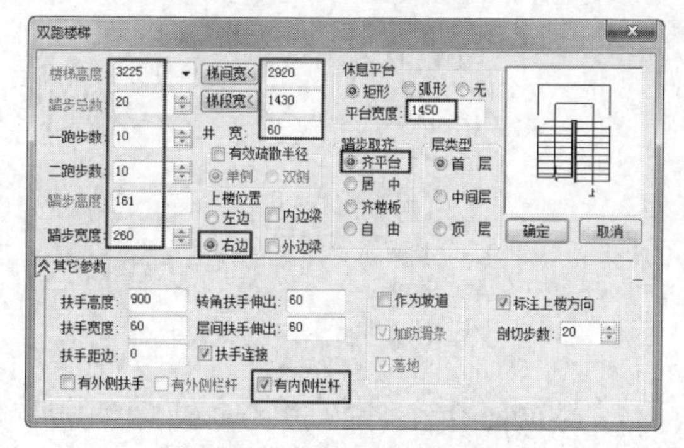

图 6-26　设置双跑楼梯参数

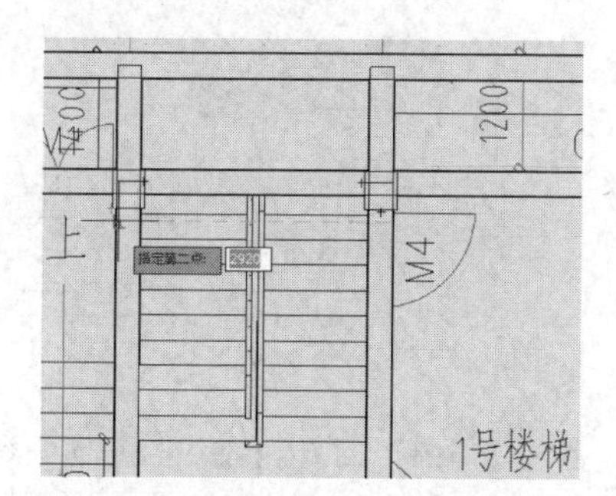

图 6-27　测量楼梯间宽度+两侧墙体的总宽度

④ 设置完参数后，在二维线框视图样式下，选取外墙中的M2门（浩辰云建筑2018创建的门模型，不是建筑平面图中的门图形），然后将楼梯放置在墙内，如图6-28所示。关闭【双跑楼梯】对话框完成1号楼梯的设计。

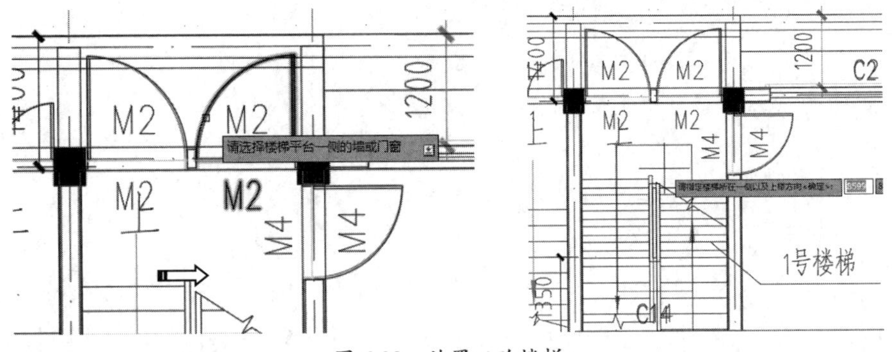

图6-28 放置双跑楼梯

⑤ 选中放置的楼梯，将其垂直向上移动1450mm，如图6-29所示。接着在【特性】选项板中设置楼梯的底标高为970mm，如图6-30所示。

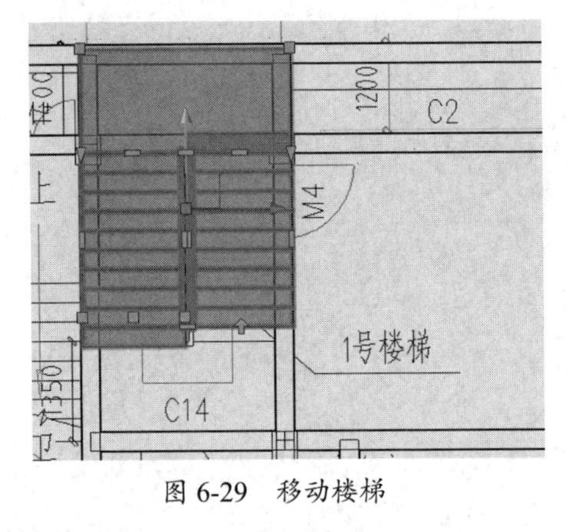

图6-29 移动楼梯

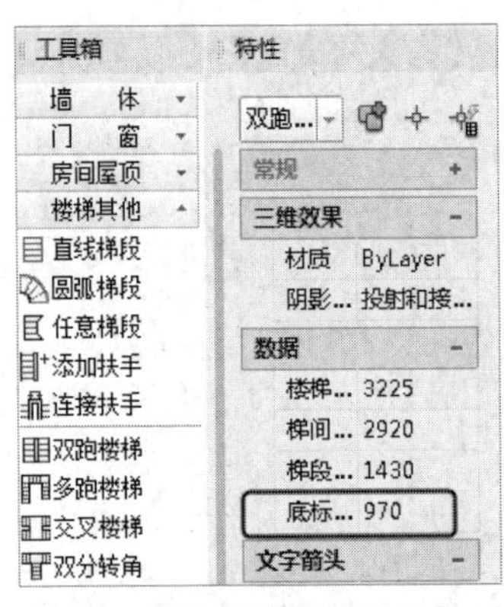

图6-30 设置楼梯的底标高

⑥ 选取【改一跑梯段位置】控制点，然后向下拖动一踏步宽的距离270mm（在命令行中输入270并按Enter键确认），如图6-31所示。

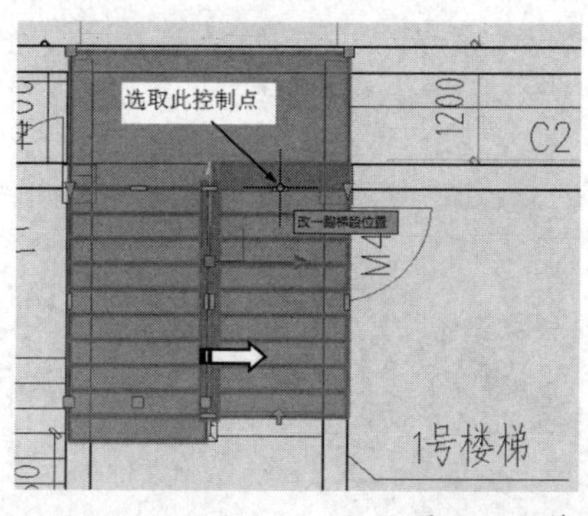

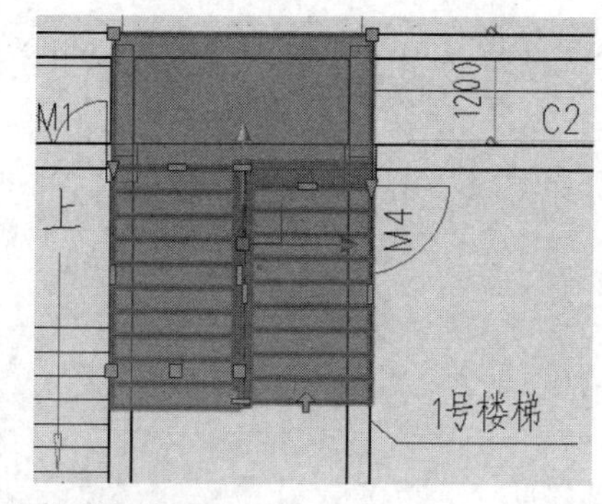

图 6-31　修改一跑的梯段位置

⑦ 设计 1 号楼梯在标高 970mm 以下的部分。由于浩辰云建筑 2018 没有单跑梯段+平台的创建工具，所以还要依靠【双跑楼梯】工具来设计，只不过设计思路要调整。打开【双跑楼梯】对话框，在对话框中设置楼梯参数，如图 6-32 所示。

技巧点拨：

从楼梯剖面图中可以看出，明明是 6 步楼梯，那么为什么要设计成 8 步呢？这是因为【双跑楼梯】工具必须设计成上下双跑，不能设计成单跑。因此在设置参数时，必须保证【一跑步数】为 6 步；【二跑步数】最少为 2 步，不能设置为 0 步。

⑧ 在视图中选择靠近卫生间墙体中的窗模型处放置双跑楼梯，如图 6-33 所示。

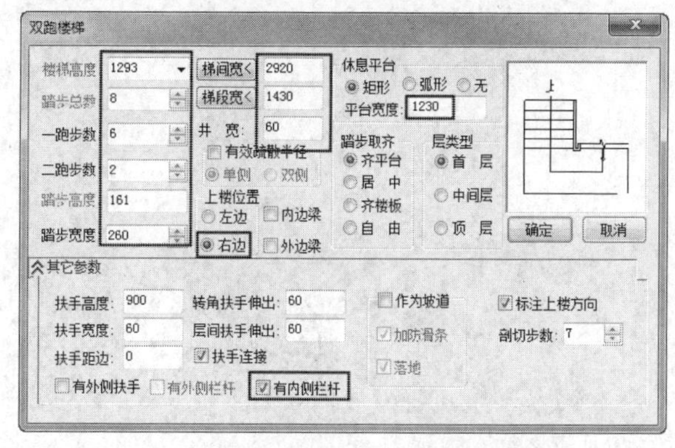

图 6-32　设置双跑楼梯参数

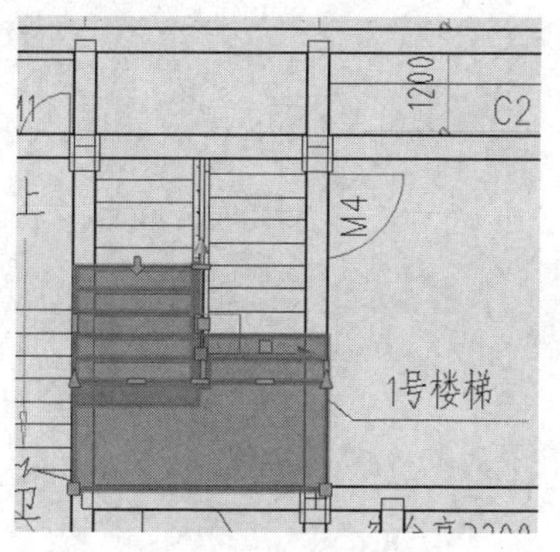

图 6-33　放置双跑楼梯

⑨ 确保两部楼梯的踏步完全重合，如果不重合，则需要使用【移动】命令对 970mm 标高下的楼梯进行移动操作。设计完成的 1 号楼梯如图 6-34 所示。

⑩ 修改 1 号楼梯间的梁。需要删除碰头的结构梁，如图 6-35 所示。修改的方法是重新绘制楼梯间两侧的梁（仅楼梯间不绘制），如图 6-36 所示。

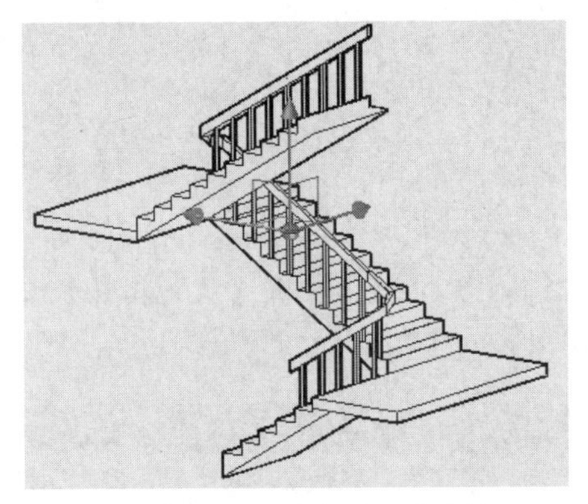

图 6-34　设计完成的 1 号楼梯

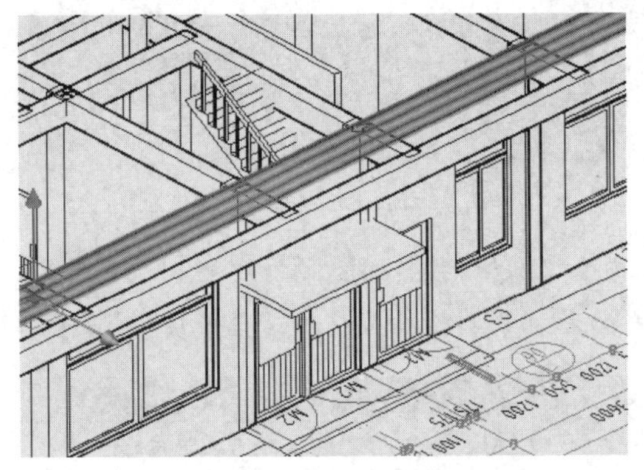

图 6-35　会碰头的结构梁

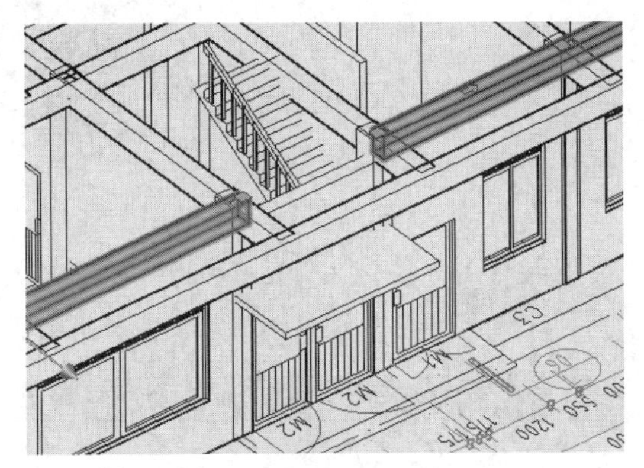

图 6-36　修改梁

⑪ 选中楼梯平台上的墙体，在【特性】选项板上修改其高度为 2585mm，如图 6-37 所示。

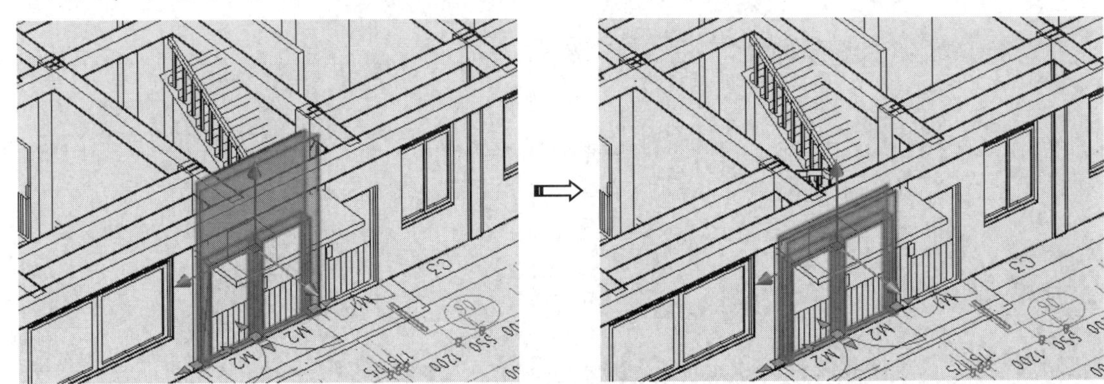

图 6-37　修改楼梯间墙体的高度

⑫ 单击【绘制墙体】按钮绘制墙体，在【绘制墙体】对话框中设置好相应的参数，然后在楼梯平台上绘制墙体，如图 6-38 所示。

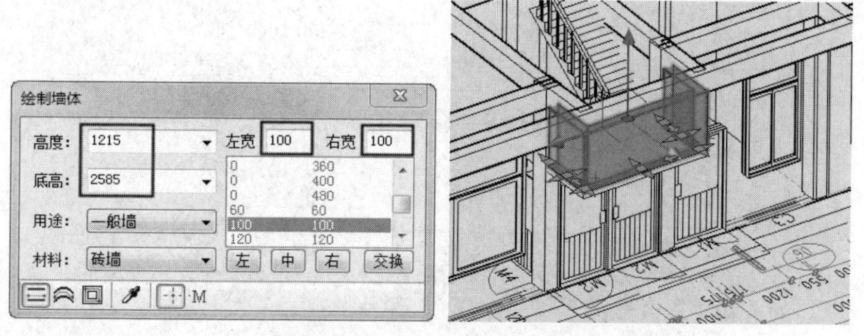

图 6-38　绘制楼梯平台上的墙体

⑬ 在【柱梁板】下拉列表中单击【绘制梁】按钮绘制梁，在【绘制梁】对话框中设置好相应的参数，然后在楼梯间上一层楼的位置添加一条结构梁，如图 6-39 所示。然后转换到三维线框模式，调整梁边，使其与最上一步踏步边对齐。

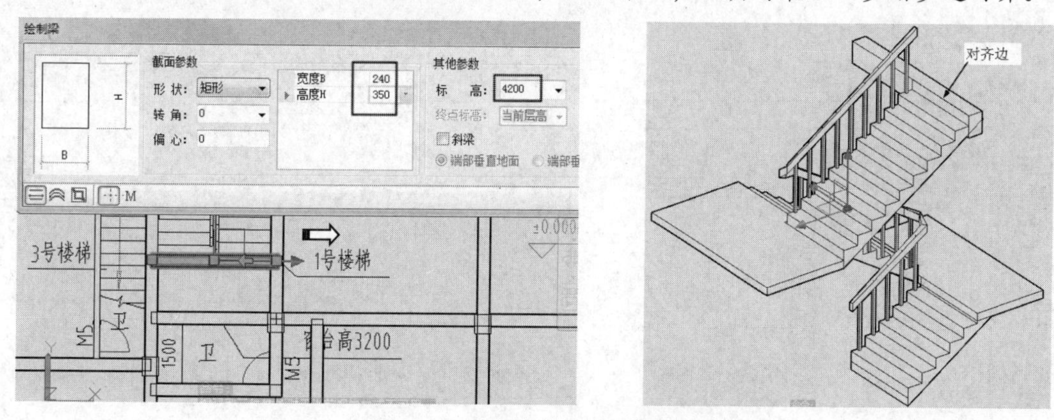

图 6-39　添加结构梁并调整位置

（2）设计 2 号楼梯。

① 2 号楼梯的设计方法与 1 号楼梯的设计方法相同。因此可以直接复制 1 号楼梯到 2 号楼梯位置（包括梁、平台上的墙体），如图 6-40

所示。

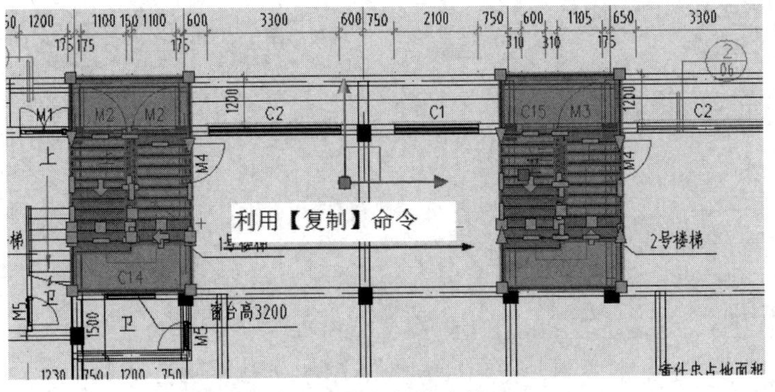

图 6-40　复制楼梯

② 在 2 号楼梯位置选中楼梯并单击鼠标右键，在弹出的快捷菜单中选择【对象编辑】命令，然后在弹出的【双跑楼梯】对话框中单击【梯间宽】按钮，如图 6-41 所示。

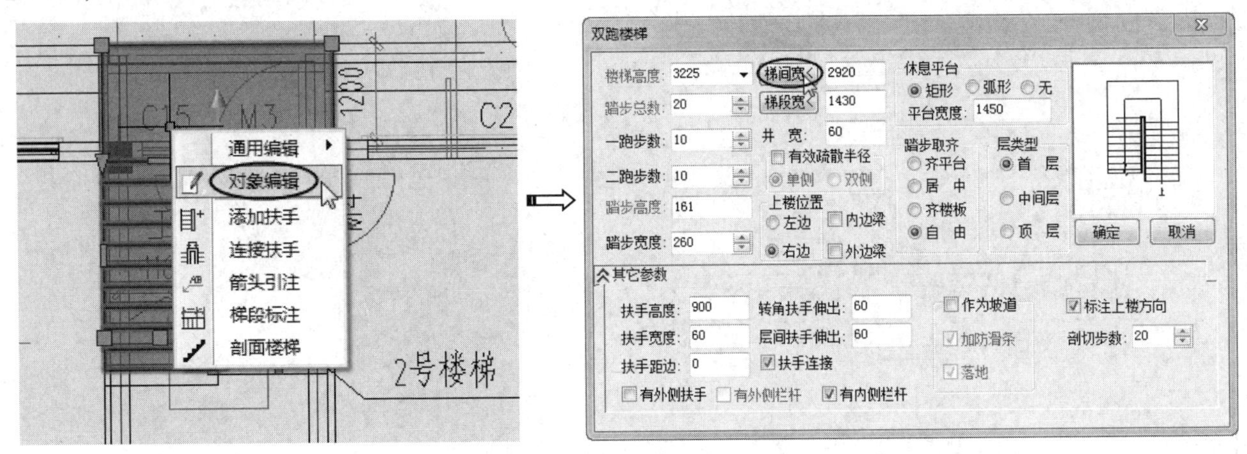

图 6-41　对象编辑

③ 在图纸中测量 2 号楼梯间宽度为 2740mm 后返回【双跑楼梯】对话框，并单击【左边】单选按钮，修改楼梯方向，再单击【确定】

按钮，完成楼梯的编辑，如图 6-42 所示。

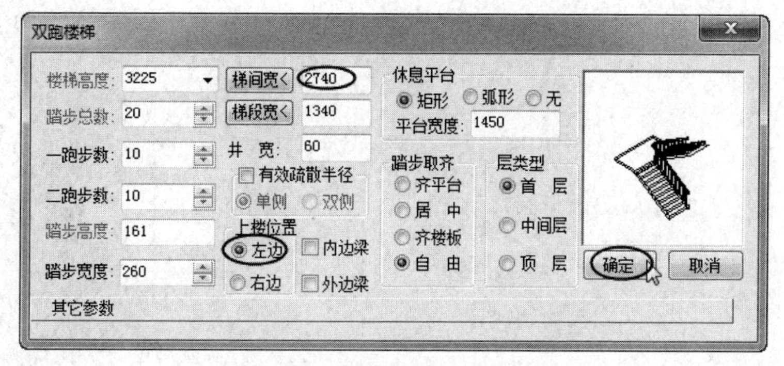

图 6-42　修改楼梯参数完成编辑

④ 修改参数后需要重新调整楼梯的位置。最后修改 2 号楼梯间的结构梁及平台上的墙体，完成 2 号楼梯的设计，如图 6-43 所示。

图 6-43　完成 2 号楼梯的设计

（3）设计 3 号楼梯。

① 3 号楼梯的平面图及剖面图如图 6-44 所示。

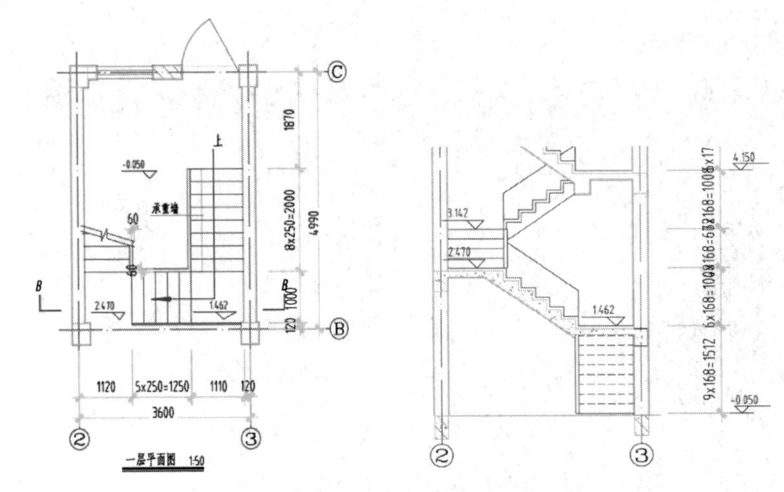

图 6-44　3 号楼梯的平面图及剖面图

② 要设计 3 号楼梯，就要做好楼梯的辅助线，因为下面将使用【多跑楼梯】工具绘制多跑楼梯，必须依据参考线才能绘制准确。在图纸外绘制辅助线，如图 6-45 所示。

③ 在【楼梯其他】下拉列表中单击【多跑楼梯】按钮多跑楼梯，然后在弹出的【多跑楼梯】对话框中设置楼梯参数，如图 6-46 所示。

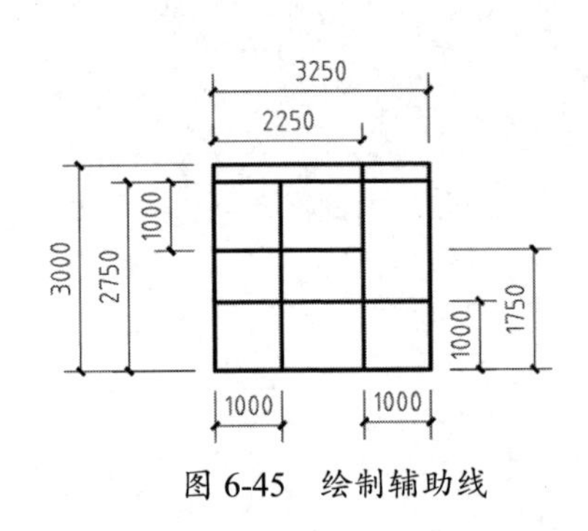

图 6-45　绘制辅助线

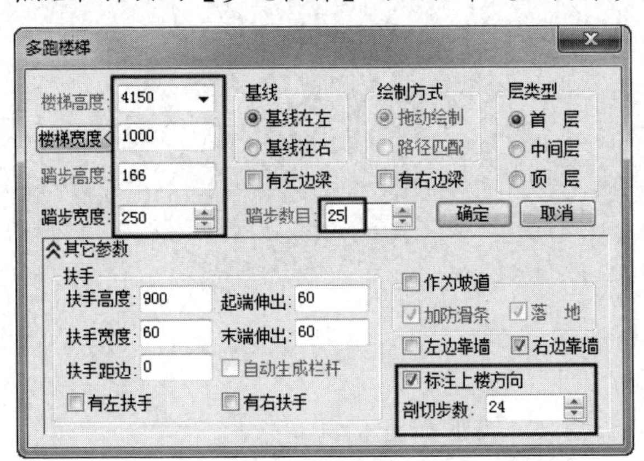

图 6-46　设置多跑楼梯参数

④ 随后在辅助线上捕捉一点（第一点）作为起点，如图 6-47 所示；接着拖动光标至第二点并单击，如图 6-48 所示；继续拖动光标至第三点并单击，完成第一梯段和第一平台的绘制，结果如图 6-49 所示。

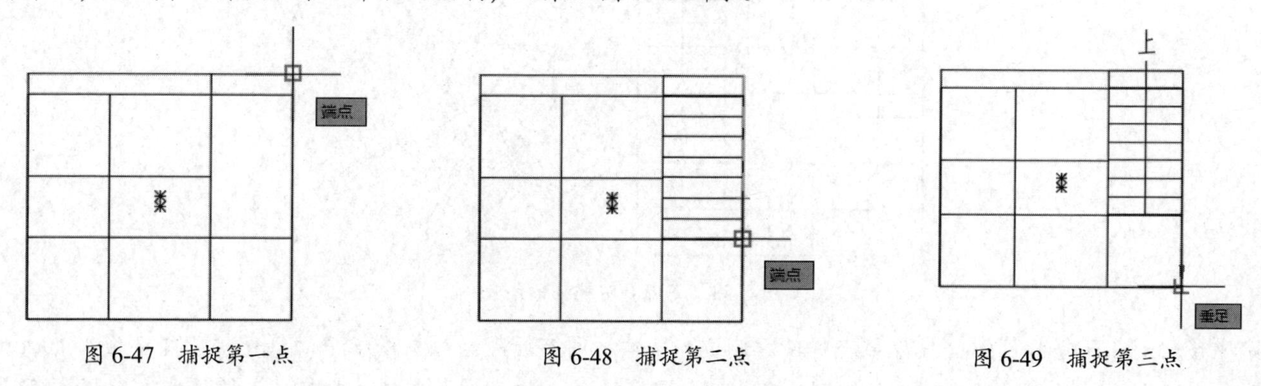

图 6-47　捕捉第一点　　图 6-48　捕捉第二点　　图 6-49　捕捉第三点

⑤ 向左捕捉第四点，先单击第四点再按 Enter 键，如图 6-50 所示。然后继续向左捕捉第五点并单击，完成第二梯段的绘制，如图 6-51 所示。再向左捕捉第 6 点并单击，完成第二平台的绘制，如图 6-52 所示。

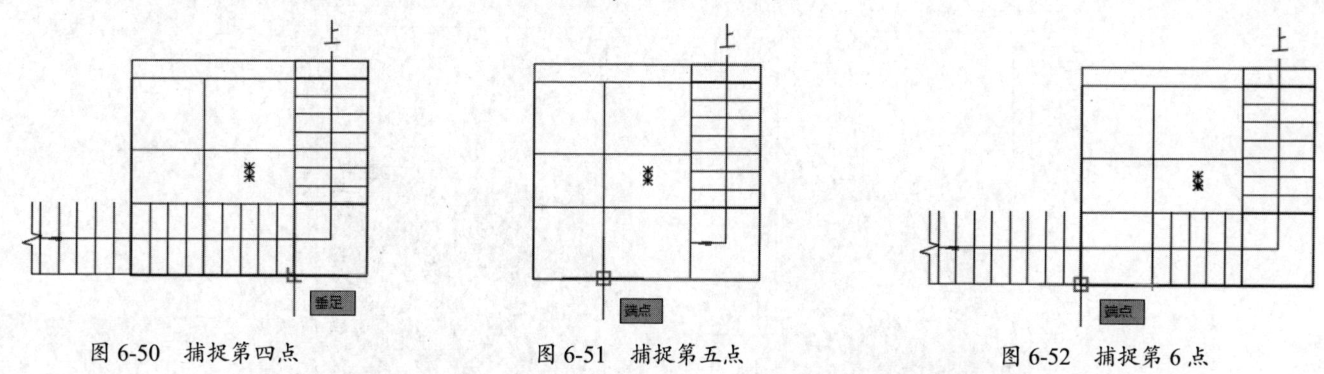

图 6-50　捕捉第四点　　图 6-51　捕捉第五点　　图 6-52　捕捉第 6 点

⑥ 同理，继续捕捉其余点，完成所有梯段及平台的绘制，结果如图 6-53 所示。最后关闭对话框完成操作。

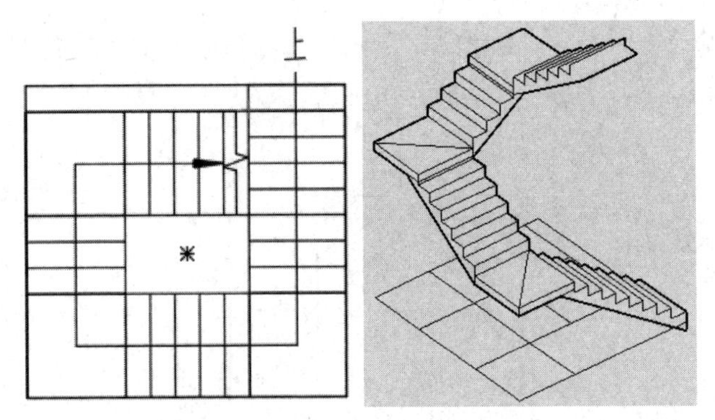

图 6-53　完成多跑楼梯的绘制

⑦ 将多跑楼梯移动到 3 号楼梯间，会发现第一梯段右侧边与墙体之间有缝隙。原本图纸中的第一梯段宽度为 1110mm，但是由于【多跑楼梯】工具不能绘制出不同踏步宽度的楼梯，所以此处只能将第一梯段的边与墙边对齐，让缝隙留在楼梯中间，如图 6-54 所示，此时拖动 3 个楼梯编辑夹点到墙边即可。

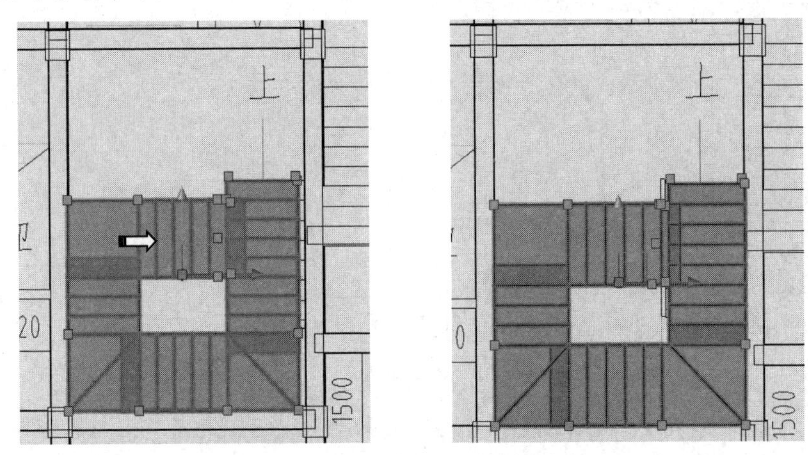

图 6-54　拖动楼梯编辑夹点到墙边

⑧ 同理，利用【绘制梁】工具在 3 号楼梯的第四跑上添加一条结构梁，如图 6-55 所示。梁的左侧边与下方的第二梯段起步线对齐。

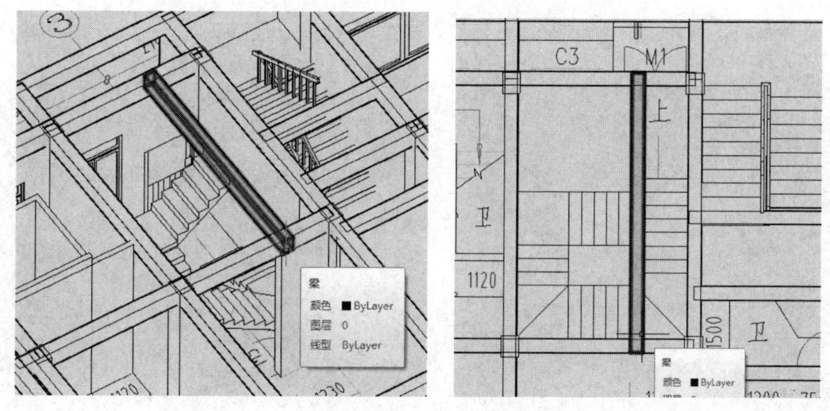

图 6-55　添加楼梯结构梁

（4）创建 4 号楼梯。

① 4 号楼梯是一部矩形转角楼梯。在【楼梯其他】下拉列表中单击【矩形转角】按钮矩形转角，弹出【矩形转角楼梯】对话框。

② 在【矩形转角楼梯】对话框中设置楼梯参数，然后将楼梯放置在图纸外的任意位置，如图 6-56 所示。

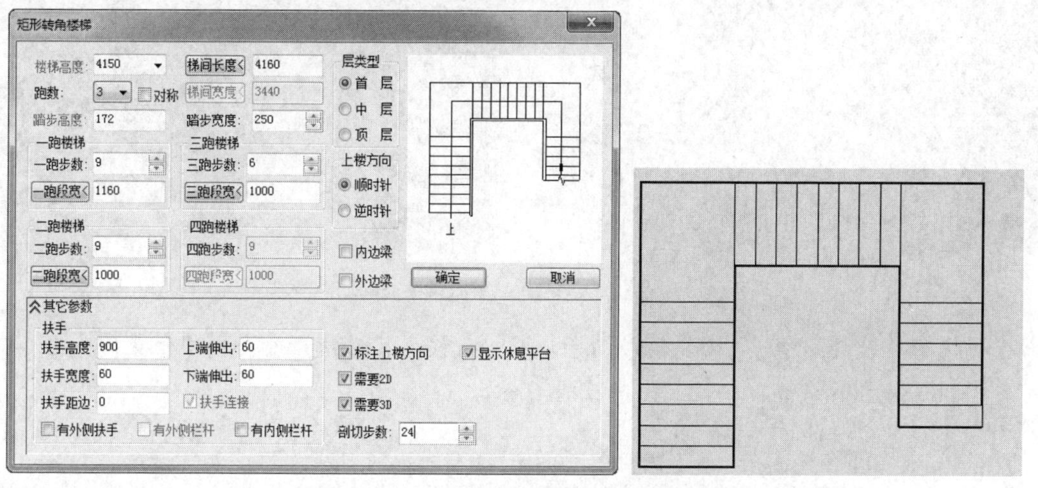

图 6-56　设置矩形转角楼梯参数并放置楼梯

③ 选中楼梯模型，将第一跑的楼梯平台的边向上移动440mm，与第二跑楼梯边对齐，如图6-57所示。

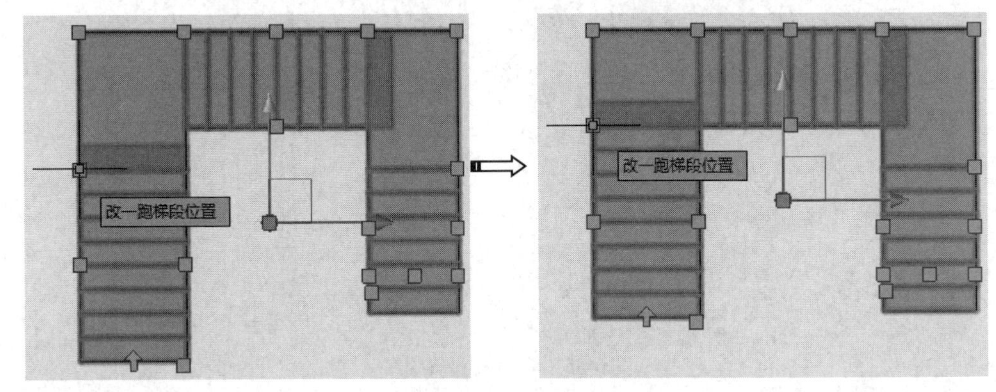

图6-57 移动第一跑楼梯平台边

④ 同理，将第三跑楼梯平台的边向上移动440mm，与第二跑楼梯边对齐，如图6-58所示。

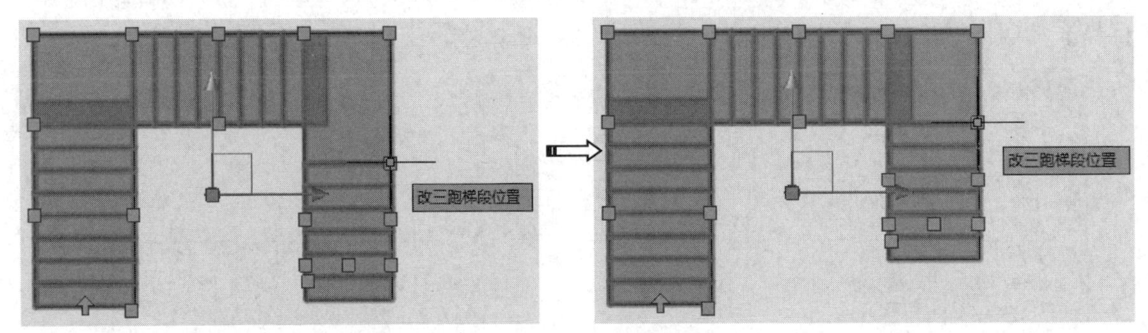

图6-58 移动第三跑楼梯平台边

⑤ 执行【旋转】命令将楼梯顺时针旋转90°，如图6-59所示。然后将楼梯移动到4号楼梯间位置，如图6-60所示。

⑥ 为4号楼梯添加一条250mm×350mm的结构梁，如图6-61所示。

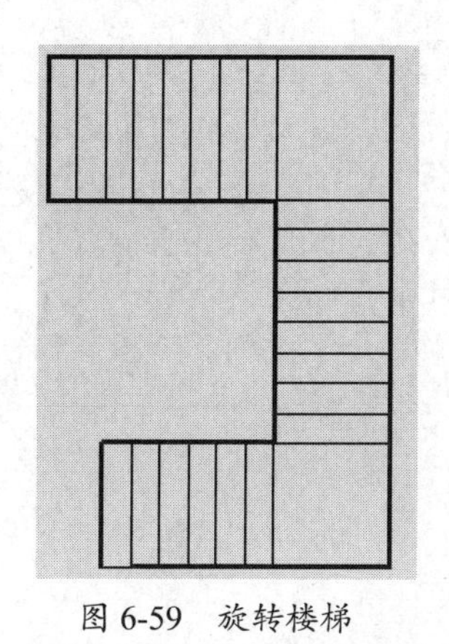

图 6-59　旋转楼梯

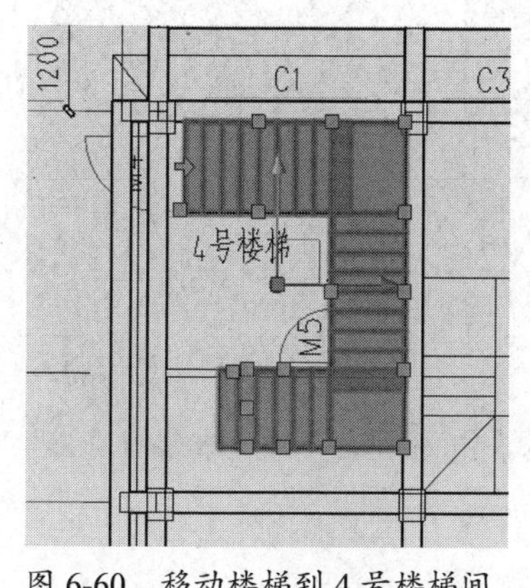

图 6-60　移动楼梯到 4 号楼梯间

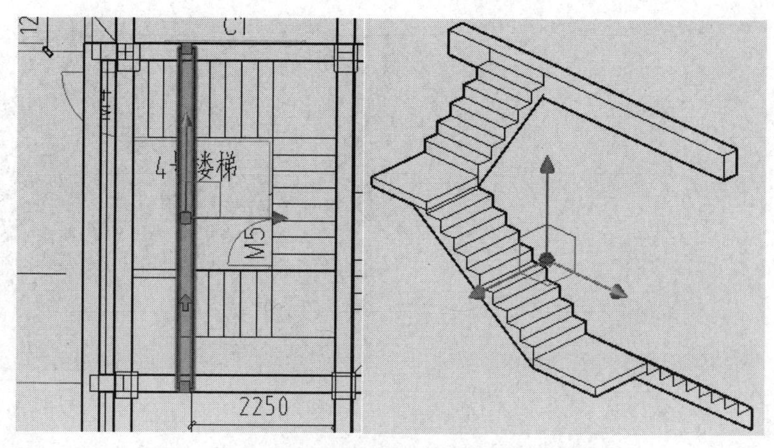

图 6-61　添加结构梁

⑦ 执行【矩形】命令，在命令行选择【标高】选项，并设置矩形的标高为 4300mm。然后在每个楼梯间绘制一个矩形，表示楼梯洞的范围，如图 6-62 所示。

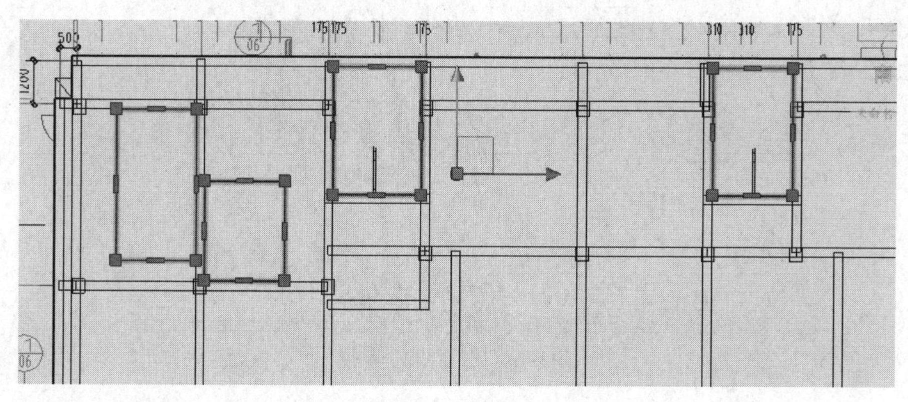

图 6-62　绘制矩形

⑧ 将隐藏的楼板显示（取消隔离）。在【柱梁板】下拉列表中单击楼板开洞图标，首先选取楼板作为要开洞的楼板，并按 Enter 键进行确认；然后选取四个矩形作为洞口轮廓线，最后按 Enter 键完成楼板开洞工作，如图 6-63 所示。

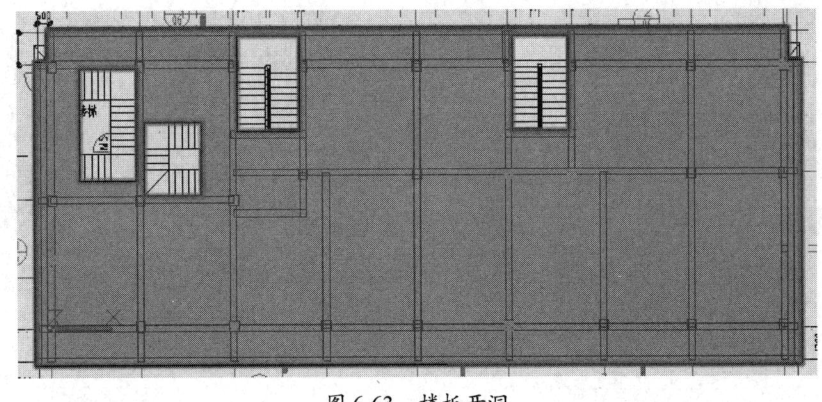

图 6-63　楼板开洞

6.3.5　台阶与散水设计

1. 台阶设计

① 在【楼梯其他】下拉列表中单击【台阶】按钮台　阶，弹出【台阶】对话框。

② 在【台阶】对话框中设置台阶参数，如图 6-64 所示。

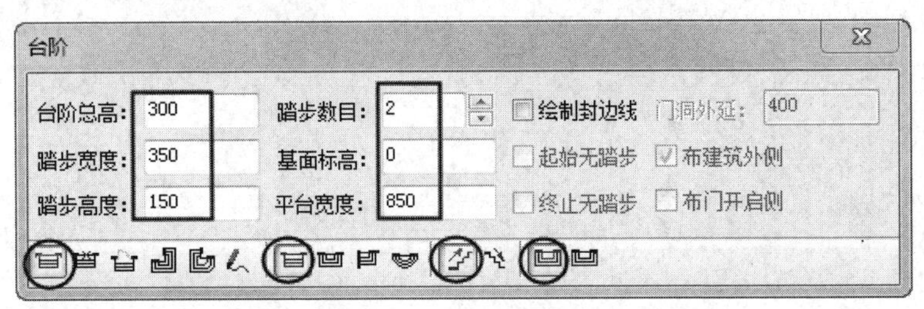

图 6-64　设置台阶参数

③ 参照一层平面图，在卷帘门前从左到右绘制台阶，如图 6-65 所示。

④ 返回【台阶】对话框修改平台宽度为 150mm，其他参数不变，如图 6-66 所示。

图 6-65　绘制台阶

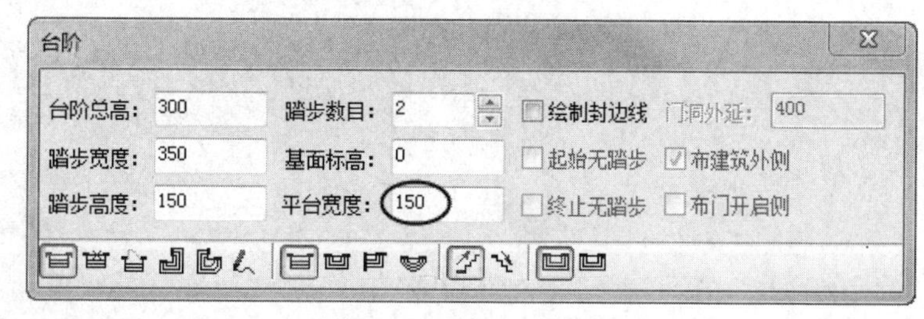

图 6-66　修改台阶参数

⑤ 在楼层两侧绘制台阶，如图 6-67 所示。

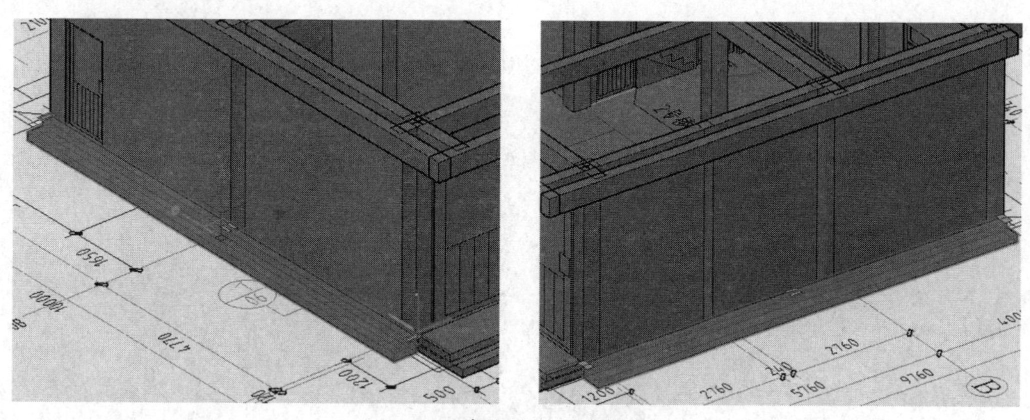

图 6-67　在楼层两侧绘制台阶

⑥ 选中第一个台阶，将光标放置在中间夹点上，然后选择弹出的夹点菜单命令【加台阶】，添加部分台阶，使其与旁边的台阶对齐，如图 6-68 所示。同理，在台阶另一侧也进行相应的操作。

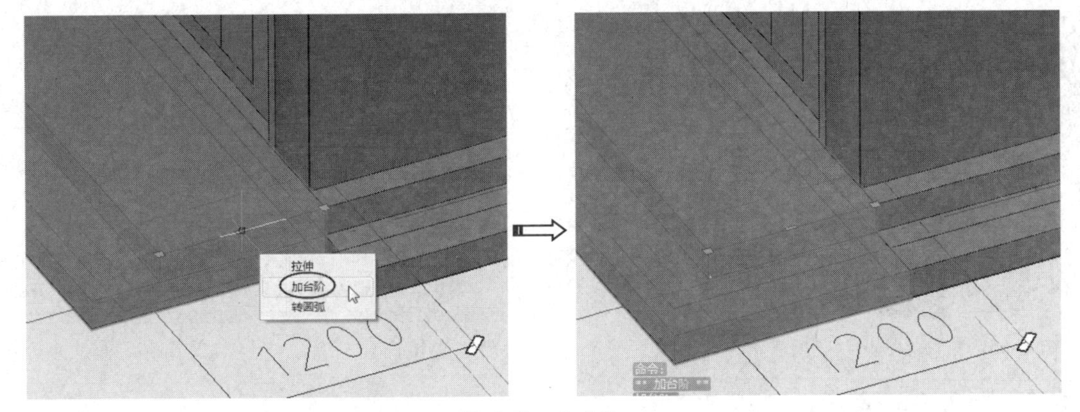

图 6-68　加台阶

⑦ 执行【台阶】命令，在【台阶】对话框中设置平台宽度为 850mm，然后在楼梯一侧外墙边绘制两个台阶，如图 6-69 所示。

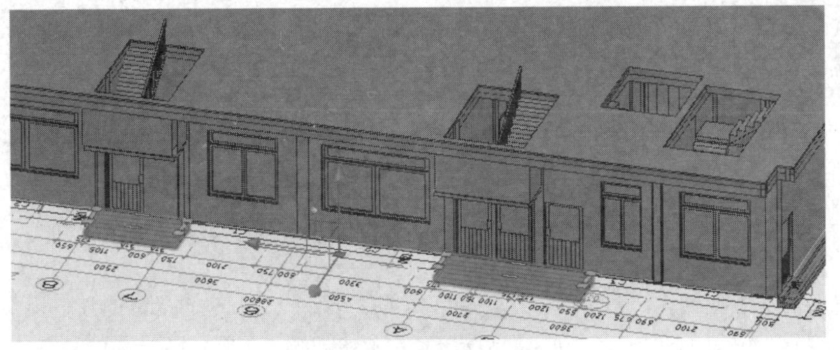

图 6-69　绘制两个台阶

2. 散水设计

① 在【楼梯其他】下拉列表中单击【散水】按钮散水，在弹出的【散水】对话框中设置散水宽度为 600mm，然后单击【任意绘制】按钮，参照一层平面图绘制散水，如图 6-70 所示。

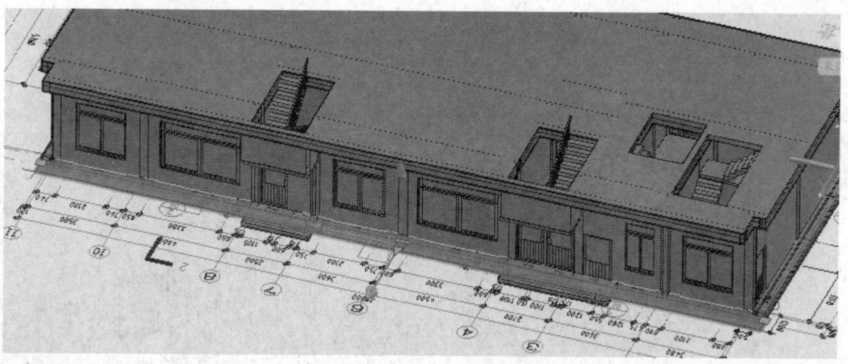

图 6-70　绘制散水

② 选中散水，在【特性】选项板中修改其标高为-300mm，内侧高度为 30mm，如图 6-71 所示。

③ 选中紧邻散水的墙体，修改其标高与高度，如图 6-72 所示。

图 6-71　修改散水标高

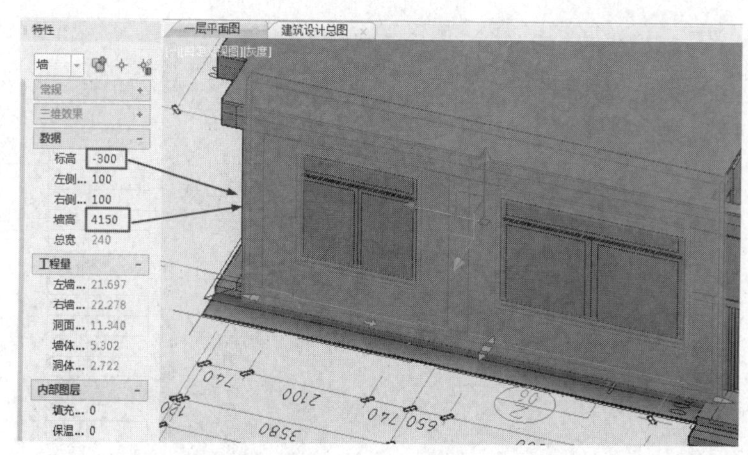

图 6-72　修改墙体的标高与高度

④ 至此，完成了一层的建筑设计，效果如图 6-73 所示。

图 6-73　一层建筑三维设计效果图

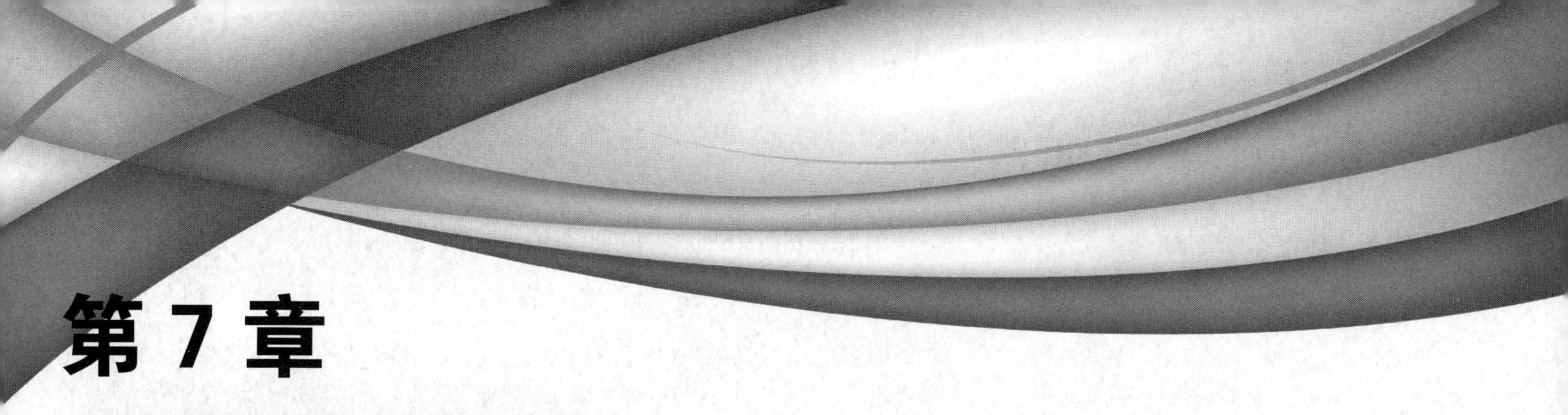

第 7 章

识读建筑装修施工图

本章重点

（1）建筑装修施工图的基础知识。
（2）建筑装修施工图图纸的一般规定。
（3）建筑装修施工图的识读方法与步骤。

7.1 建筑室内装修施工图识读基础

室内装修施工图是在室内设计方案确定后，为了表达设计意图而绘制的相应的施工图纸。

7.1.1 室内装修施工图制图规范

在室内装修设计的过程中，室内装修施工图的绘制是表达设计者设计意图的重要手段之一，是设计者与各相关专业进行交流的标准化语言，是控制施工现场能否充分正确理解消化并实施设计理念的一个重要环节，是衡量一个设计团队的设计管理水平是否专业的一个重要标准。专业化、标准化的施工图操作流程规范不仅可以帮助设计者深化设计内容、完善构思想法，还可以在面对大型公共设计项目及大量的设计订单行之有效的施工图规范与管理时，帮助设计团队保持设计品质并提高工作效率。

室内装修施工图和建筑施工图同属于建筑图纸的范畴。室内装修施工图的制图规范与建筑制图的相关规定大多是相同的，只是在某些细节表达上有变化。

1. 图纸幅面规格

图纸幅面是指图纸本身的规格尺寸，即图签。为了合理使用并便于图纸管理装订，室内设计制图的图纸幅面规格尺寸延用建筑制图的标准，如表 7-1 所示。

表 7-1 图纸幅面及图框尺寸

单位：mm

尺寸代号	幅面代号				
	A0	A1	A2	A3	A4
$b \times L$	841×1189	594×841	420×594	297×420	210×297
c	10			5	
a	25				

2. 标题栏与会签栏

标题栏的主要内容包括设计单位名称、工程名称、图纸名称、图纸编号，以及项目负责人、设计人、绘图人、审核人等。如果有备注说明或图例简表，也可视其内容设置其中。标题栏的长和宽与具体内容可根据具体工程项目进行调整。

室内装修施工图一般需要审定，需要水、电、消防等相关专业负责人会签，这时可在图纸装订一侧设置会签栏。当然，无须会签的图纸可不设会签栏。

以 A2 图幅为例，常见的标题栏及会签栏布局形式如图 7-1 所示。

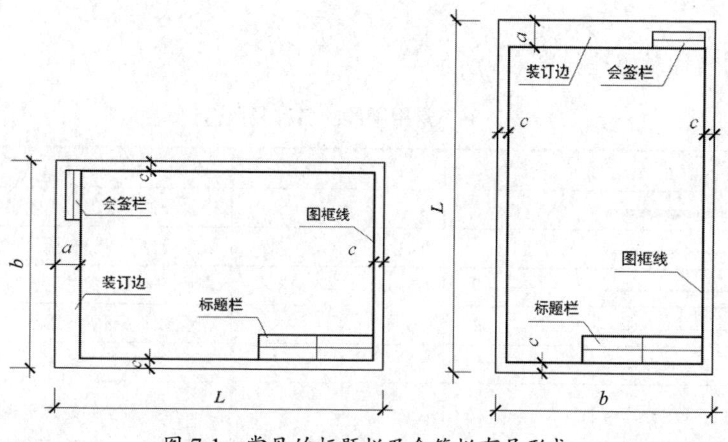

图 7-1　常见的标题栏及会签栏布局形式

3．室内装修施工图常用的比例

室内装修施工图中的图形与其实物相应要素的线性尺寸之比称为比例。比值为 1 的比例，即 1:1，称为原值比例；比值大于 1 的比例称为放大比例；比值小于 1 的比例称为缩小比例。在绘制图样时，采用国标规定的比例，如表 7-2 所示。

表 7-2　国标规定的比例

图　名	常 用 比 例
平面图、天花平面图	1:50　1:100
立面图、剖面图	1:20　1:50　1:100
详图	1:1　1:2　1:5　1:10　1:20　1:50

4．图线及用法

图线分为粗线、中粗线、细线。在画图时，根据图形的大小和复杂程度，线宽 b 可在 0.13、0.18、0.25、0.35、0.5、0.7、1、1.4、2（mm）数系（该数系的公比为 $1:\sqrt{2}$）中选取。粗线、中粗线、细线的宽度比例为 4:2:1。由于图样复制中存在的困难，应尽量避免采用 0.18 以下的图线宽度。

在室内装修施工图中，常用图线的名称及用途如表 7-3 所示。

表 7-3　常用图线的名称及用途

名　称	线　型	线　宽	用　途
实线		b	表示形体主要的可见轮廓线
中实线		$b/2$	表示形体可见轮廓线、尺寸起止符号
细实线		$b/3$	表示尺寸线、尺寸界线、标高引线
虚线	---------------	$b/3$	表示物体不可见轮廓线
点画线	—·—·—·—·—·—·—	$b/3$	表示定位轴线、墙体中心线
折断线		$b/3$	表示无须画全的断开界线
波浪线		$b/3$	表示无须画全的断开界线

注意：

表 7-3 中的 b 为所绘制的本张图纸上可见轮廓线设定的宽度，为 0.4～0.8mm。

5. 剖面符号的规定

在绘制图样时，往往需要对形体进行剖切，此时需要应用相应的剖面符号表示其断面，如图 7-2 所示。

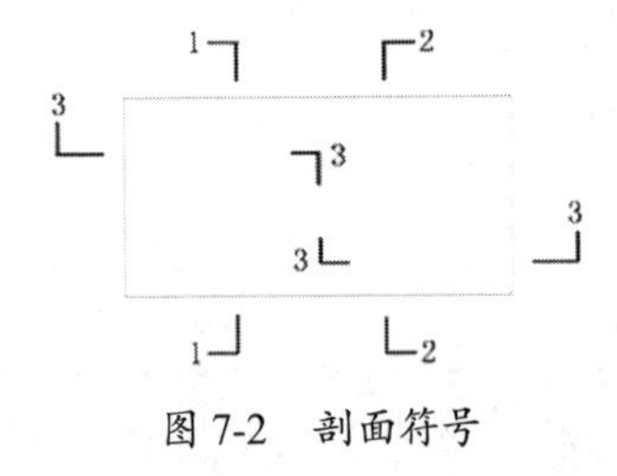

图 7-2　剖面符号

6. 字体的规定

在室内装修施工图中，除图形外，还需要用汉字字体、数字、英文字体等来标注尺寸和说明使用材料、施工要求、用途等。

（1）汉字字体。

图纸中的汉字、字符和数字应做到排列整齐、清楚正确、尺寸大小协调一致。当汉字、字符和数字并列书写时，汉字字高应略高于字符和数字字高。

文字的字高应选用 3.5、5.0、7.0、10、14、20（mm）。如果需要书写更大的字，则其高度应按相应的比值递增。在不影响出图质量的情况下，字体的高度可选为 2.5mm，且字体的高度应不小于 2.5mm。

除单位名称、工程名称、地形图等特殊情况外，字体均应采用 CAD 的 SHX 字体，汉字采用 SHX 长仿宋体。图纸中的字体尽量不使用 Windows 的 True Type 字体，以加快图形的显示、缩小图形文件。同一图形文件内的字体类型不要超过四种。

（2）数字。

尺寸数字分为直体和斜体两种。斜体字向右倾斜，与垂直线的夹角为 15°左右。

（3）英文字体。

英文字体也分成直体和斜体两种，斜体与垂直线的夹角也为 15°左右。英文字母分大写和小写，大写显得庄重稳健，小写显得秀丽活泼，应根据场合和要求选用。

7. 引出线、材料标注

在对图纸进行文字注释时，引出线应采用细直线（不能用曲线）。当引出线同时索引相同部分时，各引出线应相互平行。常见的几种引出线标注方式如图 7-3 所示。

索引详图的引出线应对准圆心，如图 7-4 所示。

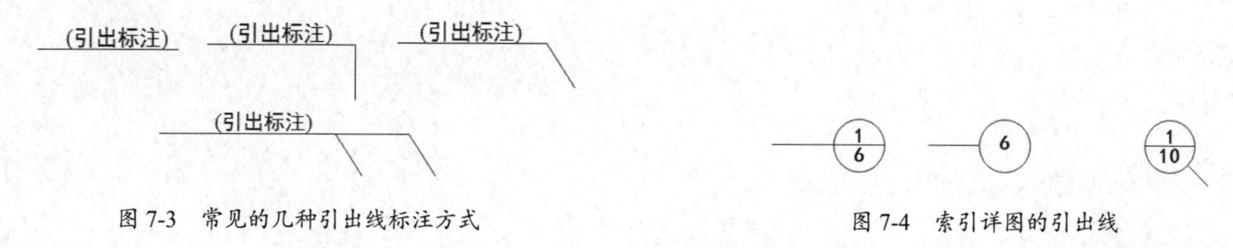

图 7-3　常见的几种引出线标注方式

图 7-4　索引详图的引出线

图 7-5 为引线标注范例。

图 7-5　引线标注范例

8. 尺寸标注原则

在标注尺寸时，应遵循以下原则。

- 所标注的尺寸是形体的实际尺寸。
- 所标注的尺寸均以 mm 为单位，但不写出。
- 每个尺寸只标注一次。
- 应尽量将尺寸标注在图形之外，不与视图轮廓线相交。
- 尺寸线要与被标注的轮廓线平行，应从小到大、从里向外标注；尺寸界线要与被标注的轮廓线垂直。
- 尺寸数字要写在尺寸线上边。
- 尺寸线尽可能不要交叉，并符合加工顺序。
- 尺寸线不能标注在虚线上。

图 7-6 为尺寸标注范例。

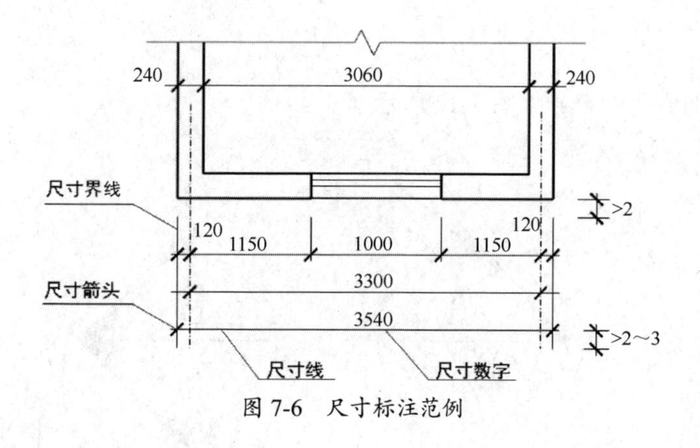

图 7-6　尺寸标注范例

9. 详图索引标注

当详图在本张图纸上时，标注样式如图 7-7 所示。

当详图不在本张图纸上时，标注样式如图 7-8 所示。

索引详图名称的标注样式如图 7-9 所示。

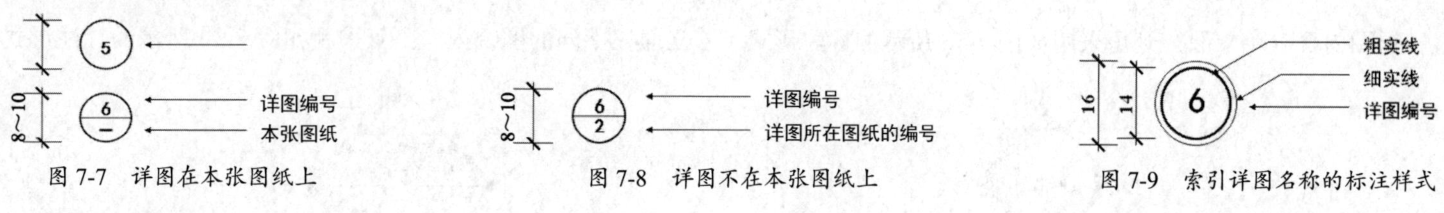

图 7-7　详图在本张图纸上　　图 7-8　详图不在本张图纸上　　图 7-9　索引详图名称的标注样式

10. 图名、比例标注

图名标注在图形的下方正中，在图名下画双画线，如图 7-10 所示。比例紧跟其后，但不在双画线之内。

完整的图名、比例标注如图 7-11 所示。

图 7-10　图名标注　　图 7-11　完整的图名、比例标注

11．立面索引指向符号

在平面图内指示立面索引或剖切立面索引的符号如图 7-12 所示。

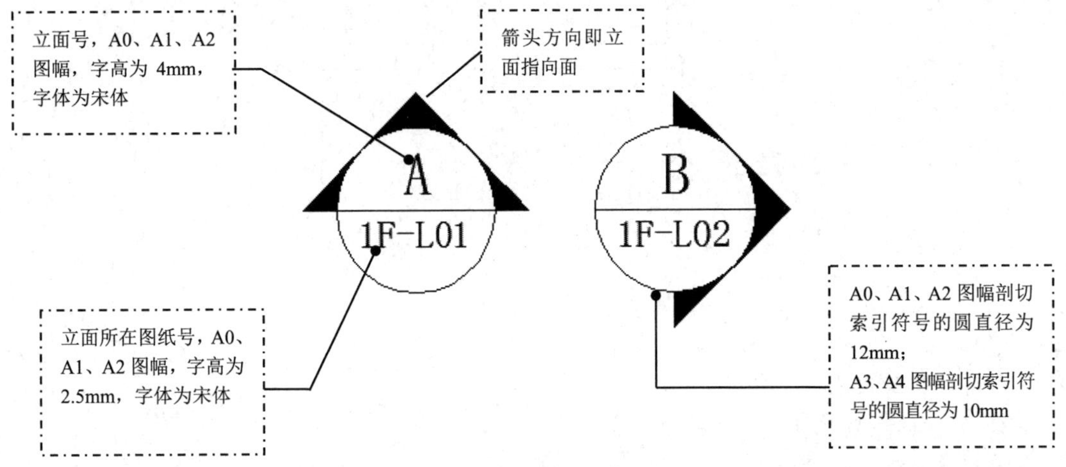

图 7-12　索引符号示意图

如果一幅图内含多个立面，则可采用如图 7-13 所示的标注形式。若立面在不同的图幅内，则可采用如图 7-14 所示的标注形式。

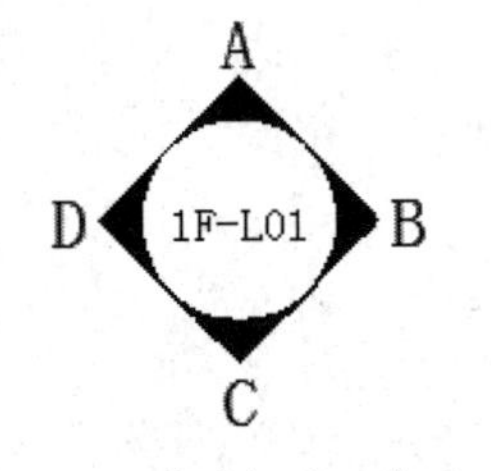

图 7-13　同时标注四个面

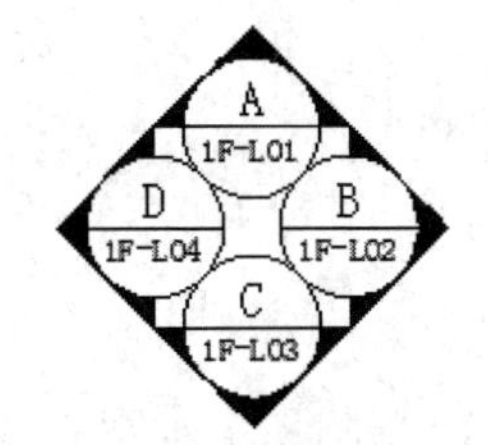

图 7-14　不同幅面的索引标注

图 7-15 所示的符号可作为所指示立面的起止点之用。

图 7-16 所示的符号可作为剖立面索引指向。

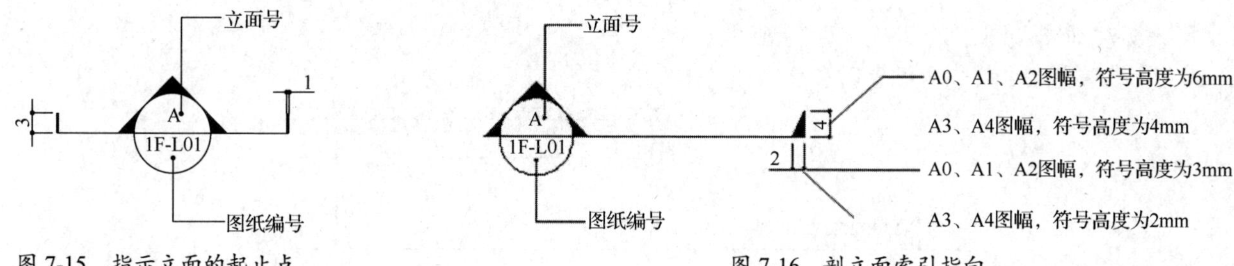

图 7-15　指示立面的起止点

图 7-16　剖立面索引指向

12．标高标注

标高标注用于表示吊顶造型及地面的装修完成面高度。在不同的幅面中，标高的字体高度也不同。

- 符号笔号为 4 号色，适用于 A0、A1、A2 图幅的字高为 2.5mm 且字体为宋体的标高标注样式如图 7-17 所示。
- 符号笔号为 4 号色，适用于 A3、A4 图幅的字高为 2mm 且字体为宋体的标高标注样式如图 7-18 所示。

图 7-17　A0、A1、A2 图幅的标高

图 7-18　A3、A4 图幅的标高

- 由引出线、矩形、标高、材料名称组成，适用于 A0、A1、A2 图幅的字高为 2.5mm 且字体为宋体的标高标注样式如图 7-19 所示。
- 由引出线、矩形、标高、材料名称组成，适用于 A3、A4 图幅的字高为 2mm 且字体为宋体的标高标注样式如图 7-20 所示。

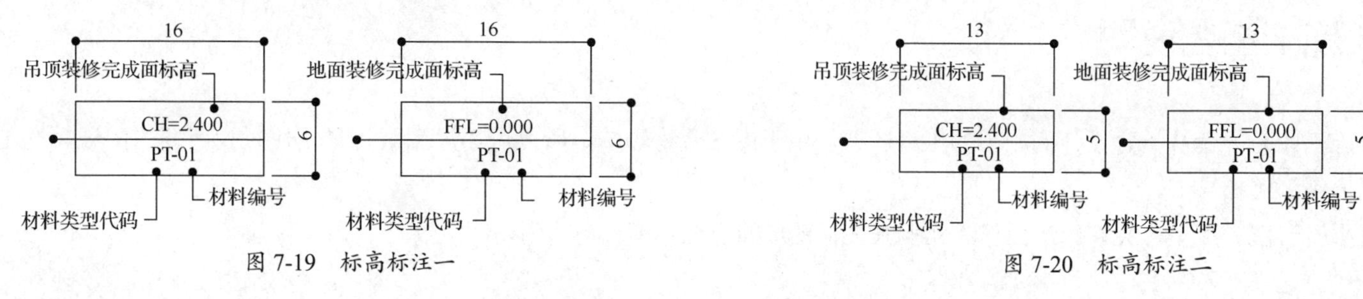

图 7-19　标高标注一

图 7-20　标高标注二

标高标注符号常用来标注详图。图 7-21 为标高标注范例。

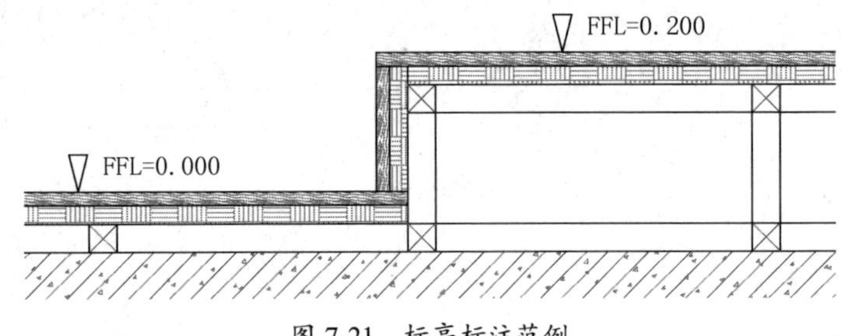

图 7-21 标高标注范例

7.1.2 装修图纸的内容

一套完整的室内装修施工图图纸应包括以下内容。

- 图纸目录。
- 装修施工工艺说明（或施工图设计说明）。
- 室内装修平面布置图。
- 吊顶（或称天花或顶棚）装修平面图。
- 墙、柱装修立面图。
- 装修细部节点详图。

7.2 识读施工工艺说明

室内装修施工图是一套从概念设计到施工的工程图纸，由于图纸数量较多，所以可通过图纸目录快速查找所要的图纸。施工工艺说明是室内装修现场施工的指导书。

这里以某小区一室一厅室内装修施工图作为实例来进行图纸的详细解读。

【实例解读】

本例为一室一厅小户型，施工工艺说明包括进场、砌墙粉刷、防水、铺砖的施工要求，以及电施说明、水电施工标准和木工及油漆施工要求等内容。

其中，建筑室内的电气施工图和水电施工图在前面已经介绍过，此处重点介绍进场、砌墙粉刷、防水、铺砖的施工要求。

（1）进场施工要求。

① 进行成品保护（门窗）、成品交换（配电箱、对讲门铃等）。

② 现场配备消防工具（灭火器、沙箱）并摆设在明显位置。

③ 电工必须有上岗证。

④ 要求施工方挂贴警示牌、施工进度表、施工工艺规范、施工图纸。

⑤ 监理公司必须贴好门标及监理日志工作牌。

⑥ 在施工现场先找水平线，并统一按此水平线施工。

⑦ 在拆除墙体前，要先保护好下水口，避免杂物掉入，造成堵塞。

⑧ 施工中配备临时大便器。

⑨ 铲除天花板白灰、空鼓。

⑩ 当原设计图纸须拆除原建筑墙体时，主电源配电箱等电器不可移动、承重墙体及梁柱不可损坏、复杂楼露台防水层不可破坏。

（2）砌墙粉刷施工要求。

① 厨房、卫生间必须制作防水梁，在高出地面 300mm 内埋钢筋。

② 在新旧墙体交接处砌墙须打“拉结筋”：总长 600mm，入墙 100mm，斜 45°打入，高度为 400mm 一根，并在做结构时加入柱筋胶。

③ 在新旧墙体交接处粉刷须“挂网”：网宽 200mm，网径 10mm×10mm，新旧墙体各 100mm 方可用 1∶3 砂浆粉刷。通知甲方验收后方可粉刷，粉刷层厚度不可超过 35mm，如果超过了，则必须采用加强网，避免空鼓脱落。

④ 门洞过梁须采用钢筋水泥预制混凝土过梁，厚度为 100mm，梁长度须超过门洞左右各 100mm。需要两条直径为 8mm 的钢筋与 25mm 石子鹅卵石，且进场后先预制，并浇水养护晾干。

⑤ 现场所有木门门框须定位为 12 分墙体。

⑥ 砌墙当天，不能直接砌到顶，须间隔一至两天；到顶后，原顶白灰须预先铲除后施工；最顶上一排砌砖须采用斜砖法；水泥须直接与水泥面或混凝土面相接触。

⑦ 粉刷尽量采用“定点冲筋”处理，墙的平整度、垂直度允许的最大偏差值须符合标准：2mm/m^2。

⑧ 粉刷好的墙体须洒水养护三天以上。

⑨ 找平时须先刮一遍水泥膏铺粗砂砂浆。

（3）防水施工要求。

① 基层表面应平整，不得有松动、空鼓、起沙、开裂等缺陷，含水率应符合防水材料的施工要求。

② 地漏、套管、卫生洁具的根部、阴阳角等部位，应先做防水附加层。

③ 防水层应从地面到墙面：厨房高出地面 300mm，洗菜处做到 1m，浴室内墙部位的防水层到位，外墙做到 1.2m。

④ 防水砂浆的配合比应符合设计或产品的要求；防水层应与基层结合牢固；表面应平整，不得有空鼓、裂缝和磨石起砂；阴阳角应做成圆弧形。

⑤ 涂膜涂刷应均匀一致，不得漏刷，总厚度控制在 1mm 以上，应符合产品技术性能要求。

⑥ 厨房、卫生间墙砖铺完后，为了防止地砖施工中防水层破损，在铺地砖前补刷一遍防水涂料。

⑦ 防水工程应做两次蓄水试验：分别在防水层刷完、墙地砖及门槛石铺完后进行，蓄水时间均为 48h。

（4）铺砖施工要求。

① 瓷砖铺贴前须预先选砖，规格、尺寸、平整度、颜色有差异的不能铺贴。

② 瓷砖铺贴空鼓率在 5%以内为合格，空鼓没超过整片面砖的 15%不视为空鼓。

③ 地面砖铺贴不能积水，地面须泛水坡度为 5°。

④ 在铺贴墙砖时，同等规模尺寸的瓷砖铺贴须对缝。

⑤ 砖面平整度、垂直度须符合标准，在 2m^2 范围内不超过±2cm。

⑥ 瓷砖切割须平整、顺直，在 90°转角处须进行 45°碰角处理。

⑦ 砖缝清理干净后方可勾缝。

⑧ 水泥砂浆配合比到位，不得直接使用纯水泥浆铺砖。

⑨ 小于 1/3 整砖的不要铺贴，左右两边各取半铺贴。

⑩ 后期与地面金刚板、木地板之间交换处预留尺寸须到位，不能太多或太少，否则影响使用。

⑪ 金刚板找平面不可压光，也不可起砂，地面平整度须符合标准。

⑫ 现场施工的其他要求具体参见 GB 50325—2020、GB 50327—2001、GB 50210—2018。

7.3　识读室内装修平面布置图

室内装修平面布置图是室内装修施工图中的关键性图纸。它在原建筑结构的基础上，根据业主的要求和设计师的设计意图，对室内空间进行详细的功能划分和室内设施定位。

常见的室内装修平面布置图有原始户型图、拆墙图、墙体定位图、地面材质图、平面布置图和家具尺寸图。

【实例解读】：识读原始户型图、拆墙图与墙体定位图

图 7-22 为本例原始户型图。

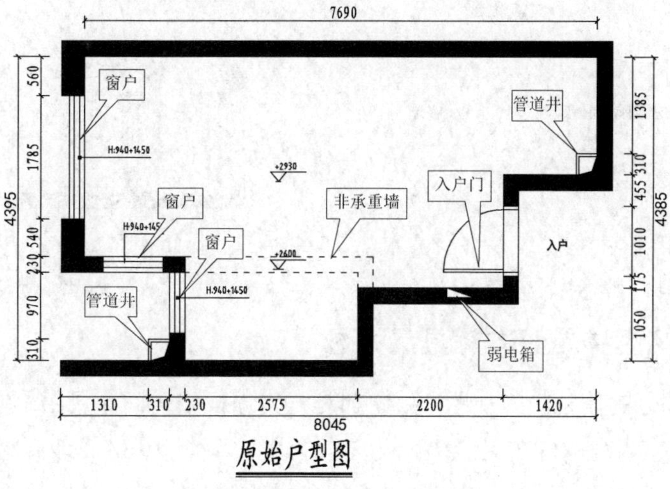

图 7-22　本例原始户型图

图 7-22 表达的内容如下。

- 此户型入户门开设在右侧，门后安装有弱电箱。
- 室内右上角和阳台右下角设有管道井。
- 整个户型安装有三扇窗户，H:940+1450 表示窗户离地板 940mm、窗户高 1450mm。若要知道窗宽，则可以查看第二道标注尺寸。
- 室内有一道非承重墙（隔断墙），墙顶标高为 2600mm，整个楼层空间高度为 2930mm（顶板标高）。此墙用虚线表示，意思是该墙体为设计方案墙体，由建设方决定做还是不做。

接下来识读拆墙图，如图 7-23 所示。从拆墙图中可以了解到，建设方决定修建的非承重墙须拆除，以增大空间。另外，将靠近阳台的一扇窗户拆除，拆除后保留宽度为 700mm（作为门洞），多余的空隙用砖砌上。

图 7-24 为墙体定位图，主要反映室内拆除部分墙体后进行的墙体修补和人工隔断墙（用木工板制作）的修建情况。

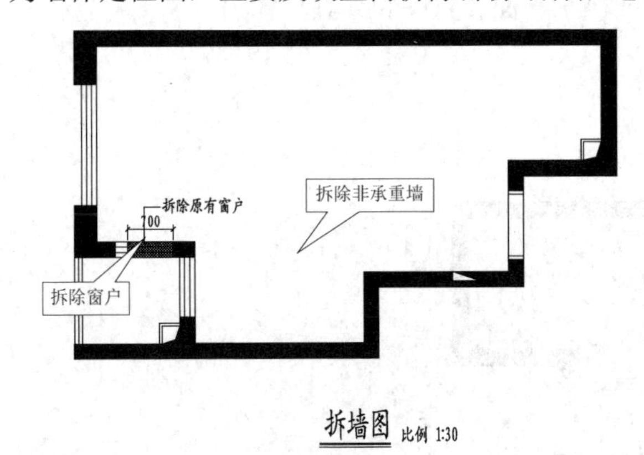

图 7-23　拆墙图

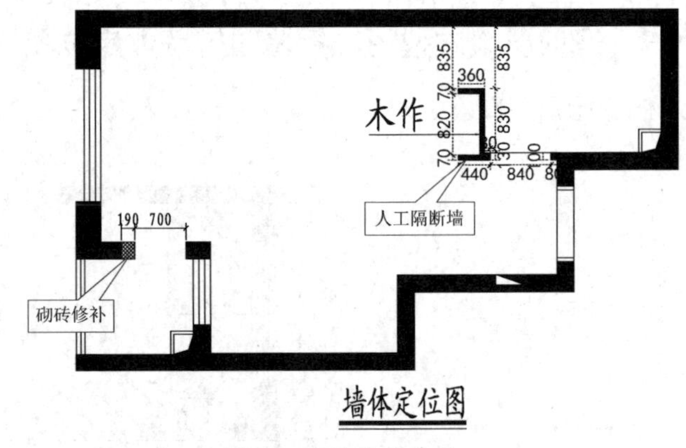

图 7-24　墙体定位图

【实例解读】：识读地面材质图、平面布置图与家具尺寸图

图 7-25 为地面材质图，是室内硬装部分的俯视投影视图，反映的是室内地板按房间布局用不同材质铺设的情况（阅读时须参考图例）。

从地面材质图中能够很清晰地判断出室内房间的布局情况：从入户门进入门厅，用 M-2 地砖材质铺装；右手侧可进入卫生间及洗浴室，也用 M-2 地砖材质铺装；过了门厅就是客厅、餐厅及卧室，用 M-1 地砖材质铺装；斜对入户门的窗户旁为厨房区域，用 TL-2 地砖材质铺装；阳台用 TL-1 地砖材质铺装。

图例	内　容	图例	内　容
TL-1	300*300仿古砖(设计师选样)	M-1	中花白大理石
TL-2	300*300杂砖	M-2	意大利灰大理石

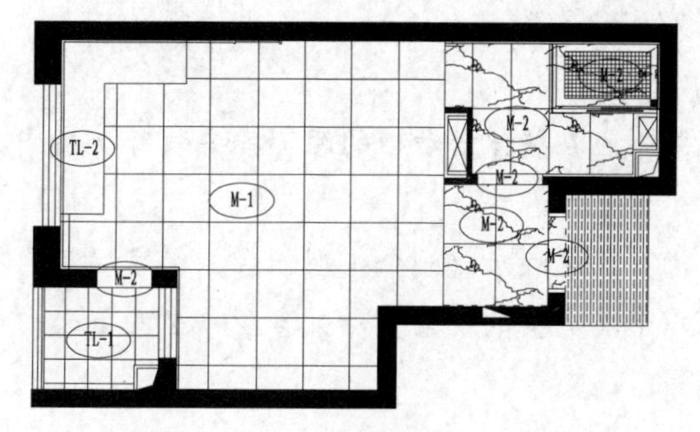

地面材质图

图 7-25　地面材质图

图 7-26 为平面布置图，反映了室内软装饰的布置情况。

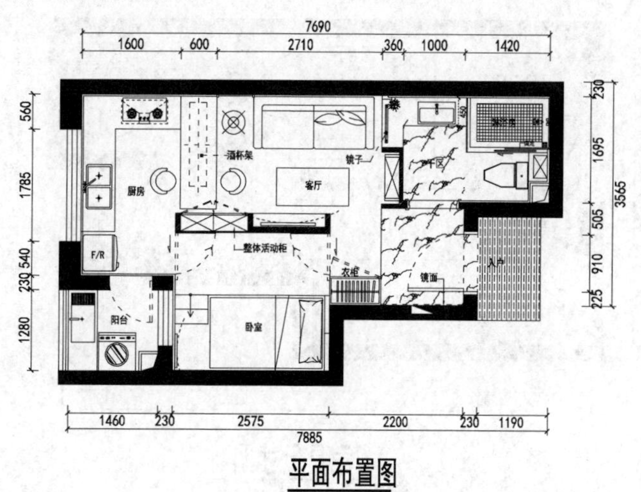

图 7-26　平面布置图

从图 7-26 中可以得知以下内容。

- 在入户门背后安装有一面镜子。
- 卫生间中安装有坐便器、洗手池、镜子、整体式淋浴房等。
- 门厅与客厅接合部摆放有一个衣柜。
- 客厅与卧室之间摆放有一个整体活动柜作为隔断，且在整体活动柜的两侧各安装有一扇门。
- 客厅中有电视、茶几、沙发、落地灯等摆件。
- 客厅与厨房之间安装有酒杯架，以形成隔断。酒杯架实际上是一个小型吧台，在客厅及厨房均配有吧椅。
- 卧室比较简单，床位设计成榻榻米形式，这可以节省大量的空间，是紧凑型户型的首选；床对面的墙上安装有一台挂式电视机。
- 厨房中有整体式橱柜、燃气灶、洗菜池、冰箱等。
- 阳台上摆放有一台洗衣机和手洗洗衣池。

图 7-27 为家具尺寸图，反映的是室内家具摆件的形状尺寸和安装尺寸。

图 7-27　家具尺寸图

7.4　识读吊顶装修平面图

吊顶也可叫天花或顶棚，因此吊顶装修平面图也称顶棚装修平面图或天花装修平面图。

本例户型装修的吊顶装修平面图包括有吊顶布置图和吊顶灯位尺寸定位图/吊顶材料图。

【实例解读】：识读吊顶布置图

图 7-28 为吊顶布置图，反映了室内吊顶上的灯具、排气扇等摆件的布置情况。从图 7-28 中可以得知以下内容。

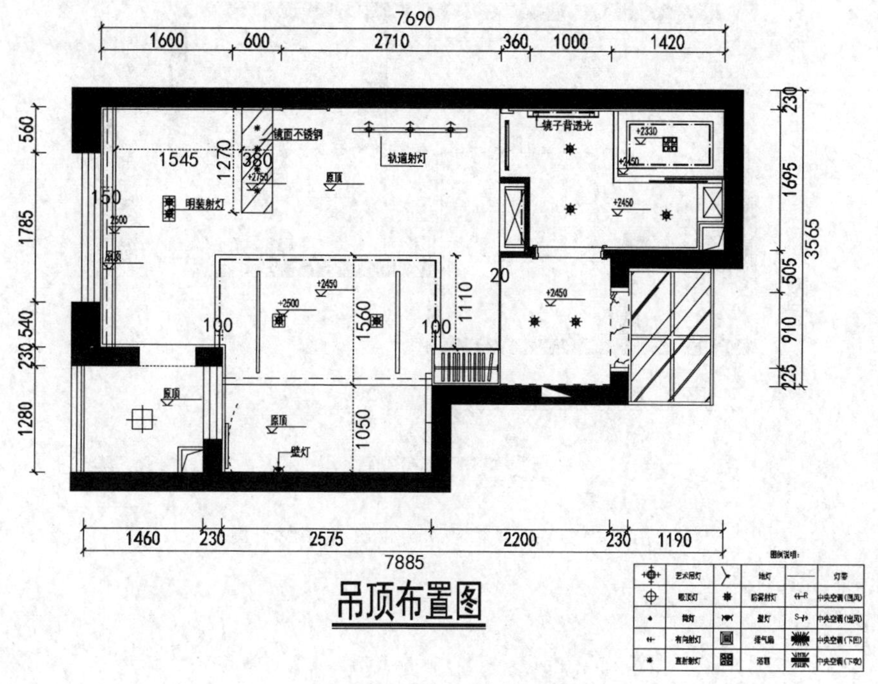

图 7-28　吊顶布置图

- 在客厅、阳台、厨房及卧室等区域，并没有进行特别的结构层次吊顶装修，只是原顶装修（在原来的吊顶层上刷漆）。

- 在门厅、卫生间及整体活动柜部分区域中，均有吊顶设计，吊顶后的标高为 2450mm。
- 在门厅的吊顶上安装有两盏直射射灯；在卫生间安装有三盏直射射灯；在整体式淋浴房中安装有浴霸灯；在阳台安装有防雾射灯；在客厅安装有轨道射灯；在厨房安装有明装射灯；在榻榻米区域安装有一盏壁灯；在整体活动柜上方安装有两盏直射射灯。

图 7-29 为吊顶灯位尺寸定位图/吊顶材料图，反映的是吊顶灯具安装的定位尺寸、灯光镜面反射材质和原顶装修所用的材质。

原顶装修使用的材质为白色乳胶漆；在酒杯架顶面安装有镜面不锈钢；在整体式淋浴房中顶面安装有白镜，用来反射光源。

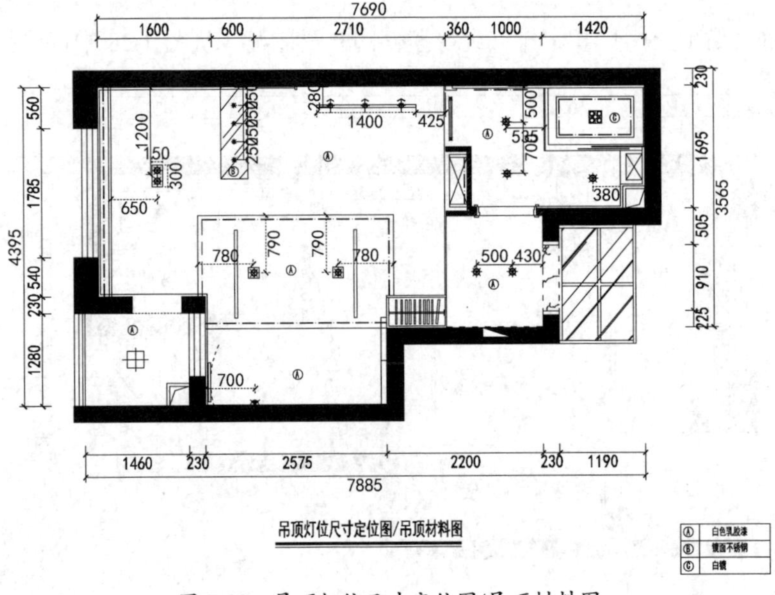

图 7-29　吊顶灯位尺寸定位图/吊顶材料图

7.5　识读室内装修立面图

室内装修立面图是唯一能直观表达出室内墙、柱装修效果的图纸。

室内装修立面图一般应表达出以下内容。

- 应表达出墙体、门洞、窗洞、抬高地坪、吊顶空间等的断面。
- 应表达出未被剖切的可见装修内容，如家具、灯具及挂件、壁画等装饰。
- 应表达出施工尺寸与室内标高。
- 应标注出索引号、图号、轴线号及轴线尺寸。
- 应标注出装修材料的编号及说明。

本例室内户型属于小户型，装修之前，并没有客厅、卧室、卫生间及厨房等分区。因此在完成装修设计后，可以在一个室内装修立面图中同时表达一个或多个房间的立面装修效果。

【实例解读】：识读客厅/厨房/卫生间 A 立面图

图 7-30 为客厅/厨房/卫生间 A 立面图。

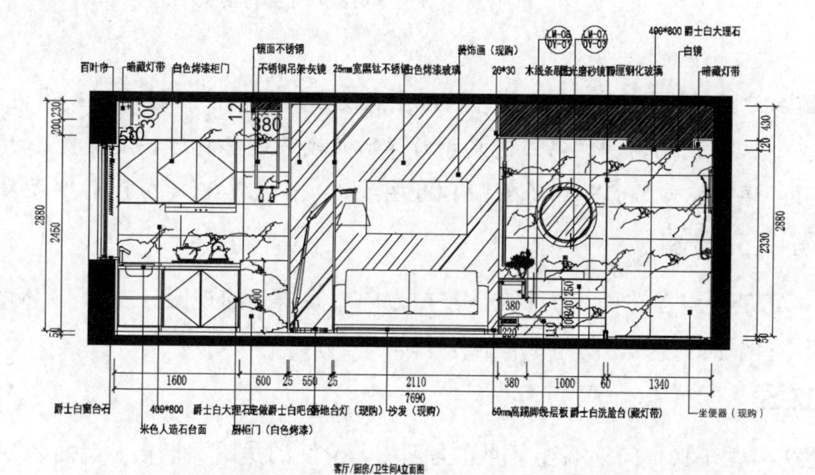

图 7-30　客厅/厨房/卫生间 A 立面图

从图 7-30 中可以得知以下内容。

- 客厅/厨房/卫生间 A 立面图是用一个剖切平面在客厅中进行剖切后，观察者背靠整体活动柜站立，向客厅外墙进行观察得到的立面效果图，如图 7-31 所示。

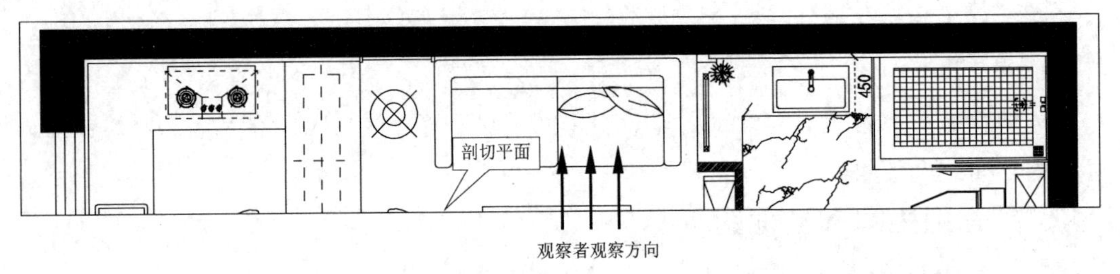

图 7-31　客厅/厨房/卫生间 A 立面图的由来

- 绘图比例为 1:30。
- 详细表达了客厅背景墙、厨房墙面及卫生间墙面的装饰材质，以及家具的做法、材质（或购买）及踢脚线的做法等。
- 图中标注的第一道尺寸为整个 A 立面的面积，第二道尺寸为详细的硬装装修的形状及位置尺寸。
- 卫生间区域有两处详图索引，详图编号为 DY-01（在 LM-08 图纸中）和 DY-03（在 LM-07 图纸中）。

【实例解读】：识读客厅/卧室 B 立面图

图 7-32 为客厅/卧室 B 立面图，它是观察者站在客厅中向入户门方向观察得到的视图，展示了客厅及一部分卧室的立面装修效果。此图主要反映了客厅储物柜、镜子和卧室墙面的装饰材质与基本做法。

【实例解读】：识读厨房 D 立面

图 7-33 为厨房 D 立面图，它是观察者在厨房向外墙观察的立面视图，反映的是厨房橱柜、墙面装饰、百叶帘等材质的使用情况。此立面图中橱柜的详细构造图见索引编号为 DY-01 的详图（在 LM-08 图纸中）。

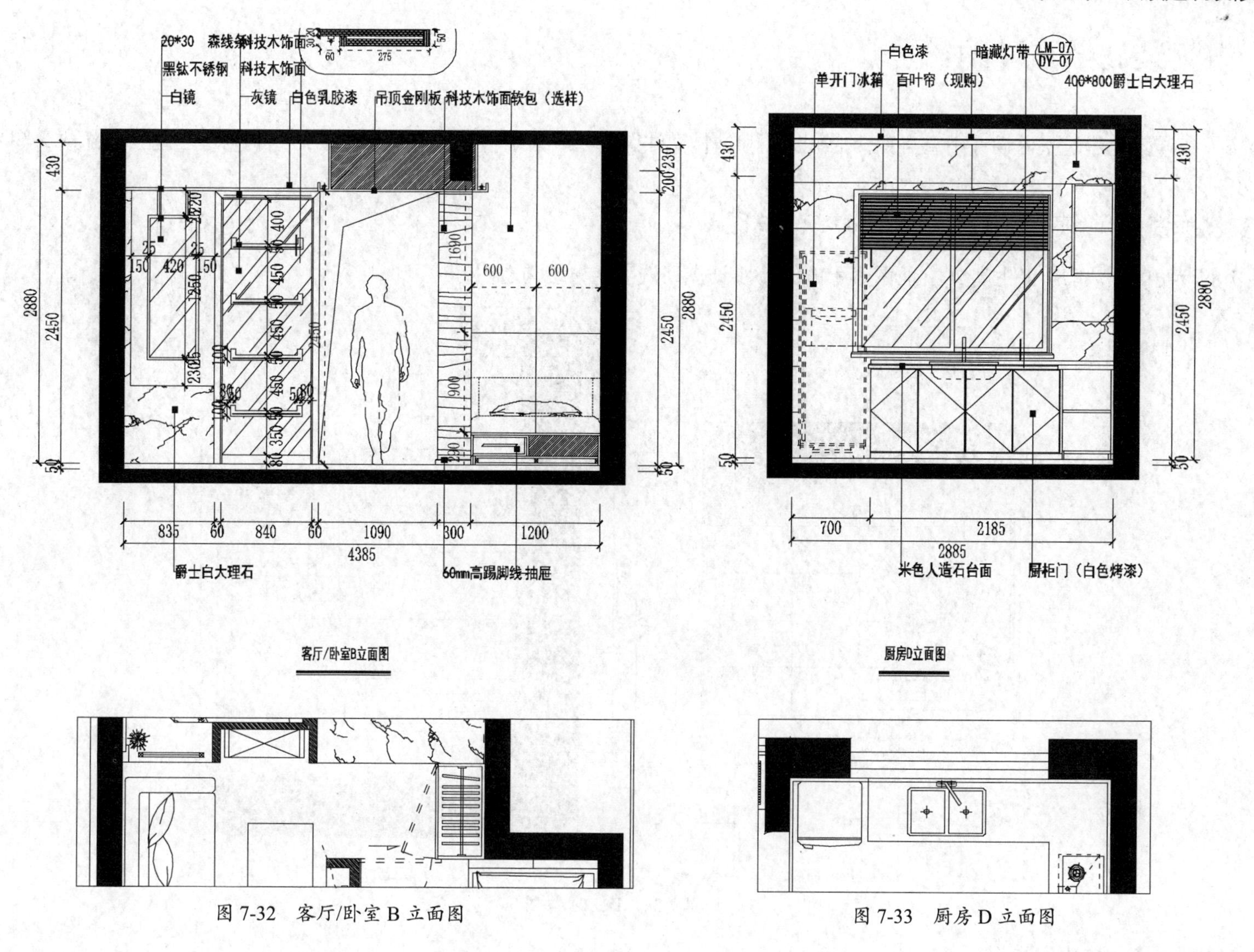

图 7-32　客厅/卧室 B 立面图

图 7-33　厨房 D 立面图

7.6 识读装修节点详图

装修节点详图是建筑室内设计中重点部分的放大图和结构做法图。一般情况下，装修节点详图的绘制内容应包括局部放大图、剖面图和断面图。

【实例解读】：识读 LM-08 图纸中的 DY-01 详图

图 7-34 为由客厅/厨房/卫生间 A 立面图索引的 DY-01 详图（洗手池详细构造图）。

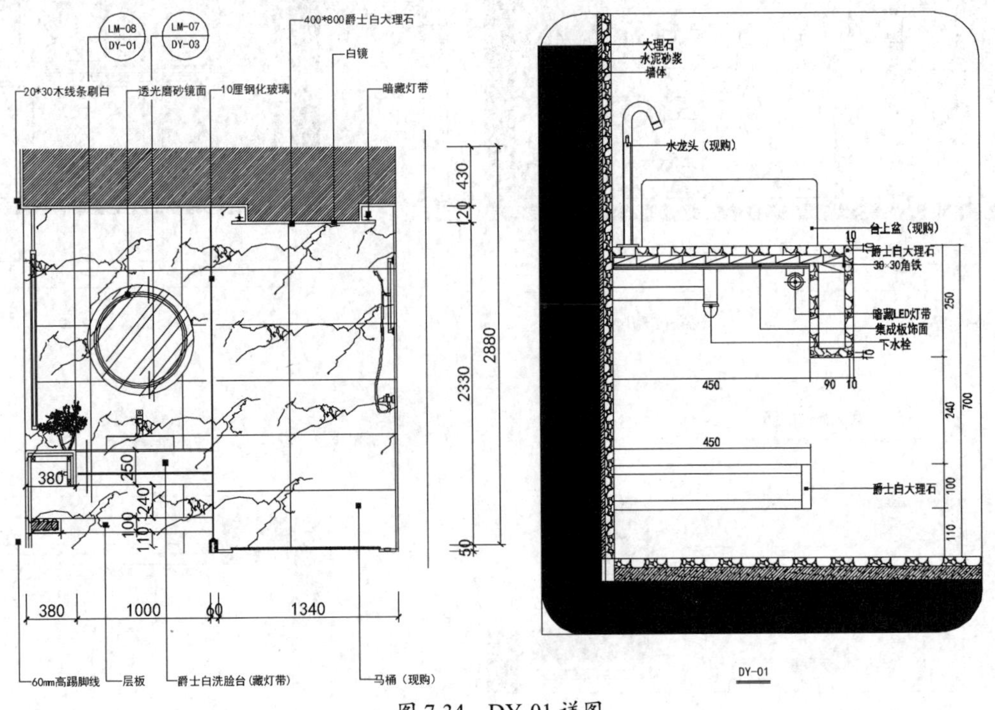

图 7-34　DY-01 详图

DY-01 详图表达的内容如下。

- 卫生间墙面及底地板的装饰材质为水泥砂浆（底层）、大理石（面层）。
- 洗手池由台面、台上盆、水龙头及台面下的储物台组成。
- 水龙头和台上盆为现购，台面材质为爵士白大理石，台面底下安装有 LED 灯带。
- 台上盆接排水管和给水管。
- 储物台的材质也为爵士白大理石。
- 详图中的两道尺寸反映了台面及储物台的安装尺寸。

第 8 章

室内装修设计与制图

本章重点

（1）躺平设计家 3D 云设计。
（2）装修效果图设计全流程。
（3）全套装修图纸的创建过程。

8.1　躺平设计家 3D 云设计

躺平设计家 3D 云设计软件（也称设计家 3D 云设计）来自欧特克有限公司发布的家装设计平台——美家达人。

美家达人被躺平设计家（上海）科技有限公司收购后，被重新打造成了线上线下为一体的家居智能服务平台。

通过躺平设计家 3D 云设计，设计师可以免费获取效果图、施工图、预算一体化的 3D 家装设计工具，实现设计独立和个人的自主创业；消费者可以随时随地发布装修需求，找到自己满意的装修设计方案和心仪的设计师，也可以自己设计。

8.1.1　躺平设计家 3D 云设计欢迎界面

躺平设计家 3D 云设计可以在网页端进行设计，也可以在 https://3d.homestyler.com/cn 官方网站上下载 3D 客户端软件，然后安装到自己的计算机中使用。

图 8-1 为躺平设计家 3D 云设计网页端界面。

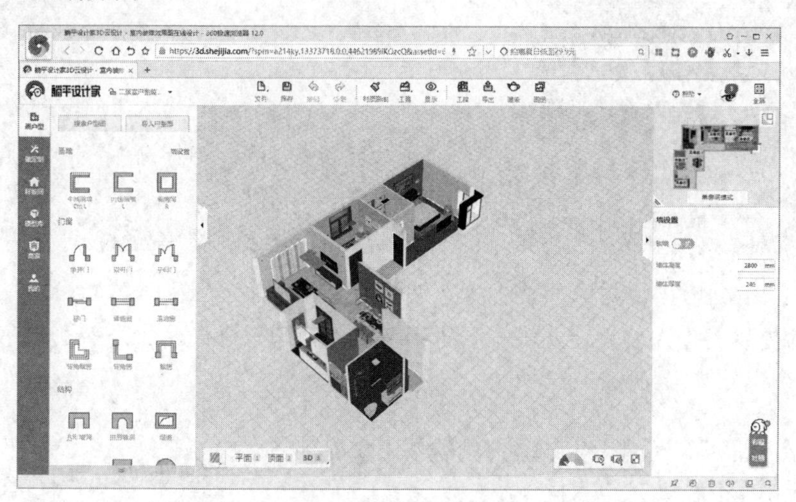

图 8-1　躺平设计家 3D 云设计网页端界面

安装到 Windows 系统后，桌面显示为躺平设计家图标。双击软件图标，只需注册一个账号，即可免费使用此软件。

图 8-2 为躺平设计家 3D 客户端的欢迎界面。

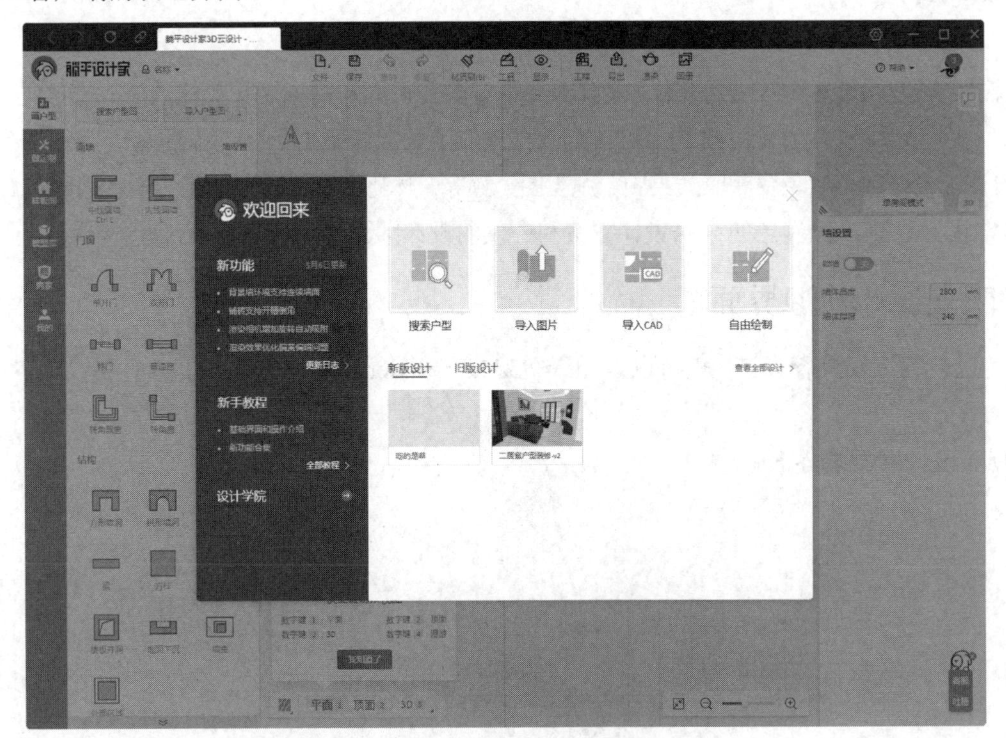

图 8-2　躺平设计家 3D 客户端的欢迎界面

软件在欢迎界面为新手和设计师提供了便捷的设计入口。下面就来了解下躺平设计家 3D 云设计的欢迎界面。

1．自由绘制

在欢迎界面中单击【自由绘制】按钮，可进入家装设计的软件工作界面。

2．导入 CAD

单击【导入 CAD】按钮，可以将用户保存的设计打开，进而进行修改设计工作。

3．搜索户型

单击【搜索户型】按钮，可以在户型库（见图 8-3）中选择要进行设计的户型，选择一个类似你要设计的户型后，就可以到设计界面中进行户型修改了。当然，也可以自由绘制户型。

4．导入图片

单击【导入图片】按钮，可以上传参考图片或 CAD 制图文件到躺平设计家 3D 云设计中进行参考建模。

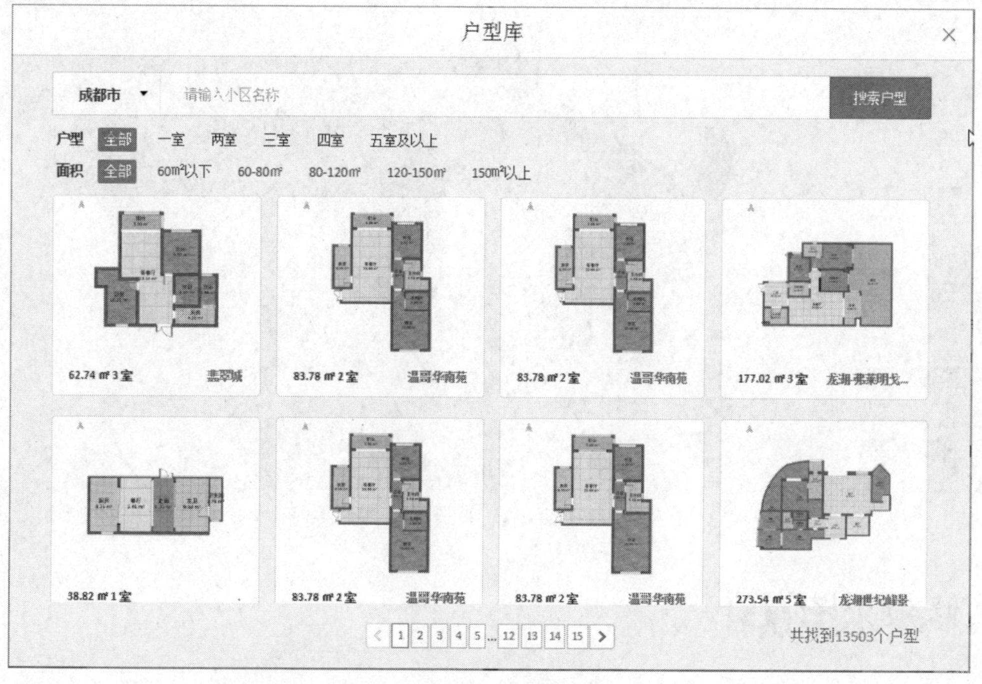

图 8-3　户型库

8.1.2　躺平设计家 3D 云设计工作界面

在欢迎界面中单击【自由绘制】按钮，然后进入工作界面。此界面是用户进行室内装修效果图设计的软件操作界面。整个界面包括上部的绘图工具栏（或称“上工具栏”）、左侧的样板间与模型数据库、右侧的控制面板，如图 8-4 所示。

图 8-4　躺平设计家 3D 云设计工作界面

8.2　二居室户型装修效果图设计

前面详细介绍了躺平设计家 3D 云设计的功能及操作，接下来参照一个户型的室内设计平面布置图来设计效果图。本例的二居室平面布置图如图 8-5 所示。

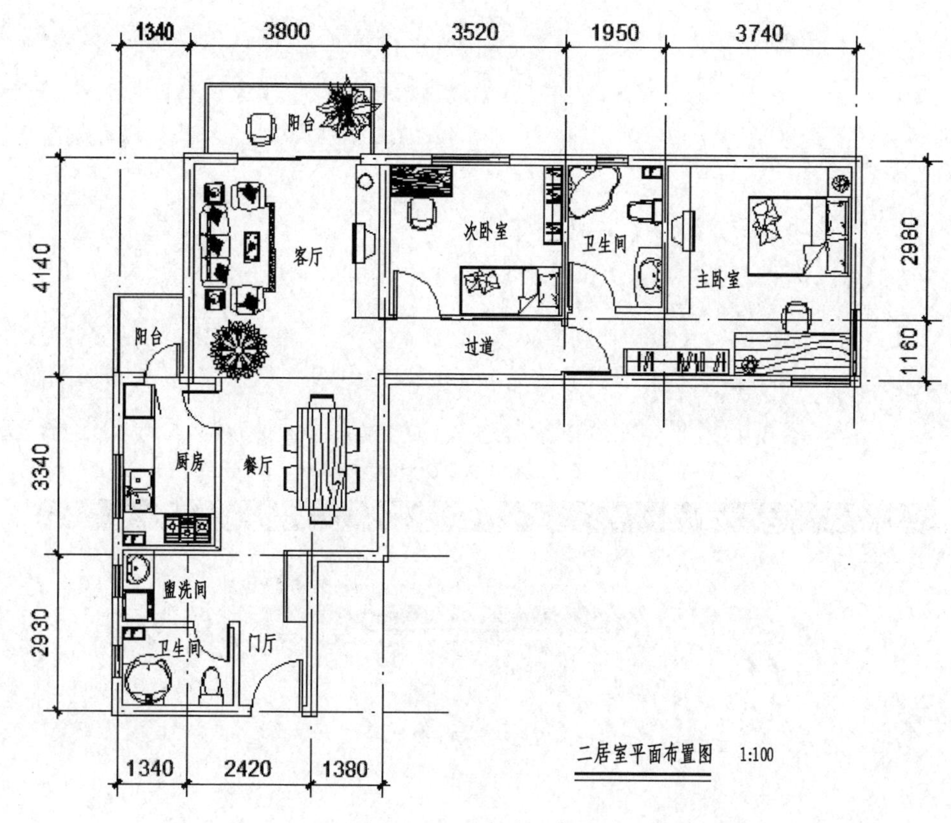

图 8-5　二居室平面布置图

8.2.1　房型布局设计

房间建筑模型的设计方法是在导入 CAD 图后，设置好比例尺寸，然后利用相关的设计工具完成房间布局设计。

① 在欢迎界面中单击【导入图片】按钮，在弹出的【导入户型图】对话框中单击【上传 CAD 文件】按钮，然后从本例配套教学资源文件中打开“二居室平面布置图.dwg”图纸文件，如图 8-6 所示。

② 根据导入的 CAD 图纸，躺平设计家 3D 云设计会自动建立墙体及门窗构件，如图 8-7 所示。

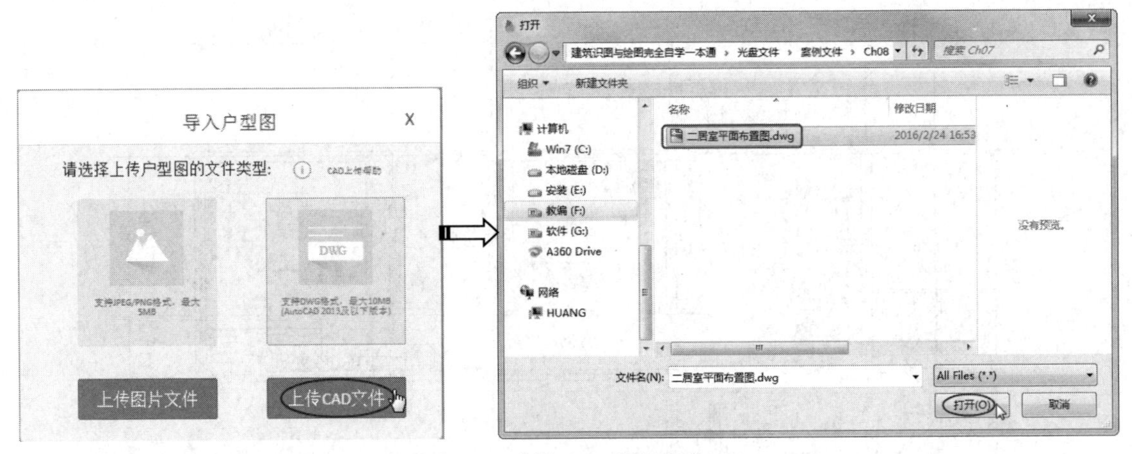

图 8-6 选择 CAD 图纸文件

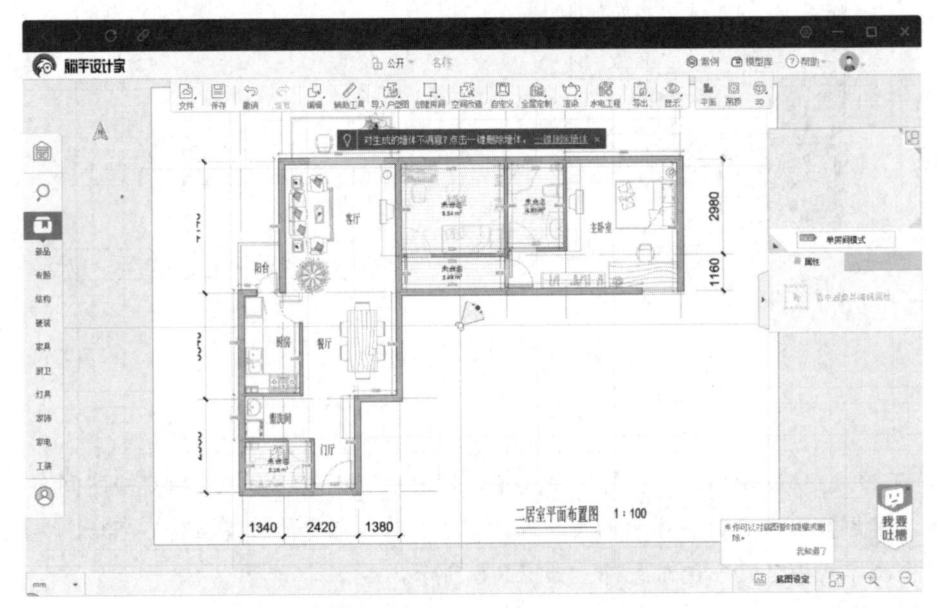

图 8-7 自动识别图纸并建立墙体及门窗构件

③ 从平面视图中并不能完全判断出建立的墙体（见图 8-8）是否合理，需要在上工具栏中依次单击【3D】|【鸟瞰】按钮，切换到鸟瞰视图，以查看模型是否完整。

技术要点：

这里提示一下视图的操作方法：按下鼠标左键可以旋转视图；按下中键可移动视图；滑动鼠标滚轮可以缩放视图。

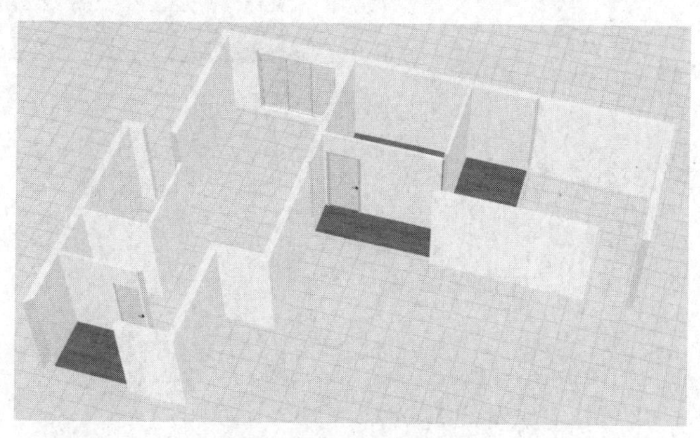

图 8-8　自动生成的墙体

④ 如果需要自己绘制墙体，则可以在弹出的信息提示条中单击【一键删除墙体】按钮，然后利用上工具栏中的【创建房间】命令列表中的【房间创建】命令定义墙体。当然自动生成的墙体只是不完整而已，只需添加缺失的部分墙体即可，从图 8-8 中可以看出，缺少部分内墙及门窗构件，此时单击上工具栏中的【平面】按钮，将其切换到平面视图方向。

提示：

对于缺失的阳台部分，因为对于室内设计来讲，阳台属于建筑附件，并不会包含到室内装修中，所以无需处理阳台。除非要进行空间改造，把阳台利用起来，这在装修施工中是常见的做法。

⑤ 在平面视图中可以发现，有两处墙体是没有封闭的，包括主卧室和厨房。在上工具栏中依次单击【创建房间】|【中间画墙】按钮，接着在右侧的【属性】面板中设置墙厚为 200mm，然后绘制缺失的墙体，如图 8-9 所示。

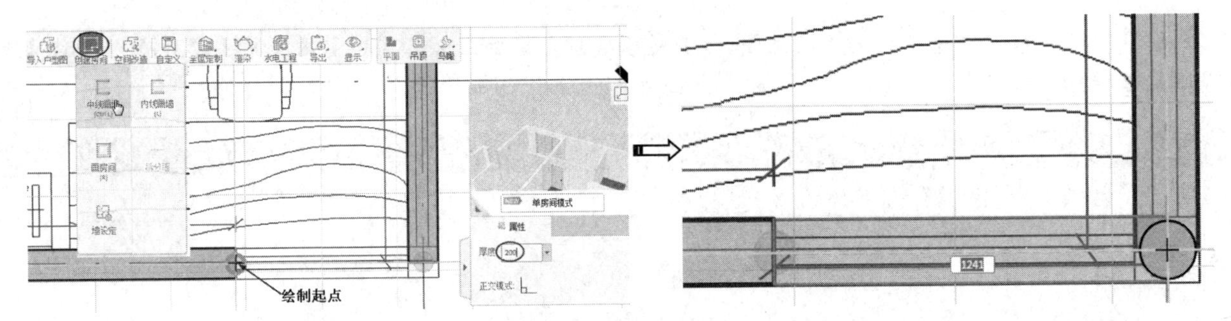

图 8-9　绘制墙体

⑥ 同理，在厨房区域对缺失的墙体进行修补，如图 8-10 所示。

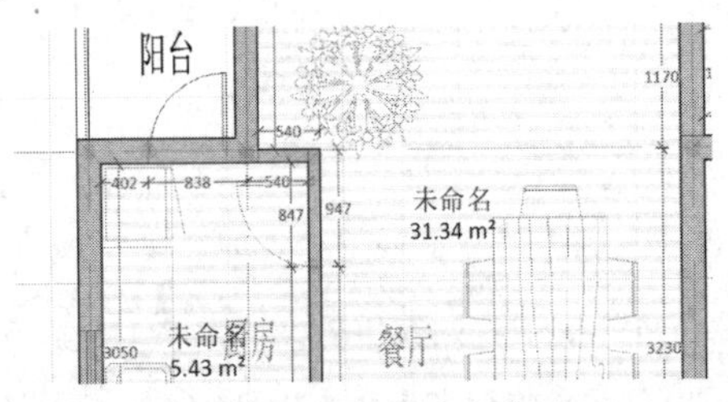

图 8-10　修补厨房的墙体

技术要点：

在利用【内线画墙】工具绘制 100mm 厚度墙体时，如果发现墙体在外侧，则无须重新绘制，只需在绘制过程中单击鼠标右键，然后在弹出的快捷菜单中选择【墙翻转】命令即可，如图 8-11 所示。

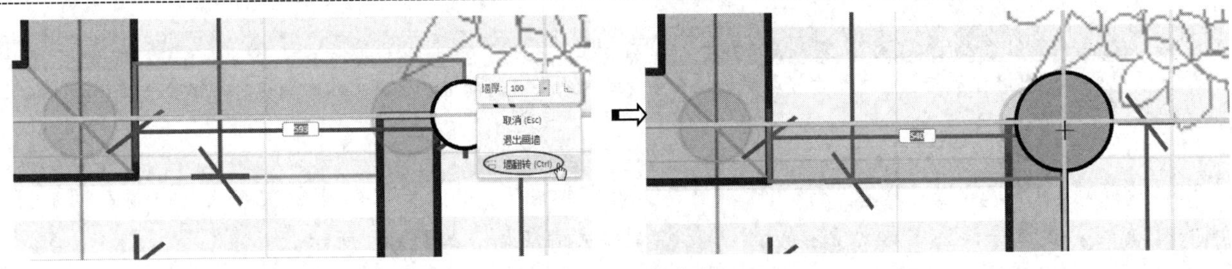

图 8-11　翻转墙体

⑦ 如果房间比较多，在凭肉眼很难检查清楚的情况下，则可以在上工具栏中依次单击【辅助工具】|【检测封闭】按钮，借助软件的自动检测工具检测房间中是否还有断开的墙体。

8.2.2　门窗设计

在自动生成的墙体中，图纸中的门窗有些可以被自动识别出来，但有些门窗由于部分线型没有完全封闭，所以没有被识别出来，此时需要手工添加门窗构件。

① 首先检查门构件，会发现室内的门虽然都被识别出来了，但有些门的生成方向（开门）是反向的，需要更改，如图 8-12 所示。

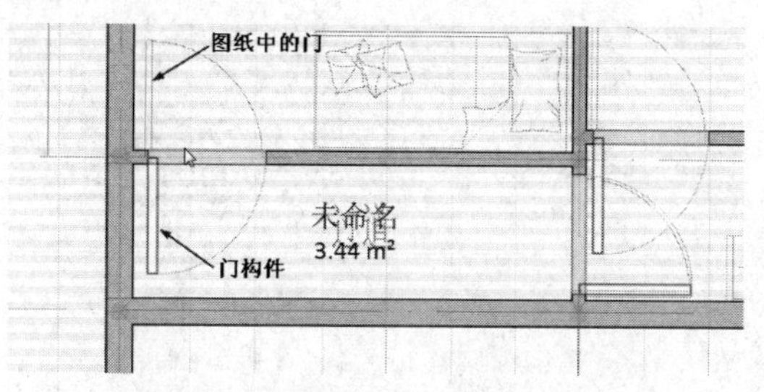

图 8-12　检查门构件的生成方向

② 单击需要修改方向的门构件，会显示两个翻转图标： 与 。通过单击这两个翻转图标可以将门构件的方向调整到与图纸中标注的门的方向完全相同，如图 8-13 所示。调整完成后在空白区域单击即可结束操作。

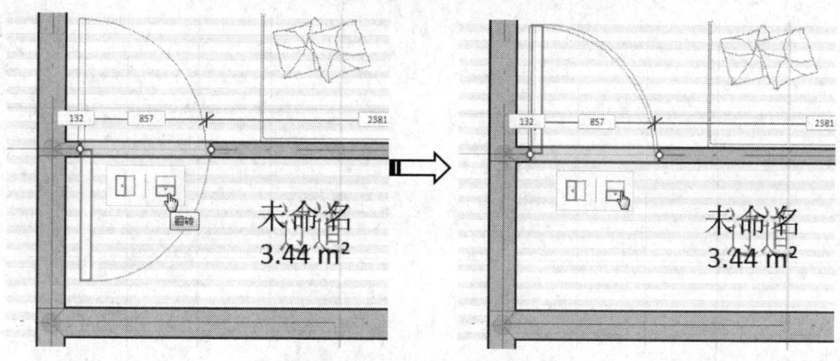

图 8-13　调整门构件的方向

③ 同理，对其他开门方向相反的门构件进行相同的翻转操作。

④ 接下来需要添加三道门：两道厨房门和一道入户门。首先安装入户门，在左侧模型库中选中【结构】类型，将展开所有结构构件分类，如图 8-14 所示。

⑤ 在【门】分类中单击【查看全部】按钮，会显示所有品牌、所有风格的门构件，可以根据自己的喜好选择一种门构件，如图 8-15 所示。

图 8-14　展开结构分类列表

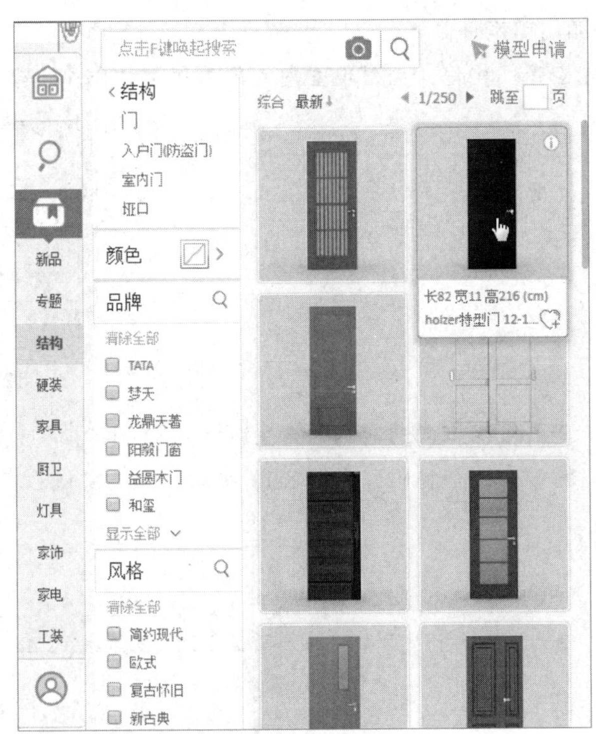

图 8-15　选择门构件

⑥ 选择门构件后，将门构件放置在大门所在的墙体中。在放置时，可输入门的尺寸并参考图纸中的开门方向，如图 8-16 所示。

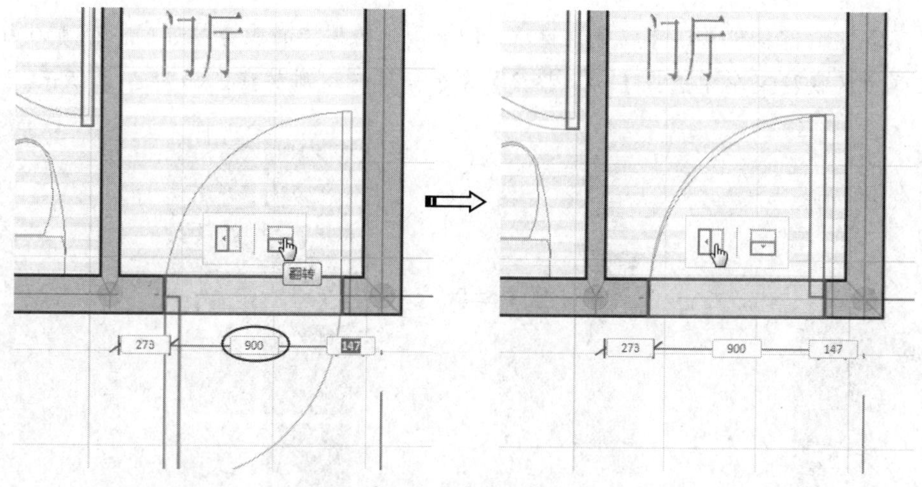

图 8-16　放置门构件

提示：

如果觉得放置的门不好看，需要替换，则可将门构件选中并单击鼠标右键，在弹出的快捷菜单中选择【替换】命令，重新选择门构件进行替换，如图 8-17 所示。也可选择【删除】命令，在删除门构件后重新选择门构件进行放置。

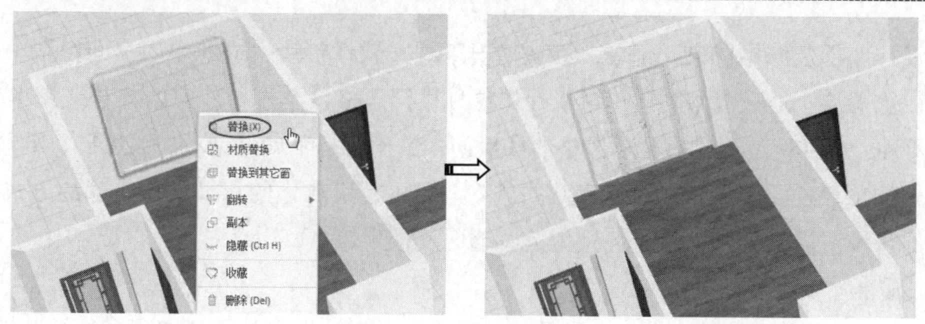

图 8-17　替换门构件

⑦ 同理，厨房中的两道门也按相同操作来完成。

⑧ 除了替换自动生成的且不喜欢的门构件，还可以替换材质。例如，前面替换的阳台双开门，材质为白色的铝合金，可以选中此门并单击鼠标右键，然后在弹出的快捷菜单中选择【材质替换】命令，进行材质替换，如图 8-18 所示。

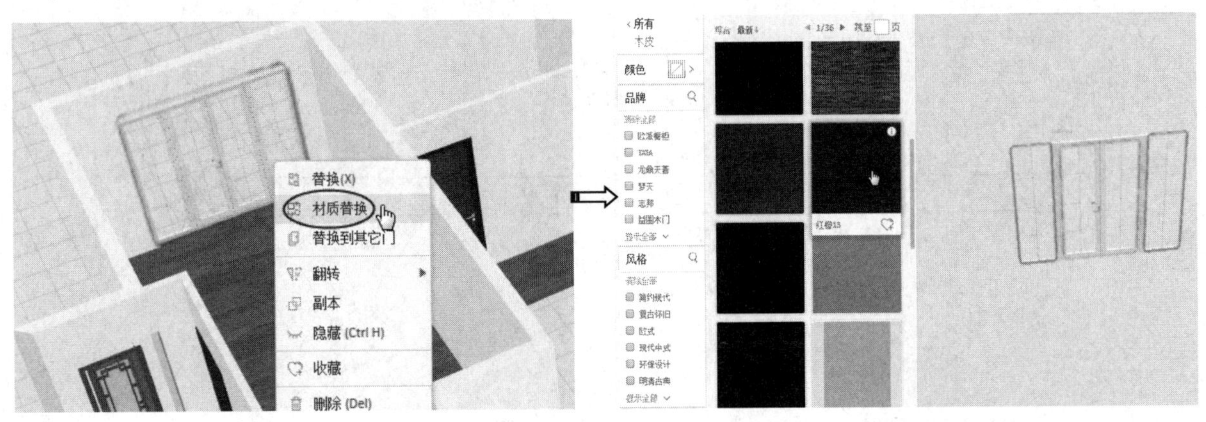

图 8-18　替换材质

⑨ 窗户构件的放置与门构件的放置是完全相同的，这里不再介绍详细的操作步骤。

8.2.3　地板、墙面及楼顶装修设计

地板、墙面及楼顶的装修设计属于装修中的硬装部分。默认情况下，在软件自动生成的室内房间模型中，地板、墙面及楼顶会自动添加材质。其中，墙面及楼顶为白色墙漆、地板为木材质。可以保持这种极简风格，不进行任何的精装或豪华装修。

在本软件中，室内装修分两种：一种是使用具有某种风格的样板间；另一种是手动贴地板、贴墙砖、吊顶等。使用样板间（样板间包含地板、墙面及吊顶装修）的方式非常快速，只要找到自己喜欢的风格，即可套用在你的户型中；手动的方式其实也很快，只是操作时间要长一些，其实也就是前面介绍的替换材质的方法，逐一替换地板、墙面及楼顶等。

① 单击【样板间】按钮，展开所有的样板间种类。

② 首先要确定好一种装修风格，最好不要一个房间一种风格，避免造成混乱搭配设计。这里样板间选择为单房间，选择现代风格，面积选择为 10～20m^2，房间类型选择为次卧。装修需求设定好以后，会列出所有符合要求的装修风格样板间模型，如图 8-19 所示。

提示：

全屋的样板间适合整体室内建筑面积、户型布局、房间大小均相同或相似的情况。如果你的户型与样板间不同，则不要进行全屋整体式装修。

③ 选择第二种样板间并单击，然后在平面视图中单击次卧房间，系统会自动将所选的样板间装修风格覆盖在原有默认的极简风格中，如图 8-20 所示。

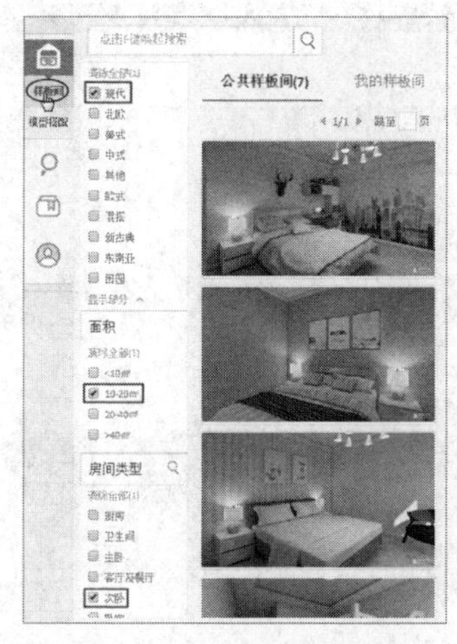

图 8-19　设定满足要求的样板间

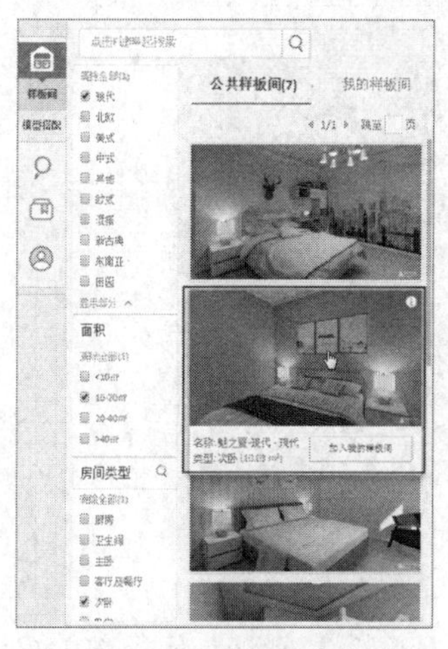

图 8-20　应用样板间装修风格

④ 覆盖样板间的速度相当快，可以切换到鸟瞰视图来查看使用样板间的情况，如图 8-21 所示。

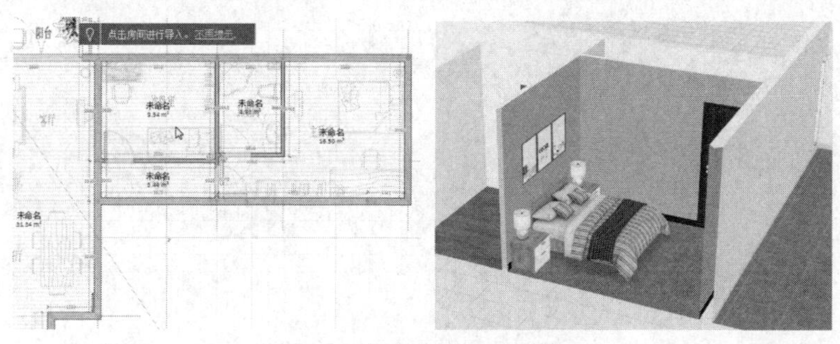

图 8-21　查看样板间使用情况

⑤ 如果觉得次卧中还欠缺一些家具，如再放置一个梳妆台和一把椅子，则可以在左侧工具栏中单击【模型库】按钮 ，展开所有室内摆设模型，如图 8-22 所示。

⑥ 如果默认的模型库中没有满意的搭配模型，则可以单击软件左上角的【躺平设计家】徽标，进入官网去搜索、查找更新的搭配模型，选好中意的模型后将其收藏即可，如图 8-23 所示。

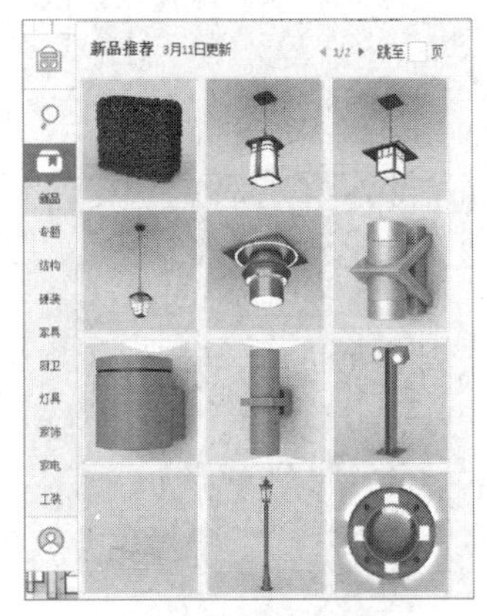

图 8-22　打开模型库

图 8-23　在官网模型库中搜索模型

⑦ 收藏后的模型会在左侧工具栏【我的】收藏夹中找到，如图 8-24 所示。

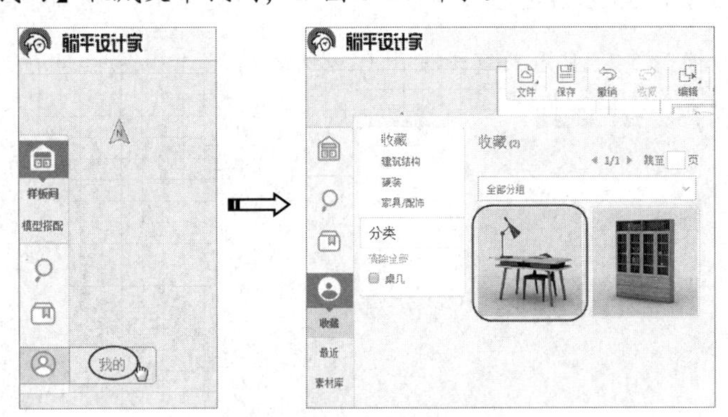

图 8-24　查看收藏的模型

⑧ 在左侧工具栏中展开的模型库中，按照不同的分类去翻找所需模型，但这需要花费不少的时间，我们还可以通过搜索栏来精确查找所需模型，如图 8-25 所示。

⑨ 选择合适的模型后，将其放置在次卧中，如图 8-26 所示。

图 8-25　搜索模型

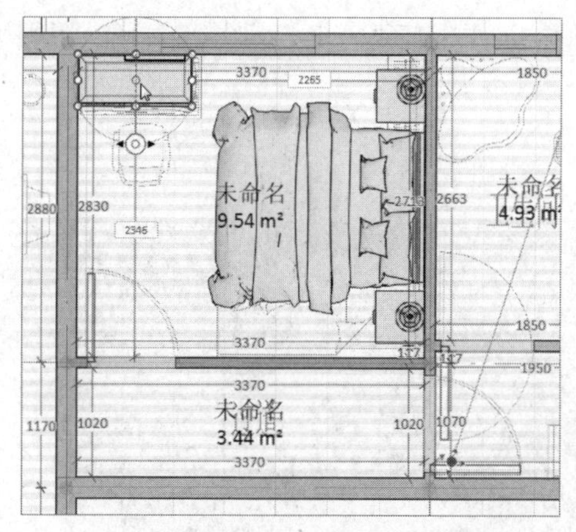

图 8-26　放置模型

⑩ 查看鸟瞰图。放置梳妆台模型后的效果如图 8-27 所示。同理，搜索梳妆椅，选择一个梳妆椅模型并将其放置在次卧中，鸟瞰效果图如图 8-28 所示。

图 8-27　放置梳妆台模型后的效果

图 8-28　放置梳妆椅模型后的效果

技术要点：

放置模型可以在平面图中进行，也可以在鸟瞰图或3D图中进行。放置后，若发现模型的位置及方向不符合布局要求，则可以选中模型，通过显示的操控器进行平移和旋转操作，如图8-29所示。

⑪ 接着寻找与主卧相似房间及面积的现代风格样板间，并将其应用到主卧中，如图8-30所示。

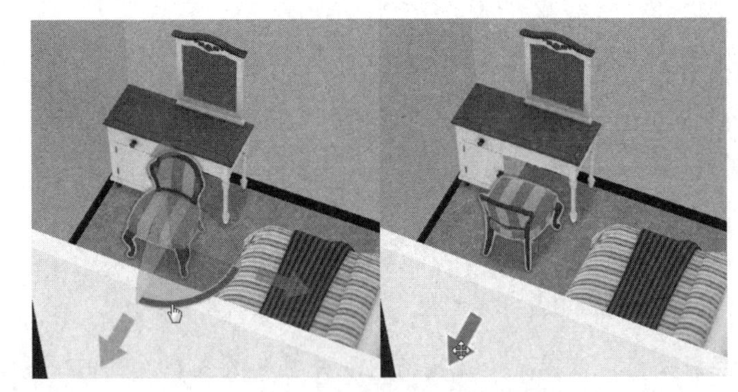

图8-29　模型的平移和旋转操作

图8-30　装修主卧

⑫ 客厅及餐厅的装修效果如图8-31所示。由于客厅、餐厅及门厅是相通的，是一个整体，而样板间中没有三厅合一的，只有客厅与餐厅的布局，所以建议先做一段墙体把餐厅与门厅隔开，等装修后再删除这段墙体便可。

⑬ 但是装修后发现有些模型的摆设位置和方向不对，此时可以通过前面介绍的操控器进行平移和旋转操作，使家具摆设在合理的位置上，完成后将预加的那段墙体删除，效果如图8-32所示。

提示：

如果在鸟瞰视图中平移及旋转操作不便时，则可以在平面视图或3D视图中进行此操作。

⑭ 当然，如果觉得沙发与茶几不好看，则可以选中沙发或茶几进行替换，将独立沙发换成L形沙发，如图8-33所示。还可以在其他墙壁上添加装饰画等。

图 8-31　客厅及餐厅的装修效果

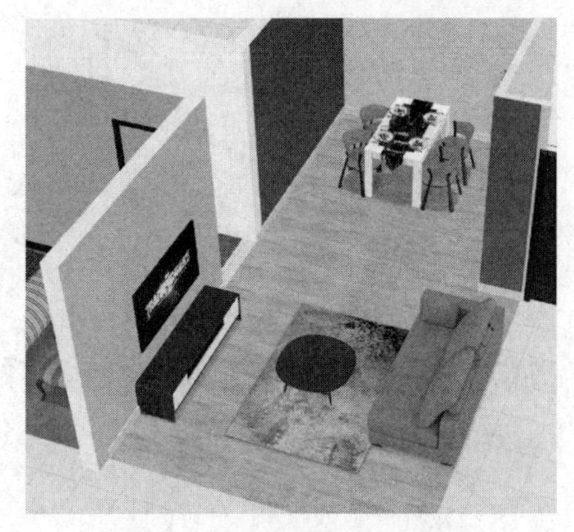

图 8-32　摆放完成的家具效果

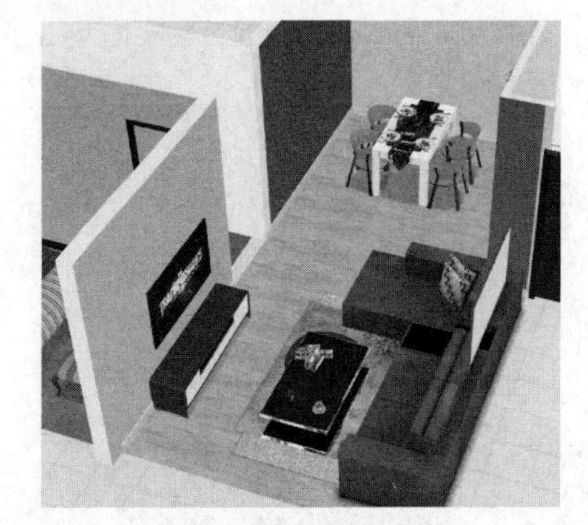

图 8-33　替换沙发组件

⑮ 随后依次完成两个卫生间（分别选择主卫和次卫的样板间）的装修，如图 8-34 所示。需要注意的是，所选样板间的面积要近似于图纸中的面积

图 8-34 装修完成的主卫和次卫

⑯ 装修厨房，如图 8-35 所示。

⑰ 门厅及洗手间的摆设从模型库中寻找并放置，效果如图 8-36 所示。如果尺寸偏大，则可以选中该模型并在右侧的【属性】面板中修改其长度、宽度及高度等值。

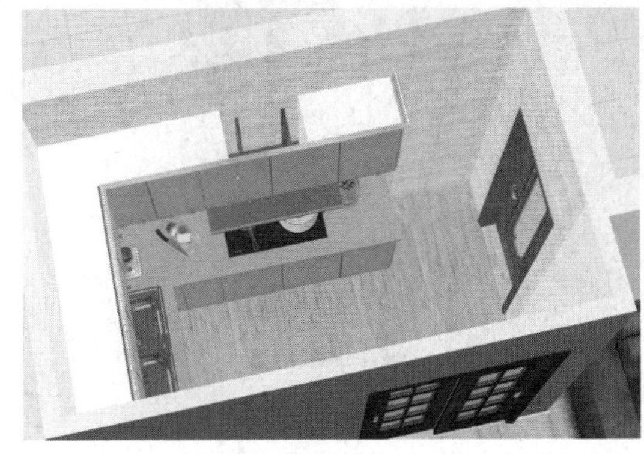

图 8-35 装修完成的厨房

图 8-36 门厅及洗手间的摆设

⑱ 至于灯具的添加，方法其实与门窗及其他家具摆设的方法是完全相同的，在添加时旋转视图，显示天棚，然后从模型库中寻找合

适的灯具放置在天棚上即可，如图 8-37 所示。

图 8-37　放置灯具

⑲ 还有一种情况，就是修改地板的材质。餐厅与门厅的地板材质不一样，会影响整个装修风格的差异性，需要统一。先选中餐厅材质，然后单击鼠标右键并在弹出的快捷菜单中选择【材质刷】选项，如图 8-38 所示；接着吸取餐厅的地板材质，并在门厅地板上单击，即可使两厅的地板材质统一，如图 8-39 所示。

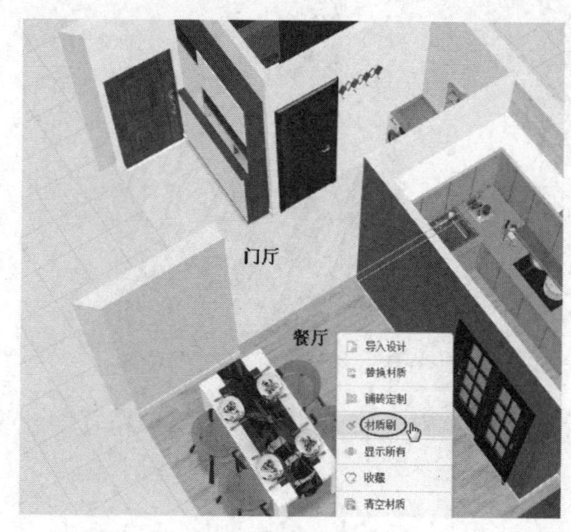

图 8-38　选择【材质刷】选项

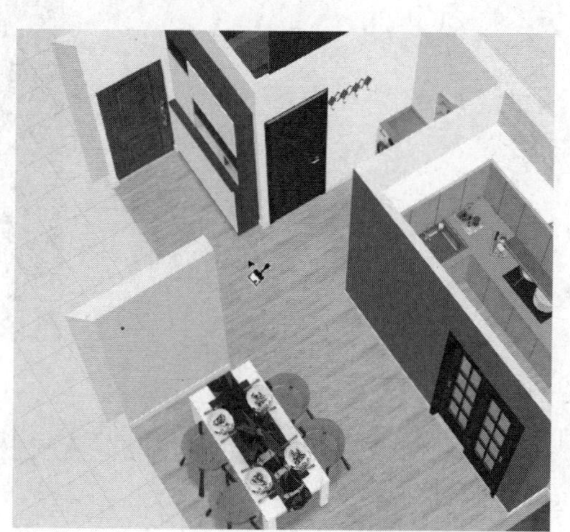

图 8-39　统一地板材质

⑳ 至此，完成了室内设计与装修。

8.2.4 保存方案并导出 CAD 图纸

室内设计完成后，可以将室内设计方案保存在躺平设计家 3D 云设计中。在上工具栏中执行【文件】|【保存】命令，弹出【保存设计】对话框，输入设计名称及户型相关信息后，单击【保存】按钮，即可将设计方案保存在软件中，如图 8-40 所示。可以在欢迎界面中随时打开保存的设计方案，如图 8-41 所示。

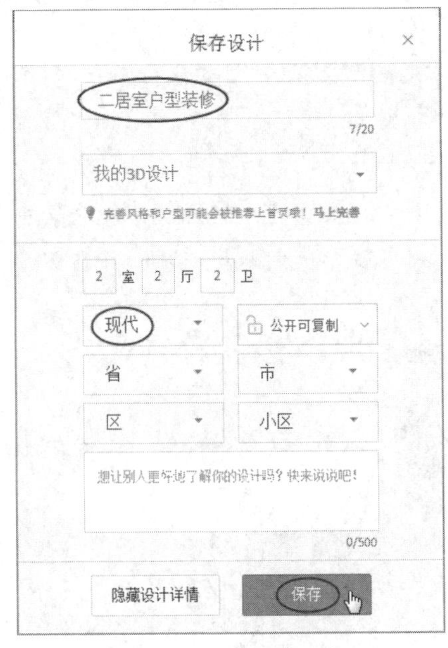

图 8-40 保存设计方案

图 8-41 打开保存的设计方案

在上工具栏中执行【导出】|【户型图】命令，打开【导出户型图】对话框，选中需要导出的户型图后单击【导出】按钮，即可将当前设计导出为图片，如图 8-42 所示。

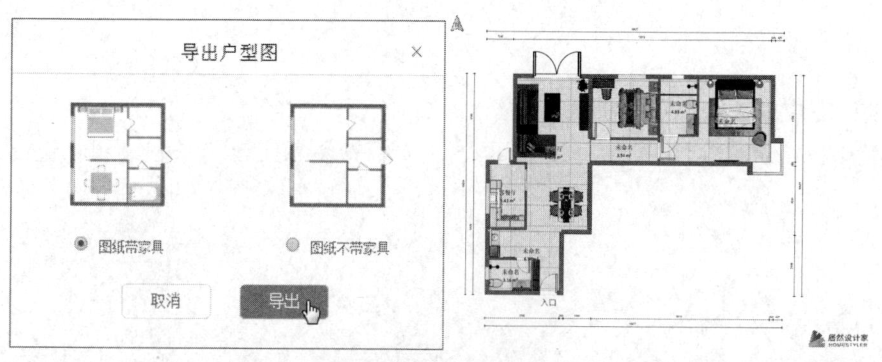

图 8-42　导出户型图

如果需要导出图纸，则可以执行【导出】|【CAD 图】命令，弹出【导出】对话框，全选所有图纸，然后单击【生成 CAD】按钮，即可完成图纸的导出，如图 8-43 所示。生成的文件以.zip 压缩文件格式进行保存。解压后打开一个平面图图纸文件，查看自动生成效果，如图 8-44 所示。

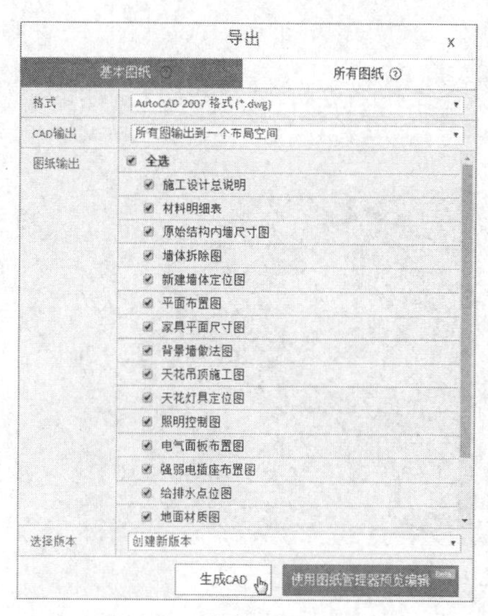

图 8-43　导出 CAD 图纸

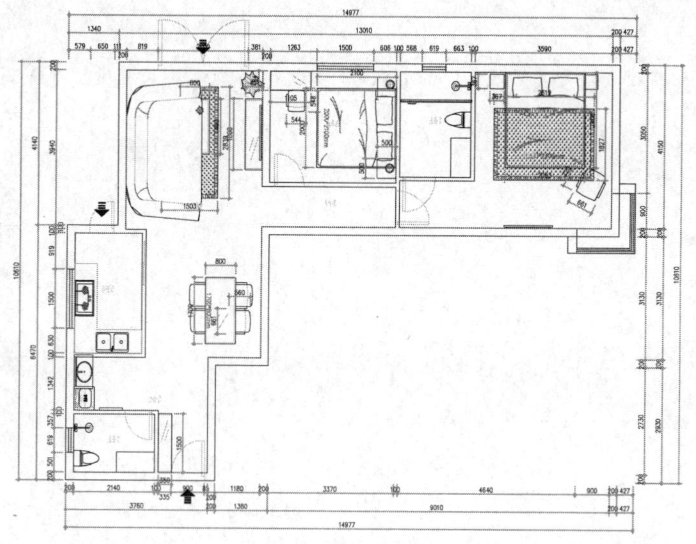

图 8-44　查看平面图

8.2.5 制作渲染效果图

可以利用躺平设计家 3D 云设计完成简单的渲染效果图。

① 在上工具栏中单击【3D】按钮，切换到 3D 视图，如图 8-45 所示。此视图主要用来创建相机视图，便于渲染某个房间的室内装修效果。

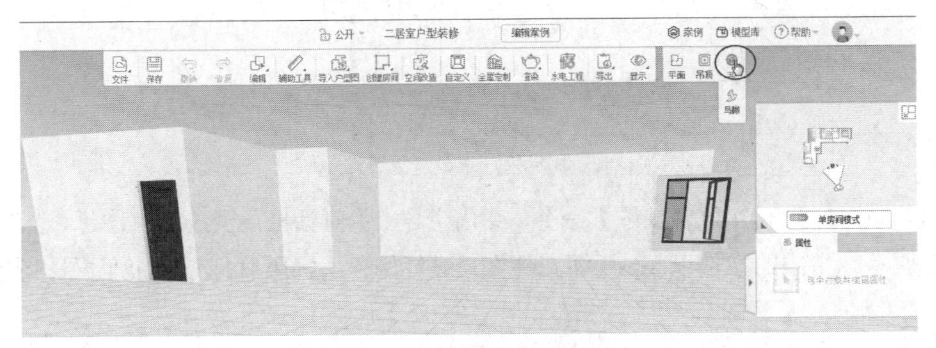

图 8-45　切换到 3D 视图

② 在右侧可以看到户型俯视图方向的缩略图，通过此缩略图，可以在房间的任意位置放置相机，以获取满意的视图，如图 8-46 所示。

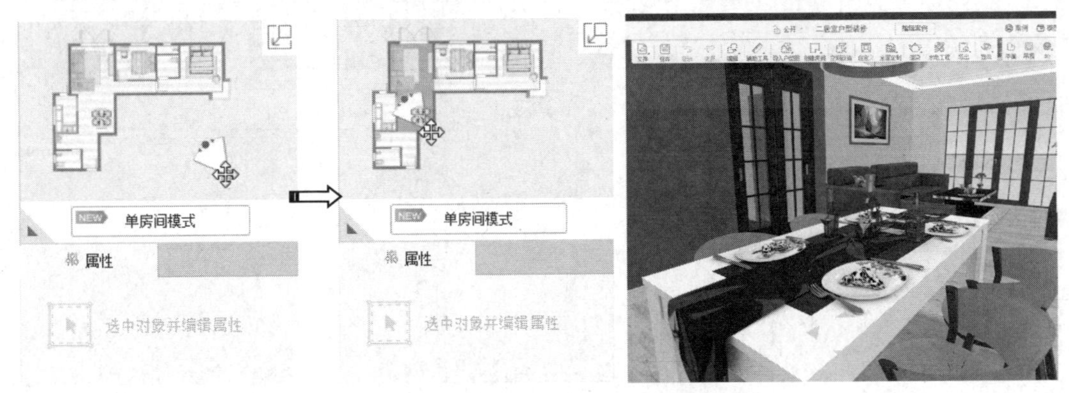

图 8-46　调整相机位置获得相机视图

③ 设置好相机视图后，在图形区下方单击【相机位置】按钮，然后保存当前的相机视图，如图 8-47 所示。

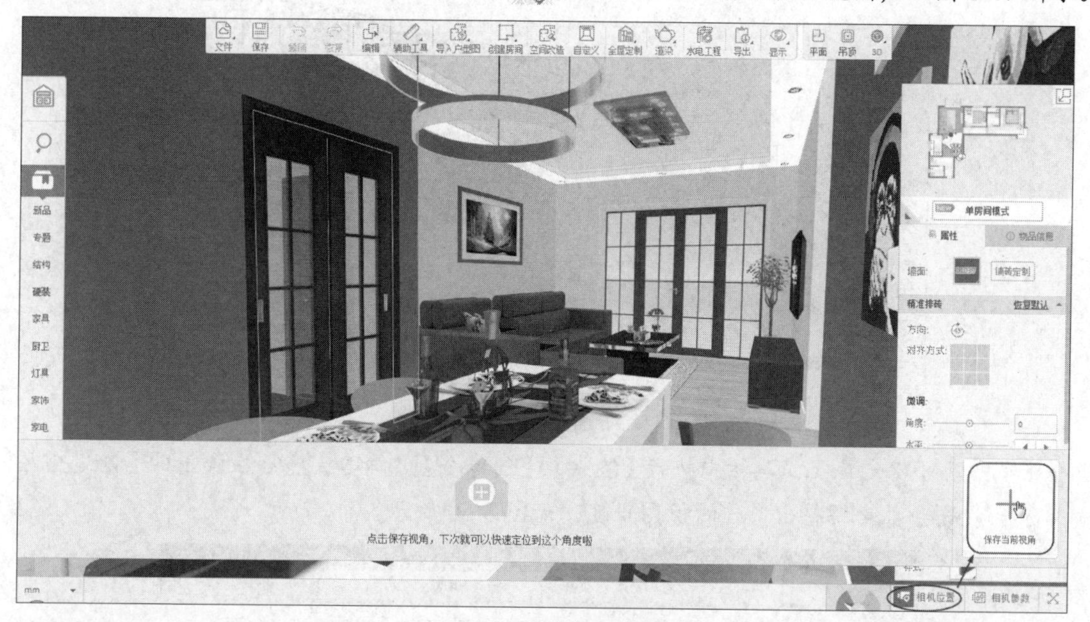

图 8-47　保存相机视图

技术要点：

如果觉得缩略图调整相机位置不太方便，则可以单击缩略图右上角的【切换至 2D】按钮，将缩略图放大到满屏，这就方便设计师进行相机视图的创建了。

④ 单击【相机参数】按钮，可以编辑相机参数，其目的也是定义高质量的相机视图，如图 8-48 所示。

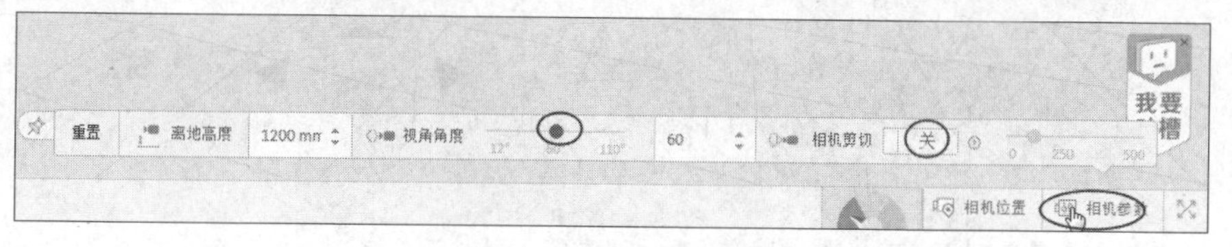

图 8-48　设置相机参数

⑤ 同理，在其他房间创建相机视图，便于绘制渲染效果图，如图 8-49 所示。这里不再重复介绍操作步骤。

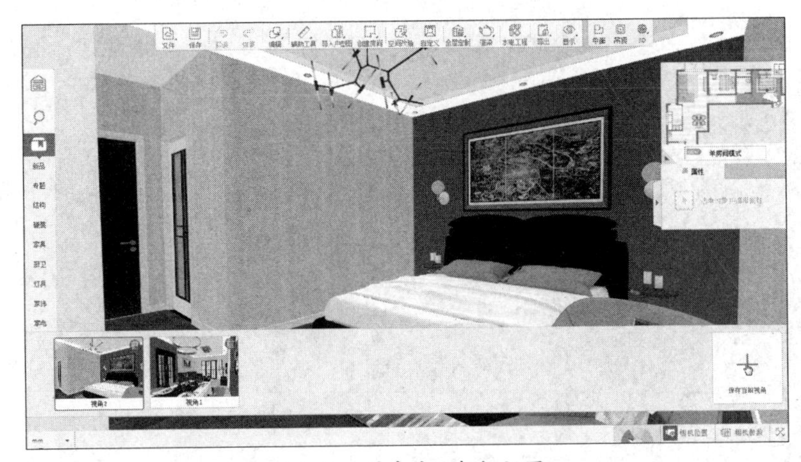

图 8-49　创建其他相机视图

⑥ 如果需要渲染出全景图，则可以先在上工具栏中执行【渲染】|【创建全屋】命令，然后在弹出的【创建全屋漫游图】窗口中选择【创建全景图】选项，随后系统会自动调整出最佳的视图角度，如图 8-50 所示。

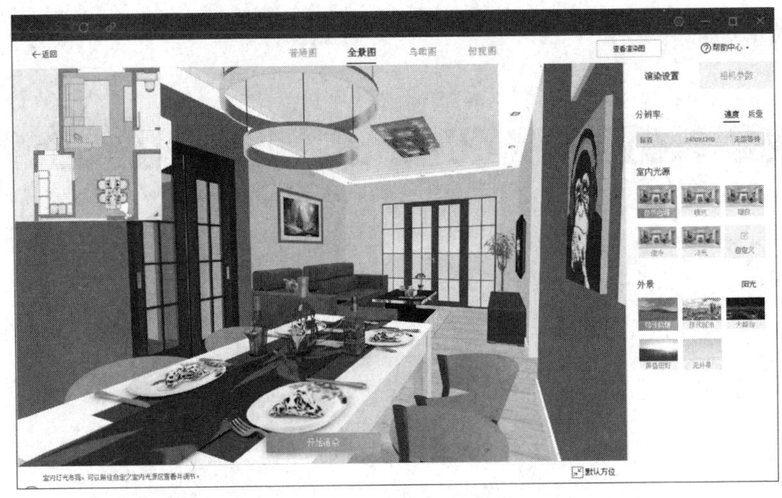

图 8-50　创建的全景图

⑦ 在【渲染设置】窗格中设置室内光源选项为【暖光】、外景设置为【大都会】，并单击【开始渲染】按钮，开始渲染相机视图。渲染完成后，在窗口顶部单击【查看渲染图】按钮，查看渲染效果，如图 8-51 所示。

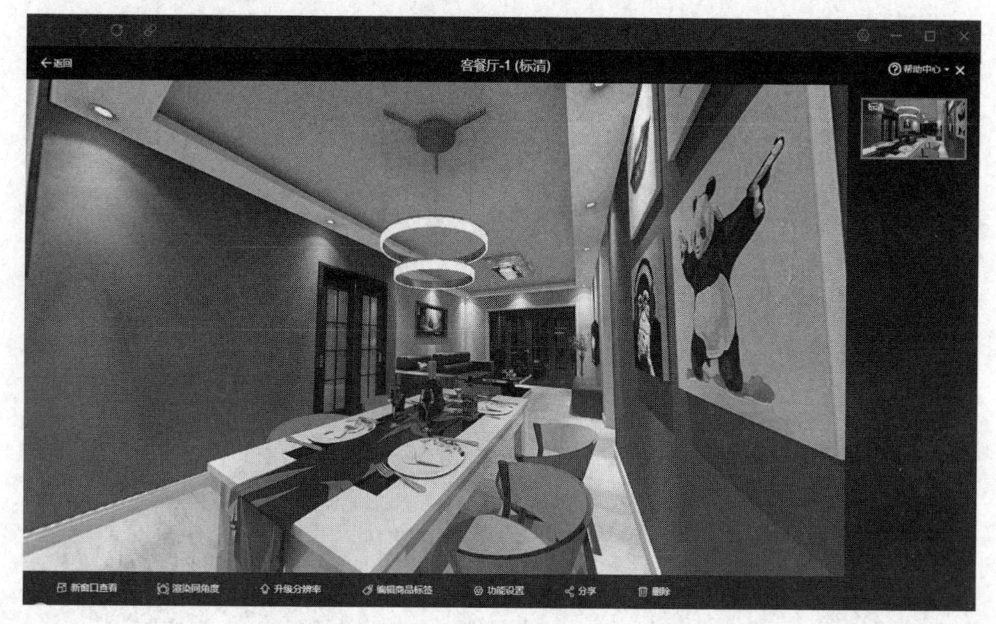

图 8-51　渲染效果

⑧ 如果无须渲染全景效果，仅创建普通效果图，则可以直接执行【渲染】|【渲染】命令，即可渲染相机视图。

⑨ 至此，利用躺平设计家 3D 云设计完成了快速装修设计工作。

8.3　创建完整的装修图纸

在躺平设计家 3D 云设计中完成室内装修效果图的设计后，可以自动生成完整的装修施工图并导出 CAD 图纸。

① 在上工具栏中执行【导出】|【完整施工图】命令，如图 8-52 所示。

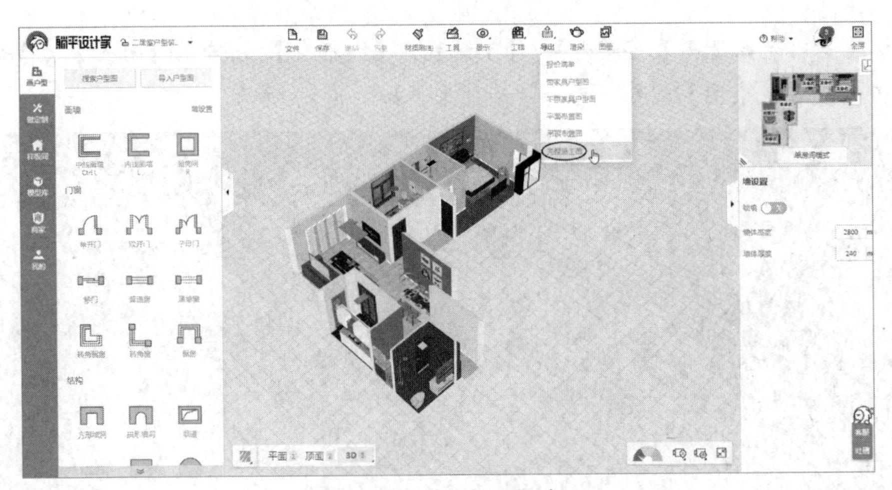

图 8-52　执行导出图纸命令

② 在弹出的【导出 CAD 图纸】对话框中勾选所有图纸选项，或者选择其中一些图纸类型，然后单击【生成 CAD 图纸】按钮，如图 8-53 所示。

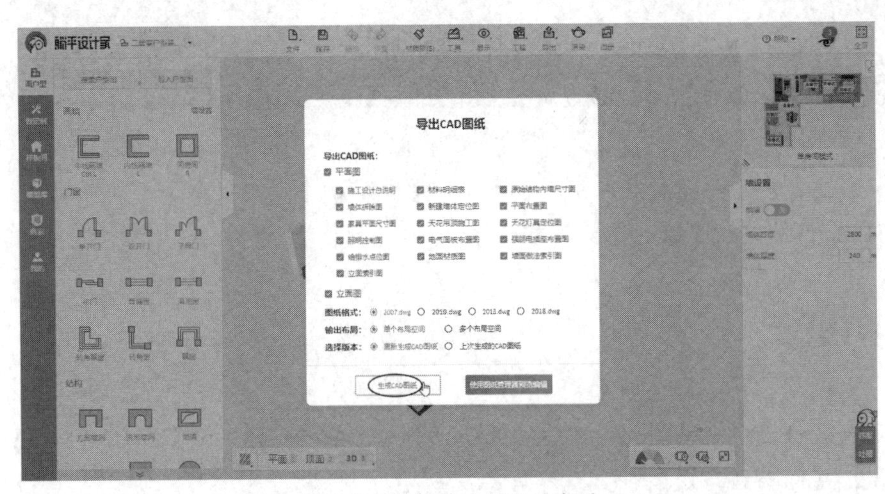

图 8-53　选择导出图纸的类型

③ 生成的 CAD 图纸会自动下载到浏览器的默认保存位置（当然可以修改默认下载位置）如图 8-54 所示。

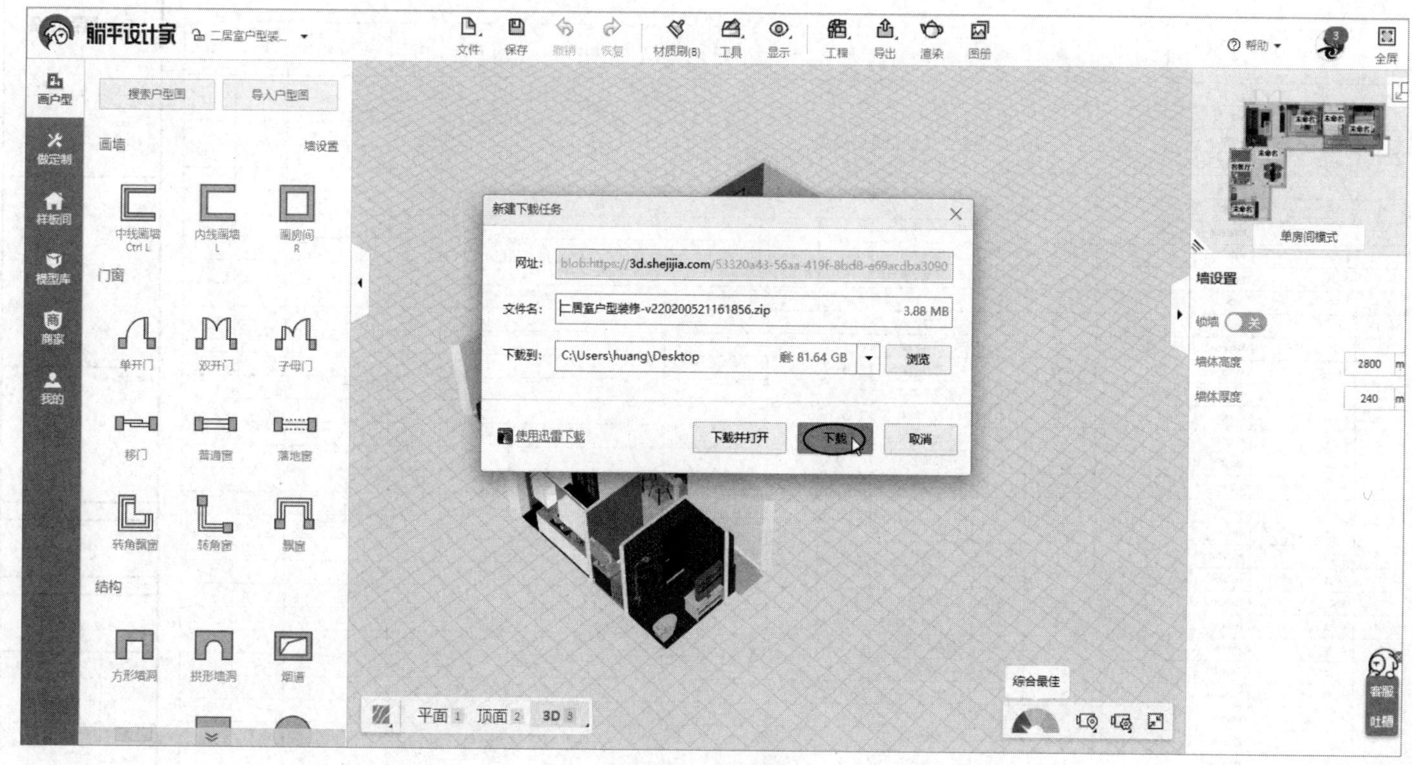

图 8-54　下载图纸

④ 下载图纸后，可以通过 AutoCAD 软件打开图纸。图 8-55 为整套图纸的图纸目录。

图纸目录

序号	图纸编号	图纸名称	比例	图幅	出图日期	版本	备注	图纸编号	图纸名称	比例	图幅	出图日期	版本	备注
基本图纸														
01	A-01	[illegible]		A3	2020.05.21	A								
02	A-02	[illegible]		A3	2020.05.21	A								
03	A-03	[illegible](一)		A3	2020.05.21	A								
04	A-04	[illegible](二)		A3	2020.05.21	A								
05	A-05	[illegible]		A3	2020.05.21	A								
06	A-06	[illegible]	1:75	A3	2020.05.21	A								
07	A-07	[illegible]	1:75	A3	2020.05.21	A								
08	A-08	[illegible]	1:75	A3	2020.05.21	A								
09	A-09	[illegible]	1:75	A3	2020.05.21	A								
10	A-10	[illegible]	1:75	A3	2020.05.21	A								
11	A-11	[illegible]	1:75	A3	2020.05.21	A								
12	A-12	[illegible]	1:75	A3	2020.05.21	A								
13	A-13	[illegible]	1:75	A3	2020.05.21	A								
14	A-14	[illegible]	1:75	A3	2020.05.21	A								
15	A-15	[illegible]	1:75	A3	2020.05.21	A								
16	A-16	[illegible]	1:75	A3	2020.05.21	A								
17	A-17	[illegible]	1:75	A3	2020.05.21	A								
18	A-18	[illegible]	1:75	A3	2020.05.21	A								
19	A-19	[illegible]	1:75	A3	2020.05.21	A								
20	A-20	[illegible]1	1:40	A3	2020.05.21	A								
21	A-21	[illegible]2	1:40	A3	2020.05.21	A								
22	A-22	[illegible]	1:40	A3	2020.05.21	A								
23	A-23	[illegible]1	1:50	A3	2020.05.21	A								
24	A-24	[illegible]2	1:50	A3	2020.05.21	A								
25	A-25	[illegible]3	1:50	A3	2020.05.21	A								
26	A-26	[illegible]4	1:50	A3	2020.05.21	A								
27	A-27	[illegible]5	1:50	A3	2020.05.21	A								
28	A-28	[illegible]6	1:50	A3	2020.05.21	A								
29	A-29	[illegible]	1:50	A3	2020.05 21	A								
30														
31														
32														
33														
34														
35														
36														
37														
38														

XXXX@163.com
86 (0)10 XXXX
86 (0)10 XXXX

二居室户型装修—v2

A3
A
2020.05.21

A-01

图 8-55　整套图纸的图纸目录

⑤ 打开自动生成的施工设计总说明图纸，如图 8-56 所示。

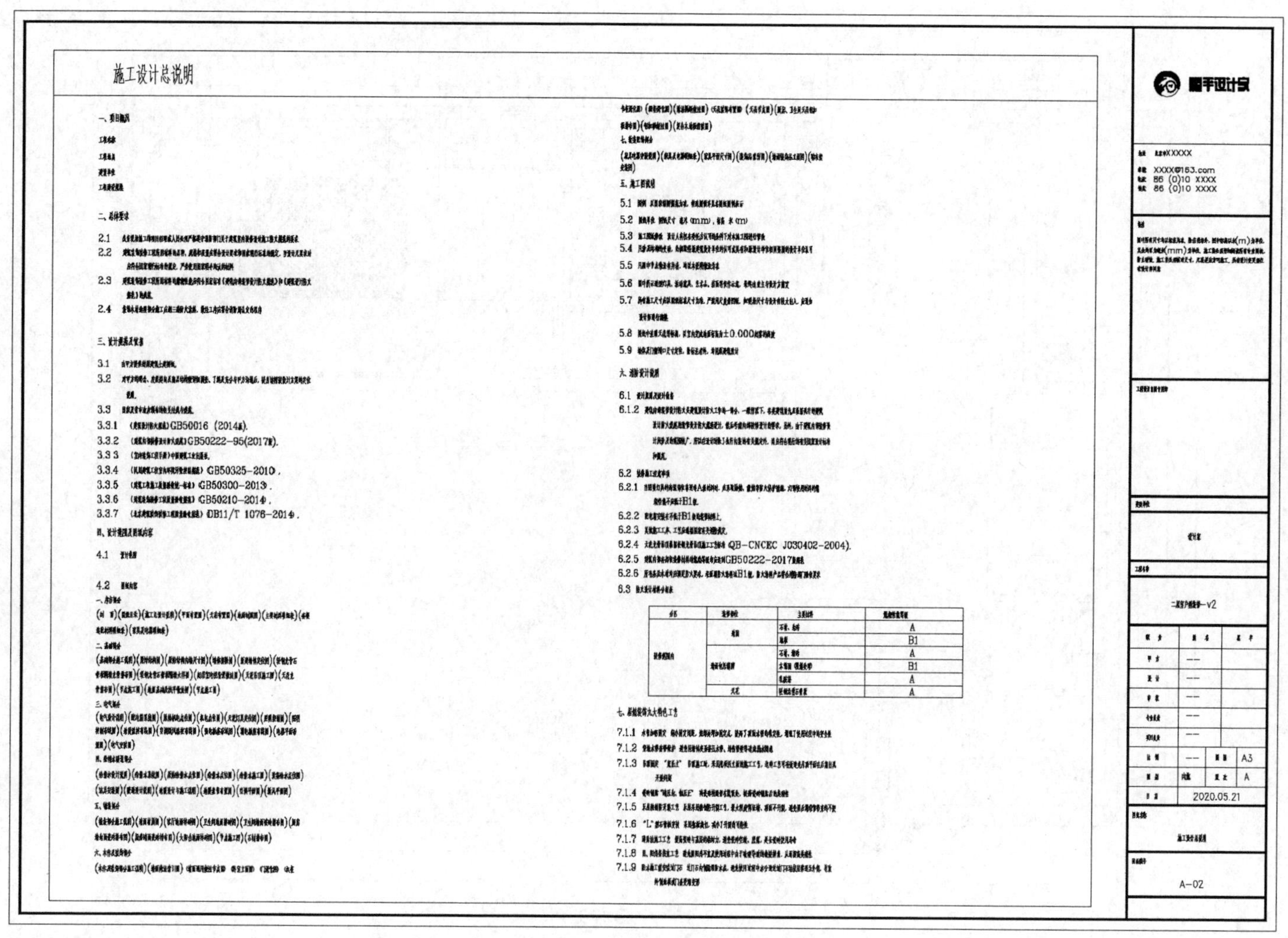

图 8-56　施工设计总说明

⑥ 打开平面布置图，如图 8-57 所示；打开家具平面尺寸图，如图 8-58 所示。

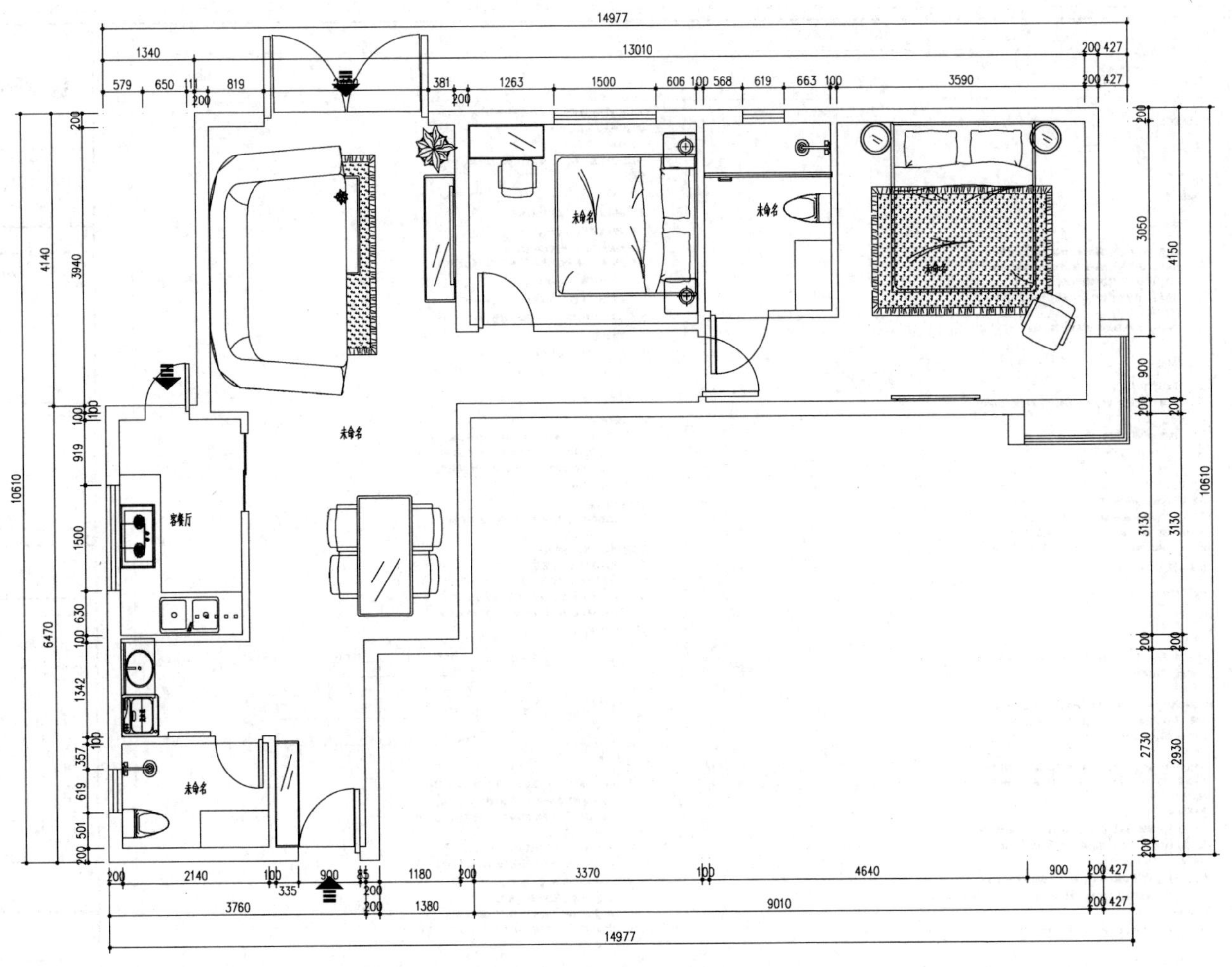

图 8-57 平面布置图

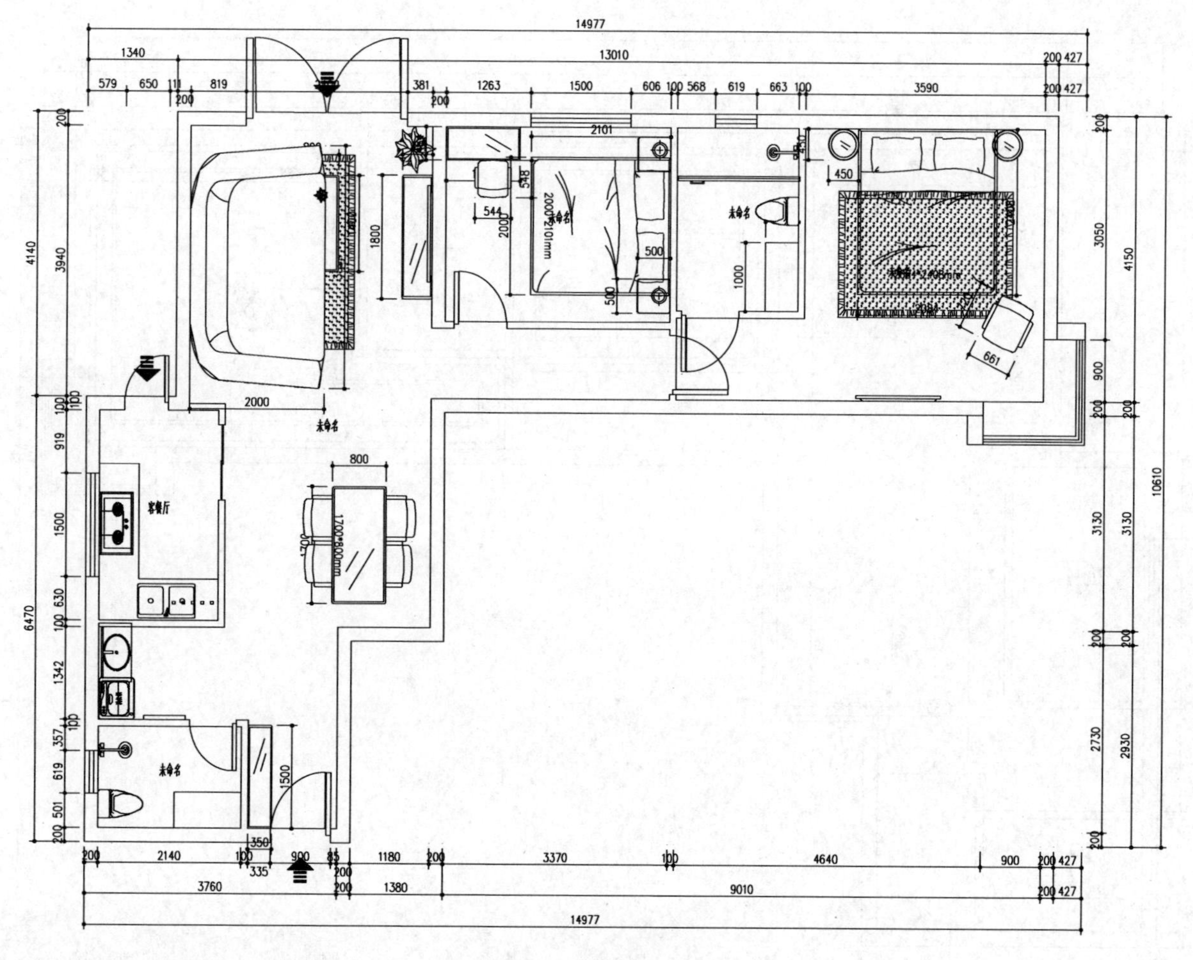

图 8-58　家具平面尺寸图

⑦ 打开吊顶平面布置图，如图 8-59 所示。

⑧ 打开客厅 D 立面图，如图 8-60 所示。

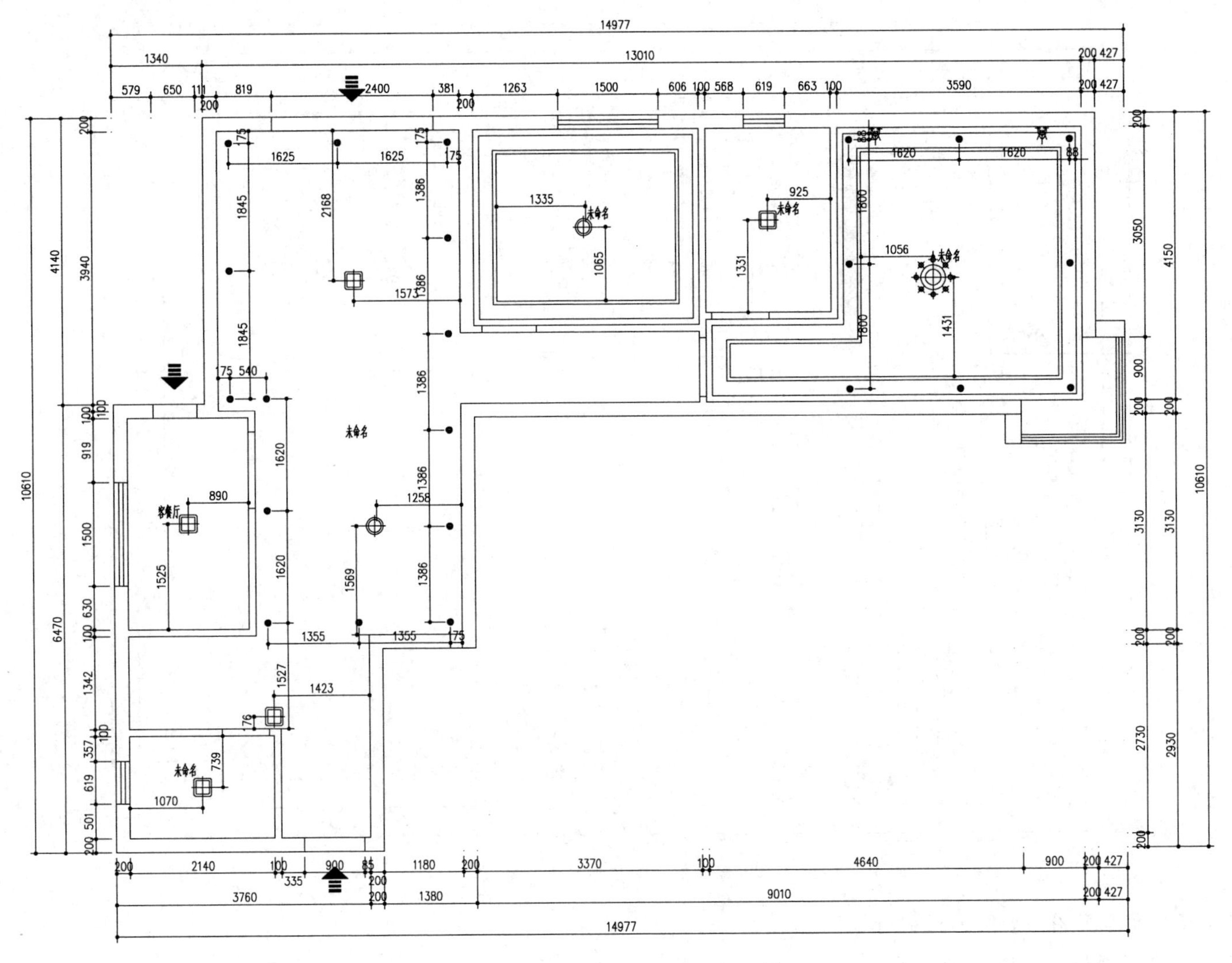

图 8-59 吊顶平面布置图

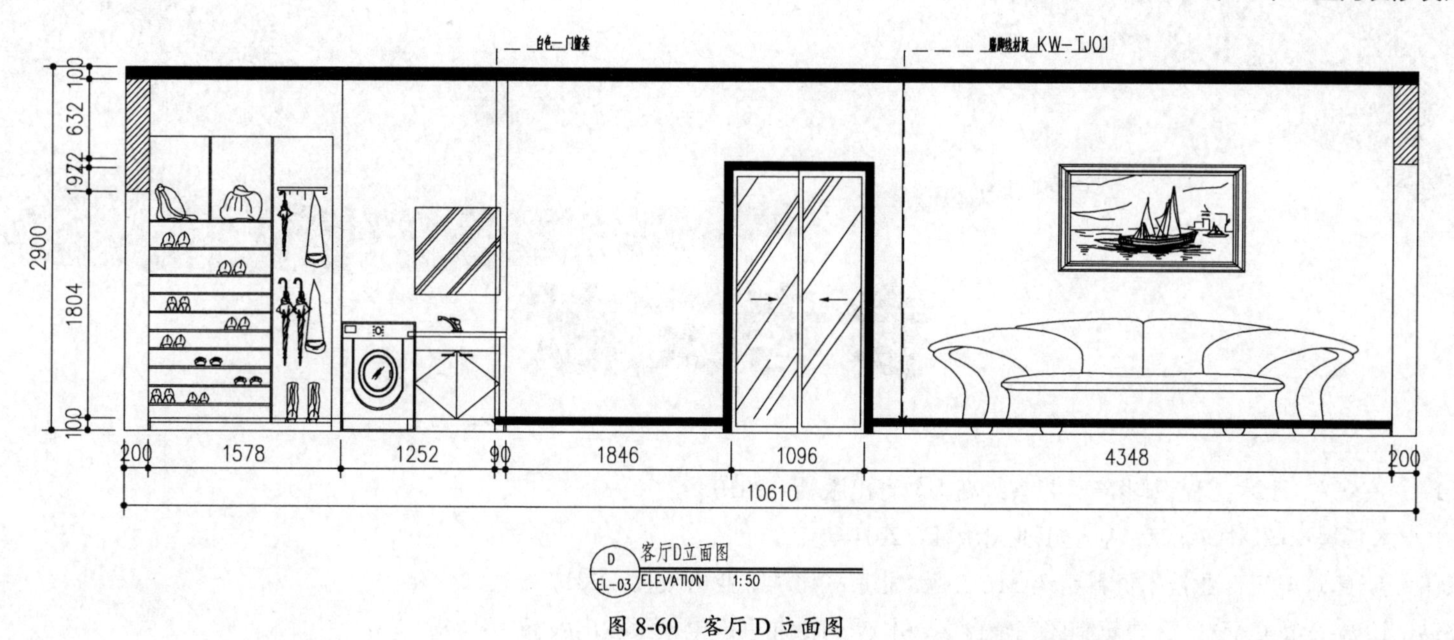

白色一门窗套
踢脚线材质 KW-TJ01
100
632
1972
2900
1804
100
200
1578
1252
90
1846
1096
4348
200
10610
D
EL-03
客厅D立面图
ELEVATION 1:50

图 8-60　客厅 D 立面图

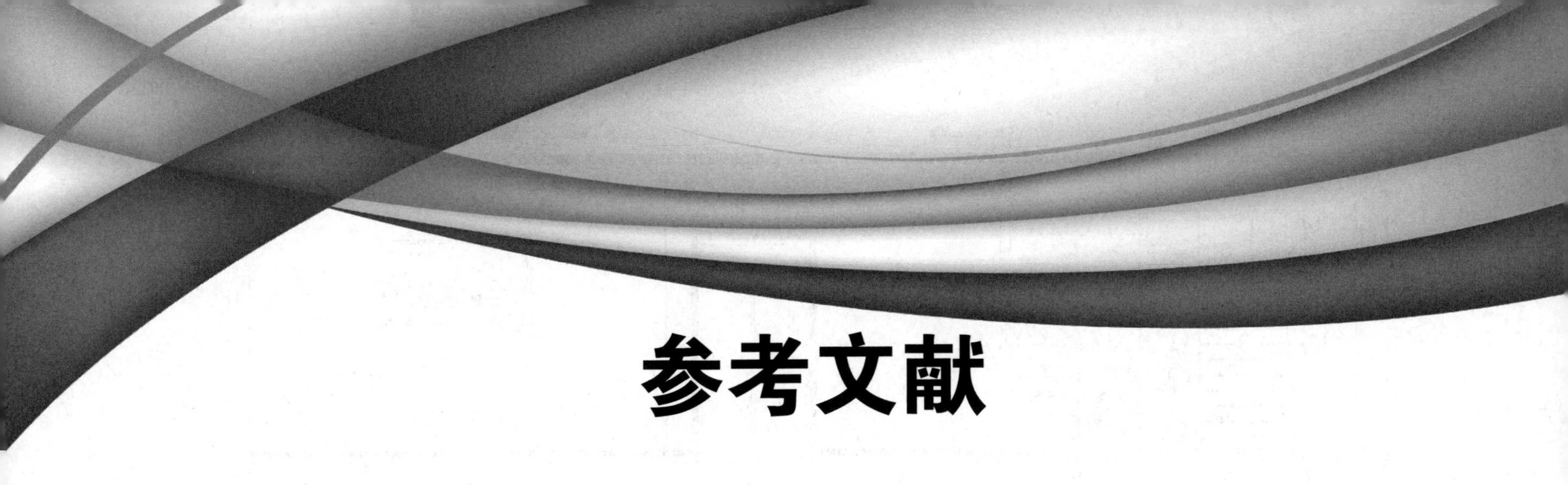

参考文献

[1] 吴舒琛，王献文. 土木工程识图[M]. 北京：高等教育出版社，2010.

[2] 刘伟. 土木工程识图[M]. 北京：航空工业出版社，2014.

[3] 谭荣伟 等. 建筑电气专业技术资料精选[M]. 2 版. 北京：化学工业出版社，2017.

[4] 黄晓瑜，田婧. AutoCAD2018 建筑制图完全自学一本通[M]. 北京：电子工业出版社，2018.

[5] 筑·匠. 建筑识图一本就会[M]. 北京：化学工业出版社，2016.

[6] 孟炜. 建筑识图零基础入门[M]. 2 版. 南京：江苏凤凰科学技术出版社，2015.

[7] 谭晓燕. 房屋建筑构造与识图[M]. 2 版. 北京：化学工业出版社，2019.